U0384073

青藏高原地-气耦合系统变化
及其全球气候效应

——— 专辑 II ———

青藏高原
对季风和全球气候的影响

吴国雄　刘屹岷　黄建平　段安民　李跃清　杨海军　等　著

气象出版社
China Meteorological Press

内 容 简 介

　　本书在简单回顾早期研究进展的基础上,着重介绍国家自然科学基金委员会重大研究计划"青藏高原地-气耦合系统变化及其全球气候效应"开展以来有关青藏高原对季风和全球气候的影响的研究成果,内容涉及大地形的动力和热力作用对大气环流和气候的影响,青藏高原气候变化及其对水资源和生态环境的影响,青藏高原气溶胶对天气气候的影响,青藏高原对灾害天气的影响,青藏高原对海洋环流的影响及其气候效应,以及在多圈层相互作用背景下青藏高原对区域和全球气候的影响等。本书内容深入浅出,理论联系实际,可供气象业务工作者、高等院校师生和大气科学研究人员参考。

图书在版编目（ＣＩＰ）数据

　　青藏高原对季风和全球气候的影响 / 吴国雄等著
. -- 北京 ： 气象出版社，2023.8
　　（青藏高原地-气耦合系统变化及其全球气候效应）
　　ISBN 978-7-5029-7821-1

　　Ⅰ．①青… Ⅱ．①吴… Ⅲ．①青藏高原－影响－气候
变化－研究 Ⅳ．①P467

中国版本图书馆CIP数据核字(2022)第186915号

审图号：GS京(2022)0857 号

青藏高原对季风和全球气候的影响

Qingzang Gaoyuan dui Jifeng he Quanqiu Qihou de Yingxiang

出版发行：气象出版社	
地　　址：北京市海淀区中关村南大街 46 号　邮政编码：100081	
电　　话：010-68407112（总编室）　010-68408042（发行部）	
网　　址：http://www.qxcbs.com　E - m a i l：qxcbs@cma.gov.cn	
责任编辑：黄红丽	终　　审：吴晓鹏
责任校对：张硕杰	责任技编：赵相宁
封面设计：博雅锦	
印　　刷：北京地大彩印有限公司	
开　　本：787 mm×1092 mm　1/16	印　　张：22.5
字　　数：504 千字	
版　　次：2023 年 8 月第 1 版	印　　次：2023 年 8 月第 1 次印刷
定　　价：260.00 元	

本书如存在文字不清、漏印以及缺页、倒页、脱页等,请与本社发行部联系调换。

序

  青藏高原位于副热带，覆盖面积约占中国陆地领土的四分之一，矗立在欧亚大陆东部。青藏高原是全球最高的高原，平均海拔超过 4000 m，耸入大气对流层中部。青藏高原群山起伏、山谷纵横交错，具有显著的多尺度特征。全球海拔超过 7000 m 的 96 座高山中就有 94 座围绕青藏高原分布。青藏高原边缘海拔变化剧烈，特别是南部边缘高度落差大，光照强烈。

  青藏高原下垫面极为复杂，存在森林、草甸、荒漠、湖泊、积雪、冰川和冻土等，被誉为地球中低纬度高海拔"永久冻土和山地冰川王国"。高原上地表空气密度只有海平面上的 60%，上空大气特别是边界层中各种辐射过程变异万千，不同下垫面地表反照率时空变化及其辐射效应呈强非均匀性；相应的大气物理过程与能量交换和水分收支极为复杂。青藏高原为世界上最大的总辐射量地区，远大于北半球热带和副热带沙漠地区所测到的太阳总辐射量的最高值，春夏季节地表对大气施加强烈的感热加热。青藏高原边界层内可以产生一系列有组织的强湍流大涡旋，其上空的对流活动频繁，夏季在高原南部和东部形成强大的凝结潜热源。对流层中的低频大尺度罗斯贝波和高频重力波的向上传播改变平流层大气环流状态；同时，平流层环流异常信号也能够下传到对流层。发生在对流层-平流层之间的物质交换和输送过程改变平流层大气成分含量和空间分布，通过大气化学、微物理、辐射等过程对臭氧层和区域与全球气候产生重要影响。揭示高原区域特有的陆面-大气的能量、水分及物质交换过程和边界层-对流层-平流层物理交换过程的特征及其对亚洲季风和全球气候的影响具有重要的科学意义。

  青藏高原影响气候的理论研究也具有国家经济社会可持续发展的重大战略需求。青藏高原作为一个陆地上的"亚洲水塔"，是长江、黄河、印度河、澜沧江-湄公河和恒河等亚洲大江大河的发源地，对我国与东亚、南亚水资源与生态安全保障具有重要战略地位。亚洲季风区抚育着全球 60% 以上的人口，蕴藏着丰富的文化，演绎着悠久的历史。近几十年来，亚洲季风区的社会发展迅速，引领全球的经济发展，亚洲社会的可持续发展意义重大，这种可持续发展与气候关系密切。受全球气候变化的影响，近年来我国极端天气气候事件频发，各类灾害呈突发性、异常性及持续性特征。全国气象灾害造成的直接经济损失亦呈上升趋势, 暴雨、干旱、洪涝使得我国粮食与水安全处于严重威胁之中, 制约着经济社会的可持续发展。 研究表明, 青藏高原热力和动力作用的异常对我国乃至全球天气气候的异常有重要影响, 被称为是全球气候变化的"驱动机"与"放大器", 是全球与区域重大天气气候灾害发生前兆性"强信号"的关键区与气候高影响敏感区, 对亚洲旱涝的形成有推波助澜的作用。 深入开展青藏高原物理过程及其气候影响的观测、理论和模拟研究, 有助于提高气候预测水平, 可为社会的可持续发展提供重要保障, 具有重大的社会需求。

为了揭示青藏高原在天气气候形成和变异中的重要作用, 几十年来大气科学界相继开展了多次大规模青藏高原综合性大气科学试验。 1979 年世界气象组织 (WMO) 开展的"全球大气研究计划 (GARP) 第一期全球试验" (FGGE) 是第一次大规模的全球观测研究计划。 与 FGGE 同步, 在国家科委、计委的支持下, 中国科学院与中央气象局合作开展了第一次青藏高原气象科学试验"1979 年 5—8 月青藏高原气象科学试验计划" (QXPMEX-1979)。 1993—1999 年进行的"中日亚洲季风机制合作研究计划"对亚洲季风的形成机制、亚洲季风与青藏高原的相互作用关系等开展合作研究。 在此期间, 世界气象组织和国际科学联盟理事会 (ICSU) 开启了"全球能量与水交换" (Global Energy and Water Exchanges, GEWEX) 大型科学试验, GEWEX 亚洲季风试验 (GAME) 成为重大科学试验之一。 其中中日合作的"全球能量水交换/亚洲季风青藏高原试验 (GAME/Tibet, 1996—2000)"共同研究青藏高原地表与大气之间能量交换及青藏高原对亚洲季风区多尺度能量水交换过程的影响。 1998 年中国气象局与中国科学院共同主持实施的"第二次青藏高原大气科学试验 (TIPEX)"成为 GAME/Tibet 的核心。2006—2009 年期间, 中日科学家联合实施日本国际协力机构 (JICA) 项目"青藏高原及周边新一代综合气象观测计划"。 我国科学家与美国、日本科学家共同发起的"亚洲季风年" (AMY, 2008—2012) 等国际合作计划, 进一步研究青藏高原的能量和水分交换过程及其天气气候影响。 2013—2021 年中国气象局开展了"第三次青藏高原大气科学试验", 对高原陆面-边界层-对流层-平流层进行了综合观测及应用研究。 这些试验计划获得的研究成果表明, 青藏高原地区的能量和水交换过程是亚洲季风及全球能量、水交换的一个重要部分, 是当代国内外科学家关注的前沿性科学难题。

尽管青藏高原研究已经取得了许多前沿性的、具有重要价值的研究成果, 但是在此前历次青藏高原大气科学试验中, 技术装备与探测手段、试验时段以及常规观测站网均存在很大局限性; 综合观测系统优化设计尚未充分发挥卫星遥感与高空、地面的观测综合优势; 所获取的观测资料多源信息的融合、提取与同化技术能力有限, 导致科学试验的数据再分析技术及其综合应用效果与国际水平相比差距较大。 青藏高原复杂大地形区域再分析资料匮乏，亦制约了高原影响的理论研究与数值模式物理过程参数化技术的发展，导致模式在青藏高原邻近区域对边界层与云降水过程的模拟与实况存在较大偏差。

"十二五"期间，中国气象局实施加强西部观测站网的综合观测计划，以提升高原区域常规观测网技术，增强卫星遥感和各类先进的特种探测系统，为把陆面过程以及边界层的重点观测目标拓展到对流层-平流层范围提供了契机。多年来的模式发展和理论研究也为拓展卫星遥感、高空和地面观测等多源信息再分析新技术与数值预报模式物理参数化奠定了基础。为了应对经济社会可持续发展的挑战，推动青藏高原影响天气和气候变化的前沿领域理论研究，国家自然科学基金委员会于2014年1月启动了为期10年的重大研究计划"青藏高原地-气耦合系统变化及其全球气候效应"。该重大研究计划的科学目标是：充分利用新建的高原及周边气象科研-业务综合探测系统，认识青藏高原地-气耦合过程、青藏高原云降水及水交换过程以及对流层-平流层相互作用过程；建立青藏高原资料库和同化系统；完善青藏高原区域和全球气候系统数值模式；揭示青藏高原影响区域与全球能量和水分交换的机制。其总体目标是：通过10年重大研究计划的实施，揭示青藏高原对全球气候及其变化的影响；培养一批优秀的领军人才；把我国青藏高原大气科学研究进一步推向世界舞台，处于国际领先地位；为经济社会的可持续发展做出贡献。该重大研究计划的三个核心科学问题和研究内容如下。

（1）青藏高原地-气耦合系统变化：包括青藏高原复杂多尺度地形对大气动力学过程的影响；青藏高原地表过程与地-气相互作用；青藏高原云降水物理及大气水交换；以及青藏高原对流层-平流层大气相互作用。

（2）青藏高原-全球季风-海-气相互作用对气候变化的影响：包括高原大气动力过程影响季风与气候异常的机制；海-气相互作用对高原地-气耦合作用的影响；青藏高原能量和水分交换的联系及其影响；青藏高原对亚洲季风-沙漠共生现象的影响；以及高原对全球气候变化的影响和响应。

（3）气候系统模式、再分析资料和数据同化关键技术难题：包括青藏高原观测网站点科学布局问题；观测网站点密度、观测内容和观测手段问题；再分析数据可靠性问题；以及模式中青藏高原关键大气过程描述问题。

截至目前，重大研究计划已资助项目91项，其中管理项目2项、重点项目33项、培育项目45项、集成项目9项、战略研究项目2项，比例分别为2%、36%、50%、10%和2%。通过项目实施，已经在如下几方面取得了一系列重要进展。

（1）以高原地-气耦合系统为主线，首次实现了在"世界屋脊"上近地层-边界层-对流层-平流层等多层次大气物理耦合过程的综合研究，深化了高原地区对流层-平流层物质交换的认识；实现了高原上地-气交换观测由点到面的突破，构建了覆盖青藏高原的有

青藏高原对季风和全球气候的影响

关地-气物质和能量交换的时空分布场;推动高原云观测系统的建设并定量揭示了高原云的宏观和微观参数特征、闪电活动与降水频次分布特征;开展上对流层-下平流层大气成分国际协同观测,并首次提供了亚洲对流层顶气溶胶层存在的原位观测证据;揭示了亚洲南部排放的大气污染物经特定通道进入平流层及其对北半球平流层气溶胶收支的显著贡献。

(2)在高原天气气候动力学理论方面,从能量交换、水分交换和位涡守恒理论的不同角度确定了高原的加热作用在亚洲夏季风环流形成中的主导作用和对全球气候的影响;明晰了青藏-伊朗高原热源对区域、全球气候协同影响的物理过程;提出了海洋与高原协同影响东亚季风及气候变化的概念模型;明确了高原土壤湿度、融冻和融雪异常等引起的地表非绝热加热效应异常与东亚夏季风的关系及机理;建立了高原低涡系统激发下游暴雨的分析与预报新思路;揭示了青藏高原动力热力强迫对非洲与美洲气候、大西洋与太平洋中纬度海-气相互作用及印度洋环流和温度、太平洋赤道辐合带、大西洋经圈翻转流(AMOC)形成的影响。

(3)从地球气候系统海-陆-气相互作用的视角出发,显著推进了高原天气气候效应的科学认知。建立了融合高原特色物理过程的高分辨率数值模式,推动了青藏高原地区天-空-地多源观测信息融合、同化及再分析新技术发展;研发了适合高原的高分辨率气候模式和若干具有高原特色的物理过程参数化方案,改进了高原地区陆面过程参数化方案和云过程关键参数化方案;建成了针对高原和周边地区的短期气候预测系统;发展了耦合公共陆面模式(CLM)和数据同化研究平台(DART)的全球陆面多源数据的同化系统,创新性地建成了国内唯一的、实时业务运行的、覆盖青藏高原及周边区域的高时效(1 h)、高分辨率(6.25 km 和 1 km)和高质量的陆面数据同化业务系统,提供近地面温、湿、压、风、降水、辐射、地表温度、土壤湿度、土壤温度等格点产品,填补了国内空白;还建成了长达 22 年的相应的历史数据系列(温、压、湿、风数据达 41 年),并提供公开服务。

该重大研究计划有力地推动了大气科学与其他学科的交叉融合,将高原大气科学推向了跨学科的交叉和应用研究。其中很多成果达到了国际先进水平,提升了我国大气科学的原始创新能力和国际影响力,并培养了一批中青年学科带头人。

为了进一步推动学术交流,促进青藏高原相关科学研究发展,我们根据该重大研究计划的三个研究内容,组织承担该项目的相关科学家撰写了下列三部专辑。

专辑Ⅰ:青藏高原地-气系统复杂耦合过程。作者:周秀骥、赵平、马耀明、阳坤、范广洲和卞建春等。内容包括青藏高原多圈层复杂地表地-气相互作用规律研究;青藏高原地表水量平衡的分析与模拟;青藏高原边界层结构特征及形成机制;青藏高原云降水物理过程特征与大气水分交换以及青藏高原对流层-平流层大气成分交换过程及其影响。

专辑Ⅱ：青藏高原对季风和全球气候的影响。 作者：吴国雄、刘屹岷、黄建平、段安民、李跃清和杨海军等。 内容包括大地形的动力和热力作用对大气环流和气候的影响；青藏高原气候变化及其对水资源和生态环境的影响；青藏高原气溶胶对天气气候的影响；青藏高原对灾害天气的影响；青藏高原对海洋环流的影响及其气候效应以及青藏高原对区域和全球气候的影响。

专辑Ⅲ：青藏高原气候系统模式与数据同化及再分析。 作者：徐祥德、师春香、包庆、王斌、杨宗良、李建和何编等。 内容包括青藏高原地-气耦合气候系统模式发展；青藏高原数值模式参数化研究；青藏高原数值模式评估与应用；青藏高原资料同化方法研究以及青藏高原再分析数据集与共享平台。

上述各个专辑的作者都是该重大研究计划的重点项目或集成项目的首席科学家。 专辑在简要回顾相关领域研究成果的基础上，着重介绍重大项目开展以来的研究进展和取得的成果；并提出了青藏高原研究中有待深入研究的问题，展望学科未来的发展方向。 希望专辑的发表有助于进一步推动相关的学术交流，促进青藏高原天气气候影响的研究。

专辑的出版得到国家自然科学基金委员会重大研究计划"青藏高原地-气耦合系统变化及其全球气候效应"综合集成项目"青藏高原多圈层相互作用及其气候影响"（项目号 91937302）和战略研究计划（项目号 92037000、91937000）的支持。

周秀骥　吴国雄　徐祥德

2022 年 4 月 20 日

前言

　　大气运动是热力驱动的。虽然驱动大气运动的最终能源是太阳辐射，然而驱动大气运动的直接能源约三分之二来自地球表面。对大气的加热包括扩散感热加热、相变潜热加热和辐射加热。不同地区加热的差异形成大气压力的差异，从而驱动大气运动。起伏不平的地形除了机械作用，更重要的是通过加剧地区的加热差异，从而改变大气运动的状况。高耸的山脉白天接收更强烈的太阳辐射，向大气释放更多的感热加热，增强了大气的上升运动，形成更强烈的降水和潜热加热，从而更显著地改变了大气的运动。大地形上空的大气夏季受热上升、冬季冷却下沉，调控了大气环流的季节转化。全球山地面积占陆地总面积的约三分之二，可见大地形对大气运动具有重要的影响。

　　青藏高原是世界海拔最高的高原，对大气环流和天气气候影响的独特性和重要性毋庸置疑。自从 20 世纪 50 年代叶笃正先生开拓青藏高原气象学以来，气象学者对青藏高原的特征及其天气气候影响开展了大量的研究，取得了重要的进展。尤其在 20 世纪 80 年代以后，随着地基观测和空基探测技术的不断改善、计算科学技术的飞跃发展，以及理论研究的逐渐完善，人们对青藏高原的天气气候影响的认识更加深入。然而经济社会的快速发展对气象科学提出了更高的要求。为了更好地服务于经济社会的可持续发展，国家自然科学基金委员会于 2014 年批准了为期 10 年的重大研究计划"青藏高原地-气耦合系统变化及其全球气候效应"，围绕青藏高原地-气耦合系统变化，青藏高原-全球季风-海-气相互作用对气候变化的影响，以及气候系统模式、再分析资料和数据同化关键技术难题三个核心科学问题，在原有的研究基础上侧重开展综合性和协调性的研究。

　　本专辑在回顾早期研究进展的基础上，着重介绍上述重大研究计划开展以来有关青藏高原对季风和全球气候的影响的研究成果。

　　第 1 章概述大地形的动力和热力作用对大气环流和气候的影响。在介绍青藏高原的地理特点的基础上，回顾大尺度地形动力强迫和热力强迫的相对重要性的理论研究成果；介绍青藏高原感热气泵在亚洲季风环流季节变化中的作用；讨论青藏高原强迫对区域环流、定常波型和气候的影响。在总结青藏高原热力特征的基础上，集中讨论春季高原强迫与江南春雨的形成和亚洲夏季风爆发的联系，综述大地形对区域环流和亚洲夏季风的影响，包括有关青藏-伊朗高原动力阻隔影响亚洲夏季风的学术讨论。 最后给出亚洲夏季风本质的结论。

第2章介绍青藏高原气候变化及其对水资源和生态环境的影响。 青藏高原平均海拔4000 m以上，对全球气候变化非常敏感。 全球变暖大背景之下，1960年以来青藏高原地区总体气温显著升高，变暖幅度超过全球同期升温的2倍；青藏高原气候系统发生显著变化。 在回顾青藏高原自全新世以来气候变化以及现代气候变化的时空特征的基础上，概述了青藏高原气候变化对积雪、冻土、冰川、水资源、碳氮收支和生物地球化学循环过程，以及极端气候（事件）的影响，并提出应对青藏高原气候变化的措施建议。

第3章分析青藏高原气溶胶对天气气候的影响。 青藏高原位于东亚和南亚的交汇区，东亚和南亚是全球人为气溶胶的主要源地，且东亚地区还分布着塔克拉玛干沙漠和戈壁沙漠这两个最重要的沙尘源区，对青藏高原的大气环境产生重要影响。 青藏高原大气中的气溶胶可通过直接、半直接与间接效应，改变地-气系统的辐射收支和大气热力学结构，进而影响天气气候。 高原上空的气溶胶-云相互作用不仅对青藏高原局地降水产生影响，还能进一步影响下游地区的降水过程。 本章系统地总结了青藏高原气溶胶分布特征、主要源区及其传输，青藏高原气溶胶-云-降水相互作用，以及青藏高原气溶胶对天气气候和平流层的影响。

第4章讨论青藏高原对灾害天气的影响。 青藏高原不仅影响局地环流，在东亚独特的天气气候形成过程中也起到了非常关键的作用。 在全球气候变暖背景下，青藏高原引发的天气气候灾害呈现出多发、突发、剧烈和加重等态势。 长期以来，气象界对青藏高原影响我国灾害性天气气候开展了许多研究，开展了多次青藏高原大气科学试验，取得了许多重要进展，并应用于实际业务。 在分析高原天气学概况、高原热源与天气系统特征，以及简单回顾以往的相关研究进展的基础上，本章对重大研究计划实施以来青藏高原影响灾害天气的观测试验、基本特征、物理过程和异常成因等研究的成果进行概述，包括高原热力动力过程对低涡的影响、高原天气系统及其对天气的影响，以及相关的物理机制。

第5章阐述青藏高原对海洋环流的影响及其气候效应，属于青藏高原对全球气候影响的新的前沿领域。 古气候研究已经发现，高原附近的气候在青藏高原快速抬升时期也发生了巨大的变化，亚洲内部干旱加剧，印度季风和东亚季风建立；青藏高原在隆升的过程中，也伴随着全球海洋热盐环流的巨大调整。 本章概述了近期的研究进展，包括青藏高原对印度洋海温的分布和年际变化、太平洋海温年际变化，以及南极海洋的影响；揭示了青藏高原大地形隆升通过海-气相互作用重新塑造全球海洋热盐环流的机制，使我们从一个全新视角来认识青藏高原在这个星球上的地位。

第6章重点阐述国家自然科学基金委员会重大研究计划"青藏高原地-气耦合系统变化及其全球气候效应"实施以来有关青藏高原对区域和全球气候的影响的研究成果和近期国内外相关研究进展，包括青藏高原与伊朗高原的能量耦合和平衡及其对亚洲夏季风系统的影响；青藏高原环流特别是南亚高压的低频变化及其影响；高原和海-气相互作用对东亚季风变化、对南亚季风和中亚气候的影响，以及对全球环流和气候的影响。还介绍了最新的研究成果，揭示青藏高原地表位涡在刻画高原抬升加热及其天气气候效应方面的优越性。

本书成书过程中，吴国雄作为重大研究计划的负责人，负责图书的总体把关和设计，把握学术大方向，协调各个专辑之间的内容；刘屹岷负责图书的具体联络、组织校对修改、进度推进执行等工作。同时，为便于读者在今后工作中与各位专家联系，这里将本书各章节的主要作者列表如下。

前　言：吴国雄、刘屹岷

第1章：吴国雄、刘屹岷、何编等

第2章：段安民、游庆龙、胡蝶等

第3章：黄建平、赵庆云等

第4章：李跃清、齐冬梅、程晓龙等

第5章：杨海军、温琴、姚杰、陈志宏等

第6章：刘屹岷、段安民、毛江玉、任荣彩、姜继兰、何编等

后　记：刘屹岷、吴国雄

在本书撰写过程中，得到黄红丽编审及参加国家自然科学基金委员会重大研究计划许多专家学者的支持和帮助，在此表示衷心的感谢。

本书涉及多种学科、大量文献和资料，难免出现错误与疏漏，诚请读者赐教。

吴国雄　刘屹岷

2022年4月

目录

第1章
大地形的动力和热力作用对大气环流和气候的影响

地球表面布满了海洋和陆地,海洋大约占70%,陆地只占30%。陆地的30%里面,有2/3是山脉(图1.1)。突出的大陆尺度山脉有北美洲西部的落基山,南美洲西部的安第斯山,以及横跨欧亚大陆从西到东的阿尔卑斯山、伊朗高原、青藏高原和蒙古高原。

图1.1　全球地形分布图

作为世界上海拔最高、面积最大的一片高地,青藏高原的独特性和重要性毋庸置疑。全球有96座海拔超过7000 m的高山,其中就有94座围绕青藏高原分布。青藏高原在水资源、矿藏资源、地质研究、生态安全与可持续发展等诸多方面都具有举足轻重的国际意义。青藏高原作为一个陆地上的"水塔",其在陆地-海洋-大气相互作用过程中,对全球自然和气候环境产生深远的影响。因此,长期以来,青藏高原水分交换及其影响周边区域水资源状况一直是亚洲与世界各国政府与科学家关注的全球气候变化影响问题的一个重点。然而对世界影响范围最为广大深远、现实意义尤其重大的则是它对全球天气气候的影响。青藏高原调控亚洲的气候,驱动地球上最强大的季风——亚洲季风,影响旱涝的气候分布,激发极端的天气事件。在全球变暖背景下,天气气候灾害的突发性、频发性与持续性呈加剧趋势,青藏高原的影响亦变得更加复杂。研究青藏高原对世界天气气候的影响,已经成为具有全人类福祉意义的重大科学课题,成为当今国际大气科学领域的研究前沿。

本章以青藏高原为主体,概述大地形的动力和热力作用对大气环流和气候的影响。第1.1节描述青藏高原的地理特点。第1.2节比较大尺度地形动力强迫和热力强迫的相对重要性;讨论青藏高原强迫对区域环流、定常波型和气候的影响。第1.3节总结青藏高原热力特征及影响,包括高原热源的特征、南亚高压双模态和准双周振荡、青藏高原热力状况的年循环特征、冬季热源的年际变化及其影响,以及青藏高原热源年代际变化及其与中国东部降水的联系。第1.4节集中讨论春季高原强迫与亚洲夏季风爆发,包括江南春雨的成因和亚洲夏季风爆发。第1.5节综述大地形对区域环流和亚洲夏季风的影响,包括海陆热力对比对亚洲夏季风的影响、青藏-伊朗高原热力强迫对亚洲夏季风的影响、有关青藏-伊朗高原动力阻隔影响亚洲夏季风的讨论,以及青藏高原对东亚夏季风的影响。最后给出亚洲夏季风本质的结论。第1.6节介绍全书的章节安排。

1.1　青藏高原地理特点

1.1.1　青藏高原的宏观特征

青藏高原位于欧亚大陆的东部,东面是太平洋,南面是印度洋。青藏高原之所以对大气环流和全球气候有重要影响是由于其宏观特征和自身的特点决定的。青藏高原的宏观特征可以概括成五个"度"——尺度、经度、纬度、高度、坡度。

第一个特征是它的尺度特征。以青藏高原为主体的大陆尺度山脉横跨欧亚大陆,西边从地中海开始有阿尔卑斯山,向东连接亚洲的伊朗高原、青藏高原和蒙古高原,一直延伸到长江中游,横跨了欧亚大陆(图1.1)。青藏高原本身占了全国国土面积约1/4。当大气流经这么大的青藏高原上空的时候就会产生扰动,沿着西风气流往东传,影响整个北半球的环流和气候。

第二个特征是经度,就是东西向的分布。三条大陆尺度的山脉中,落基山位于北美大陆西部,阿尔卑斯山位于南美大陆西部,而青藏高原位于亚洲大陆东部。北美和欧亚大陆夏季是大气的热源,它们各自在低空激发出环绕大陆的反时针方向的气旋式环流。青藏高原和落基山夏季也是一个热源,它们也会在近地表产生环绕山脉的气旋式环流。北美大陆和落基山激发的气旋式环流在西部叠加,导致在西部盛行干燥的北风。因此,在夏季美国西部的加利福尼亚州都非常干燥,山火几乎年年发生。与此相反,欧亚大陆和青藏高原的气旋式环流在大陆东部叠加,南风盛行,从海洋上带来充沛水汽,造成夏季的季风降水强烈,在全球非常突出。亚洲季风降水会释放潜热,空气加热产生的扰动沿着西风向东传播,进而影响全球的天气气候。

第三个特征是纬度,就是它的南北位置。图1.2是沿着90°E剖面的纬向风的纬度-垂直分布图。冬季西风急流中心位于30°N,青藏高原及其上空盛行西风。一方面,青藏高原的阻挡使西风分为沿高原的南北两支,其在下游汇合形成强大的东亚西风急流。另一方面,地形侧边界在西风绕流背景下对大气产生向西的摩擦力(Thorpe et al.,1993),与青藏高原反作用于流经的西风对大气施加向西的负山脉力矩相结合,在青藏高原北面形成反气旋环流,在南面形成气旋环流。冬季亚洲中高纬度高空盛行的"两槽一脊"高度场的形成与青藏高原的影响密切相关。

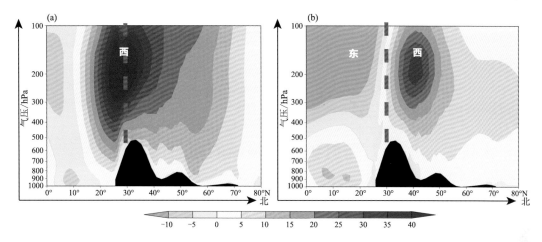

图 1.2　多年平均沿着 90°E 的纬向风(单位:m·s⁻¹)的垂直剖面图
(a)冬季 12 月—次年 2 月;(b)夏季 6—7 月

　　第四个特征是高度。青藏高原平均高度为 4 km,主峰喜马拉雅山高度接近 9 km,矗立在对流层高层。由于夏季青藏高原地区盛行上升运动,地面的污染物或者水汽等物质就可以通过上升气流从近地层一下子输送到中高层,甚至到对流层顶、平流层,影响全球的气候。

　　第五个特征是坡度。位于青藏高原南坡的尼泊尔,其南面离海表只有几百米,但是北面到达喜马拉雅山,高度超过 8 km,坡度很陡。青藏高原东南侧的横断山脉和东侧沿 105°E 一带坡度也很陡。由于大气中的水分有 85% 分布在 3 km 以下的近地面,而造成降水的云一般是在高空大气里面,所以需要有一种机制,把近地表 3 km 以下的水汽抬升到高空形成云,造成降水。青藏高原斜坡上的加热就像气泵一样把低空的水汽往上输送,形成大气中的云,造成降水,使青藏高原东南侧成为全球最强的降水区之一。

1.1.2　青藏高原的自身特征

　　青藏高原上有很多山峰,全球超过 7 km 的 96 座高山中有 94 座就在青藏高原地区。高原上湖泊很多,面积超过 1 km² 的就有 1000 多个,总面积占全国湖泊总面积一半以上。青藏高原冰量、雪量储存量占全国 85%。青藏高原四季分明,冬季降水集中在高原的西部和南部,占当地全年降水约 40%;到了夏天的时候,降水集中在青藏高原的东部和南部上。青藏高原号称"亚洲水塔",亚洲几大主要河流包括长江、黄河、印度河、澜沧江-湄公河、恒河等都发源于青藏高原,为世界上 40% 的人口供水。青藏高原植被齐全,是一个植物王国,包括阔叶林、针叶林,甚至草甸和苔藓地衣,植被齐全,不同的种类都有。青藏高原是全球陆地上增温最强的地方：在过去 50 a，全球平均增温大概是每 10 a 0.13 ℃；中国增温是每 10 a 0.22 ℃，比全球平均要高；青藏高原每 10 a 增温超过 0.4 ℃。还有一个很奇特的现象，青藏高原上的光照超乎寻常：通常到达地面的短波辐射量是通过太阳光被大气吸收后到达地面的辐射量，要比太阳光照强度弱。可是青藏高原的观测发现，由于周边山峰和云的附加反射和散射，某些地点测到的辐射量超过太阳光照（陆龙骅 等，1998），比太阳辐射高出 23%，甚至 1/4。

青藏高原通过其宏观特征和自身特征影响大气环流及其变化，进而影响天气气候的形成和异常。

1.2　大尺度地形动力强迫和热力强迫的相对重要性

20 世纪中叶以前，人们对地形影响的认识主要是其机械作用。Queney（1948）引入三个临界波数 $K_s = N/\bar{u}$，$K_f = f/\bar{u}$ 和 $K_\beta = (\beta/\bar{u})^{1/2}$，其中 s 为稳定度系数，N 为布伦特-维赛拉（Brunt-Vaisala）频率，$\bar{u}$ 为基流纬向风速，f 为地转参数，$\beta = \mathrm{d}f/\mathrm{d}y$。他根据地形的半径尺度 a 对一维地形波进行分类：

$$\begin{cases} 2\pi K_s^{-1} \leqslant a \leqslant 2\pi K_f^{-1} & \text{重力波或者重力惯性波} \\ a > 2\pi K_\beta^{-1} & \text{罗斯贝波} \\ \text{其他尺度} & \text{垂直减幅波} \end{cases} \quad (1.1)$$

由此指出地形激发的波动高压总是出现在迎风坡。Charney 等（1949）则指出，由于定常罗斯贝（Rossby）波的波长（$L_\beta = 2\pi K_\beta^{-1}$）约为 10^6 m，而大气中的行星波尺度为 10^7 m，因此，用 Queney（1948）相当正压模型所计算的行星波西行速度太快。他们在一个 33 个纬距的半波宽 β 平面中应用豪威兹（Haurwitz）方程，较为准确地再现了 40°N 附近大地形机械强迫所产生的行星波。

在二维平面空间上，Bolin（1950）和 Yeh（1950）研究了地形的作用，证明大气波动对地形水平尺度非常敏感：地形尺度减半则波动减幅超过 90%。而且大地形对背景西风有显著的分流作用，分流在下游汇合，对青藏高原下游东亚急流的形成起重要作用。周晓平等（1958）首先研究了地形坡度（$\partial\eta/\partial y$）效应对罗斯贝波波速 C_R 的影响，得到：

$$C_R = \bar{u} - (k^2 + l^2)^{-1}\left(\beta + \frac{fA^* g}{RT_\eta}\frac{\partial\eta}{\partial y}\right) \quad (1.2)$$

式（1.2）中，A^* 是一个常数，k 和 l 分别为 x 和 y 方向上的波数，T_η 为地形温度，η 为地形高度，R 为干空气比气体常数，g 为重力加速度。当地形高度 $\eta = 0$，上式与 Haurwitz（1941）给出的波速相同；再令 $l = 0$ 则为罗斯贝波波速。因此，当波动沿西风带东传遇到大地形时，其沿北侧的传播速度明显地快于南侧，导致南北向槽脊在地形西部断裂，在过地形时出现东北—西南倾斜。这很好地解释了大型天气系统过天山-帕米尔-青藏高原时常见的型态变异。关于青藏高原机械作用对大气环流影响的早期研究,叶笃正在《西藏高原气象学》(杨鉴初 等,1960)的第三篇中有全面回顾。

地形对波动的垂直传播也有十分显著的影响。Eliassen 等(1961)把"辐射边界条件"的概念引入该领域,证明大地形激发的行星波能够像重力波一样在垂直方向传播能量,这种垂直波动能量通量的辐合量等价于基本流向波动的动能转化。因此,地形波的能源应分为两部分:第一能源是地形表面的激发;而第二能源则是基流向波动的动能转化。他们还证明在西风带中,向极的热量输送伴随着波动能量的向上输送。因此,在数值模式中强加一个钢盖上边界将会严重地减少对流层中行星波向极的热量输送(Shutts,1983)。Charney 等(1961)、Smith (1979)和 Dickinson(1980)则研究了斜压大气中波的垂直传播问题。他们发现在东风基流中或者当西风太强时,向上传播的波动能量将被截获;只有在比临界西风小的西风基流中波动能量才能上传。据此,只有纬向波数 1 和 2 至多是 3 的行星波才能从对流层上传至平流层中。

叶笃正等(1957)利用稀少的测站资料,计算了大气热量平衡方程中的各项,评估了它们在冬、夏季节对大气热收支的贡献。他们指出,青藏高原在夏季是大气的热源,冬季除东南部外是冷源。几乎与此同时,德国学者 Flohn(1957)从探空资料发现夏季高原上空存在暖中心,由此推测青藏高原在夏季应为大气热源(该暖中心形成的真正原因见下面分析)。人们从而认识到地形不仅通过机械作用影响大气运动,还通过其加热作用影响大气环流。从此青藏高原气象学发展为一门新学科,青藏高原热源对大气环流和天气气候的影响也从此成为气象界研究的热门课题。其早期的研究成果已在《青藏高原气象学》(叶笃正 等,1979)书中全面概述。

20 世纪 80 年代以来,随着观测资料、再分析资料、数值模拟以及动力理论的深入发展,关于青藏高原影响的研究逐渐从"是什么"进入到回答"为什么"的动力学研究阶段。人们逐渐发现,尽管地形和海陆分布数千年来没有显著变化,但是作用于地形的大气环流时刻在变化。因此,大气受地形的反作用也时刻在变化。理论研究(Held,1983)指出,在基本气流很强时地形的机械作用比热力作用重要;在基本气流很弱时则地形的热力作用更为重要。诊断分析支持这一理论:图 1.2 表明冬季强大的西风气流正面吹向青藏高原,因此,高原的机械作用不仅成为波源激发出下游的罗斯贝波,影响其天气(见下一小节),还能够激发出庞大的非对称偶极型环流,影响亚洲的冬季气候格局(第 1.2.3 节),导致亚洲中纬地带内陆气温比沿海暖,形成印度干旱和中南半岛湿润气候以及华南持续春雨(Wu et al.,2007)。在夏季,青藏高原的热力抽吸犹如巨大的气泵,与海陆热力差异一起控制着亚洲夏季风(Wu et al.,2012c),影响着我国不同时间尺度的气候变异,与中国东部 20 世纪 80 和 90 年代持续"南涝北旱"(Liu et al.,2012;Wu et al.,2012b)密切相关。但是由于强迫源和大气环流之间的相互作用,大气的动力强迫和热力强迫并非是相互独立的。因此,下面介绍的动力强迫和热力强迫对大气环流和天气气候影响的重要性只是相对的。

1.2.1 动力强迫和热力强迫的相对重要性

在对数压力垂直坐标下,用于研究地形强迫的准地转线性模型的下边界条件是(Held et

al.,1990):

$$f(\bar{u}\partial_z v - v\partial_z\bar{u}) = -N^2 w = -N^2\bar{u}\partial_x h \tag{1.3}$$

式中,w 是垂直速度,h 是地形高度,$v=\partial_x\psi$,ψ 是地转流函数。通过分析发现,大气定常波随地形高度增加而增加的强度与式(1.3)左边两项的相对大小有关。当基本气流很小时,第一项可略,定常波的强度随地形高度呈线性增加。当基本气流增加到第一项不可忽略时,这种增加变成非线性。Held 等(1990)还利用大气环流模式进行固定1月外强迫(perpetual January)积分的理想化试验,研究线性模型中大气对地形与热力强迫的响应。在背景试验和敏感性试验中所使用的基本状态取自具有相同水平分辨率的、全海洋表面(水球)的相同积分,水球表面温度为给定的纬向平均海温。敏感试验和背景试验基本相同,但是对基本气流进行增强和减弱:通过将流速$(\lambda-1)u_s(\varphi)$(λ 为风速调整系数,φ 为纬度)添加到每层的平均流速 $u_s(\varphi)$中,计算了在一系列不同基本气流状态中定常波对外强迫的响应。其中 $u_s(\varphi)$是最低模型层中与纬度相关的平均纬向风,$0<\lambda<1.5$。因此,地表风被修改为其原始值的 λ 倍,而垂直风切变和温度场保持不变。图1.3绘制了(20°~70°N)区域平均、在300 hPa 处的均方根涡动位势高度(指示被强迫的定常波强度)对基本气流强度的依赖性。

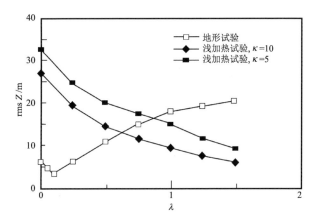

图1.3 线性模型中地形强迫和热力强迫的定常波的振幅(均方根高度 rms Z,其中 Z 为高度,单位:m)对纬向平均低层风强度($\lambda u_s(\varphi)$)的敏感依赖性,根据300 hPa 处的均方根涡动位势与文中定义的参数 λ 绘制。山的最大振幅为1 km,而垂直方向平均的加热率的最大值为 2.5 K·d^{-1}(引自 Held et al.,1990,图1)

从图中可见,与理论研究一样,对应低的风速(小 λ),涡动位势强度随风速增加而线性增加。在全球气候模式(GCM)的基本状态($\lambda=1$)时,低层风速已经足够大,方程式(1.3)左边第一项已经与第二项相当。此时与线性的偏离显而易见,涡动位势强度随风速(λ)增加呈现非线性增加。

为研究大气对加热的响应,Held 等(1990)对线性化的热力学方程求特解。当热源很浅薄时得到:

$$f v_p(z) = \overline{u^{-1}}(z)\int_z^\infty Q(z_1)\mathrm{d}z_1 \tag{1.4}$$

式中，$v_p(z)$ 为经向风的特解，u 为纬向风，z_1 为变量，与高度相关，Q 为非绝热加热。当热源不是很浅薄时也可以得到：

$$fv_p(z) = \bar{u}(z) \int_z^\infty Q(z_1) / \bar{u}^2(z_1) \mathrm{d}z_1 \tag{1.5}$$

假定基本西风随高度线性增加（$u = u_0 + z$），而给定的加热廓线在低于非绝热加热高度 h_Q 时加热为常数（Q_0，Q_0 为非绝热加热初始值）、在高于该高度时加热为零，Held 等（1990）得到加热强迫的定常波强度与加热区域顶部的平均西风强度成反比：

$$fv_p = \begin{cases} (h_Q - z)Q_0 / \bar{u}(h) & z < h_Q \\ 0 & z \geqslant h_Q \end{cases} \tag{1.6}$$

他们进一步使用同一个数值模式进行另外一个关于大气对于浅热源强迫的响应的敏感性试验。加热以 $Q = Q_0 \exp[-\kappa(1-\sigma)]$ 形式从地表面（$\sigma = 1$）向上，衰减系数 κ 选择两个值：5 和 10。加热的位置和形状与地形强迫的位置和形状相同。图 1.3 中给出加热强迫得到的 300 hPa 处均方根振幅与表面风强度的关系。与理论研究结果一样，振幅随着低层平均风力的减少而增加；对于较浅的加热，振幅的变化也更大。当 λ 从 0.5 增加到 0.75 时，如果地表西风强度增加 $= 2~\mathrm{m \cdot s^{-1}}$，从该线性模型中地形强迫的定常波振幅与热力强迫（当 $\kappa = 10$）的定常波振幅的比率增加了近 2 倍。说明低层西风越强，地形动力作用越大，热力作用越小；反之亦然：低层西风越弱，地形动力作用越小，热力作用越大。

由此 Held 等（1990）得出结论：中纬度地区对地形和浅热源的线性响应对低层平均西风的大小非常敏感。在地形强迫的情况下，当平均风在表面附近足够小时，线性化热力方程中经向平流的作用（$v'\partial \bar{T}/\partial y \propto v'\partial \bar{u}(z)/\partial z$，$\bar{T}$ 为时间平均的温度）超过了纬向平流的作用（$\bar{u}\partial T'/\partial x$，$T'$ 为时间平均的异常），并平衡了由于地形强迫上升而产生的绝热冷却（$N^2 w' = N^2 \bar{u}\partial h/\partial x$）。因此，大气的响应强度与 $\bar{u}$ 成正比。在温带加热的情况下，当加热较浅薄时，大气的响应随着 $\bar{u}$ 的减少而增加。由于地形强迫波和热力强迫波的振幅变化随低层西风的变化具有相反的符号，因此，它们的相对比例对低层平均气流特别敏感。在尝试使用线性理论来确定地形强迫和加热强迫对观测到的定常波的相对重要性时，必须牢记这种敏感性。

在关于北半球冬季定常波研究的回顾中，Held 等（2002）进一步从理论和模拟角度对冬季地形强迫定常波的线性和非线性结果进行比较。他们首先由一个大气环流模式模拟地形强迫的定常波（参见 Held 等（2002）图 7b），其中唯一的纬向不对称强迫是在下边界条件中引入孤立的、具有青藏高原尺度但是高度只有约 0.7 km 的中纬度山脉。然后与对同一地形强迫的线性响应结果（参见 Held 等（2002）图 7a）进行比较，发现在线性和非线性模型中冬季地形强迫的定常波具有如下的共同特征。青藏高原激发源能够激发出两束显著的波射线，初始波射线以向南分量的射线为主，这些射线迅速指向赤道，但是所有这些波都被热带吸收，没有传播或反射的迹象。而另一组射线最初指向北方，随后也沿着一个更大的圆圈进入更远的东部的热带。源区下游第一个槽位于源头以东；下一组是下游高压，只有从这一组高压才能观察到南北两支波射线的分离。由此证明线性模型能够定性合理地模拟冬季地形强迫对大气定常波的影响。

1.2.2 热力强迫

（1）青藏高原感热气泵和大气环流季节变化

通过对全球海洋-大气-陆面系统（Flexible Global Ocean-Atmosphere-Land System，FGOALS）气候模式的大气环流谱模式（Spectral Atmospheric Model of IAP/LASG，SAMIL）（Wu et al.，1996）的数值模拟结果和美国国家环境预报中心（NCEP）再分析资料的分析，吴国雄等（1997a）发现青藏高原上空的大气在冬季下沉并向高原低空四周"排放"。在夏季，高原低空四周的大气被高原"抽吸"上升，并在对流层上部向外排放。利用第二版面向研究和应用的现代再分析（the second modern-era retrospective analysis for research and applications，MERRA2）资料的重复计算证实有同样的结果（图 1.4）。由于巨大的青藏高原位于欧亚大陆中东部（70°～110°E）的副热带地区，这种周而复始的抽吸-排放作用和其所致的大范围的大气上升-下沉犹如一部巨型气泵，屹立在欧亚大陆中、东部的副热带地区上空，有效地调控着亚洲大气环流和气候季节变化，显著地影响着亚洲的冬季风和夏季风的形成和变化。进一步的敏感性数值试验表明，巨大的青藏高原气泵是由其地表感热加热所驱动的，并被定义为青藏高原感热驱动气泵（sensible heat driven air-pump，简写 SHAP）。在这组试验中，背景试验（CON）是 SAMIL 模式的气候模拟；敏感性试验（SEN）是 CON 试验中去除青藏高原高于 3 km 处的感热加热，3 km 以下的感热仍然保留，其目的是为了在保留亚洲季风区基本特征的基础上，去

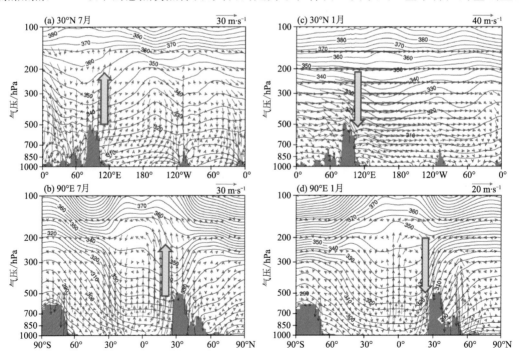

图 1.4　1986—1995 年 7 月（(a)、(b)）和 1 月（(c)、(d)）平均的位温（等值线；单位：K）和风场（矢量；单位：m·s⁻¹）沿 30°N（(a)、(c)）、沿 90°E（(b)、(d)）的剖面分布（改自 Wu et al.，2007）

揭示高原感热的重要作用。严格地说,SEN 中的高原的感热气泵仅处于低效的工作状态。通过比较高原 SHAP 处于高效状态的 CON 试验结果和处于低效状态的 SEN 试验结果发现,青藏高原的感热气泵效应是导致亚洲大气环流从冬到夏演变中出现季节突变的重要原因,也是维持亚洲夏季风的重要因素。在 SEN 试验中,亚洲夏季风周期还不及 CON 中相应周期的一半。结果还表明,高原 SHAP 在夏季使高原成为大气的负涡源,对维持高空的南亚高压起着重要作用,还通过激发罗斯贝波影响北半球的大气环流和气候。

(2)青藏高原的抬升加热对大气环流的抽吸作用

需要特别强调的是青藏高原上空的加热与平原地区尤其是海面上空的加热特征非常不同。图 1.5 是根据 NCEP/美国国家大气研究中心(NCAR)再分析数据集中的加热率资料绘制的 1986—1995 年 10 a 平均的 7 月青藏高原地区($80°\sim100°$E,$27.5°\sim37.5°$N)及孟加拉湾($80°\sim100°$E,$10°\sim20°$N)上空大气的加热率廓线图。高原上空的加热率廓线其最大加热层较低,接近高原表面,强度达 10 K·d^{-1}以上,主要是由于地表的感热加热(大于 11 K·d^{-1})所致。但纬度较低的孟加拉湾上空的加热率廓线在近地层小于 0,是由于低层水汽蒸发所致。离开近地层之上大气的加热率随高度增加,最大加热层接近 300 hPa,与凝结加热率廓线基本是一致的。显而易见,孟加拉湾地区上空大气加热主要来自凝结加热;而青藏高原上空的加热主要是来自地表的感热加热。

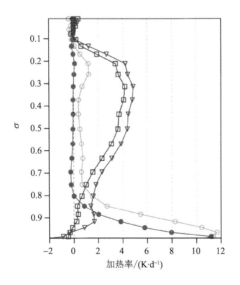

图 1.5 1986—1995 年 10 a 7 月平均青藏高原和孟加拉湾上空加热率廓线。空心圆和实心圆分别为高原上空平均的总加热率和垂直扩散加热率;▽和□分别为孟加拉湾上空平均的总加热率和凝结加热率(引自刘新 等,2001)

上述资料分析不仅证实了叶笃正等(1957)关于高原夏季是大气热源的发现,还指出其特殊之处在于这种表面加热是一种抬升加热。研究表明(Wu et al.,2015),青藏高原地表加热和平原地区地表加热对大气环流作用的最重要区别在于青藏高原的表面加热是抬升加热。这种抬升加热有两个重大作用。其一是对水汽抬升的影响。大气中的水汽约 85% 集中在 3 km

以下的近地层。而地表扩散加热随高度迅速递减,在 2 km 高度上已接近零;在此高度以上因地表加热所致的大气上升运动是借助于动力过流作用(吴国雄 等,2000;刘屹岷 等,2001),其强度已明显衰减,在离地面 4~5 km 高度处趋于零,在其下方则为等熵混合层。在抬升的高原地表加热中,这个混合层顶可到达 300 hPa(Yanai et al.,2006);而在平原地区,这个混合层顶在 500 hPa 以下。两者对水汽的抬升作用明显不同。其二是对局部加热抬升的作用不同。这是由于大气中的等熵面基本上为准水平分布,因此,绝热加热气块在大气中的运动是沿着等熵面的准水平运动。由于大地形高耸在大气中,它与大气低层的等熵面相切(图 1.4),这时高原侧边界的表面感热加热就像气泵一样能够产生显著的局部加热抬升。为了区分不同区域加热的作用,Wu 等(2007)基于大气环流模式 SAMIL 设计了一个敏感性数值试验(图1.6)。在一个水球中设定一条高度为 3 km 的梯形状的山脉,其底部面积为如图 1.6 中黑虚线所围的矩形区域,中心在(30°N,90°E)。然后设置了表面有(加粗红线)/无(没加粗红线)加热的四组试验:所有表面均有加热(ALLSH)、只有侧表面斜坡上有感热加热(SLPSH)、只有顶部高原台面(高度为 3 km)上有感热加热(TOPSH),以及所有表面均没有加热(NOSH)。图1.6 中给出前三组试验与 NOSH 试验的差异分布,以显示不同区域加热对上空上升运动(彩色区)及表面($\sigma=0.991$)风场(矢量)的影响。试验结果表明,在所有高原表面均有加热的场合(图 1.6a),不仅在高原上空有上升运动发展(尤以斜坡上的上升运动更为激烈),高原周边的气流还被"抽吸"并向高原辐合。仅有侧面斜坡加热的场合(图 1.6b)的结果与其相似,这时高

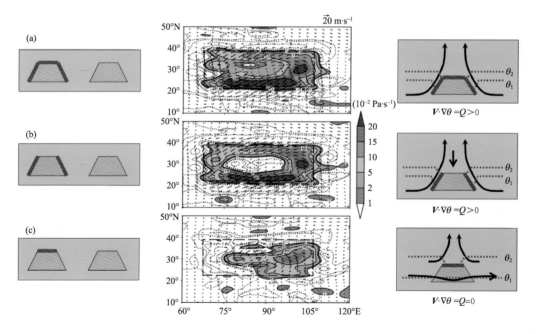

图 1.6 $\sigma=0.991$ 坐标面上的风速(矢量;单位:m·s^{-1})和垂直速度($-\omega$)(填色;单位:Pa·s^{-1})的差异分布。(a)ALLSH-NOSH;(b)SLPSH-NOSH;(c)TOPSH-NOSH。虚矩形表示给定梯形山脉的底部。左列为试验设计;右列为相关机制示意图;橘黄填色代表地形,加粗红短线表示给定了地表感热加热

(引自 Wu et al.,2007)

原对周边大气的抽吸和斜坡上的上升运动依然很强烈。但由于高原顶部没有加热,那里上空出现了下沉运动。在仅有高原台面上加热时(图 1.6c),高原对周边低空大气的抽吸消失,斜坡上的强烈上升运动也消失。如图右侧所示,其原因是大气质块沿等熵面水平运动进入高原坡面边界层时,一旦受热($Q>0$),质块能量增加,则有

$$\frac{\mathrm{d}\theta}{\mathrm{d}t} = Q > 0 \tag{1.7}$$

式中,θ 为位温,t 为时间。质块将从低位温层向高位温的高层运动,形成局地抬升和抽吸作用,如图 1.6a、b 所示。如果斜坡上没有加热($Q=0$),则质块沿着等熵面 θ_1 水平运动移向高原时,将保留在同一等熵面上,绕过高原形成绕流,如图 1.6c 所示。这时没有上升运动发展,没有抽吸作用。上述从水球理想试验得到的结论也得到 AGCM 试验的证实,这将在下面第 1.5 节加以描述。

1.2.3 高原强迫对区域环流、定常波型和气候的影响

如上所述,地形强迫和加热强迫对大气定常波的形成非常重要,其相对重要性受到西风基本气流的调控。通过定义一个"相当地形高度",Held(1983)比较了地形强迫和热力强迫的相对重要性,证明当西风气流很强时地形对大气环流的机械强迫作用是主要的;而当西风气流很弱时地形对大气环流的热力强迫作用更重要。对于第 1.2.1 节提到的线性模型中(图 1.3)的低层加热(当 $\kappa = 10$ 时),如果地表西风强度增加 $2 \, \mathrm{m \cdot s^{-1}}$,则地形强迫的定常波振幅与热力强迫的定常波振幅的比率显著地增加了近 2 倍。说明低层西风强则地形动力作用大,热力作用小;低层西风越弱则地形动力作用小,热力作用大(Held et al.,2002)。由图 1.2 知,冬季沿青藏高原的西风很强,夏季沿青藏高原的西风很小。因此,可以推断,冬季青藏高原对大气环流的影响以机械强迫为主,而夏季青藏高原对大气环流的影响则以热力强迫为主。

(1)冬、夏季节青藏高原强迫和定常型流场

关于大地形机械强迫作用对大气环流和气候影响的研究早在 20 世纪 50 年代就有许多成果(Bolin,1950;Yeh,1950;顾震潮,1951;杨鉴初 等,1960)。一系列理论研究则揭示了山脉对大气环流产生作用的条件和机制(Queney,1948;Wu,1984)。若干大气环流的数值模拟试验也研究了大地形机械作用在西风带槽脊分布形成中的作用(Charney et al.,1949)。

自从叶笃正等(1957)和 Flohn(1957)在 20 世纪 50 年代发现青藏高原在夏季是大气的热源以来,关于青藏高原的热力强迫对大气环流的影响已有一系列的研究(Luo et al.,1983,1984;Endo et al.,1994;Li et al.,1996;Wu et al.,1998)。青藏高原对亚洲夏季风的重要性也被诸多的资料分析和数值试验工作所证实(宋敏红 等,2000;郑庆林 等,2001;梁潇云 等,2005a,2005b)。本小节主要介绍王同美等(2008a,2008b)利用 NCEP/NCAR 30 a(1968—1997 年)的再分析资料研究的冬、夏季节青藏高原所激发的定常波型及其气候效应。图 1.7 为 1、4、7、10 月高原区域月平均非绝热加热率的垂直分布。冬季的高原加热表现为冷源,3 月低层由于地面感热增强开始出现正的加热(图略),4 月积分的总加热转为热源主要是因为低

层感热的迅速增长。感热在 6、7、8 月均维持较大值;季风爆发后潜热加热作用也显著增强,在 7 月达最大,总加热也在 7 月出现峰值,是感热和潜热释放共同作用的结果。夏季的潜热加热最大高度偏低,在 500 hPa 左右,这和 Fu 等 (2006)利用热带测雨卫星(TRMM)资料分析的结果相近。10 月的状况与 3 月类似,只有低层因感热加热为弱的正加热。

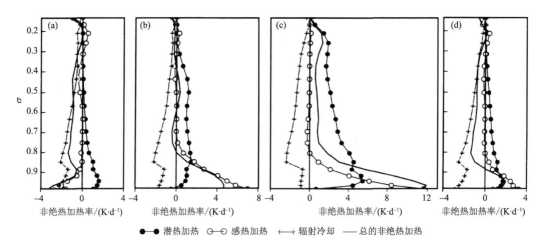

图 1.7　高原区域(80°~100°E,27.5°~37.5°N)平均的非绝热加热率的垂直廓线(引自王同美 等,2008b)

(a)1 月;(b) 4 月; (c) 7 月; (d) 10 月

　　图 1.8 是冬、夏季高原周围 500 hPa 纬向偏差流场和位温的分布。冬季(12 月—次年 2 月),因高原对西风流的阻挡、分流、绕流,偏差风场主要表现为以青藏高原为准对称的,南侧气旋/北侧反气旋的"偏极性偶极子"环流型,流线在位于中国东部的"东极点"辐合流入,在位于中东地区的"西极点"辐散流出。位于高纬的反气旋偏差环流致使高原西侧有暖平流向北输送,而东侧为冷平流向南输送,以至于位温场的西(50°E)、东(130°E)两侧在 40°N 有 10 K 的温

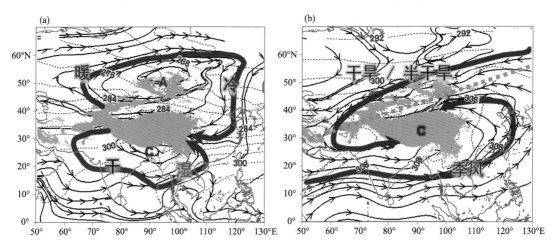

图 1.8　基于欧洲中期天气预报中心过渡期再分析(ERA-interim)资料的 1979—2010 年平均的850 hPa 的位温(单位:K)和纬向偏差流场的分布。(a)冬季平均数(12 月—次年 2 月);(b)夏季平均数(6—8 月)。

A 是反气旋,C 是气旋。阴影表示海拔超过 1800 m 的地方(引自王同美 等,2008b;Wu et al. ,2015)

差,在50°N位温差达14 K。同时,位于低纬的气旋性偏差环流在西侧将北方干冷空气向南亚输送,而东侧则将暖湿空气向北输送到中印半岛和我国西南地区。这种环流分布在季风爆发前对印度半岛干季和江南春雨的维持有非常重要的作用。夏季(6—8月)由于强大的高原加热,偏差流场在副热带地区形成环绕整个高原的气旋性环流,气流向高原辐合。夏季的高原是一个非常重要的涡旋发生地,低涡东移可引起长江流域的暴雨(陶诗言,1980)。

图1.8的偏差环流显然还包含了大尺度海陆热力差异的影响。但是比较数值试验(吴国雄 等,2005b)的结果发现,控制试验(看作实际状况)与将欧亚地形高度设为0的试验(有大尺度海陆热力差异但无高原地形)的差异基本上与图1.8相似,也就是说,形成类似于图1.8的这种差异环流形势,高原的作用(冬季绕流和夏季加热)才是其中的主要因素。

从差异流场的逐月演变(图略)还可以看到,一直到3月,冬季以高原为中心准对称的"偶极子"流型都非常明显。随着西风带北移、减弱,高原对西风绕流作用减弱,北侧的反气旋偏差环流向北向西移动、收缩,南侧气旋则向北推进。6月热力性的气旋式环流包围高原并加强,环流转换为夏季形势。9月开始北侧绕流反气旋再次出现在55°N附近。10月北侧绕流反气旋明显加强、南扩。11月南侧气旋性环流南移,之后再转为冬季的绕流偶极子型。在平均基本流的背景下,这种偏差环流的季节演变也反映了高原动力和热力作用随季节的变化:高原的动力作用对环流的影响主要发生在冬季,春季次之,夏季最弱;与高原加热作用的演变正好相反。

(2)青藏高原对7月副热带上升运动和降水的影响

吴国雄等(2004)回顾了夏季亚洲副热带地区非绝热加热、定常环流和气候分布的关系。图1.9给出了1980—1999年7月平均的沿32.5°N亚洲大陆非绝热加热及其各分量的高度-经向剖面,垂直方向取σ坐标。高原上空对流层低层垂直扩散(感热加热)是非绝热加热最主要的分量(图1.9a),强度最大可达每天10 K,随高度增加迅速减弱,到500 hPa附近(高原上空$\sigma=0.8$)消失。高原上空的潜热加热几乎存在于整个对流层(图1.9b),但与中国东部地区不同,其最大加热层次不是位于对流层中高层,而是出现在对流层低层,反映夏季高原上空旺盛的浅积云对流活动。同时,由于高原上空辐射冷却的强度(图1.9c)不足以平衡感热或潜热加热的任何一项,导致高原上空的气柱成为强大的大气热源(图1.9d)。高原西侧亚洲内陆地区降水稀少,潜热加热几乎为零,但近地层感热和中高层的辐射冷却造成这里近地层为较弱的大气热源,其上为大气冷源(热汇)。高原东侧东亚季风区上空的大气热源几乎完全取决于深对流加热,中低层的辐射冷却强度只有大陆中西部的一半左右,感热加热也远小于大陆中西部地区。因此,就自由大气而言,夏季副热带亚洲大陆西部为大气冷源,东部为大气热源,最强的大气热源出现在高原上空。感热加热是夏季高原上空近地层非绝热加热的基本形式,潜热加热在中高层则占主要地位。

根据热力适应理论(吴国雄 等,2000),高原上空这种非绝热加热的空间非均匀分布会激发出一个近地层浅薄低压和中高空深厚的南亚高压(李伟平 等,2001;Liu et al.,2001)。图1.10表示7月平均的沿32.5°N亚洲大陆经向风分量和垂直速度的气压-经度剖面。从该图

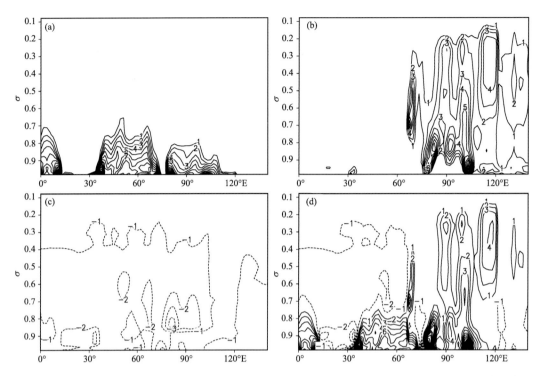

图 1.9　气候平均的 7 月沿 32.5°N 的非绝热加热垂直廓线。(a)感热加热;(b)潜热加热;(c)辐射冷却;
(d)总非绝热加热。等值线间隔为 1 K·d^{-1},零等值线略去。垂直方向为 σ 坐标,σ = 0.9 和 σ = 0.1
在高原上空分别约相当于 540 hPa 和 60 hPa

可看到,无论是伊朗高原上空还是青藏高原上空都有明显的表层浅薄的气旋式环流及高空深厚的反气旋式环流。两个反气旋中心分别位于 60°和 90°E 处,对应着下面将要提到的南亚高压双模态。另一方面,Wu 等(2003)指出,夏季副热带大陆及其邻近的海域上空的大气的主要加热呈现为 LOSECOD 四叶型加热:大陆西部以西的洋面上空以长波辐射冷却(LO−)为主;大陆西部上空以表面感热加热(SE−)为主;大陆东部上空以深对流凝结潜热加热(CO−)为主;而大陆东部以东的洋面上空存在双主加热(D−),即长波辐射冷却和深对流凝结潜热加热。该 LOSECOD 四叶型加热所激发出的大陆尺度环流在低层为气旋式,在高层为反气旋式。这种大陆尺度的背景环流在图 1.10a 中可明显看到。在 110°E 以东及 30°E 以西的大陆东、西两侧对流层中高层和对流层低层的风向相反:30°E 以西低空盛行北风,高空盛行南风,而 110°E 以东情况正好相反,低空南风,高空北风。也就是说,夏季亚洲副热带地区的环流可以简单地看成是伊朗高原和青藏高原加热所激发的热力环流嵌套在亚洲大陆尺度的热力环流上而形成的。这两种尺度的热力环流都是以低空的气旋式环流和高空的反气旋式环流为主要特征。低空北风和高空南风最大风速中心出现在 20°E 附近亚洲大陆西边界,次级中心出现在 60°E 附近高原西侧。另一方面,低空南风和高空北风中心则出现在 115°E 附近的大陆东边界,次级中心出现在 100°E 附近高原东侧(图 1.10a)。由于夏季沿该副热带涡度平流项 $\boldsymbol{V}\cdot\nabla\zeta$ 相对为小项可以略去,定常的涡度收支方程于是可简化为

$$\beta v+(f+\zeta)\nabla\cdot\boldsymbol{V}\approx 0 \tag{1.8}$$

式中,ζ 为相对涡度,$\boldsymbol{V}$ 为水平风速矢量。热力环流的东侧低空 $\nabla\cdot\boldsymbol{V}<0$,为气流辐合区;高空 $\nabla\cdot\boldsymbol{V}>0$,为气流辐散区。低层抽吸和高层辐散效应导致这里上升运动强烈(图1.10b),偏南暖湿气流在这里辐合上升,伴有较多的降水。同理,热力环流西侧低空为偏北干冷气流与辐散,高空为偏南风和辐合,为下沉运动区,造成这里气温高,降水少,气候干燥。图1.10b 中的上升运动分布与图1.10a 中的环流分布因此有很好的对应关系:对应着扎格罗斯山脉(50°E)、苏莱曼山脉(70°E)及青藏高原各有三组上升/下沉运动,且最强的中心均在近地层。而30°E以西及110°E以东的广大地区则分别有大范围的下沉和上升运动,且中心均在自由大气中。这种大陆尺度的上升/下沉运动因与地形强迫的上升/下沉运动的同相叠加而变得很强。因此,在北非和中亚形成高温干旱气候,而在东亚形成潮湿多雨的季风气候。

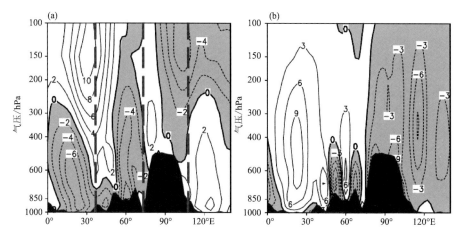

图1.10 气候平均的7月沿 32.5°N 的经向风剖面(a)和垂直速度剖面(b)。
等值线间隔分别为 2 m·s^{-1} 和 100 Pa·s^{-1},图中黑色阴影部分代表地形

青藏高原地形复杂,其激发的大气波动对局地气候型起着调节作用。图1.11给出了7月平均的亚洲地区 500 hPa 流场和垂直速度场、沿 32.5°N 的降水纬向分布、位温,以及由垂直速度表示的大气定常波纬向分布。500 hPa 上亚洲大陆副热带地区自西向东共有4个上升运动中心(图1.11a),分别位于高原西南部85°E附近、高原东南部100°E附近、中国东部115°E附近以及日本南部130°E附近,每个上升中心相距约15°,其位置对应于降水峰值区域(图1.11b)和波动的波峰(图1.11c)。段安民(2003)证明,地表加热激发出的波动在垂直方向是减幅的,而深对流激发的波动最大振幅在自由大气中。从图1.9和图1.11c 可以看出,伊朗高原和青藏高原地表有很强的感热加热,其所激发的扰动的振幅随高度迅速减小。而在东亚地区,最大加热在对流层中上层,波动的最大振幅也在对流层上层。由此也可看出与青藏高原相联系的夏季加热分布对高原及其下游地区的局地气候分布型也有重要的调节作用。

(3)青藏高原对低纬环流季节演变的影响

上述分析表明,高原的动力作用和加热作用在不同时期都有利于其南部地区形成气旋性低槽形势。王同美等(2008b)进一步分析青藏高原对低纬环流季节演变的影响:以 500 hPa 上

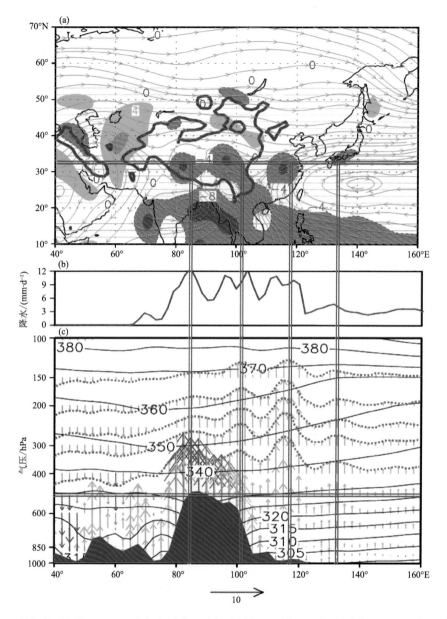

图 1.11 7 月气候平均的 500 hPa 流场和垂直运动场（阴影）(a)、沿 32.5°N 的降水(b)，以及位温（单位：K，实线）和由垂直速度（单位：-100 Pa·s^{-1}，矢量）表示的大气定常波的纬向分布(c)。(c)中阴影部分表示地形（引自段安民，2003；吴国雄 等，2004）

位于孟加拉湾北部的区域(80°～100°E，15°～20°N)平均位势高度减去 5800 gpm 定义印缅槽指数；取 850 hPa 层(65°～70°E，27.5°～37.5°N)/(105°～110°E，27.5°～37.5°N)处的散度代表气流在西/东极点的流出/入强度，二者之差定义为偶极子型指数(DMI)，反映高原动力作用的强弱；以 500～300 hPa 高原区域(80°～100°E，27.5°～37.5°N)平均温度代表高原上空热力状况。图 1.12 是三者的年变化曲线。图中的一个突出特征是青藏高原的 DMI 在冬春季的 2、3 月最强，在夏季的 8 月最弱；而热力状况指数正好相反，8 月最强，1 月最弱。印缅槽在两个极低指数点(强槽点)分别对应高原的强动力和强加热作用:2 月初的强低槽对应 DMI 的极大值,与冬季对西风带的强动力作用有关(动力低槽);而 7 月到 8 月初的最低指数点(强槽点)则和高原上空 500~300 hPa 平均的温度最高相对应,是与夏季青藏高原强大的加热相关联的热力性低槽。一年中印缅槽的两个高指数(弱槽)发生在 4 月第 4 候和 10 月第 5 候,为过渡季节阶段。印缅槽的半年周期在对流层低层其他层次也很明显(图略),但因冬季低层印缅槽强度受南亚次尺度地形和热力作用的影响明显(王同美 等,2008a),变化不像500 hPa 层这样出现冬夏季对称的形势。这种半年周期正好与高原的动力作用和热力强迫作用的此消彼长相对应。

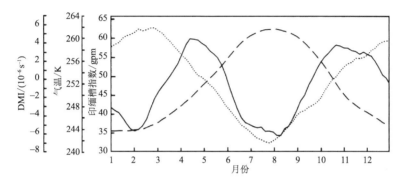

图 1.12 气候平均 500 hPa 印缅槽指数(单位:gpm,实线)、高原上 500~300 hPa 平均气温(单位:K,虚线)和 DMI(单位:10^{-6} s^{-1},点线)的年变化(引自王同美 等,2008b)

(4)青藏高原对热带地区热状况和经圈环流的影响

青藏高原对低纬度环流的影响,使得南部低纬地区东西两侧始终位于其绕流/加热作用产生的南风、北风的偏差环流下,因此,热带地区除存在明显的海陆热力差异外,同一纬度、分别位于高原东南和西南的次尺度陆地之间也有明显的热力差异。图 1.13 是 1、4、7、10 月印度半岛(75°~80°E,10°~20°N 平均)和中南半岛(100°~110°E,10°~20°N 平均)上月平均的感热加热和潜热加热的垂直廓线。从图中可见,印度半岛上空感热加热始终强于中南半岛;而除盛夏

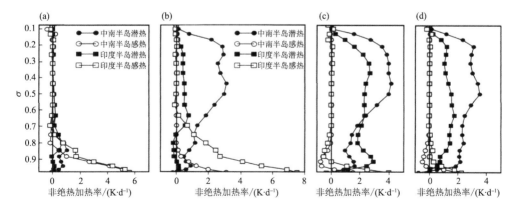

图 1.13 印度半岛和中南半岛平均的非绝热加热率的垂直廓线(引自王同美 等,2008b)

(a)1 月;(b) 4 月;(c) 7 月;(d) 10 月

季节的对流层低层外,中南半岛上的潜热加热总是大于印度半岛上空。特别是春季,两个半岛的热力状况表现为印度半岛以感热为主、中南半岛以潜热为主。这是由于中南半岛和印度半岛分别处于高原影响形成的槽前偏西南风和槽后偏西北气流中,偏西北辐散下沉气流使印度半岛天气晴好,地面太阳辐射感热强;而西南风暖湿气流则更有利于中南半岛上空的对流发展。

概言之,高原上垂直积分的总加热每年有两次冷、热源的转换:冬季冷源,4月转为正的加热,夏季热源,10月又转为负。加热率的垂直廓线表明,3月低层由于地面感热增强开始出现正的加热;4月的总加热转为热源主要是因为低层感热的迅速增长;季风爆发后潜热加热也迅速增强,7月出现峰值,夏季强大的高原加热由感热和潜热共同组成。在西风气流的年变化和青藏高原加热的年变化的共同影响下,青藏高原所激发的定常流型具有显著的季节变化。高原对西风的机械作用在冬季最强,春季次之。这种机械强迫作用形成以高原为轴,南侧气旋性、北侧反气旋性的"偶极型"偏差环流。随着西风带的北移和高原总加热在4月由负变正,南侧气旋性偏差环流增强并逐渐北移,6月形成气旋盘踞整个高原的夏季型。在高原南侧,青藏高原冬季绕流和夏季热力的接续作用导致孟加拉湾地区常年存在印缅槽;使得印度半岛的感热加热始终强于中南半岛,而中南半岛上空的潜热加热大于印度半岛。印缅槽的演变存在明显的半年周期,2月初和8月初的较强低压槽分别对应冬季高原绕流的最强和夏季高原加热的最强。对低纬经向风场的分析还表明,季风爆发前高原的热力作用尤为重要,是导致江南春雨的形成、亚洲季风最早在孟加拉湾东部爆发、最后在印度半岛爆发的原因。毫无疑问,青藏高原冬/夏季节的动力/热力作用在亚洲激发出显著的定常流型的季节变化,进而影响着区域气候。

夏季青藏高原的加热还可以通过激发出热带经圈环流从而影响南半球的大气环流和气候(叶笃正 等,1979)。周秀骥等(2009)利用欧洲中期天气预报中心(ECMWF)再分析资料分析了1958—2001年夏季亚洲季风区的气候平均经向-垂直环流。发现不管是在南亚季风区,还是在东亚季风区,经圈环流的方向都与哈得来(Hadley)环流的方向相反:深厚的上升运动位于北半球副热带青藏高原及附近地区,下沉运动主要在南半球中、低纬度。关于青藏高原夏季加热激发经圈环流和亚洲季风区上升运动的机制将在第6章介绍。

1.3 青藏高原热力特征及影响

1.3.1 青藏高原热源的特征

(1)平均态

"青藏高原热源"有两种不同的涵义。一种是指青藏高原上空整层大气的总加热率 Q_1 和湿加热率 Q_2(Yanai et al.,1973);另外一种是指青藏高原地面加热率(包括地面感热、凝结潜热加热和有效辐射)。Liu 等(2013)利用再分析数据研究副热带高压的季节变化和大气非绝热加热的关系。他们计算了大气的总加热率 Q_1。图 1.14 给出 7 月平均 200 hPa 的位势高度和大气总加热率的分布。除了强烈的热带加热外,热带外加热的一个独特特征是青藏高原上空的显著加热,其南坡的加热超过 300 W·m^{-2},强度与热带对流加热相当。与副热带其他地区弱的陆面加热源和海洋上空的热汇相比,如此强烈的副热带加热源显得尤为突出。而且这个强烈的加热发生在青藏高原南部陡峭的斜坡上,其对大气环流和大气水汽输送的重要性不言而喻。夏季 200 hPa 大陆尺度的南亚高压(SAH)位于欧亚大陆上空,其中心正好位于青藏高原的西南边沿上空,青藏高原加热的影响可见一斑。

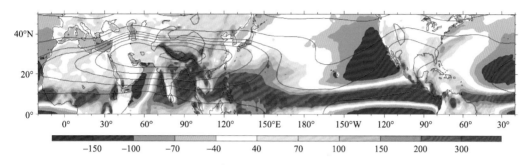

图 1.14　由再分析数据计算得到的 7 月平均 200 hPa 位势高度(等值线;单位:dgpm)和
大气总加热率(阴影;单位:W·m^{-2})(引自 Liu et al.,2013)

诸多学者利用中国气象局提供的站点数据计算高原地区的感热通量(叶笃正 等,1979;陈万隆 等,1984;Chen et al.,1985;Li et al.,1996;李国平 等,2000;Duan et al.,2008;Yang et al.,2011;王美蓉 等,2012)。这些研究是利用总体动力学公式:

$$\mathrm{SH} = \rho c_p C_\mathrm{H} V (T_\mathrm{g} - T_\mathrm{a}) \tag{1.9}$$

式中,ρ 为空气密度(单位:kg·m^{-3});$c_p = 1005$ J·kg^{-1}·K^{-1},为干空气比定压热容,下标 p 为气压;C_H 为热量拖曳系数,无量纲量;V 为 10 m 风速(单位:m·s^{-1});T_g 为 0 cm 地表温度(单位:℃);T_a 为 2 m 空气温度(单位:℃)。高原上 C_H 的参数化方案有很多种,主要归纳为两类。一类为常值类,对某些特殊地区,叶笃正等(1979)曾取 C_H 值为 0.008,但诸多研究表明高原一般地区 C_H 取常数 0.004(C_HC)更为合理(Chen et al.,1985;陈隆勋 等,1991;Li et al.,1996;Duan et al.,2008)。另一类是风速函数类,陈万隆等(1984)给出此类 C_H(C_HV)的表达式为:

$$C_\mathrm{HV} = \begin{cases} 0.00112 + 0.01/V & Z > 2.8 \text{ km} \\ 0.00112 + 0.01/V - 0.00362(p_\mathrm{s} - 720)/280 & Z \leqslant 2.8 \text{ km} \end{cases} \tag{1.10}$$

式中,p_s 为地面气压(单位:hPa);Z 为站点海拔高度(单位:m)。Yang 等(2011)比较了基于 C_HC 和 C_HV 计算的感热,发现它们的变化趋势相反。在计算感热时,密度 ρ 的取值也存在差异。有的研究取为常值 0.8 kg·m^{-3}(ρ_C)(叶笃正 等,1979;Duan et al.,2008;王美蓉 等,2012);有的则由干空气状态方程 $\rho_{RT} = p_\mathrm{s}/(RT_\mathrm{a})$ 确定(王慧 等,2010),其中 $R = 287.04$ J·K^{-1}·kg^{-1},为干空气比气体常数,T 为温度。但很少有研究分析这两种密度取值对感热计算的不同影响。已有诸多研究认为,在 20 世纪 80 年代到 21 世纪初,春夏季高原感热和风速均经历了

青藏高原对季风和全球气候的影响

一个显著的年代际减弱,而地温、气温和地-气温差均是增加的。而且在年代际时间尺度上,由于 C_H 取常值,密度相对变化很小,而风速的相对变化比地-气温差的相对变化大约大一个量级,所以他们定性地指出风速是感热年代际减弱的一个主要原因(Duan et al.,2008;Liu et al.,2012;王美蓉 等,2012;Yang et al.,2014)。

周秀骥等(2009)指出,就多年气候平均而言,高原地面加热在 5—6 月最大,在 12 月—次年 1 月最小,并且西部大于东部,南部大于北部;全年高原地面向大气输送 153 W·m^{-2} 的热量。而 Q_1 在 4—9 月期间为热源,其他月份为冷源,其中热源最强在 6—7 月,为 75 W·m^{-2} 左右,而冷源最强在 12 月,为 -72 W·m^{-2}(图 1.15)。春季地面感热是大气从冷源变为热源的主要贡献者,夏季凝结潜热大幅度增加,成为与感热同样重要的加热因子。因此,青藏高原对大气的加热作用主要表现在春季和夏季(Zhao et al.,2001;赵平 等,2001;周秀骥 等,2009)。

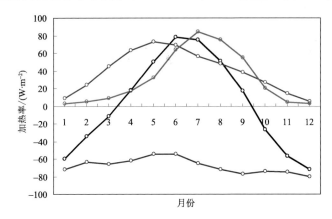

图 1.15　1961—1990 年青藏高原区域大气热量源汇(黑色)、地面感热(红色)、降水潜热(绿色)和辐射加热(蓝色)月平均值的气候特征(引自周秀骥 等,2009)

(2)青藏高原东西部热源比较

青藏高原上的大气热源在冬季为负,在夏季为强正,最大加热率位于高原西部的地表附近,达每天 12 K(图 1.16)。在冬季,凝结加热主要发生在高原西部上空,不过它很弱,无法补偿长波辐射引起的局部冷却。在夏季,其他过程对于青藏高原强热源的形成有重要贡献,最强的感热加热(SH)在地表附近,每天约 10 K,其次是大尺度凝结潜热加热,而与深对流相关的潜热主要发生在对流层上部,每天小于 2 K。长波辐射加热的剖面清楚地表明,不管是冬季还是夏季,青藏高原西部和东部在高度 $\sigma=0.85$(对流层的低层)以下均存在显著的逆温层。

Zhao 等(2000,2001)和赵平等(2001)用青藏高原地面观测站资料建立了计算地面感热、蒸发潜热和辐射相关参数的经验计算公式,并应用于计算青藏高原地面加热各分量的月平均值,比较了高原东、西部之间大气视热量源/汇 Q_1 的特征,结果表明:在 2—5 月高原西南部的 Q_1 值都明显大于同期高原东部的值,特别是在 3 月西南部的值比东部的值大 30 W·m^{-2};在 6—9 月高原东部的 Q_1 大于西部的值,7 月东部比西南部大 40%。西南部在 3—9 月期间为热源,其他月份为冷源,热源最强在 6 月,其值为 75 W·m^{-2},冷源最强出现在 12 月,其值为 -75 W·m^{-2};高原东部大气热源从 4 月才开始,比西南部晚一个月,也同样持续到 9 月,最强

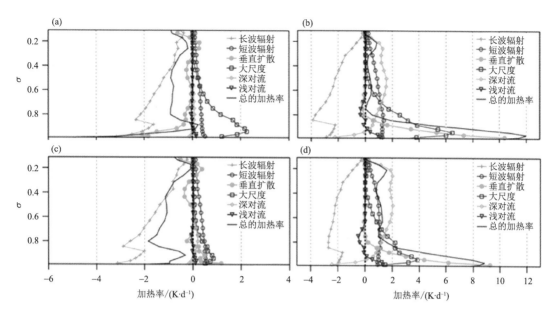

图 1.16　1 月((a)、(c))和 7 月((b)、(d))气候平均的青藏高原西部(70°～90°E,20°～40°N;((a)、(b)))和东部 (90°～110°E,20°～40°N;((c)、(d)))海拔高于 1.5 km 处的不同大气加热率的垂直廓线(引自 Wu et al.,2019)

在 7 月(比西南部也要迟一个月),其值为 81 W·m^{-2},因此,东部冷源时间要比西南部长一个月。东部的冷源最强也在 12 月,其值为−71 W·m^{-2}。在季节转换中,高原西南部 2 月、3 月的 Q_1 值增加最明显,而东部地区 Q_1 值增加最明显是在 4～6 月。

(3)青藏高原热源的季节变化和随地面海拔高度的变化

Zhao 等(2001)分析了 1961—1990 年的 30 a 平均月青藏高原 Q_1 值空间分布的季节变化特征。冬季 1 月为冷源,由于高原西南部地面感热大幅度增加,造成 2 月、3 月 Q_1 值增加明显,使得 3 月在喜马拉雅山北坡形成热源中心,此后该中心逐渐加强,并且有两次明显地向西移动,第一次发生在 4 月,在错那附近的加热中心明显向西移至西藏的拉孜附近(88°E 左右),中心值增加到 81 W·m^{-2};5 月整个青藏高原几乎都变成为大气热源,西南部原来的最大加热中心仍然在拉孜附近;进入 6 月,高原上的最强加热中心位于四川西部的九龙地区,而西南部的最大加热中心已从拉孜向西移至普兰地区(81°E 左右),这是第二次明显西移,此中心在该月达到高原西南地区全年最强。7 月,西南部的热源开始减弱,中心向东退到 85°E 附近,然后一直到 10 月该中心维持在该地区,其中心值逐渐减小。从 8 月起,整个高原地区的大气热源都开始减弱,到 10 月,高原绝大部分地区已变为大气冷源。

以上研究均是针对某个海拔高度以上的感热进行分析。于威等(2018)利用 1979—2014 年高原 79 个站点逐日常规资料分析了不同季节和不同海拔上青藏高原地表感热的气候态特征以及热量拖曳系数和密度对地表感热计算的影响,并研究了高原地表感热在年际、年代际以及趋势变化上的时空分布特征。获得了如下若干有意义的结果。春季,SH、V 和 T_g-T_a 均随高度上升而增加,最大值分布于 H_{3000},分别为 64.21 W·m^{-2}、2.73 m·s^{-1} 和 4.39 ℃,最小值位于 $H_{1500\sim2000}$,分别为 58.05 W·m^{-2}、2.41 m·s^{-1} 和 3.76 ℃。Duan 等(2014)和 Wu 等

(2017)指出气候态下高原春季 V 随高度上升而增加,T_g 和 T_a 均随高度上升而减少,但 T_g 比 T_a 减少慢,所以 $T_g - T_a$ 也随高度上升而增加。因为 SH 取决于 V 和 $T_g - T_a$ 的乘积,故 SH 也随高度上升而增加。这是由于在对流-辐射平衡(CRE)约束下(Molnar et al.,1999),T_g 的垂直递减率大约为 3 ℃·km^{-1},小于标准大气垂直递减率 6 ℃·km^{-1}。夏秋两季的 SH、V 和 $T_g - T_a$ 也均随高度上升而增加。冬季,SH 和 $T_g - T_a$ 最大值均出现在 $H_{1500\sim2000}$,分别为 29.18 W·m^{-2} 和 1.62 ℃,最小值均位于 $H_{2000\sim3000}$,分别为 24.98 W·m^{-2} 和 1.16 ℃;V 随高度上升而增加,最大和最小值分别为 2.19 和 1.91 m·s^{-1}。

就高原整体而言,SH 和 V 均在春季最大,分别为 60.42 W·m^{-2} 和 2.59 m·s^{-1},在秋季最小,分别为 27.49 W·m^{-2} 和 1.80 m·s^{-1},其中 SH 冬季的值与秋季相当;$T_g - T_a$ 的季节变化与张文纲等(2006)结果一致,最大和最小值分布于夏季和冬季,分别为 4.50 和 1.39 ℃。这是因为夏季湍流交换最强,冬季湍流交换最弱的缘故(杨志 等,2010)。年平均状况而言,高原 79 个站点区域平均的 SH 为 39.22 W·m^{-2},大约为叶笃正等(1979)所给值的一半,比 Yang 等(2011)的结果小 15 W·m^{-2} 左右,但与 Duan 等(2008)和王美蓉等(2012)等得到的 40 W·m^{-2} 基本相同,这主要与计算方案和 C_H 的选取有关。

以上分析表明,总体来说,1979—2014 年高原感热、风速以及地-气温差随着高度上升而增加。春季,感热从 $H_{1500\sim2000}$ 的 58.05 W·m^{-2} 增加到 H_{3000} 的 64.21 W·m^{-2}。季节变化规律表现为:感热和风速均在春季最大,秋季最小,感热在冬季的值与秋季相当,地-气温差最大和最小值则分布于夏季和冬季。

概括之,青藏高原抬升加热具有显著的季节性和高度依赖性。其上空的大气加热在所有季节都依赖于海拔高度。潜热加热(LH)在夏季达到最大值,在冬季达到最小值,并且在所有季节中随高度而降低(图 1.17a),因为高度低的边界层的水汽含量大于高度高的边界层的水汽含量。另一方面,感热加热(SH)在春季达到最大值,并且除了受冬季高原上不均匀积雪的影响以外,全年 SH 随地形高度的增加而增加(图 1.17b)。SH 随高度的增加部分是由于风速随高度增加(图 1.17c),部分是由于陆地表面和地表空气的温差($T_g - T_a$)随高度增加(图 1.17d)。感热随高度的增加对驱动大气环流具有重要意义。

(4)青藏高原热源的年循环和日变化特征

Zhao 等(2018)使用最新的青藏高原观测资料和卫星数据去研究青藏高原上空大气总加热源 AHS 的各种组成部分的年循环和月方差(图 1.18)。结果表明,在春季特别是在 3 月和 4 月,感热 SH(50~70 W·m^{-2})比潜热 LH(5~20 W·m^{-2})大得多时,SH 在 AHS 中占主导地位。5 月,SH 达到全年的峰值。然而,随着雨季的到来,LH 在 5 月和 6 月迅速增加,并在 5 月下旬和 6 月初超过 SH。LH 在 7 月与总热源一样达到顶峰,而且整个夏季都超过了 SH,因此,成为 AHS 最重要的组成部分。净辐射通量全年表现为降温效应,但春季和夏季(-70~-40 W·m^{-2})的冷却效果小于秋季和冬季(-110~-80 W·m^{-2})。春季 SH 的方差大于 LH 的方差,5 月的数值最大。夏季 LH 的方差大于 SH,8 月达到 300 W·m^{-2} 的峰值。这些结果与台站观测和再分析产物所揭示的特征一致(Wang et al.,2012)。

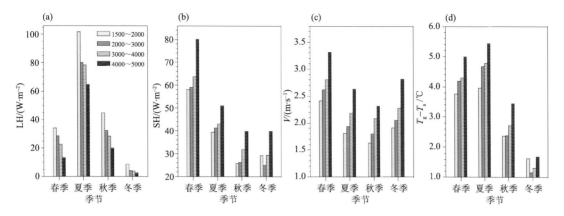

图 1.17　1979—2014 年期间春季(MAM)、夏季(JJA)、秋季(SON)和冬季(DJF)158 个站点平均凝结潜
热(LH,单位:W·m^{-2})(a)、局地表面感热通量(SH,单位:W·m^{-2})(b)、地表风速(V,单位:m·s^{-1})(c)
和地-气温差($T_g - T_a$,单位:℃)(d)随海拔高度的变化。蓝色、绿色、黄色和红色条形分别表示地形高度
为 1.5~2.0、2.0~3.0、3.0~4.0 和 4.0~5.0 km 的区域(引自 Liu et al.,2020)

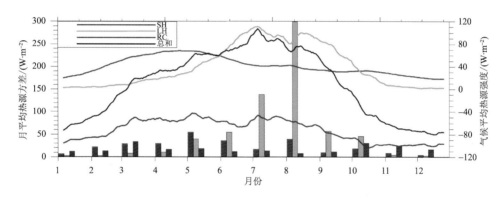

图 1.18　由 73 个台站的平均观测数据计算得到的青藏高原上空大气热源每个分量的气候平均值(实线)和月方
差(柱条),红色表示 SH,绿色表示 LH,蓝色表示辐射加热 RC,黑色表示它们的总和(引自 Zhao et al.,2018)

空间分布的特征在不同的时间尺度上也是多样的。在春季,SH 在青藏高原(TP)的西部
和东南部很大,但在北部很小。然而,在夏季,SH 在南部很小,但在西部和北部很大。春、夏
季 SH 的经验正交函数(EOF)分析的第一个模态显示,南北在年际时间尺度上存在反相分布;
在年代际时间尺度上,主体与高原东北部之间呈现出另一种反相分布。研究结果还表明,对于
SH 的年际和年代际变化,密度或阻力系数变化的影响不显著,而主要贡献者是地表风速(V)
的变化以及陆地表面和地表空气($T_g - T_a$)的温差的变化。

在 5 月初亚洲夏季季风开始之前,青藏高原上的表面感热加热 SH 远大于自由大气中的
潜热释放 LH,SH 通量也远大于与地面蒸发相关的表面潜热通量(图 1.19a)。在夏季季风开
始后,LH 成为青藏高原上空最大的加热分量,这与深厚对流层加热层有关(图略)。

图 1.19 给出青藏高原区域(25°~45°N,65°~105°E;高度>2000 m)1984—2007 年平均的
各加热分量的年循环及日变化(Zhao et al.,2018)。青藏高原感热加热 SH 的一个显著特征

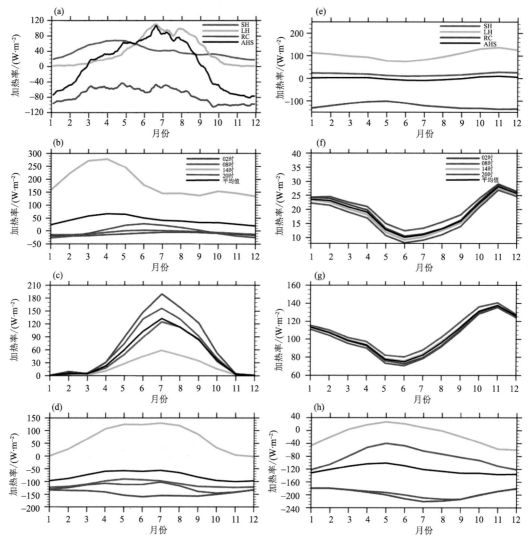

图1.19 青藏高原区域(25°~45°N,65°~105°E;高度>2000 m)1984—2007年平均的各加热分量的年循环和日变化。(a)SH(红色)、LH(绿色)、RC(蓝色)和总大气热源AHS(黑色);(b)SH的昼夜变化;(c)LH的昼夜变化;(d)RC的昼夜变化。(b)—(d)中蓝色、红色、绿色、紫色和黑色曲线分别表示02、08、14、20时(当地时间,LST)和日均值;SH和LH是根据73个台站观测计算的,RC来自全球能量和水分交换计划-SRB(GEWEX-SRB)卫星数据。(e)—(f)与(a)—(d)相同,但为东北太平洋(25°~45°N,170°~130°W)的平均,其中SH(f)和LH(g)的资料取自日本再分析-55(JRA-55)

(引自Zhao et al.,2018)

是昼夜变化比年变化大得多。每日最大值通常出现在当地的下午,在季风开始之前的3月和4月达到约280 W·m⁻²,而最小值通常出现在夏季的午夜和冬季的傍晚(图1.19b)。最大的昼夜变化约为300 W·m⁻²,发生在3月和4月,而150 W·m⁻²的最小日变化出现在12月(图1.19b)。昼夜和年较差大小都从西北向东南逐渐减弱,而半干旱的青藏高原西部年循环比潮湿的高原东部滞后约一个月。青藏高原上由于冷凝而释放到大气中的潜热LH具有强烈的年循环变化,最强的加热发生在 7 月,而在冬季非常弱(图 1.19c),并且无法补偿由于长波辐射引起的局地冷却。有趣的是,几乎全年最大降水量都发生在夜间,峰值时间为当地时间凌晨 02 时,最小 LH 出现在下午。另一方面,辐射加热气柱净辐射通量辐合(convergence of net radiation flux of the air column,RC)在下午最强,在当地时间 20 时、02 时和 08 时(图 1.19d)要小得多。

与同纬度地区的其他地区特别是在东北太平洋相比,青藏高原的昼夜循环和年循环都显示出显著差异(图 1.19e、f)。虽然海洋区域的 RC 在夏季和下午也达到峰值(图 1.19h),但 SH 和 LH 在冬季达到最大值。与青藏高原相比,各种加热率的昼夜变化非常小(图 1.19f、g)。这使得海洋区域的大气总加热 AHS 的年循环幅度变得非常小,与青藏高原上的形成鲜明对比(图 1.19e)。

1.3.2 青藏高原加热和南亚高压双模态及准双周振荡

(1)夏季青藏高原加热和南亚高压双模态

青藏高原还通过其动力和热力作用影响夏季南亚高压的形态和变化。南亚高压是夏季位于青藏高原上空对流层上层的行星尺度的副热带高压系统。南亚高压的东西振荡是盛夏高层副热带环流的一个明显特征。陶诗言等(1964)最早指出,夏季南亚高压有围绕青藏高原作往返振荡的趋势。罗四维等(1982)利用多年历史天气图资料以 100°E 为界划分了东部型、西部型和带状型南亚高压,该分型被广泛地应用于天气学分析中,并明确地将东、西部型高压的相互转换称为南亚高压的东西振荡,这种振荡基本上是一种中期天气过程,具有明显的天气学意义。后来朱抱真等(1984)通过资料分析,依据南亚高压在不同的经度位置对高原地区的降水和积云对流以及印度季风的影响,划分了伊朗型高压以及以 90°E 为界的东型青藏高压和西型青藏高压。

关于南亚高压东西振荡的机制,主要存在两种看法:一种看法强调了热力作用,认为青藏高原的加热作用使副热带流型发生调整,并在东部平原潜热加热的影响下,导致南亚高压发生东西振荡(刘富明 等,1987)。另一种看法强调了环流之间的相互作用,认为当南亚高压周围的环流发生调整,就会导致南亚高压产生东西振荡(孙国武 等,1977)。张可苏等(1977)通过转盘试验发现南亚高压的形成原因主要是热力的,而它的大范围移动的主要原因是动力的。

张琼等(2001)、Zhang 等(2002)通过对 NCEP/NCAR 的月平均和候平均资料的统计分析发现,夏季南亚高压的一个主要气候特征是南亚高压中心在经度位置上的双模态分布(图 1.20)。从逐候统计结果来看,南亚高压中心主要集中在青藏高原和伊朗高原上空,而很少出现在 70°~80°E,依此将南亚高压划分为青藏高压模态和伊朗高压模态。图 1.20b 和图 1.20c 分别是合成的青藏高压和伊朗高压的环流场。他们指出气候意义上的南亚高压双模态与以往天气学意义上的南亚高压的东西振荡无论从时空尺度还是维持的物理机制均有显著的不同。

从图 1.21 可以看到青藏高压和伊朗高压在垂直结构上的异同点。其共同的特征体现在

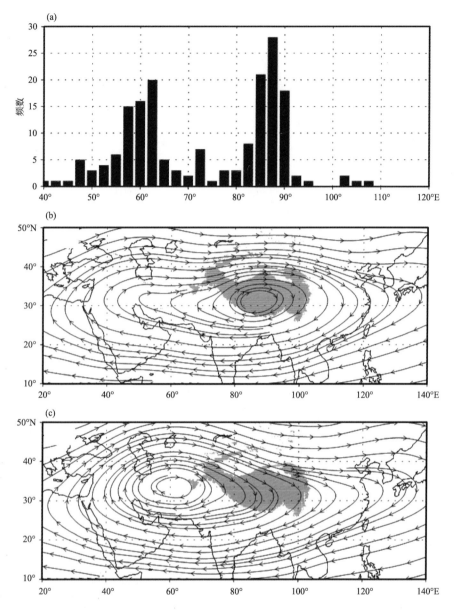

图 1.20　1980—1994 年盛夏 7、8 月共 180 个候的 100 hPa 南亚高压中心频数随经度的分布(a)，以及合成的 100 hPa 青藏高压(b)和伊朗高压(c)环流图。180 个候中共有 77 个青藏高压型、62 个伊朗高压型 (引自 Zhang et al.，2002；吴国雄 等，2004)

位温的垂直异常结构(图 1.21b、d)，在 100 hPa 处高压中心是冷中心，而 200 hPa 以下是暖气柱，即高层的高压中心总是处于暖气柱上空，体现了其"趋热性"。所不同的是，青藏高原上空的暖气柱对应强的上升气流(图 1.21a)，而伊朗高原上空的暖气柱对应下沉气流(图 1.21c)。

　　Zhang 等（2002）还通过对热力学方程各项的诊断发现，青藏高压上空气柱的加热主要来自于强的非绝热加热，尤其是近地层加热(图 1.22b)，上升冷却对此有补偿作用(图 1.22a)。在伊朗高原上空对流层低层的加热来自于地表非绝热加热(图 1.22d)，但对流层中高层气柱

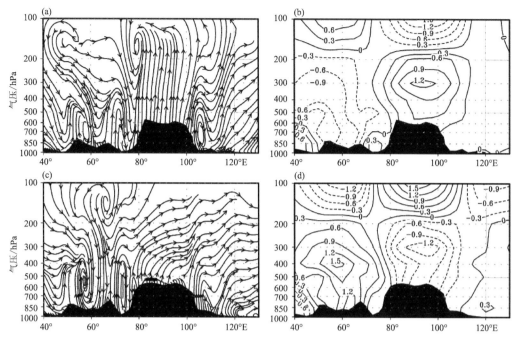

图 1.21　对应于 77 个青藏高压型((a)、(b))和 62 个伊朗高压型((c)、(d))的垂直环流和位温异常的沿 30°N 的
　　　　气压-经度剖面合成图,(a)和(c)为垂直纬圈环流,(b)和(d)为位温(单位:K)异常(引自张琼 等,2001)

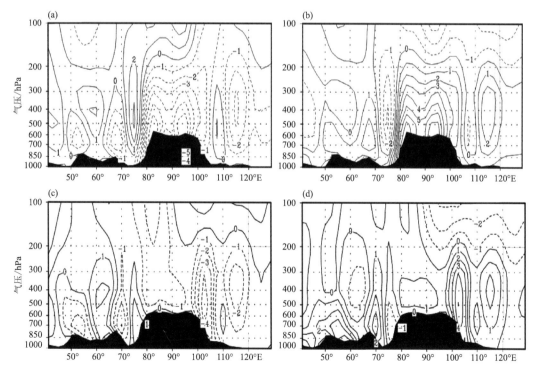

图 1.22　对应于 77 个青藏高压型((a)、(b))和 62 个伊朗高压型((c)、(d))的垂直对流项和非绝热加热项沿
30°N 的气压-经度剖面合成图,(a)和(c)为垂直对流项(单位:K·d^{-1}),(b)和(d)为非绝热加热项(单位:K·d^{-1})
(引自 Zhang et al.,2002;吴国雄 等,2004)

的增暖主要由绝热下沉增温造成(图 1.22c)。因此,南亚高压双模态的维持主要取决于青藏高原以及周围地区上空大气的热力状况。双模态之间发生相互转换的机制还有待于通过数值试验进行进一步的研究。

陶诗言等(1964)指出,夏季南亚高压与 500 hPa 西太平洋副热带高压(简称西太副高)的进退有紧密联系,二者有相向和相背而行的趋势。相向而行是指南亚高压东部型在建立的过程中,西太副高也有一次西伸北上过程。反之,相背而行是指南亚高压西部型在建立的过程中,我国大陆东部的西太副高常向东南撤。张琼等(2001)通过再分析资料进一步拓宽了这一对应关系,指出对应于南亚高压的双模态的分布,500 hPa 环流图上不仅西太平洋副热带高压的东西分布存在差异,伊朗副高的东西分布也存在差异,导致整个亚澳季风区出现大范围的气候异常。当南亚高压偏东呈青藏高压模态时,孟加拉湾地区和青藏高原南部、中国南海,以及长江流域至日本南部地区降水偏多,印度和朝鲜半岛地区的降水偏少。当南亚高压偏西呈伊朗高压模态时,降水异常的分布正好相反。

概言之,盛夏季节副热带大陆的加热使大气低层出现低压,高层出现高压,于是大陆东部受上升运动控制,西部受下沉运动控制。高原强烈的地表加热也使高原上空出现浅薄的表层低压和深厚的中上层高压,因此,高原及其东侧为上升运动,西侧为下沉运动。副热带的环流因而表现为在洲际尺度的热力环流上叠加同位相的高原热力环流,从而加剧东亚的夏季风气候及中亚的干热气候。

盛夏亚洲大陆上空的南亚高压具有双模态:青藏高压模态和伊朗高压模态,两者均具有趋暖性的特征。然而青藏高压模态以上升运动和非绝热加热为特征,而伊朗高压模态则以下沉运动和绝热加热为特征。青藏高压模态对应着孟加拉湾地区和青藏高原南部、中国南海,以及长江流域至日本南部地区降水偏多,印度和朝鲜半岛地区的降水偏少;而伊朗高压模态对应着相反的降水异常分布。青藏高原对亚洲夏季气候影响是显而易见的。

(2)夏季高原加热和南亚高压准双周振荡

Liu 等(2007)证明青藏高原夏季的强加热能激发纬向非对称斜压不稳定发展,产生南亚高压的东/西部型双模态及准双周振荡。

早在 20 世纪 60 年代,我国和日本的科学家就发现,青藏高原附近包括对流层高层的南亚高压等系统的活动存在准双周振荡,南亚高压存在东部型和西部型。但环流如此变化的机理不清楚。随着纬向非对称斜压不稳定理论的最新发展,Liu 等(2007)将其引入南亚高压变异的研究中,证明南亚高压变化的准双周振荡与高原上空的加热有关。他们利用里丁大学原始方程模式中等复杂程度全球气候模式(Intermediate Global Climate Model,IGCM)进行数值试验,图 1.23 给出初始场取纬向对称环流、在"真实"青藏高原地形和高原加热强迫下的 300 hPa 等压面上的纬向偏差流函数分布。可见高原上超过临界强度的加热能引发非对称斜压不稳定。加热导致高原上空出现一个位涡(PV)最小值。当加热足够强时,能导致 PV 纬向梯度激增,平流作用使反气旋以东的 PV 增加,以西的 PV 减小;反气旋向西部上空移动,直至被非定常的位涡平流所阻尼(图 1.23)。这一过程大约为两周,造成高原上反气旋中心处于"东部型"

和"西部型"之间变化的准双周振荡。

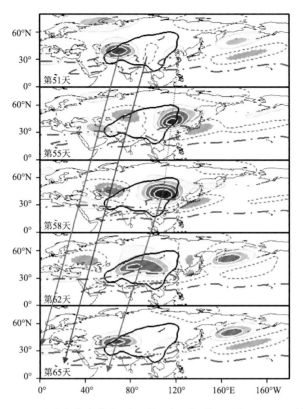

图 1.23 IGCM 试验中在青藏高原地形和高原加热强迫的 300 hPa 等压面上的
纬向偏差流函数分布(单位：10^7 m^2·s^{-1})。红色点划线为 $u=0$ 线
(引自 Liu et al.,2007;吴国雄 等,2008)

用理想的高原地形和加热强迫同样的纬向对称初始环流得到类似结果。将该试验中 200 hPa 流函数进行南亚高压东、西模态合成,图 1.24 给出类似观测中的南亚高压"东部型"和"西部型"。

上述结果表明,强的青藏高原加热能激发纬向非对称斜压不稳定的产生,使南亚高压出现东部型和西部型的双模态,证明这种准双周振荡是南亚高压双模态之间相互转换的伴随现象。利用该理论将有助于研究南亚高压中、短期活动的演变。

1.3.3 冬季青藏高原热源的特征、年际变化及其影响

大气的冷热源有不同的定义(叶笃正 等,1957):一种是从下垫面出发,如果某地区有热量输送给大气,则称此地为热源;反之称为冷源。但这种热量不一定都能用于本地区大气,有一部分或大部分可以输送给本区以外的大气。另外一种常用的大气冷热源的概念是指某地区大气柱内有净能量的收入,则称此地区为大气热源;有净能量支出,称为冷源。

在夏季,陆地上空是热源,而海洋上空是冷源;欧亚大陆上高耸的巨大地形——青藏高原,

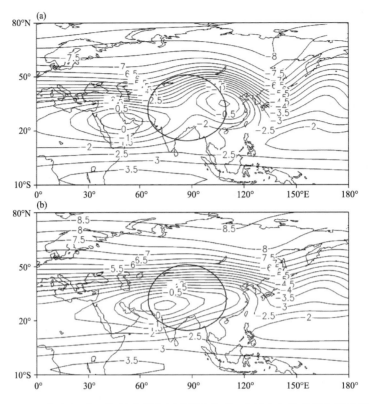

图 1.24　IGCM 试验中，在理想的青藏高原地形和加热（地形和加热轮廓如图中椭圆所示）
强迫试验中，南亚高压东(a)、西(b)模态合成时 200 hPa 流函数分布（单位：10^7 m^2 · s^{-1}）
（引自 Liu et al. ,2007；吴国雄 等,2008）

作为一块隆起的台地，其上空是北半球夏季最大的热源（叶笃正 等，1957；Nitta,1983）。关于青藏高原夏季热源的特征、年际变化及其影响已经有大量的研究，上一小节对此已做了简单介绍。关于青藏高原冬季热源的特征、年际变化及其影响的研究相对较少。本小节以宇婧婧等（2011a，2011b）的研究结果予以概述。

(1)冬季青藏高原热源的特征

宇婧婧等（2011b）使用 ECMWF 再分析 40（ERA40）、日本再分析 25（JRA25）以及 NCEP2 三种非绝热加热资料进行比较分析大气总的非绝热加热 H，即大气柱中的热量源汇或大气加热强度。H 由三种非绝热加热构成：

$$H = H_{SH} + H_{LH} + H_{Rad} \tag{1.11}$$

式中，H_{SH} 是由感热传导引起的垂直扩散加热率的整层积分得到的感热加热；H_{LH} 是由大尺度凝结加热、深对流和浅对流 3 种凝结加热率之和的整层大气积分得到的总的潜热加热；H_{Rad} 是净短波辐射和长波辐射加热率之和的整层积分的总辐射加热。而

$$H_i = \frac{c_p p_s}{g} \int_{0.0027}^{0.995} Q_i(\sigma) \mathrm{d}\sigma \quad (i = \mathrm{RH, LH, Rad}) \tag{1.12}$$

式中，c_p 是比定压热容，下标 p 是气压，p_s 是地面气压，g 是地球重力加速度，它们在积分中均

取为常数。$Q_i(\sigma)$ 代表 σ 层上的第 i 种加热率。

三种非绝热加热资料的值虽然存在着一定的系统偏差,但对于冬季大气总的非绝热加热的气候分布基本一致:在冬季,热带海洋和北太平洋海洋的西边界上空大气为正的非绝热加热,而亚洲大陆及副热带海洋上空大气基本呈现负的非绝热加热。注意到,在三套资料中,高原主体大部分地区上空非绝热加热为负,但与周围作为热汇的其他大陆上空相比,负值却偏小,即呈现出相对较弱的冷源特征。特别要注意的是,在高原西侧至东南角,三种资料均体现出非绝热加热大值区:ERA40 资料和 JRA25 资料在这些区域的值偏大,表现为正的非绝热加热中心,即热源区;NCEP2 资料的正值较小(图 1.25)。这些地区非绝热加热与高原上其余地区相比明显偏大。进一步分析表明,高原西侧及东南角总的非绝热加热大值区主要是由于降水释放的潜热加热所致(图略)。

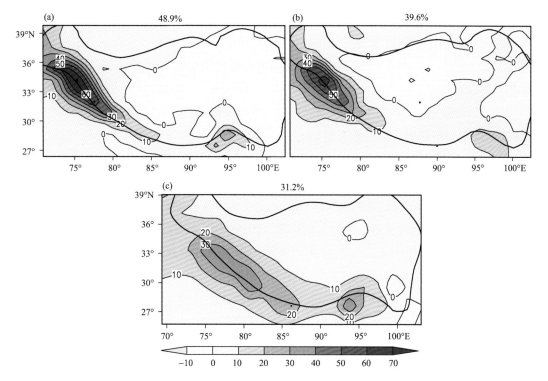

图 1.25　1 月青藏高原上空大气柱垂直积分总非绝热加热异常的主要模态(EOF1)的分布
(粗实线表示 3000 m 高度)(单位:W·m^{-2})(引自宇婧婧 等,2011b)
(a)ERA40;(b)JRA25;(c)NCEP2

(2)冬季青藏高原热源的年际变化特征

对于冬季高原热状况异常的研究主要集中在分析冬季高原积雪多少对后期环流异常的影响上。很多科学家研究了高原冬季积雪等表面过程与次年夏季降水的关系(张顺利 等,2001;Wu et al.,2003;Ding et al,2008)。而对于直接研究冬季高原上空非绝热加热异常以及与大气环流联系的研究甚少。

宇婧婧等(2011b)在研究冬季青藏高原热源特征的基础上进一步研究冬季高原上空非绝

热加热年际变化的特征及其与北半球大气环流场异常的联系。他们首先对冬季 1 月高原上空总非绝热加热的逐年异常进行了经验正交函数（EOF）分析，发现，三套再分析加热资料的EOF 第一模态均为最主要的模态（ERA40 的 EOF1 方差贡献为 48.9％，JRA25 的 EOF1 方差贡献为 39.6％，NCEP2 的 EOF1 方差贡献为 31.2％），显著超过第二模态的分布。且这三种资料 EOF1 模态的分布（图 1.25）均显示，高原在冬季非绝热加热的变化主要集中在高原西侧至东南侧地区。结合上述关于气候平均的非绝热加热分布可以看到，高原总的非绝热加热年际异常大值区与气候平均的非绝热加热大值区基本分布一致，均是在高原西侧至东南侧地区。而此非绝热加热大值区正是高原西侧至东南侧的潜热大值区，表明高原 1 月非绝热加热异常主要表现为西侧至东南侧的潜热变化。冬季（12 月、次年 1 月、2 月）三个月的非绝热加热主要的异常特点基本一致。

定义冬季非绝热加热的 EOF1 时间系数为冬季高原上空热异常指数 Q_DJF。把三套再分析非绝热加热场的加热指数 Q_DJF 回归到各层风场发现：对应于高原西侧至东南侧非绝热加热异常增大的这一主要模态，在 30°N 以北局地环流异常呈现出高低层基本一致的准正压环流的异常结构（图略）。在地表及 850 hPa 上，地形南部有西南风向高原辐合，北部有偏东风向高原辐合，构成气旋性异常环流。而高原上空，500 hPa、200 hPa 上，对应着高原非绝热加热增加，高原西南侧中亚（60°E）附近有明显的西风异常，在高原西部和西北部形成气旋性环流。而高原的南部绕流增加，东侧有东南风异常辐合，北部是明显的南风异常。

（3）冬季青藏高原热源异常与北半球大气环流异常的联系

冬季青藏高原处于西风带中，各层的强西风中心均存在于伊朗高原的西南侧，该西风中心的异常与青藏高原非绝热加热的异常密切相关。图 1.26 给出了从各加热资料计算的青藏高原冬季加热指数 Q_DJF 与 20°～30°N 平均西风的相关。各指数均显示出与高原上游 40°～70°E 附近的西风异常存在显著的相关性，且在 200 hPa 及 700 hPa 左右上均存在最大相关中心，表明冬季高原上空非绝热加热的异常与高原上游的西风异常密切相关。

定义平均西风与青藏高原非绝热加热相关最大值区（20°～30°N，40°～70°E，700 hPa）平均的西风变化为高原西南侧西风异常指数（West-index），各层的环流回归到此西风指数的空间分布如图 1.27 所示（这里只给出了 ERA40 资料的分布，JRA25 以及 NCEP2 资料的分布基本一致）。可以看到，从低层到高层（图 1.27a—c），高原西南侧西风异常对应的环流异常具有相当正压结构。各层高度的异常分布呈现出从格陵兰岛、西欧地区、中亚附近形成低、高、低的遥相关波列。这一呈西北—东南走向的波列在高原地区分成两支，一支朝东北转向，在东亚形成异常高压；另一支向南在阿拉伯海上空形成异常高压。于是在中亚低压的南侧形成了明显的西风异常。在高原西侧和南侧形成了明显的西南风异常，沿着高原西侧和南侧爬坡上升，对应着冬季高原西侧和南侧非绝热加热的异常。图 1.27d 是全球陆地降水（PREC/L）回归到该指数的空间分布图。在青藏高原西侧与南侧明显的降水正相关区正对应着该处的西南风爬坡上升和非绝热加热的异常，与非绝热加热资料诊断的结果一致。值得注意的是，对应于图1.27a—c 所示的遥相关型，从欧洲西北部至亚洲南部，降水的显著相关也呈现正、负、正的分

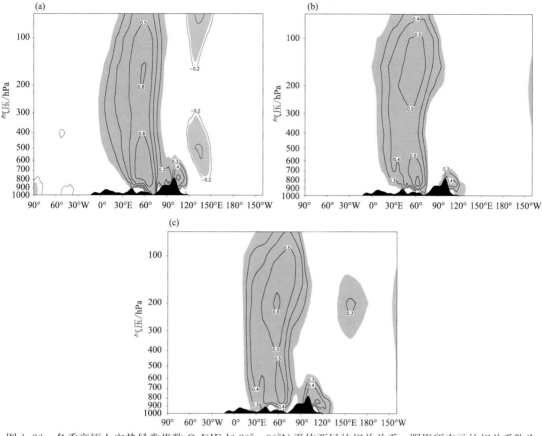

图 1.26　冬季高原上空热异常指数 Q_DJF 与 20°～30°N 平均西风的相关关系。阴影所表示的相关系数为
通过置信度为 95％的显著性检验的值(引自宇婧婧 等,2011b)
(a) ERA40；(b) JRA25；(c) NCEP2

布；高原上空降水的异常是整个遥相关型在高原上空的局地响应的结果。

综上所述,冬季高原非绝热加热异常与整个北半球的异常模态密切相关,而北半球的这种从西北到东南的波列可能是造成高原冬季非绝热加热异常的主要原因。

Zhao 等(2001)分析了冬季青藏高原 Q_1 年际变化特征以及对大气环流的影响。结果表明:冬季 Q_1 在 -65～-40 W·m^{-2} 之间变化,具有明显的年代际变化,主要表现为 20 世纪 60—70 年代中期呈现出明显的下降趋势,在 1977 年到达最小,为 -66 W·m^{-2} 左右；1978—1983 年冬季 Q_1 明显上升,并在 1983 年达到次大值,为 -48 W·m^{-2}；之后表现出一种振荡的特征。青藏高原冬季冷源强弱年的差别主要出现在高原西南部和高原东部的唐古拉山、巴颜喀拉山地区。当冬季高原大气视热量源/汇偏暖时,一个异常气旋性环流覆盖了从青藏高原到我国东南沿海地区。这说明即使冬季高原大气是冷源,但其冷源强度变化也影响着高原上空的大气环流。此时,一个异常反气旋环流出现在高原北侧,反映了冬季东亚大槽位置比平均状况偏东,冷空气路径也偏东,指示着东亚中纬度偏弱的冬季风。并且冬季的这种异常型指示着在东亚大陆高、低纬度大气环流之间存在着反位相关系。同时,北半球中高纬度和副热带地区分别存在着独自的波列,且具有相反的位相特征(Zhao et al.,2001；周秀骥 等,2009)。

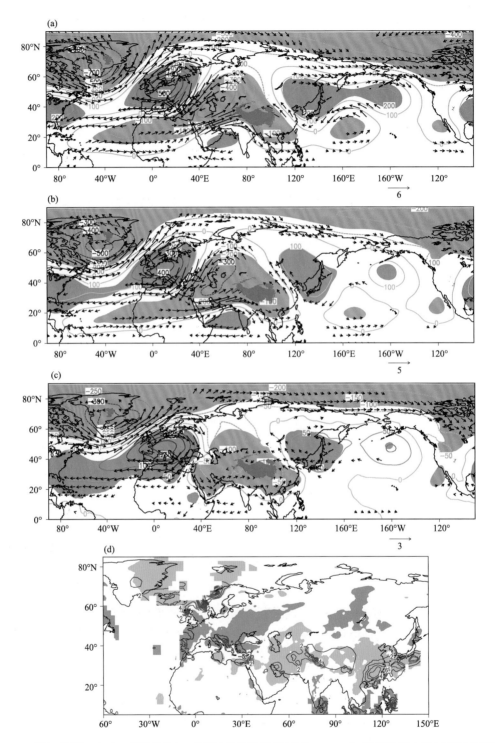

图 1.27　回归到 West-index 指数（ERA40 资料）的各层风场（单位：m·s^{-1}，只显示纬向风回归系数通过置信度为 95％的显著性检验的风场）、高度场（等值线所示，单位：gpm）（（a）200 hPa；（b）500 hPa；（c）850 hPa）以及降水（单位：mm）异常的空间分布（d）（阴影所表示的回归系数为通过置信度为 95％的显著性检验，（a）、（b）、（c）中正、负相关分别用橙、蓝色表示；（d）中正、负相关分别用绿、红色表示）（引自宇婧婧 等，2011b）

发生在 2008 年冬季 1 月的我国南方地区的降雪天气过程是与青藏高原及附近地区的大气热状况有紧密联系。当 1 月大气冷源偏弱时,亚洲中低纬度地区 500 hPa 上为一个异常低压,东亚沿岸为一个异常高压,在二者之间的对流层低层南风在我国中东部地区异常盛行,并伴随着表面异常北风,加强了当地的上升运动,同时低层的异常偏南风也加强了来自孟加拉湾和南海的水汽输送,这些大气环流的异常变化导致我国南方降雪偏多;相反,南方的持续性降雪与北极涛动指数和中东太平洋厄尔尼诺-南方涛动(ENSO)指数的相关很弱(Zhao et al.,2001;Nan et al.,2012)。

1.3.4 青藏高原热源年代际变化及其对中国东部降水的影响

Liu 等(2012)设计了一个地表感热加热的参数,即 $V(T_g - T_a)$,以研究青藏高原感热 SH 在年际和年代际尺度上的变化。如图 1.28 所示,$T_g - T_a$ 的年际变化与 V 的年际变化相当;而在十年际时间尺度上,V 的相对变化大于 $T_g - T_a$。T_g、T_a 和 $T_g - T_a$ 在 20 世纪 80 年代中期以后都有所增加,而 V 从 1980 年到 20 世纪末有所下降,但在 2003 年之后有所增加。因此,青藏高原上的参数化的夏季感热在 20 世纪末之前呈现出减弱的趋势,但自 21 世纪初以来呈上升趋势。

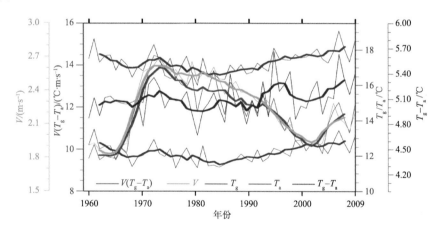

图 1.28　夏季青藏高原测站平均值的 T_g、T_a、$T_g - T_a$(单位:℃)、V(单位:m·s⁻¹)和参数化的表面感热
通量 $V(T_g - T_a)$(单位:℃·m·s⁻¹)的演变。粗曲线对应于 11 a 滑动平均值(引自 Liu et al.,2012)

于威等(2018)利用 1979—2014 年高原 79 个站点资料计算了春、夏两季青藏高原感热年代际(9 a 以上)EOF 分解第一模态的空间分布形态及其时间序列。春季年代际感热第一模态空间型具有高原主体及其东北反向分布的特征,所占方差贡献为 44.4%。夏季年代际感热第一模态空间型与春季相似,只是东北的负值区域范围更小,所占方差贡献为 41.3%。春夏两季 EOF 第一模态的时间序列均反映了年代际感热在高原主体从 20 世纪 80 年代到 21 世纪初有一个明显的减弱特征,而高原东北部与之相反。夏季青藏高原 Q_1 变率与大气环流存在紧密联系。Q_1 在 50～80 W·m⁻² 之间变化,1961—1977 年表现出下降趋势,在 1977 年达到最小

值,此后表现出振荡特征(Zhao et al.,2001)。当夏季高原大气热源偏强时,在500 hPa上,从伊朗经过青藏高原到东亚中纬度为一个大范围的异常气旋性环流,印度南部地区也为异常气旋性环流(对应着偏强的南亚季风槽),从青藏高原南侧到我国南方以异常西南气流为主,指示着偏强的西南季风(周秀骥 等,2009)。对应着青藏高原热源偏强,我国南方的低层以异常西南气流为主,并且伴随着低层异常偏北风出现在长江以北,从而加强了长江流域的低层辐合。总体上,在青藏高原大气热源偏强的情况下,东亚和南亚季风区对流偏强,从四川到长江三角洲的较大范围降水偏多。

1.4 春季高原强迫与亚洲夏季风爆发

如上所述,青藏高原冬季是大气的弱冷源,夏季是大气的热源。冬季青藏高原上空西风很强,其对大气的动力强迫作用在亚洲形成北为反气旋式南为气旋式的偶极定常环流型。夏季青藏高原上空西风很弱,其对大气的热力抽吸作用使低空气流从四周向高原辐合。春季是大气环流型从冬季的偶极型向夏季的辐合型转变的季节。在早春季节,高原感热加热已经由冷源变为热源。在东亚副热带地区春季环流和降水的形成中,高原的机械强迫作用和热力强迫同时存在,影响着亚洲特定的大气环流和气候。这里集中分析江南春雨的形成和亚洲夏季风的爆发。

1.4.1 江南春雨

中国南方广大地区春季发生的连续低温阴雨天气是一种灾害性天气,对农业和交通极为不利,这是除了初夏出现在长江中下游的梅雨季节外又一个多雨时段。20世纪50年代以来,对春季连阴雨的天气学或中短期预报的研究受到广泛重视(如李麦村 等,1977;吴宝俊 等,1996;陈绍东 等,2003;王谦谦 等,2004)。但直到20世纪90年代后期,才有Tian等(1998)第一次提出春季持续降水(spring persistent rains,以下英文简称SPR,实指江南春雨)的概念,将SPR作为气候事件加以研究,认为其气候成因机制在于西部陆地中南半岛与东部海洋西太平洋至菲律宾之间的热力对比,或者称为春季季节增暖的时滞效应;并因初春从江南到日本南部的雨量同时快速增长而推论SPR非地形影响的结果。万日金等(2006)通过与北美比较发现,春季北美南部的拉丁美洲和东部西大西洋之间也存在相似的热力对比/春季季节增暖的时滞效应,但是北美并不存在SPR。他们发现青藏高原的动力和热力作用才是江南春雨产生的主要原因。

定义第12—26候代表SPR时期。图1.29给出中国东部地区SPR期多年(1951—2000年)平均降水量。由图可见,SPR雨带位于长江中下游以南,大值区大致在24°～30°N,110°～

120°E。大值中心与南岭、武夷山脉重合,中心强度达 6～7 mm · d⁻¹。除了受季风雨带的干扰外,该雨带大约以 28°N 为中心轴线贯穿全年(图 1.30)。

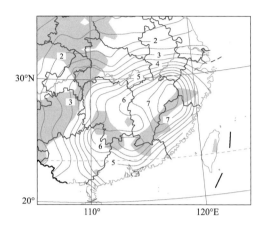

图 1.29　1951—2000 年第 12—26 候候平均降水图(单位:mm · d⁻¹),
图中阴影区为地形高度平滑后超过 600 m 的区域(引自万日金 等,2006)

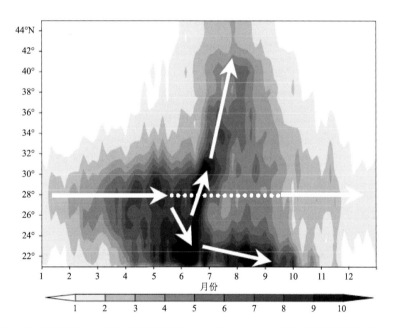

图 1.30　1951—2000 年 110°～120°E 经度平均降水(单位:mm · d⁻¹)的纬度时间(全年共 73 候)分布图,
横坐标值为各候相应月份(引自万日金 等,2006)

图 1.31 是在 SPR 期间美国国家气候预测中心降水融合分析产品(CPC merged analysis of precipitation,CMAP)全球降水分布图,由图可见,东亚和北美的降水空间分布是不同的。在赤道以外,北半球雨带一般都出现在大洋西岸与大陆相邻的海洋上,无疑,它们都是从北方极地来的冷空气与从南方赤道来的暖空气交绥的极锋锋区。值得注意的是,在东亚的江南陆地上却出现了一个雨量大于 6 mm · d⁻¹ 的雨带,这就是 SPR。但在美国东南部相应区域并没

有出现类似雨带。

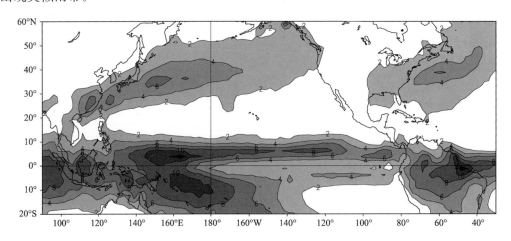

图 1.31　CMAP 气候平均(1979—2004 年)第 12—26 候降水分布图(等值线单位:mm · d^{-1})

(引自万日金 等,2006)

他们还利用大气环流模式 SAMIL 进行逐步抬升高原地形高度的敏感性试验(以下简称 LFTP)。图 1.32 是高原在隆升过程中处于各个高度时所对应的 850 hPa 风场(左列)和降水量场(右列),这里选了具有代表性的高度 0 km、2 km、4 km、6 km,为方便省略了其他高度的图形。

很明显,当没有高原地形时(图 1.32a),欧亚低层西风带没有分支,中低纬为副高环流所控制,东亚降水量很小,无 SPR 雨带(图 1.32e);当高原地形高度为 1 km 时中低纬副高带在南亚次大陆处出现断裂,高原东南侧西南风速明显增大,江南降水略有增加(图略);当高原地形高度为 2 km 时西风带出现明显南北分支,南亚次大陆完全由波状西风气流控制,高原东南侧西南绕流明显,江南地区的西南风明显增强(图 1.32b),SPR 雨带初具雏形(图 1.32f);当高原地形高度为 3 km、4 km、5 km 时,高原南北两支西风和高原绕流增强形成急流,在高原东南侧出现西南风速中心(图 1.32c),SPR 雨带中心形成(图 1.32g)。5 km 之后,环流形势没有明显改变,但高原南北两侧西风急流进一步增强,高原绕流西南风速进一步增大,气旋性弯曲加大,江南反气旋性涡度发展(图 1.32d),江南降水明显减少,东亚雨带推进到长江及其以北地区,同时雨带中心被吸引至高原东南部(图 1.32h)。可见,高原东南侧西南风速 V_{sw} 中心的存在对于 SPR 的形成至关重要。

在春季,在高原隆升过程中,总加热逐渐增大,它对大气的加热作用不断加强,在 3 km 以下主要来自感热加热缓慢增加,在 3 km 以上主要来自潜热加热作用迅速增强。在最初的高原机械强迫绕流使 V_{sw} 迅速增加后,V_{sw} 的增长又与高原的总加热几乎线性一致。这些充分说明,在春季,高原的隆升不仅使西风带分流形成西南绕流,还引起高原总非绝热加热的迅速增加,并造成了低层正涡源,使低层气旋式环流加强,使高原东南侧的西南风更加强大,进而导致了西南风风速中心的出现和江南春雨的形成。

在春季,高原东南侧西南风速中心的出现是高原机械和热力强迫的结果。该西南风不仅

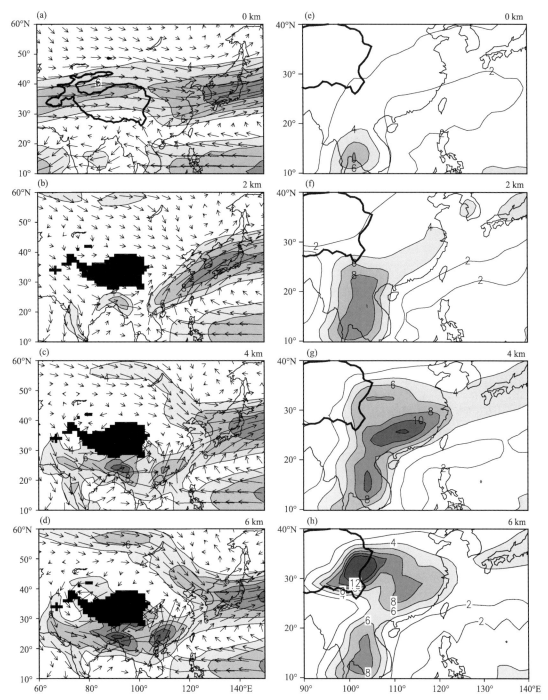

图 1.32　青藏高原隆升试验中对应不同高度的 850 hPa 上风场(左列,阴影区为风速大于 4 m·s⁻¹ 区域)和
　　地面降水量场(右列,单位:mm·d⁻¹),图中黑色阴影区和粗实线为高原主体位置(引自万日金 等,2006)

是高原的绕流,还是高原热力强迫环流的一部分。高原的隆升不仅使西风带分流、绕流,还引
起高原总非绝热加热的迅速增加;高原加热产生气旋性涡源,增强了高原东南部的西南绕流,
并导致高原东南侧西南风速中心的出现。因此,高大的青藏高原的机械强迫和热力效应是江

南春雨气候形成的根本原因。

1.4.2　亚洲夏季风爆发

亚洲季风区由冬到夏的季节变化以环流和天气型的突变为主要特征(Yeh，1959；Matsu-moto，1992；Murakami et al.，1994)。它通常发生在5—6月，与亚洲夏季风爆发进程相联系(Krishnamurti，1985；Hirasawa et al.，1995)。吴国雄等(1998)研究发现，亚洲夏季风是首先在孟加拉湾东部和中南半岛的西部爆发，其次在南海地区爆发，最后在南亚地区爆发。他们认为，青藏高原的热力和机械强迫作用是导致亚洲季风首先在孟加拉湾地区爆发的重要原因。毛江玉等(2002a，2002b，2002c)通过分析19 a(1980—1998年)NCEP/NCAR 气候平均资料证实了吴国雄等(1998)的观点。毛江玉(2002b)的研究还表明，孟加拉湾夏季风的爆发不仅仅取决于低层大气经向热力差异，而且更多地取决于高空副高脊面附近经向温度梯度的反转。这些研究表明，高耸的青藏高原对亚洲夏季风的爆发起着重要的作用。

(1)青藏高原对亚洲夏季风爆发地点的锚定作用

亚洲季风是全球最强和最为复杂的季风，它不仅与亚洲和太平洋、印度洋构成的大尺度海陆分布格局有关，也与亚洲南部存在着次尺度的海陆交错分布以及青藏高原大地形的存在有着密切的联系。梁潇云等(2005a)利用大气环流谱模式(SAMIL)设计了两个数值试验去研究青藏高原对亚洲夏季风的爆发的影响：一个是实际的海陆分布条件下位于实际位置青藏高原(定义为 control 试验)；另一个与其类似，但是把"青藏高原"主体西移约30个经度到阿拉伯海北部，"青藏高原"中心位于(60°E，32.5°N)(定义为 TP-west 试验)。每个试验积分12 a，这里的积分包括设定的海表温度是有季节变化的，取后10 a 的气候平均做分析。采用对流层中上层(500～200 hPa)平均温度经向梯度($\partial T/\partial y$)指标(Li et al.，1996)，来描述亚洲夏季风的建立和推进过程。已有的工作(如周天军 等，2005)表明，这个指标的由负变正能够反映亚洲各季风区夏季风爆发共同的本质特征，用它作为度量季风爆发的指标是合理、可行的。

亚洲季风具有显著的地域性差异，因此，他们选取了孟加拉湾东部到中印半岛西部(BOB，90°～105°E，10°～20°N)、南海(SCS，110°～120°E，10°～20°N)和印度(IDO，70°～85°E，10°～25°N)三个典型季风区域进行研究，主要原因是这三个地区对北半球的大气环流季节变化和亚洲夏季风爆发具有指示意义(Tao，1987；吴国雄 等，1998)。control 试验中亚洲地区的夏季风建立过程是：5月初，孟加拉湾地区夏季风建立，5月15日左右南海地区的夏季风建立，6月初印度夏季风建立。虽然模式结果中亚洲夏季风建立的时间与资料分析的有些差异，但是模式对整个亚洲夏季风的建立过程的模拟还是和资料分析的是一致的(高辉 等，2001；毛江玉等，2002b)。当"青藏高原"主体西移到阿拉伯海北部时，亚洲夏季风则是最早在印度地区建立，随后是孟加拉湾地区夏季风的建立，最后是南海地区夏季风的建立。整个亚洲夏季风的建立过程和青藏高原位于孟加拉湾北部时有明显的不同，这说明亚洲夏季风的最早爆发地点与青藏高原有着密切的联系。从 control 和 TP-west 试验中亚洲夏季风爆发时的 850 hPa 风场和降水的分布可以看到,在 control 试验中,亚洲夏季风首先在孟加拉湾东南部爆发。青藏高原东南面的孟加拉湾东岸和中南半岛西部上空盛行西南气流,该地区的降水强度达 6 mm·d^{-1} 以上;而青藏高原西南面的印度半岛上空是西北气流,降水强度不到 2 mm·d^{-1}。加热场(图略)显示,中南半岛地区的加热以凝结潜热为主,印度半岛的加热以陆面感热加热为主。在 TP-west 试验中,亚洲夏季风首先在阿拉伯海东部爆发。被西移的"青藏高原"东南面的印度半岛和阿拉伯海地区上空盛行西南气流,非绝热加热场以凝结潜热为主;"青藏高原"西南面的阿拉伯半岛上空是西北气流,加热场以陆面感热加热为主。这些结果说明,青藏高原大地形春夏作为强迫源对亚洲夏季风的爆发地点具有"锚定"的作用:当中心位于当今的位置 (90°E,32.5°N) 时,亚洲夏季风首先在孟加拉湾东部爆发;当其中心位置从当今的位置西移 30 个经度到 (60°E,32.5°N) 时,亚洲夏季风首先爆发的地点也西移 30 个经度,从孟加拉湾东部到达阿拉伯海东部。

(2)亚洲夏季风爆发的过程

太阳高度角的年循环诱发了海-陆热力差异的季节变化(Webster et al.,1998)。季风则是由于大气环流对海-陆热力差异季节变化的响应导致的天气变化,包括风场和降水的变化。季风爆发以盛行风向的改变和剧烈降水的出现为特征。亚洲季风的爆发预示着大气能量和水分交换的急速加强,并对社会和经济有重大影响。不同判据被提出来研究季风爆发(Wang et al.,2008),另有很多研究则聚焦于季风爆发的过程(Ding,1992;Xie et al.,1999;Chang,2004;Wang,2006)。

风和降水是定义季风爆发的两个基本物理量。与 Ramage(1971)用 1 月和 7 月稳定持续的盛行风反向定义季风区域不同,关于亚洲夏季风(ASM)爆发和演变的近期研究或用 850 hPa 或 700 hPa 风场的反向作为判据(Webster et al.,1992;Wu et al.,1998;吴国雄 等,1998;Wang et al.,1999),或用降水的急剧增加(或向外长波辐射 OLR 的突然减少)作为判据(Yoshino,1965;Wang,2006)。由于资料和判据的差异,出现了不同的亚洲夏季风爆发等时线图(Tao,1987;Tanaka,1992;Lau et al.,1997;Wang,2002)。这些等时线图在印度地区大致一致,但在其他亚洲季风区则存在明显区别。只使用降水作为季风判据不能把季风降水与其他类型降水区分开来。例如 2 月底至 5 月发生在华南地区的早春雨其强度超过 5 mm·d^{-1},主要是斜压锋面降水,而非季风降水。只用风向改变作为判据,则不能把习惯上发生在近地面的季风爆发与一般的季节转换区分开来,例如,Li 等(2002)的分析表明,季节性的风向变化不仅发生在通常意义的季风区,也发生在高纬度和平流层,例如早春平流层极地的爆发性增温。吴国雄等(2013)则利用地表风向逆转和激烈降水发生作为共同判据去研究 ASM 的爆发。

850 hPa 风场的季节转变被普遍用来定义季风的爆发。但是这种定义存在局限性。图 1.33 表明在许多亚洲区域 850 hPa 风场在 1 月(图 1.33a)和 7 月(图 1.33b)反向。仔细分析发现,在图中矩形和三角形所界定的区域风的反向并不显著。例如 1 月和 7 月,印度北部均为偏西风,孟加拉湾东北部和青藏高原东南侧均为偏南风;而在东北亚地区,包括我国华东、华北以及朝鲜半岛和日本本州等地,1 月西北风和 7 月西南风之间的变化角度也小于 90°。另一方面,在亚洲的大部分地区,地表风场在 1 月(图 1.33c)和 7 月(图 1.33d)基本反向。在高原东南隅,1 月表面风场从亚洲大陆向邻近海面辐散,形成强烈的冬季东北季风;7 月,风场逆转形成亚洲夏季风。在上述 850 hPa 风场季节性变化不明显的区域(图 1.33a 和图 1.33b),表面风场的反向变化却非常明显。显然,应用表面风场去研究季风能够真正表达阿拉伯语"mausem"的含义。

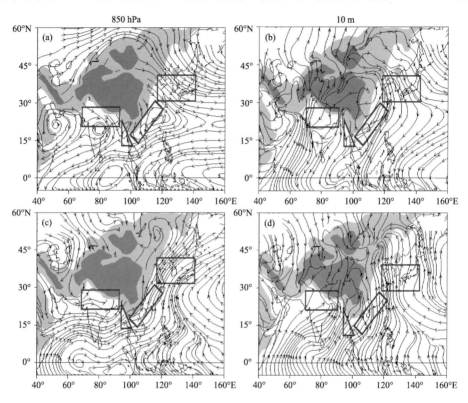

图 1.33 1 月((a)和(b))和 7 月((c)和(d))平均的 850 hPa(左列)和地表 10 m(右列)流场的分布。图中矩形和三角形所围区域指示该区域 1 月和 7 月的风向在 850 hPa 没有重要反向,但是在地面风场的反向显著
(引自吴国雄 等,2013)

由此可见,用风向的改变而非风向本身能更好地定义夏季风爆发。为此采用通常的风向角定义:

$$\theta = \begin{cases} 0 & u=0, v<0 \\ 270 - \arctan(v/u) & u>0 \\ 180 & u=0, v>0 \\ 90 - \arctan(v/u) & u<0 \end{cases} \tag{1.13}$$

北风、东风、南风和西风各定义为 0°、90°、180° 和 270°,而风向角变化($\Delta\theta$)则定义为各候的风向角 θ_t 相对于 1 月平均风向角 $\overline{\theta_1}$ 的变化,即:

$$\Delta\theta_t = \begin{cases} |(\theta_t - \overline{\theta_1}) - 360| & \text{当 } \theta_t - \overline{\theta_1} > 180 \\ |(\theta_t - \overline{\theta_1}) + 360| & \text{当 } \theta_t - \overline{\theta_1} < -180 \end{cases} \tag{1.14}$$

据此确定如下的亚洲季风爆发判据。

①该区域上空的南北温差逆转,出现东风型垂直切变:$\dfrac{\partial \overline{u}}{\partial z} \leqslant 0$;

②表面风向相对于本地 1 月的平均风向的改变量 $\Delta \theta_t$ 大于 $100°$;

③日降水量 (Rn) 在热带和洋面超过 $5\ \mathrm{mm \cdot d^{-1}}$,在副热带大陆超过 $3\ \mathrm{mm \cdot d^{-1}}$。

即:

$$
\begin{cases}
①u_{200} - u_{850} \leqslant 0 \\
②\Delta \theta_t > 100° \\
③Rn >
\begin{cases}
3\ \mathrm{mm \cdot d^{-1}} & \text{在副热带陆面上} \\
5\ \mathrm{mm \cdot d^{-1}} & \text{在热带和洋面上}
\end{cases}
\end{cases}
\tag{1.15}
$$

分析表明,在各区季风爆发时,$\Delta \theta_t$ 取 $100°$、$120°$ 和 $140°$ 的结果都很接近。在判据中取较小的阈值是考虑到季风刚爆发时的风向改变小于盛夏 7 月时的改变(一般取 $120°$ 为阈值);还考虑到 BOB 东北部($15° \sim 23°$N)区域受印缅槽影响,整个夏季的风向角改变多小于 $120°$ 的缘故。基于 NCEP/NCAR 再分析数据,用上述判据计算的亚洲夏季风爆发的候等时线由图 1.34 表示。图中灰色区域表示该区域在夏季至少有一候满足上述判据也即为亚洲夏季风区。在西北太平洋约 $25°$N 以南存在一片不满足上述判据的广大区域,这就是夏季西太平洋副热带高压盘踞的区域。该地区把西太平洋地区的热带夏季风和副热带夏季风分隔开。根据图 1.34,亚洲夏季风区的爆发进程可划分为如下几个不同阶段。

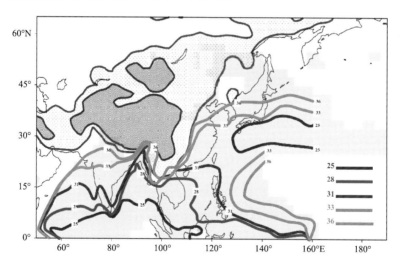

图 1.34　气候平均亚洲夏季风爆发等时线的空间分布,单位是候(引自吴国雄 等,2013)

(a)孟加拉湾(BOB)夏季风爆发(5 月 1—5 日,第 25 候)

在第 25 候,ASM 爆发等时线出现在 BOB 东南部 $10°$N 附近。这时,海陆热力差异出现夏季型(毛江玉 等,2003),BOB 夏季风爆发(Wu et al.,1998;吕俊梅 等,2006)。然后等时线规则地北移,5 月底(第 30 候)到达 BOB 北端。

(b)中国南海(SCS)夏季风爆发(5 月 15—20 日,第 28 候)

在季风爆发等时线向北推进的同时,也迅速向东传播。第 26 候到达中印半岛西部;约

10 d 后,于第 28 候夏季风爆发区域东伸至南海中部,SCS 夏季风爆发;6 月初(第 31 候),亚洲热带夏季风区域继续东伸至菲律宾东部,热带西太平洋夏季风爆发。

(c)印度夏季风爆发(6 月 1—5 日,第 31 候)

图 1.34 的一个显著特征是 BOB 季风爆发后,其西传在 BOB 西岸受阻。而印度夏季风的爆发源自第 25 候时出现在阿拉伯海靠近赤道的对流降水。它随后规律地北进,于第 31 候抵达印度西南部的喀拉拉邦,印度夏季风爆发。

(d)西太平洋副热带季风爆发(5 月 1—5 日,第 25 候)

第 25 候在日本本州东南海面(150°E,32°N)附近就出现满足判据③的夏季风征兆。与上述其他亚洲热带季风系统不同,该季风区出现在西太副高的北侧,且其风向季节逆转是冬季偏北风向夏季偏南风的变化(图 1.33c 和图 1.33d)。随后这一副热带季风在强度和范围上开始迅速发展。第 31 候,该副热带季风区向西南延伸,并与南海热带季风连接,夏季风在华南登陆,日本的白雨(Baiu)开始,形成一条东北—西南走向的强雨带,并在夏季经常维持。

(e)梅雨期开始(6 月 10—14 日,第 33 候)

第 33 候夏季风爆发等时线向北跃进至长江流域,中国梅雨和朝鲜半岛的昌马(Changma,韩国雨季)开始,日本的白雨则进一步发展,至 6 月末,东亚夏季风爆发前沿已抵达华北南部,整个亚洲进入盛夏季节。

上面的分析表明,与高空风相比,使用地面风场能更好地表述亚洲夏季风爆发和演变中的天气特点,并由此证明在夏季风爆发时风向的改变和剧烈天气的出现是一致的。这是因为冬季陆面上的冷高压是一个薄弱的近地面系统,风向的季节变化在近地层十分明显;中低空环流受青藏高原的影响,其冬季激发的偶极型定常波型和夏季的热力抽吸作用均在南侧及华南产生相似的偏南气流(王同美 等,2009),风向的季节变化不显著。在这些地区,地面风比高空风能更准确地描述大气环流的季节变化。

(3)孟加拉湾夏季风爆发的动力问题

利用副热带高压脊面的分布随高度向暖区倾斜的特征,毛江玉等(2003)提出了夏季风爆发的指标,根据这一指标可确定逐年 ASM 在 BOB 首先爆发的日期(D_0)。把每年的 D_0 作为时间坐标原点,重新排列气象要素时间序列;再把历年的这种序列依原点 D_0 求气候平均,即可得到该要素的依时间(D_{-i},…,D_{-2},D_{-1},D_0,D_{+1},D_{+2},…,D_{+i})排列的组合序列。以此序列为依据可以研究 ASM 爆发的平均过程。

图 1.35 给出 BOB 夏季风爆发前后(D_{-3}—D_{+2})降水和 700 hPa 流场的变化。在季风爆发前(图 1.35a—c),自西向东连续的副高脊线位于 15°~20°N 之间,其南面(10°~15°N)的带状东风将其北面的副热带西风和近赤道西风分割开来。这时,BOB 区域的降水局限于 10°N 以南。季风爆发时和爆发以后(图 1.35d—f),BOB 上空受深槽控制,副高脊线在 BOB 东部断裂,近赤道西风通过槽前的西南气流与副热带西风链接,原存在于 10°N 以南的大量水汽向 BOB 东部、中印半岛和华南输送并形成剧烈降水,BOB 夏季风爆发(Liu et al.,2013)。

仔细分析图 1.35 发现,副高脊线的断裂与 BOB 地区低对流层涡旋发展有关。在 BOB 季风爆发前(图 1.35a—c),在赤道西风和两半球热带东风之间形成以赤道为准对称的气旋对。季风爆发前(图 1.35c)和爆发期间(图 1.35d—f),北半球的气旋突然加强形成季风爆发涡旋 MOV,并向北移动,与原存在 BOB 北部的印缅槽合并,从而使连续的副高带断裂。

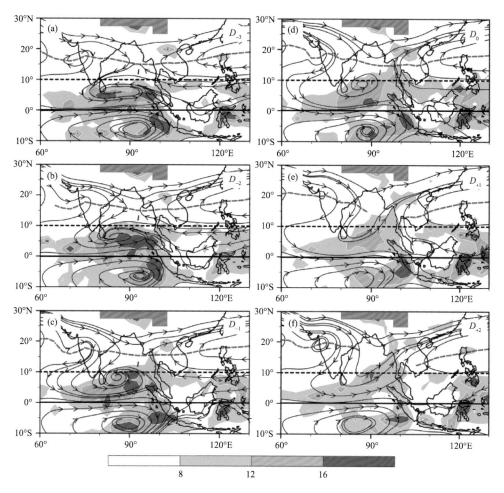

图 1.35 孟加拉湾夏季风爆发前后降水(阴影;单位:mm·d^{-1})和 700 hPa 流场的逐日演变,(a)—(f)分别为 D_{-3}—D_{+2}。青藏高原和副热带高压脊线分别用橘色区域和红色断线表示
(引自 Liu et al.,2013)

每年在 ASM 爆发前,在 BOB 的中部都会出现一时间短暂(1~2 个月)而强度很大(>31 ℃)的暖池(Wu et al.,2011,2012a)。图 1.36a 是 2003 年 BOB 区域平均的逐候海面温度(SST)的季节变化,它从 1 月的 27.5 ℃左右跃升至 5 月初的 30.3 ℃,在季风爆发后,海温急剧下降。从 4 月最后一周和第一周的 SST 差异(图 1.36b)看,BOB 主要升温区在中部和东部,西部则为降温区;这使得 4 月初 SST 较冷的 BOB 东部海域(图 1.36c)到 4 月末生成了 SST>31 ℃的暖池(图 1.36d)。季风爆发涡旋(monsoon onset vortex,简称 MOV)就在该暖池的南边缘上形成。Krishnamurti 等(1981)和 Mak 等(1982)曾分别用正压不稳定和斜压不稳定去解释 MOV 的形成。但这些机制仅涉及大气内部能量的再分配和转换。作为具有剧烈

降水的 MOV 的形成需要有巨大的能量制造。对 2003 年的个例分析表明,在 BOB 暖池(图 1.36d)南部边缘 MOV 形成的地方,存在较强的海表感热加热(>15 W·m^{-2})。由于加热出现在暖的区域,加热异常和温度异常正相关,该处于是为低层大气 MOV 的激发提供有效位能。

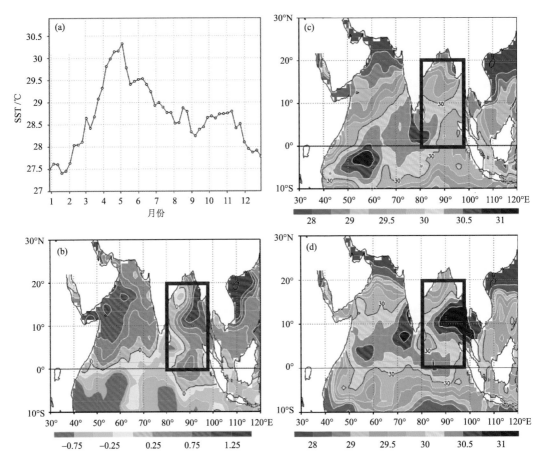

图 1.36　2003 年孟加拉湾区域(0°～20°N,80°～97°E ,(b)—(d)中的矩形所示)平均的周平均 SST 的季节变化(a)、4 月最后一周和第一周 SST 的差异(b),以及 4 月第一周(c)和最后一周(d)SST 的分布,单位:℃(引自 Wu et al.,2012a)

据此可以从低层环流角度去揭示青藏高原对 ASM 爆发的锚定作用(梁潇云 等,2005a)。青藏高原冬季激发的偶极型定常波型(王同美 等,2008b)在印度中低空形成干冷的西北气流,使地-气温差加大,春季的印度大陆成为强的表面感热源(>150 W·m^{-2})。它强迫出强大的陆面低压,在 BOB 西北沿海产生强大的低层西南气流,与近赤道西风一起形成了 BOB 中北部大范围的反气旋环流和东南隅的气旋环流。水汽于是从 BOB 北部、阿拉伯海和南印度洋向 BOB 东南部辐合(图 1.37a)。BOB 西部的西南气流在其沿岸激发出斯维尔德鲁普(Sverdrup)离岸海流,表面暖海水向东堆积,下层冷海水上翻,使西部的 SST 变冷(图 1.37b)。而在反气旋控制下的 BOB 中北部,天气晴好风小,海表面能量收入高达 240 W·m^{-2}以上,而因感热和潜热失去的能量却小于 100 W·m^{-2}。加之海洋混合层的厚度一般只有 20 m,强大的能量盈余用于加热浅薄的混合层使 SST 迅速升高,BOB 暖池由此形成(图 1.37b)。暖池南部气温较高,表面感热加热较大,加之那里有水汽辐合上升(图 1.37a)释放潜热,于是气温和加热场的异常呈正相关,大气获得大量的有效位能,为 MOV 的形成提供了有利条件(图 1.37c)。

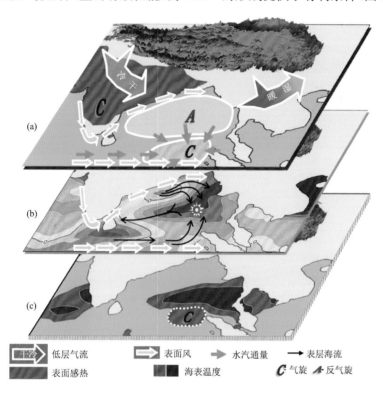

图 1.37 春季在青藏高原强迫和南亚海陆热力对比共同作用下(a),孟加拉湾暖池形成(b)和季风爆发涡旋激发(c)的示意图(引自 Wu et al.,2012a)

至此只分析了导致亚洲夏季风爆发的低空环流状况。季风爆发时强对流的发展还需要高空辐散抽吸的耦合。Liu 等(2013)指出,在 BOB 季风爆发半个月前并没有南亚高压(SAH),150 hPa 上空从冬季热带西太平洋反气旋中心向西伸展的脊线位于南亚 10°N 附近,沿 10°N 带南风盛行(图 1.38a)。到了季风爆发前 12 d(D_{-12}),南海东部菲律宾的经度上(120°~130°E)北风发展,150 hPa 上空南亚高压的雏形出现在南海上空。这是因为随着季节的推进,对流层低层的暖湿偏东气流和对流活动逐渐从近赤道(图 1.38d)向北移动,在菲律宾南部形成对流降水(图 1.38e)。由于该降水释放的潜热在其北侧边缘存在水平非均匀加热的负涡度强迫作用(Liu et al.,2001,2012),在菲律宾南部 10°N 附近形成一个强度为 -2×10^{-11} s^{-2} 的负涡度强迫源(图 1.38f)。它使其北侧(10°~20°N)原来在 400 hPa 以上盛行的南风(图 1.38d)改变方向而成为北风(图 1.38e),并在南海上空激发出吉尔(Gill)型(1980 年)反气旋式环流,导致南亚高压形成(图 1.38b)。此后随着青藏高原偶极型定常流形南部气旋式环流的加强,中印半岛降水增强,潜热加热增大,SAH 的中心逐渐向西北移动至中印半岛上空。其西南侧在偏东和偏东北气流之间形成"喇叭式"辐散场也加强北进。到 D_{-1} 和 D_0（图 1.38c），该强烈的高层辐散场的强度已达 $8×10^{-6}s^{-1}$ 以上，并位于 BOB 南部。当该高空抽吸作用叠加在低层有效位能制造区（图 1.37）形成"锁相"时，引起气旋爆发性发展，而其上升运动释放的潜热又进一步加强了高低空的耦合，于是 MOV 被激发，BOB 季风爆发开始（Liu et al.，2013）。

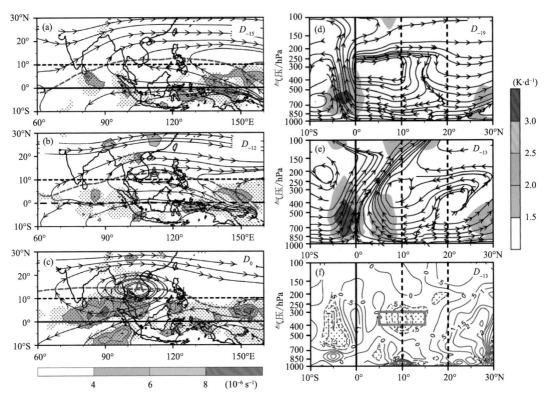

图 1.38　BOB 季风爆发前期 D_{-15}（a）、D_{-12}（b）和 D_0（c）的 150 hPa 上的流场、辐散场（阴影；单位：10^{-6} s^{-1}），以及 500 hPa 到 200 hPa 平均的加热场（红色点区表示 >1.5 K·d^{-1}）；D_{-19}（d）和 D_{-13}（e）沿（120°～130°E）平均的 Q_1 场（阴影；单位：K·d^{-1}）和经圈环流；以及 D_{-13}（f）沿（120°～130°E）平均的涡源场 S（间隔为 $5×10^{-12}$ s^{-2}，点区表示 <−0.5）。（a）—（c）中的红线表示高压脊线，（b）和（c）中的 A 表示反气旋中心，（f）中的矩形指示菲律宾上空的 S 极值区（改自 Liu et al.，2013）

1.5　大地形对区域环流和亚洲夏季风的影响

20 世纪 50 年代，叶笃正等（1957）首先提出，青藏高原在夏季是一个热源，它表面的感热加热对周围环流具有重要驱动作用。随后叶笃正等（1974）利用转盘试验研究了青藏高原热力强迫作用对亚洲季风环流的可能影响。他们的研究结果表明，青藏高原的加热直接作用在对流层中层，使得对流层中下层产生巨大的辐合，而高空产生巨大的辐散。这种加热作用与高原上空的高压和高原低空热低压的建立以及季风经圈环流的形成都有内在的联系,对我国夏季雨带北移也有一定的影响。在此基础之上,吴国雄等(1997a,2002,2005a)和 Wu 等(2007)通过数值模拟研究发现高原在春夏季表面的感热输送造成低层气流向高原地区的辐合,形成夏季高原上空强烈的上升运动,犹如一个巨大的气泵调节着周围低层环流的季节性演变,提出了"感热气泵"(sensible heat driven air-pump,简称 SHAP)的概念。他们还指出,感热的变化可以影响高原的动力作用,并通过高原的动力作用影响对流层高层的温度。高原不同区域感热加热造成的感热气泵分布特征不同,高原侧边界上的感热气泵效应比高原平台的感热效应要强。青藏高原这种感热加热对低层环流造成气旋式辐合增强了东亚夏季风的降水,并且进一步影响附近的大气环流。

然而,近 10 a 来,国外有学者基于对流-辐射准平衡假设提出不同的观点。Boos 等(2010)利用观测资料和数值模式考察了高原南坡附近地表热状况和对流层高层温度的变化,发现高原南坡是一个高温高湿的环境,对流活动旺盛;在模拟试验中将高原平台大部分地区设为平地,只保留喜马拉雅山脉和伊朗高原,模拟出的南亚夏季风并没有受到显著改变。他们由此认为,是高原对来自北方的干冷空气的热隔断作用而不是高原的加热作用,使得南亚的暖湿气流在高原南侧堆积产生垂直运动;地表高相当位温的增强导致局地湿对流发展,对流层中上层温度升高,从而驱动南亚夏季风环流。

有关青藏高原影响亚洲夏季风形成的机理这种不同观点的学术争论有力地推动了相关的研究。新的进展包括揭示了青藏高原和伊朗高原不同区域地表感热对亚洲夏季风的不同影响,揭示了青藏高原强迫与对流层上层暖中心的物理联系,厘清了地形的动力作用和热力作用的不同贡献等。这些新成果明显提高了大家的认识。本节从位涡理论和对流-辐射平衡假设出发,利用理想化的水球试验和基于大气环流模式的地形的动力和热力敏感性试验,综述相关的研究,去阐述海陆分布和青藏-伊朗高原的动力作用和热力作用对亚洲夏季风影响的机理和相对重要性。

1.5.1 水球试验:亚洲夏季风的形成

亚洲季风区是全球最为显著的季风区。这与亚洲南部地区海陆交错分布,在其北部又有欧亚大陆和太平洋、大西洋分布以及青藏高原大地形的存在有着密不可分的联系。亚洲季风区夏季盛行偏南风,青藏高原的南部降水盈余,其北部则为干旱半干旱区。如果没有青藏高原,不就是可以让偏南风把水汽从降水盈余的南部送到干旱半干旱的北部地区,让那里湿润起来吗? Hahn(1975) 在 20 世纪 70 年代利用大气环流模式进行关于有、无地形对比的数值试验,结果表明如果没有青藏高原大地形,亚洲夏季风雨带不是北进,而是南退。吴国雄等(1998)通过资料分析发现,亚洲夏季风的爆发首先是在孟加拉湾东岸地区,接着是南海,最后是印度季风爆发。他们强调青藏高原对亚洲季风爆发地点的影响,认为是高原的热力和机械动力作用才导致孟加拉湾(BOB)季风首先爆发。若干关于高原隆升的敏感性试验(刘晓东,

1999;刘晓东 等,2000;Kitoh,2002;Rajendran et al.,2004)进一步肯定了高原在亚洲季风发展、中亚干旱化等全球气候过程中的重要性。陈晶华等(1991)认为亚洲南部较小尺度的海陆分布同样影响夏季季风形成过程,亚洲南部海域的西部出现的 3 个强风速中心主要是由于亚洲南部较小尺度海陆分布加热差异造成的,它们出现后才诱发来自南半球越赤道气流。任雪娟等(2002)、徐海明等(2001,2002)分别模拟了中南半岛、印度半岛与周围海洋之间的局地热力差异对南海、印度夏季风的影响。他们的数值试验均表明,中南半岛和印度半岛在早春的强陆面感热加热对南海和印度夏季风环流的建立和爆发非常重要。何金海等(1996,2000,2002)的资料分析也证明亚洲南部地区次尺度陆地的存在对亚洲夏季风的建立起着重要的作用。但是亚洲季风系统是一个高度复杂的非线性系统,涉及问题比较多。海陆热力差异和青藏高原是如何影响亚洲的夏季风的形成呢?本节从简单的水球试验开始(梁潇云 等,2006),并运用大气环流模式的敏感性数值试验予以阐述。

所用的模式是中国科学院大气物理研究所大气科学和地球流体力学数值模拟国家重点实验室(IAP/LASG)的全球海-气-陆系统耦合气候模式(GOALS)中的大气环流模式 SAMIL(吴国雄 等,1997b)。为研究海陆分布和青藏高原大地形在亚洲季风形成中的作用,设计了如表 1.1 所示的试验方案。首先将模型地球的整个表面覆盖在水中,以形成水球试验(Exp AQU)。所使用的海面温度(SST)是第二次大气模型比较计划(AMIP-Ⅱ)提供的纬向气候平均的、具有季节性变化的 SST。将 Exp AQU 试验得到的风、温度、湿度和表面压力的纬向平均值作为其他理想化试验的初始值。在水球中嵌入了四种具有不同几何形状的陆地分布,用于四种不同的试验(表 1.1)。在 Exp MID 中,大陆被置于 $0°\sim120°E$ 和 $30°\sim90°N$ 区域以研究中高纬度大陆对环流的影响。在 Exp SUB 中,把 Exp MID 中大陆的南部边界向南延伸 $10°$ 进入副热带,模仿欧亚大陆的主要部分。Exp TRO 是在 Exp SUB 的基础上引入了三个方形热带陆地($0°\sim50°E,35°S\sim20°N$)、($75°\sim85°E,5°\sim20°N$)和($95°\sim105°E,9°S\sim20°N$)分别代表热带非洲、印度和中南半岛次大陆,形成"非洲-欧亚大陆"。Exp TIP 使用与 Exp TRO 中的相同的大陆分布,但添加了一个理想化的"青藏-伊朗高原"TIP 来研究青藏-伊朗高原对季风的影响。所有这些试验都进行了 10 a,并使用最后 8 a 的平均进行分析。

表 1.1 理想化水球试验的试验设计

试验名称	陆地分布
MID	中高纬度大陆 ($0°\sim120°E, 30°\sim90°N$)
SUB	副热带大陆 ($0°\sim120°E, 20°\sim90°N$)
TRO	热带大陆（副热带大陆 SUB 和如下热带大陆($0°\sim50°E, 35°S\sim20°N$)、($75°\sim85°E, 5°\sim20°N$)和($95°\sim105°E, 9°S\sim20°N$)）
TIP	热带大陆 TRO 和青藏-伊朗高原 （椭圆地形 TP,最大高度为 5000 m,以($87.5°E,32.5°N$)为中心,椭圆地形 IR,最大高度为 3000 m,以($53.4°E,32.5°N$)为中心）

（1）海陆热力特性差异对亚洲夏季风的影响

在水球试验（Exp AQU）中没有陆地存在，整个地球表面全是海洋。在太阳辐射和地球自转的作用下，南、北半球大气层分别存在简单的三圈环流。与实际大气不同的是，由于水球试验中下垫面均为海洋，性质均匀，哈得来环流的上升支以及赤道辐合带（ITCZ）更加靠近赤道（图略）。季风通常指近地面冬、夏盛行风向几乎相反（风向偏转大于120°）且气候特征迥异的现象。在水球试验中，强降水主要发生在赤道辐合带，但是冬、夏盛行风向的变化不大，可以认为这种情况下不存在季风。

图1.39给出各种试验中7月平均的降水和近地面风场的分布，同时标出1月和7月盛行风向差异大于120°的区域。对于位于中高纬度大陆的试验（Exp MID）和副热带大陆的试验（Exp SUB），图1.39a和图1.39b表明，主要降水带仍然出现在赤道辐合带，陆地上的季风降雨微不足道。沿着南部大陆边界有非常弱的季风雨带，它与沿赤道的ITCZ共存。像Exp AQU的结果一样，在信风气流的驱动下，热带水汽基本上汇聚到ITCZ。这有效地阻止了两个半球之间环流系统的相互作用。这两组试验结果显示，只有中高纬度或副热带陆地无热带陆地存在时，仅在副热带陆地的东南部有弱的季风，此情况下即使在盛夏也无明显的越赤道气流，印度、孟加拉湾和南海热带夏季风也不存在。

在Exp TRO中，在120°E以东的西太平洋区域，则依然有东亚夏季风和赤道辐合带共存，并被西太平洋副热带高压分隔开，与Exp MID和Exp SUB的结果（图1.39a和图1.39b）相似。在120°E以西，热带陆地的引入（图1.39c）激发了向北的跨赤道气流，破坏当地的赤道辐合带；在中南半岛以西将赤道辐合带（ITCZ）向北推到非洲-印度洋沿10°～15°N的区域，形成热带辐合带（TCZ，图1.39c）；并在那里形成热带夏季风，即南亚夏季风（SASM）的南部分支。与图1.39b比较可以看出它还增强了温带大陆南部和东南部边界的季风。

梁潇云等（2006）还分别引入非洲陆地、印度次大陆和中南半岛进行类似的Exp TRO试验和分析。结果发现每加入一个热点陆地都能够诱发跨赤道气流，形成热带季风。这是因为热带次尺度陆地在春末夏初由于感热加热的增加变为一强热源，陆面感热加热引起陆地上空低层气压降低，流场向气压场适应，在陆地东部形成南风气流。南半球的越赤道气流到达北半球，受科氏力影响转向为西南气流，形成了热带夏季风。热带陆地因而起了桥梁的作用，诱导南、北半球进行质量和水汽交换。与上述Exp TRO试验结果比较表明，当热带次尺度陆地同时存在海陆交错分布时，夏季每个次尺度热带陆地的东部海面低空加强了反气旋环流，其西北侧的西南风加强。因此，西面的次大陆为其东面的次大陆提供了增强的西南气流，因此南亚次大陆和中南半岛上空的夏季风降水均较单独大陆试验中的夏季风降水增强。与此同时，每一条过赤道气流也被加强，三条得到加强的越赤道气流连成一片，使亚洲热带西南夏季风的范围和强度比单有某一热带大陆时显著地增大增强。它表明热带各大陆的共存极大地增强了非洲季风、南亚季风、孟加拉湾-中南半岛季风以及南海季风，同时还使欧亚大陆东南部及西太平洋的季风降水也得到加强并向西太平洋伸展。热带季风区分布和实际的亚洲热带季风区分布就比较一致，这说明在亚洲热带季风形成中海陆分布的作用是第一位的。

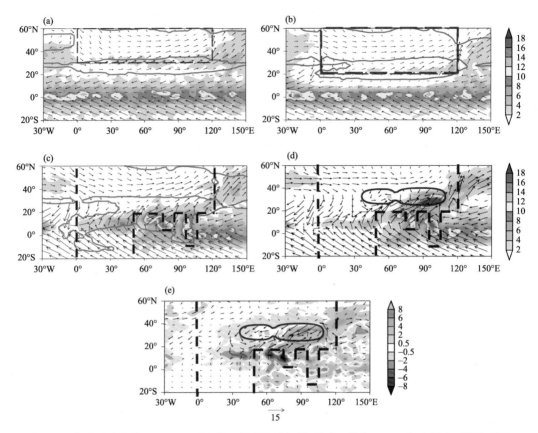

图 1.39　各个试验中在 $\sigma=0.991$ 面上的 7 月平均风矢量(箭头;单位:m·s^{-1})和降水(阴影;单位:mm·d^{-1})分布。(a)MID;(b)SUB;(c)TRO;(d)TIP;(e)差值(TIP-TRO)。(a)—(c)中的橙色曲线表示 1 月和 7 月之间的表面风向反转大于 120°的面积;粗曲线表示 700 m 处的地形等值线,红色粗虚线表示大陆边界(改自梁潇云 等,2006;Wu et al.,2021)

(2)青藏-伊朗高原热力强迫对亚洲夏季风的影响

在上述所有试验中,陆地-海洋分布本身并没有在大陆上产生显著的降水。夏季隆起的地形热强迫在对流层低层产生气旋式环流,东部为南风,西部为北风。在其上产生反气旋式环流,风向相反,导致山脉的东侧上升运动发展,产生降水。因此,TIP 强迫加强了副热带和热带之间以及下层和上层对流层之间的环流耦合。丰富的水蒸气从热带海洋输送到副热带和温带大陆,在那里凝结形成降水(图 1.39d)。如图 1.39e 所示,有和没有 TIP 的试验之间的差异表明,夏季的 TIP 强迫产生南亚夏季风的北部分支和东亚夏季风(EASM),并减少 80°E 以西的南亚夏季风南部分支的降水。这意味着,只有当试验中存在大型山脉 TIP 时,才能生成南亚夏季风的北部分支和东亚夏季风(图 1.39d)。

值得注意的是,在图 1.39 给出的各种水球试验结果中,60°E 以东的亚洲季风区(包括南亚夏季风区和东亚夏季风区)的盛行风向都是偏南风。He 等(2015)检查了各种再分析资料的逐日结果也表明,在夏季南亚季风区并不存在这种偏北的干冷空气侵入,其盛行风向都是偏南风,证实了水球试验结果的可靠性。他们还从辐射收支的角度提供了理论支撑(见本书第 6

章第 6.1.2 节)。

1.5.2 海陆热力对比对亚洲夏季风的影响

为深入了解海陆热力差异和大地形热力强迫对亚洲夏季风的影响,何编(2012)采用 FGOALS-s2 海-气耦合分量模式 SAMIL 进行一系列敏感性试验,海温和海冰分量采用气候态的观测资料(仅包括季节变化),所有的外强迫场(温室气体、太阳常数、臭氧、气溶胶)都固定为气候态的值。所有试验积分 7 a,取后 5 a 夏季平均作为分析对象。具体的试验设计方案如表 1.2 所示。

表 1.2　海陆热力差异、地形隔断作用、地形抬升加热作用对南亚夏季风影响的数值模拟试验方案,(√)表示相关强迫在试验中进行考虑

试验名称	试验目的	海陆热力对比	地形机械隔断作用		地形抬升的加热	
			伊朗高原(IP)	青藏高原(TP)	伊朗高原(IP)	青藏高原(TP)
CON	提供气候背景	√	√	√	√	√
NMT	海陆分布影响	√				
L_S		√				
IPTP_M	地形机械强迫影响	√	√	√		
IP_M		√	√			
TP_M		√		√		
IPTP_SH	地形热力强迫影响				√	√
IP_SH					√	
TP_SH						√
HIM	喜马拉雅山脉南坡有无加热影响	√	√	只有南坡	√	√
HIM_M		√	√	只有南坡		

表 1.2 中所指的地形隔断强迫是将模式地形高度根据相应设计做不同的改变,而体现热力强迫的试验是将控制试验的结果和无地表感热加热的结果相比较得到。其中无感热试验是在保持地表能量平衡不变的情况下,让相应地区地形高度大于 500 m 以上的感热加热无法加热大气,也就是在大气热力学方程中温度的垂直扩散项设为 0。各组试验中南亚季风区的感热通量说明如下。

CON 试验不改变地形高度以及模式感热。

关于地形动力强迫试验:NMT 试验中将全球的地形全部设为 0,只包含海陆分布的差异,同样不改变模式感热;而由于本试验的目的在于考察青藏高原和伊朗高原对南亚季风的影响,因此, L_S 与 NMT 的不同点是仅将青藏高原和伊朗高原的地形设为 0,其他地形不变,同样模式感热由模式自身的物理过程算出。在 IPTP_M 的试验中,保持地形与 CON 试验一致,但是将青藏高原和伊朗高原表面感热加热设为 0;IP_M 的试验保留伊朗高原的地形,将 75°E

以东的区域设为 0,并且去除伊朗高原的感热加热;同样 TP_M 的试验是保留青藏高原的地形,但没有伊朗高原,同时青藏高原上没有感热加热。

关于地形热力强迫试验:IP_SH、TP_SH、IPTP_SH 的试验中,地形与 CON 一致,但是首先做了三组试验,将伊朗高原、青藏高原、青藏-伊朗高原上的感热加热设为 0,分别记为:IP_NS、TP_NS、IPTP_NS 试验;由于 CON 试验和这三组无感热试验的区别仅仅在于不同高原的加热上,因此,他们的差值场可以分别代表伊朗高原、青藏高原以及青藏-伊朗高原的热力强迫对南亚季风的影响。

关于喜马拉雅山有/无热力强迫的试验:HIM、HIM_M 的试验中,地形设计与 Boos 等(2010)的设计方案一致,在亚洲大陆上,将同一经度,地形高度达到其经度上最大值的 2/3 的北侧全部设为 0,感热通量由模式自身调整。而 HIM_M 与 HIM 的不同之处在于将喜马拉雅山南坡的感热加热设为 0。

首先利用控制试验 CON、无地形试验 NMT 以及没有青藏-伊朗高原试验 L_S 来讨论海陆热力差异对南亚季风形成和维持的影响,同时讨论高原的相对重要性。图 1.40a 给出的是 CON 试验模拟的南亚夏季风和降水的空间分布,和观测资料对比(图 1.40b),虽然模式在降水量级的模拟上偏强,但是把握住了印度洋、孟加拉湾、南海几个强降水中心,高原南侧以及印度北部地区的降水也跟观测结果比较接近,此外,模式能够模拟出东亚季风区的降水,雨带略微偏北。传统认为季风的本质是海陆之间的热力对比形成的,如是,则仅仅由于海陆分布造成

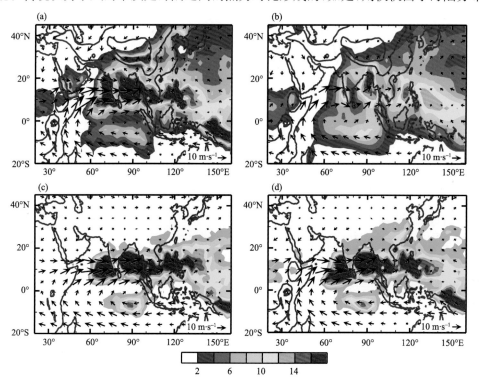

图 1.40 气候态夏季平均 850 hPa 风场(单位:m·s⁻¹)和降水率(单位:mm·d⁻¹)
(a) CON;(b) OBS;(c) NMT;(d) L_S

的季风降水与南亚夏季风原型应当比较相似。从 NMT 的模拟结果(图 1.40c)上看,模拟出的 20°N 以南的热带地区降水和 CON 试验的结果非常接近,仍然保持了几个极值降水中心;但是最明显的变化是副热带地区 20°N 以北的南亚季风以及东亚季风减弱很多。在不包含青藏-伊朗高原地形的试验中(图 1.40d),得到的结果与 NMT 试验比较接近,印度大陆以及东亚地区的降水相比 NMT 略微增强。这是由于 L_S 试验中包括了非洲东部的山脉,它们的动力以及热力强迫作用可以影响到南亚夏季风,模拟的结果可以看出 L_S 中 40°~50°E 的越赤道气流要比 NMT 试验中强一些。前人的研究(Krishnamurti et al.,1976;Sashegyi et al.,1987)指出了,非洲地形、β 效应以及热带对流的存在是导致索马里急流存在并维持的原因,而索马里急流的增强又会增强南亚夏季风。

图 1.41 给出了三组试验模拟的对流层高层温度场以及地表的相当位温分布。高层的暖中心位于高原南侧上空,而地表的相当位温极值也在印度北部高原的西侧,但是极值偏西。在没有青藏-伊朗高原的试验中,NMT 和 L_S 的结果比较接近,高层温度场上的强暖中心明显减弱了 5~6 K,而地表的高温高湿地区主要集中在 20°N 左右的热带地区。注意到虽然这里对流活动旺盛,海洋上相当位温也很高(超过 355 K),但是高层的暖中心仍然位于副热带地区的大陆上,高低层的位置对应关系并不好。另一方面,通过前面降水场以及非绝热加热场的分析知道,在 NMT 和 L_S 试验中,副热带地区的湿对流活动并不强,那么也就意味着副热带地区暖中心的形成不能完全由湿对流的直接贡献来解释。

从以上对这三组试验的诊断分析中可以得知,一方面,海陆热力差异是亚洲热带夏季风的形成与维持的一个最主要原因;另一方面,青藏-伊朗高原的地形强迫在形成与维持印度北部的亚洲夏季风上是非常重要的,其影响南亚夏季风的物理过程以及其动力隔断作用和热力作用对亚洲夏季风降水的影响将在下面分析。

1.5.3 青藏-伊朗高原动力阻隔对亚洲夏季风的影响

这一节我们讨论大地形的影响。用 CON 试验减去 L_S 试验的结果可以近似地排除海陆热力差异的作用而突出大地形的影响,图 1.42a 即为 CON 试验减去 L_S 试验的低层风场和降水场差异的空间分布,它给出了除了海陆热力差异作用以外的、有待寻找的其他因子的影响。图中特别明显的特征是在亚洲大陆上空风场上出现一个气旋式环流并且伴有降水的增加;而在 20°N 以南热带海洋上、特别是在印度大陆西侧的阿拉伯海降水减少,出现了一个较强的反气旋式环流。

下面分析产生这种分布型的激发因子。首先考虑伊朗高原的地形机械强迫但不考虑其加热作用。如图 1.42b 所示,IP_M 试验模拟出的季风环流以及降水场的特征和 L_S 试验结果非常接近,说明伊朗高原的动力隔断作用对南亚季风降水在 20°N 以北印度大陆上贡献并不明显。同样地,单独青藏高原(图 1.42c)以及青藏-伊朗高原(图 1.42d)的动力隔断试验的模拟结果也给出了类似特征:南亚季风降水主要位于 20°N 以南的大陆和海洋上,而无法到达印

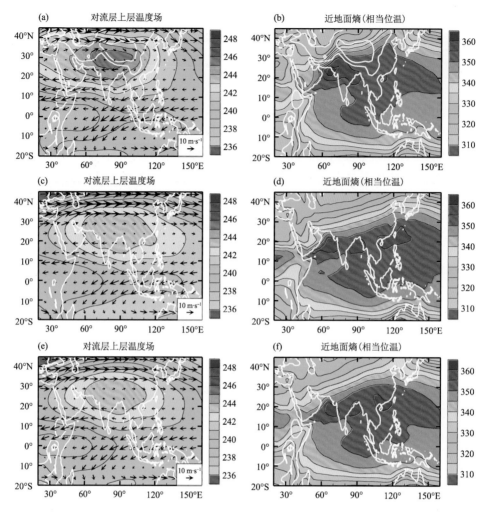

图 1.41　(a)CON 试验 200～400 hPa 质量权重平均温度(单位:K)和风场(单位:m·s⁻¹);(b)CON 试验
地表相当位温(单位:K)。(c)、(d)同(a)、(b)但为 NMT 试验,(e)、(f)同(a)、(b)但为 L_S 试验。
图中变量皆为夏季平均结果

度北部以及高原南侧地区。同时,所有地形机械强迫作用的试验在环流场上也没有模拟出图
1.42a 中高原附近的气旋式环流场以及印度大陆西侧的反气旋式环流。这说明,在不考虑加
热的情况下,仅仅由于大地形的动力作用是无法产生大尺度范围内的辐合抬升运动的。

事实上很多研究已经指出,大地形周围环流场的形成与维持与本身的水平尺度、垂直高度
以及加热状况有关。Bolin(1950)和 Yeh(1950)从理论上证明了青藏高原的大地形最显著的
作用是在冬季将西风气流分成两支,并且可以影响到下游环流系统;Wu(1984)的工作进一步
证明了大气运动在地形的热力和动力强迫下的响应是非线性的,从能量守恒以及角动量守恒
的观点出发,得到了气流爬山存在一个临界高度,当超过这个高度的时候气流以绕流为主,而
低于这个高度的时候气流以爬流为主,这个高度通常小于 1000 m 左右,对于所研究的青藏、伊
朗这两个高原来说,青藏高原的尺度远远超过了这个临界高度,也就意味着,气流不依赖于外

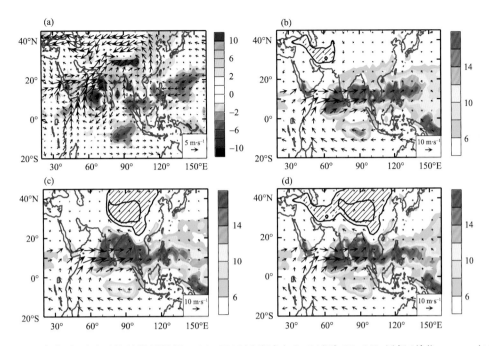

图 1.42　气候态夏季平均的模拟结果。(a) CON 试验减去 L_S 试验 850 hPa 风场(单位：m·s^{-1})和降水场(单位：m·d^{-1})；(b) IP_M 试验；(c) TP_M 试验；(d) IPTP_M 试验

力而通过自身动力爬上高原形成降水是不可能的。

　　下面是三组机械隔断试验低层 σ 坐标系中的流场以及垂直运动场的状况。在 IP_M 的试验中，伊朗高原表面出现了辐散流场，垂直运动场上为一个下沉气流；伊朗高原西北侧的冷空气随着辐散场在印度洋地区汇合，形成南亚季风降水；而在 20°N 以北的伊朗高原南侧并没有因为隔断堆积造成的垂直上升运动。单独青藏高原的 TP_M 试验中流场和垂直运动场表现出类似的但更加显著的特征：高原表面尤其是在南坡附近在没有加热的情况下形成了一个强烈的辐散场和下沉运动。而 IP_M 和 TP_M 的结果相叠加基本上可以得到 IPTP_M 的结果，南亚季风环流和降水被限制在了 20°N 以南的热带地区而无法推进到高原南侧附近。

　　低层环流以及热力作用的变化必然要影响到对流层高层的环流以及温度场结构，由于这三组试验仅考虑地形的动力作用，高原没有加热大气，那么相对应的大气下垫面的热力条件也要发生改变。由于伊朗高原和青藏高原上没有感热加热，水汽无法向高原南侧的斜坡上空以及平台上抽吸，这里的相当位温显著降低，相比热带地区要低了 10 K 左右。低层相当位温的减弱不利于对流不稳定的产生，20°N 地区基本没有降水，说明对流层大气中潜热释放减弱。高层的温度场受环流以及潜热变化的影响必然要发生变化，这三组试验的高层暖中心比 CON 试验都偏弱很多，其中 TP_NS 和 IPTP_NS 试验的暖中心甚至偏南到近热带地区，高层的西风急流的位置也相应偏南，与 NMT 试验和 L_S 试验的结果相似。从上述分析的环流、降水，以及垂直运动等分布上可以看出，仅有高原地形的存在而不考虑其加热作用不足以维持副热带地区印度北侧的强湿对流活动，也无法维持高原上空的暖温度中心。

1.5.4　青藏-伊朗高原热力强迫对亚洲夏季风的影响

从位涡守恒的理论上出发,吴国雄等(2000)讨论了因非绝热加热导致大气动力特征的变化,阐明了大气动力过程对外源强迫的适应过程。对于低层大气来说,边界层上垂直的加热梯度所制造的位涡必为摩擦项所平衡。然而加热不仅仅为摩擦作用所抵消,随着表面气旋的发展,一方面,在加热区域内等熵面发生下凹,沿边界等熵面将变得倾斜;另一方面,气旋式环流的出现将引起风的垂直切变。

根据以上理论,为了进一步研究高原大地形的表面感热加热对大气环流和南亚季风的影响,这里设计了三组热力敏感性试验,在不改变地形的情况下分别将伊朗高原(IP_NS)、青藏高原(TP_NS)和这两大高原(IPTP_NS)的感热加热设为0,并用CON试验的结果减去无感热试验的结果得到IP_SH、TP_SH和IPTP_SH的影响,结果如图1.43所示。在IP_SH(图1.43a)中,伊朗高原的热力强迫作用在周围产生了一个气旋式环流,与图1.42a中伊朗高原和阿拉伯半岛上的环流型一致。热力强迫作用还导致了季风降水的变化,使得热带印度洋和西北太平洋的降水有所减少,而使亚洲大陆100°E以西的地区降水增加,主要增加区域位于印度大陆西侧,巴基斯坦以及高原南侧斜坡地区。伊朗高原热力强迫导致的降水增加说明了伊朗高原在造成以及维持南亚夏季风北部的降水上有很重要的作用。

单独青藏高原的感热试验结果(图1.43b)同样在高原附近造成了一个气旋式环流场。相应地减少了80°E以西的降水,而增加了80°E以东的降水;特别是孟加拉湾地区、高原南侧的斜坡以及东亚地区。这个降水场的空间分布和图1.42a中高原附近以及南亚、东亚地区的降水分布类似,表明了青藏高原感热加热在影响南亚季风北侧降水以及东亚地区降水上占据了主导地位。

在IPTP_SH试验中(图1.43c),地形抬升的青藏-伊朗高原的加热导致了热带地区降水的减少,增加了副热带地区亚洲大陆上的降水。加热场同样造成在亚洲副热带地区850 hPa上两个相对独立的气旋式环流。图1.43c的结果基本上可以看作是图1.43a、b的线性叠加,表明了伊朗高原和青藏高原在影响南亚季风上的相对重要性,其独自的影响区域各有不同。更重要的是,青藏-伊朗高原的热力强迫导致的降水和环流场(图1.43c)与图1.42a的降水及环流异常场的分布十分接近。这说明,除了海陆热力差异以外,亚洲地区大地形的热力作用相对于动力作用对南亚季风的影响占主要地位,特别是在影响陆地上季风降水的生成与维持上。

从以上动力以及热力试验的结果可知,气流经过高原是绕流还是爬流对在高原附近是否能形成降水从而影响南亚夏季风是有很大差别的。从降水形成的一个很重要的因素,水汽的变化上来说,由于全球大气中85%的水汽集中在对流层低层,垂直方向上基本不超过海平面以上3000 m的高度,为了形成云和降水,低层的水汽必须经过外力或者自身浮力抬升至高空。因此,低层近地面湿的相当位温高值区代表了局地对流不稳定层结,有利于气块上升至自由对

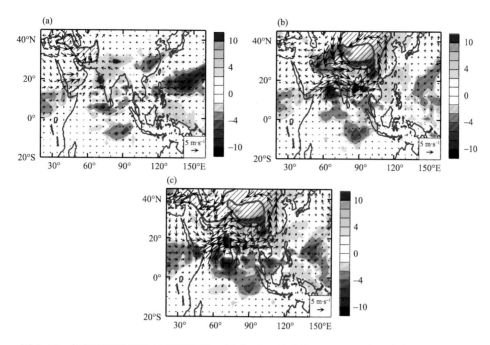

图 1.43　气候态夏季平均的模拟结果。(a)IP_SH 试验的 850 hPa 风场(单位：m・s^{-1})和
降水(单位：m・d^{-1})；(b)同(a) 但为 TP_SH 试验；(c)同(a) 但为 IPTP_SH 试验

流高度从而发生对流。并且这个过程直接与温度的垂直廓线相关，与高层的温度场相耦合
(Emanuel et al.，1994)。

　　大地形的机械阻碍作用对形成降水来说是一个很重要的外源强迫，他可以使得气流在地
形周围形成上升运动产生降水，然而，理论分析(Wu，1984)指出，在山脉过高的情况下，气流
在没有外力的强迫下是无法爬升的，而山脉地表对大气的加热作用可以给气流提供这种动力。
由于大尺度位温的分布随着高度升高，根据平衡态的热力学方程：

$$V \cdot \nabla\theta = Q \tag{1.16}$$

式中，V 是空气速度，在有非绝热加热的区域（$Q>0$），气流将穿越等熵线向上运动。大气中的
加热有很多种，大气对短波辐射的吸收造成的加热很少；而在没有云的情况下，长波辐射很容
易散逸至太空中；凝结潜热的释放通常在高层；只有地表的感热加热可以增加近地面的熵，增
加低层的对流不稳定程度，使得低层大气产生垂直上升运动。

　　如果地表的感热加热发生在山脉的斜坡上，并且山脉足够高，低层大量的水汽可以通过感
热加热被带入到自由对流高度（Wu et al.，2007）。已有研究已经表明青藏高原在夏季是一
个巨大的热源。当大量的暖湿气流输送到高原南侧的斜坡后，由于感热加热的影响，气流将沿
着斜坡做穿越等熵面的运动，向上抬升并发生对流。

　　这个现象在低层的流场分布上表现得最为明显。图 1.44 给出了四种试验降水以及在 σ
＝0.89 层(垂直高度大约为 1 km)的流场分布。从控制试验的结果(图 1.44a)来看，当大量的
水汽从索马里附近输送到南亚地区时，由于强烈的海陆热力差异导致降水主要发生在 10°～

20°N 之间的热带地区。剩下的水汽继续向东亚地区输送；另一方面,因为高原感热抽吸(SHAP)的作用,使得气流向高原地区辐合,流场上高原南侧的流线几乎与地形等高线垂直,气流沿南坡爬上高原,最终在高原东南侧形成一个气旋式的闭合中心。因此,导致了印度北侧以及东亚地区的季风降水,而高原南侧出现了一个降水极值的雨带,超过 18 mm·d^{-1} 的降水率。

在 IPTP_M 的试验中(图 1.44b),与 CON 试验相对照,当水汽从印度洋西侧输送到南亚地区时,由于没有高原加热的影响,式(1.16)中 $Q=0$,气块将沿着等熵面做绝热运动,因此,流线无法爬上高原而是绕着高原作绕流运动,与地形等高线相平行。因此,在印度的北部以及高原斜坡上无法形成季风降水,此外,东亚地区的降水也大大地减弱了。这些结果表明了大尺度地形的热力强迫对于形成和维持印度北部以及高原南侧的南亚夏季风占据主导地位。

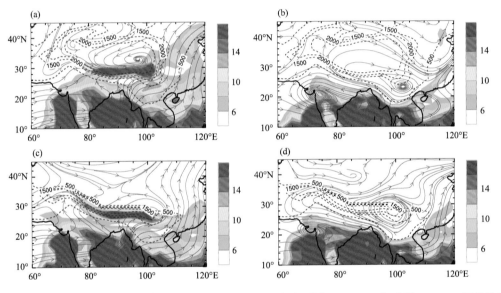

图 1.44　气候态夏季平均的模拟结果。(a)CON 试验地表降水(单位：mm·d^{-1})以及 $\sigma=0.89$ 层的流场；(b)同(a)但为 IPTP_M 试验；(c)同(a)但为 HIM 试验；(d)同(a)但为 HIM_M 试验

此外,在最近关于高原强迫影响南亚季风的研究当中,Boos 等(2010)的试验中虽然去除了高原平台以及东侧的大部分地区,但是高原南侧的斜坡依然存在,南侧的感热加热(SHAP)依旧会对大气运动产生影响,从而维持南亚夏季风的降水。为了说明这一影响,这里基于Boos 等(2010)的试验方案,仅保留了喜马拉雅山的地形和加热,设计了 HIM 试验。模拟的结果的确和 CON 试验类似,得到南亚季风空间分布特征(图 1.44c),在印度北部以及喜马拉雅山的南侧斜坡上出现了大量的降水,流场有爬上斜坡的运动。然而,在喜马拉雅山南侧没有感热加热的试验 HIM_M(图 1.44d)中,从赤道地区输送过来的水汽无法爬上喜马拉雅山的斜坡,而是分成东西两支,沿着地形等高线绕过喜马拉雅山。西侧的分支在印度半岛西部形成了一个气旋,增加了南亚季风的降水,而使得印度北部降水减少。

1.5.5 青藏高原对东亚夏季风(EASM)的影响

东亚夏季风(EASM)是亚洲夏季风的重要组成部分。东亚夏季风系统是一个复杂的季风系统,包括西太平洋副热带高压、青藏高原上空的南亚高压、南海的季风槽、从青藏高原东传的低涡、长江流域的梅雨锋面以及中纬度西风气流中的罗斯贝波等(陶诗言 等,2006),具有热带和亚热带季风的混合特征(Ding et al.,2005)。它在各种时间尺度上以较大的振幅波动,具有特别强的年际变化(Yang et al.,2006;Zhou et al.,2011)。它的变异影响着中国及其周边区域的天气气候变化(陶诗言 等,1997)。近年来,受东亚夏季风变异的影响,我国夏季旱涝等气候灾害频繁发生,造成巨大的经济损失和重大人员伤亡。对东亚夏季风的长期观测和理论研究表明,在影响东亚夏季风的众多因素中,最为直接的是西太平洋副热带高压(刘屹岷,2003;吴国雄 等,2003),副热带急流中的罗斯贝波(陶诗言 等,2006),印度洋、太平洋的海面温度(SST)(Nitta et al.,1996)及青藏高原动力热力强迫(Yanai et al.,2006)。

就青藏高原的影响而言,由于夏季流经青藏高原的西风气流很弱,青藏高原的抬升加热又很激烈,根据第1.2节的讨论,青藏高原对东亚夏季风的影响以热力强迫为主,动力强迫次之。夏季青藏高原强烈的抬升加热在低空激发出环绕高原的气旋式环流,在高空形成强大的反气旋式环流(吴国雄 等,2000)。其在东亚上空维持着低空偏南风/高空偏北风的经向风垂直切变,使绝对涡度平流随高度增加而增加。青藏高原的抬升加热因此在东亚上空制造了大尺度上升运动的条件,为东亚夏季风的发展和维持提供了环流背景。

东亚夏季风的年际变化受到太平洋和印度洋的海面温度异常(SSTA)(Wang et al.,2000;Weng et al.,2011;Xie et al.,2016),青藏高原上空的热强迫(Zhao et al.,2001;Hsu et al.,2003;Duan et al.,2005;Wang et al.,2011,2014),以及中纬度大气的内部动力学(Liu et al.,2001;He et al.,2017)的影响。Hsu 等(2003)研究表明夏季东亚季风地区降水异常分布的年际变化与春夏季青藏高原非绝热加热关系紧密。高原地区非绝热加热增加,对应东亚夏季风降水出现纬向带状的三级结构,或者称为三明治结构:长江中下游地区、朝鲜半岛南部和日本的大部分地区降水表现为正异常,降水偏少的地区为华南地区和华北及朝鲜半岛北部地区。

青藏高原加热的年代际变化对东亚夏季风的年代际变化也有影响。东亚地区的南涝北旱(长江涝、黄河旱)的年代际变化现象自 20 世纪 50 年代以来呈现出增多趋势(Nitta et al.,1996;Wang,2001;Gong,2002;Yu et al.,2004;钱永甫 等,2007)。夏季季风降水变化表现出明显的西南—东北带状走向:从长江中下游地区经过中国东海、朝鲜半岛,一直到日本北部地区的梅雨(日本称为 Baiu,韩国称 Changma)雨带降水显著增加,同时该雨带南北两侧降水呈现出减少趋势。这种降水变化的分布表明,中国从 20 世纪 50 年代以来的南涝北旱变化趋势是东亚夏季风降水带大尺度变化的一部分。

一系列的研究从资料分析入手探讨青藏高原热力作用对东亚夏季风的影响。Zhao 等

（2001）分析逐月高原热源的垂直积分（Q_1）资料，发现在夏季青藏高原热源与高原东南部、孟加拉湾和东亚地区的对流有明显正相关。Duan 等（2008，2011）对资料的分析表明，20 世纪后期高原大气热源表现为持续减弱的趋势。其中春季感热的减弱趋势最为显著，这主要是由地表风速的持续减弱所决定，而风速的持续减弱与全球变暖进而导致环流的变化紧密相关。进一步研究发现，高原大气热源自 20 世纪 80 年代以来的减弱趋势是我国夏季降水"南涝北旱"的重要原因之一。高原感热的年代际减弱导致感热气泵效应受到抑制，使得高原近地面气旋式环流和西太平洋副热带高压减弱，从而导致东亚地区夏季偏南气流减弱，水汽辐合位于华南地区，从而在中国东部形成"南涝北旱"的空间分布特征（Duan et al.，2011，2013；Liu et al.，2012）。Zhao 等（2010）的分析则认为在全球变暖背景下，青藏高原冬春季积雪呈现出增加趋势，引起春夏季青藏高原上空对流层温度降低，造成夏季东亚与其周边海域的大气热力差异减弱，夏季东亚低层的低压减弱。而且西太平洋副热带高压位置偏南，我国东部西南风强度减弱，东部强降水带趋向于停滞在南方，使北方降水减少，从而导致东部地区出现南涝北旱。

包庆等（2008）则采用大气环流模式（AGCM）进行一系列数值试验去揭示青藏高原温度的年代际变化与东亚夏季风的联系。结果表明：青藏高原增暖有助于增强对流层上层的南亚高压、高原北侧西风急流和高原南侧东风急流以及印度低空西南季风。其下游东亚地区表现为对流层低层西南季风增强、水汽输送增加。因此，中国长江中下游（梅雨）、朝鲜半岛（昌马）和日本大部分地区（白雨）降水增多；而在太平洋副热带高压控制下的西北太平洋地区和孟加拉湾东北部，季风降水减少。用敏感性数值试验的结果和观测资料中东亚夏季风降水年代际变化分布作比较不难发现，中国长江中下游、朝鲜半岛和日本北部的西南—东北走向降水增强区以及西北太平洋地区降水负异常区有着惊人的一致性。因此可以推测：青藏高原增暖是造成中国南涝北旱（长江涝、黄河旱）年代际气候异常的重要影响因子之一。Liu 等（2012）进一步从位涡理论证明，青藏高原地表加热是激发低空气旋式环流和高空发气旋式环流的重要原因。自 20 世纪 70 年代中到 21 世纪初，青藏高原地表风速减弱导致感热加热减弱（图 1.28）。环绕青藏高原的低空气旋式环流因此减弱，导致东亚地区偏南风减弱，雨带因此滞留在中国江南造成了南涝北旱（华南涝、华北旱）。

Sampe 等（2010）对青藏高原的热力作用影响东亚夏季风给出新的解释。初夏，高原南侧中低空盛行偏西气流，高原抬升加热和潜热释放明显。副热带西风气流经高原的东南侧把暖湿气流平流到东亚夏季风区，提供了大尺度上升运动环流背景。这种强迫抬升诱导了天气扰动和垂直对流，从而加强低空的水汽输送，维持东亚夏季风的降水天气过程。

Chen 等（2014）分析了东亚夏季风的低空水汽输送、风场和温度场，发现低空经向风分量的辐合是沿东亚夏季风区的总水平风辐合和水汽辐合的最主要贡献者；而强低空南北温度梯度（斜压性）只出现在日本的白雨区及西北太平洋洋面上，在中国的梅雨区并不明显。通过对影响东亚夏季风区湿静力能（MSE $= h = c_p T + gz + L_v q$，h 为湿静力能，z 为高度，L_v 为水汽潜热系数，q 为比湿）收支的分析，他们也发现影响梅雨和白雨的因子存在共性和差异：首先，他们发现 MSE 的水平平流(亦即是大气湿焓 $E = c_pT + L_vq$ 的水平平流),主要是干静力能($\mathrm{DSE} = h_\mathrm{d} = c_pT + gz$, h_d 为干静力能)的水平平流(即大气干焓 $E_\mathrm{d} = c_pT$ 的水平平流),是维持东亚夏季风锋区的主要因子。进一步对大气干焓的水平平流分解为平均流平流、定常波平流和瞬变波平流再进行收支分析发现,由于纬向热力差异引起的纬向温度梯度($\partial T^*/\partial x$)和定常经向风(V^*)是决定东亚夏季风区域水平干静力能分布的最主要因子。青藏高原加热和海陆热力差异在西风背景气流作用下在下游形成暖平流($-\overline{[u]}\dfrac{\partial T^*}{\partial x} > 0$),从而维持东亚夏季风的上升运动。由于春季高原抬升加热迅速增强,纬向温度梯度($-\dfrac{\partial T^*}{\partial x}$)的增强在近高原下游最为明显,因此,纬向暖平流对维持梅雨锋的上升运动最为明显,但对白雨区的影响较弱。青藏高原对定常经向风(V^*)及经向温度平流($-v^*\dfrac{\partial}{\partial y}\overline{[T]}$)的贡献既有高原的热力作用,也有其动力作用。其热力作用在低空激发出绕高原的气旋式环流,从而增强了东亚夏季风区域的南风(吴国雄 等,1997a;Wu et al.,2002,2007,2009,2012c;Yanai et al.,2006)。其机械动力作用是青藏高原对副热带西风气流的分流作用在下风地区形成低空辐合(Park et al.,2012),导致东亚夏季风区上升运动加强。

Chen 等(2014)对水汽收支的分析也表明梅雨区和白雨区存在差异。对东亚夏季风时段的平均而言,水汽收支的主要特征是整层气柱中水平水汽平流的辐合项与蒸发减降水项大致平衡。对整层水汽的水平平流项的辐合进行分解发现,东亚夏季风区中最大的贡献是平均水汽 $\overline{[q]}$ 和定常风散度 $\nabla \cdot V^*$ 的乘积项($-\overline{[q]}\,\nabla \cdot V^*$),而后者($\nabla \cdot V^*$)主要是青藏高原影响所致。有意思的是在梅雨区,纯定常波通量($-\overline{q^* \, \nabla \cdot V^*}$)也几乎同样重要;但它在白雨区变得几乎是可忽略不计(参见 Chen 等(2014)的图 8a 和图 8b)。

另一方面,通过计算中纬度-平面近似和瑞利(Rayleigh)摩擦假定下地形强迫波解(Held,1983),Son 等(2019,2020)发现流经青藏高原的副热带西风气流是增强东亚夏季风区域经向风的主要原因,强调了青藏高原的动力作用对维持东亚夏季风的重要性。在给定西风从 35 m·s^{-1} 变化到 10 m·s^{-1} 时,它激发出的定常罗斯贝波能引起下游东亚降水的季节演变:夏季东亚降水带从西北平洋西移到东亚,导致东亚夏季风的降水(参见 Son 等(2020)的图 3)。不过地形的热力强迫和动力强迫的相对重要性对西风非常敏感。根据 Held 等(1990)的线性模型,地表西风强度每增加 2 m·s^{-1} ,地形强迫的定常波振幅与热力强迫的定常波振幅的比率增加了近 2 倍(图 1.3)。如图 1.2 所示,夏季流经青藏高原的西风气流很弱,不足 5 m·s^{-1} ,其所激发的罗斯贝波的强度不会很强,其对东亚夏季风的相对贡献还有待深入研究。

至此可以对亚洲夏季风的本质得出如下结论:亚洲夏季风是热力驱动的(Wu et al.,2012c)。亚洲夏季风是大气环流对因太阳辐射年变化所致的海陆热力差异和大地形青藏-伊朗高原(TIP)的热力强迫的响应而形成的。如图 1.45 所示,夏季沿着索马里急流的水汽输送带受到南亚海陆热力差异强迫所激发的上升运动影响,形成南亚夏季风的南支——南亚热带季风。此后向东的水汽输送带受到青藏高原-伊朗高原的热力抽吸作用向北偏转上升,形成南亚夏季风的北支——南亚副热带季风。继续东进的水汽输送带与来自西太平洋的水汽输送汇合,在海陆热力作用和青藏高原热力强迫的共同影响下向北推进,支持着东亚夏季风。

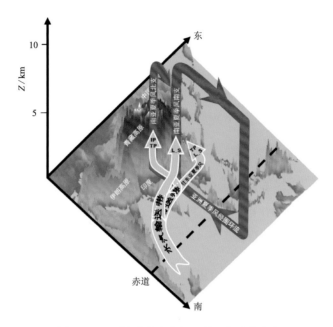

图 1.45 亚洲夏季风受大地形和海陆分布的
热力控制示意图(引自 Wu et al.,2012c)

1.6 本章小结

本章作为引言,主要介绍和回顾有关大地形的动力和热力作用对大气环流和气候的影响的研究成果,聚焦青藏高原的热力强迫和动力强迫对亚洲地区的大气环流和气候,尤其是对亚洲夏季风的影响。

在国家自然科学基金委员会重大研究计划"青藏高原地-气耦合系统变化及其全球气候效应"的支持下,自 2014 年以来我国学者开展了一系列的研究,对青藏高原的地-气耦合过程的理解进一步深化,揭示了青藏高原的动力和热力作用影响亚洲季风和全球气候的新机制。本书余下章节对相关的新进展加以摘选、编汇。第 2 章概述青藏高原气候变化及其对水资源和生态环境的影响。第 3 章介绍有关青藏高原气溶胶影响天气气候研究的新成果。第 4 章综合介绍青藏高原对灾害天气的影响。有关青藏高原对海洋环流的影响及其气候效应研究的最新进展在第 5 章予以介绍。第 6 章综合介绍青藏高原对区域和全球气候的影响的研究成果。

参考文献

包庆，WANG B，刘屹岷，等，2008. 青藏高原增暖对东亚夏季风的影响——大气环流模式数值模拟研究
[J]. 大气科学，32(5)：997-1005.

陈晶华，陈隆勋，1991. 亚洲南部的海陆分布对亚洲夏季风形成的作用[J]. 应用气象学报，2(4)：355-361.

陈隆勋，朱乾根，罗会邦，等，1991. 东亚季风[M]. 北京：气象出版社：362.

陈绍东，王谦谦，钱永甫，2003. 江南汛期降水基本气候特征及其与海温异常关系初探[J]. 热带气象学报，
19(3)：260-268.

陈万隆，翁笃鸣，1984. 关于青藏高原感热和潜热旬总量计算方法的初步研究[C]//青藏高原气象科学实验
文集(二). 北京：科学出版社：35-45.

段安民，2003. 青藏高原热力和机械强迫对东亚气候格局的影响[D]. 北京：中国科学院大气物理研究所.

高辉，何金海，徐海明，2001. 南海夏季风建立日期的确定与季风指数[M]. 北京：气象出版社：1-40.

顾震潮，1951. 西藏高原对东亚大气环流的动力影响和它的重要性[J]. 中国科学，2(3)：283-303.

何编，2012. 青藏高原热动力强迫对南亚夏季风影响的数值模拟研究和机理分析[D]. 南京：南京信息工程大
学.

何金海，朱乾根，MURAKAMI M，1996. TBB 资料揭示的亚澳季风区季节转换及亚洲夏季风建立的特征
[J]. 热带气象学报，12(1)：34-42.

何金海，徐海明，周兵，等，2000. 关于南海夏季风建立的大尺度特征及其机制的讨论[J]. 气候与环境研究，
5(4)：333-344.

何金海，温敏，施晓晖，等，2002. 南海夏季风建立期间副高带断裂和东撤及其可能机制[J]. 南京大学学报(自
然科学)，38(3)：318-330.

李国平，段廷扬，巩远发，2000. 青藏高原西部地区的总体输送系数和地面通量[J]. 科学通报，45(8)：
865-869.

李麦村，潘菊芳，田生春，等，1977. 春季连续低温阴雨天气的预报方法[M]. 北京：科学出版社：3-6.

李伟平，吴国雄，刘屹岷，2001. 青藏高原表面过程对夏季青藏高压的影响——数值试验[J]. 大气科学，25
(6)：809-816.

梁潇云，刘屹岷，吴国雄，2005a. 青藏高原对亚洲夏季风爆发位置及强度的影响[J]. 气象学报，63(5)：
799-805.

梁潇云，刘屹岷，吴国雄，2005b. 青藏高原隆升对春、夏季亚洲大气环流的影响[J]. 高原气象，24(6)：
837-845.

梁潇云，刘屹岷，吴国雄，2006. 热带、副热带海陆分布与青藏高原在亚洲夏季风形成中的作用[J]. 地球物
理学报，49(4)：983-992.

刘富明，魏淑华，1987. 100 hPa 南亚高压东西振荡过程及其预报[C]//《夏半年青藏高原对我国天气的影响》
编辑组. 夏半年青藏高原对我国天气的影响. 北京：科学出版社：111-117.

刘晓东，1999. 青藏高原隆升对亚洲季风形成和全球气候与环境变化的影响[J]. 高原气象，18(3)：
321-332.

刘晓东，焦彦军，2000. 东亚季风气候对青藏高原隆升的敏感性研究[J]. 大气科学，24(5)：593-607.

刘新，吴国雄，李伟平，等，2001. 夏季青藏高原加热和大尺度流场的热力适应[J]. 自然科学进展，11(1)：
35-41.

刘屹岷，2003. 非绝热加热与副热带高压[M]. 北京：高等教育出版社：166.

刘屹岷，吴国雄，宇如聪，等，2001. 热力适应、过流、频散和副高 Ⅱ. 水平非均匀加热与能量频散[J]. 大气科学，25(3)：317-328.

陆龙骅，周国贤，张正秋，1998. 1992 年夏季珠穆朗玛峰地区太阳直接辐射和总辐射[J]. 太阳能学报，3(16)：229-232.

罗四维，钱正安，王谦谦，1982. 夏季 100 hPa 青藏高压与我国东部旱涝关系的天气气候研究[J]. 高原气象，1(2)：1-10.

吕俊梅，张庆云，陶诗言，等，2006. 亚洲夏季风的爆发及推进特征[J]. 科学通报，51(3)：332-338.

毛江玉，吴国雄，刘屹岷，2002a. 季节转换期间副热带高压带形态变异及其机制的研究 Ⅰ：副热带高压结构的气候学特征[J]. 气象学报，60(4)：400-408.

毛江玉，吴国雄，刘屹岷，2002b. 季节转换期间副热带高压带形态变异及其机制的研究 Ⅱ：亚洲季风区季节转换指数[J]. 气象学报，60(4)：409-420.

毛江玉，吴国雄，刘屹岷，2002c. 季节转换期间副热带高压带形态变异及其机制的研究 Ⅲ：热力学诊断[J]. 气象学报，60(4)：647-659.

毛江玉，段安民，刘屹岷，等，2003. 副高脊面反转与亚洲夏季风爆发可预测性分析[J]. 科学通报，48(增刊2)：55-59.

钱永甫，王谦谦，黄丹青，2007. 江淮流域的旱涝研究[J]. 大气科学，31(6)：1279-1289.

任雪娟，钱永甫，2002. 局地海陆热力对比对南海夏季风爆发影响的数值试验[J]. 热带气象学报，18(4)：327-334.

宋敏红，吴统文，钱正安，2000. 高原地区 NCEP 热通量再分析资料的检验及在夏季降水预测中的应用[J]. 高原气象，19(4)：467-475.

孙国武，单扶民，陈丽萍，1977. 夏季青藏高原西部上空物理量特征与南亚高压的活动[C]//青藏高原气象科学实验文集(三). 北京：科学出版社：118-122.

陶诗言，1980. 中国之暴雨[M]. 北京：气象出版社：225.

陶诗言，朱福康，1964. 夏季亚洲南部 100 hPa 流型的变化及其与太平洋副热带高压进退的关系[J]. 气象学报，34(4)：385-395.

陶诗言，李吉顺，王昂生，1997. 东亚季风与我国洪涝灾害[J]. 中国减灾，7：17-24.

陶诗言，卫捷，2006. 再论夏季西太平洋副热带高压的西伸北跳[J]. 应用气象学报，17(5)：513-525.

万日金，吴国雄，2006. 江南春雨的气候成因机制研究[J]. 中国科学 D 辑：地球科学，36(10)：936-950.

王慧，李栋梁，2010. 卫星遥感结合地面观测资料对中国西北干旱区地表热力输送系数的估算[J]. 大气科学，34(5)：1026-1034.

王美蓉，周顺武，段安民，2012. 近 30 年青藏高原中东部大气热源变化趋势：观测与再分析资料对比[J]. 科学通报，57(Z1)：178-188.

王谦谦，陈绍东，2004. 江南地区汛期降水与热带海温关系的 SVD 分析[J]. 干旱气象，22(3)：11-16.

王同美，吴国雄，2008a. 南亚海陆热力差异及其对热带季风区环流的影响[J]. 热带气象学报，24(1)：37-43.

王同美，吴国雄，万日金，2008b. 青藏高原的热力和动力作用对亚洲季风区环流的影响[J]. 高原气象，27(1)：1-9.

王同美，吴国雄，宇婧婧，2009. 春季青藏高原加热异常对亚洲热带环流和季风爆发的影响[J]. 热带气象学报，25(增刊)：92-102.

吴宝俊，彭治班，1996. 江南岭北春季连阴雨研究进展[J]. 科技通报，12(2)：65-70.

吴国雄，李伟平，郭华，等，1997a. 青藏高原感热气泵和亚洲夏季风[C]//叶笃正. 赵九章纪念文集. 北京：
科学出版社：116-126.

吴国雄，张学洪，刘辉，等，1997b. LASG 全球海洋-大气-陆面模式(GOALSPLASG) 及其模拟研究[J]. 应用
气象学报，8(增刊)：15-28.

吴国雄，张永生，1998. 青藏高原的热力强迫和机械强迫作用以及亚洲季风的爆发Ⅰ. 爆发地点[J]. 大气科
学，22(6)：825-838.

吴国雄，刘屹岷，2000. 热力适应、过流、频散和副高Ⅰ. 热力适应和过流[J]. 大气科学，24(4)：433-446.

吴国雄，刘新，张琼，等，2002. 青藏高原抬升加热气候效应研究的新进展[J]. 气候与环境研究，7(2)：184-
201.

吴国雄，丑纪范，刘屹岷，等，2003. 副热带高压研究进展及展望[J]. 大气科学，27(4)：503-517.

吴国雄，毛江玉，段安民，等，2004. 青藏高原影响亚洲夏季气候研究的最新进展[J]. 气象学报，62(5)：
528-540.

吴国雄，刘屹岷，刘新，等，2005a. 青藏高原加热如何影响亚洲夏季的气候格局[J]. 大气科学，29(1)：
47-56.

吴国雄，王军，刘新，等，2005b. 欧亚地形对不同季节大气环流影响的数值模拟研究[J]. 气象学报，63(5)：
603-612.

吴国雄，刘屹岷，宇婧婧，等，2008. 海陆分布对海气相互作用的调控和副热带高压的形成[J]. 大气科学，
32(4)：720-740.

吴国雄，段安民，刘屹岷，等，2013. 关于亚洲夏季风爆发的动力学研究的若干近期进展[J]. 大气科学，37
(2)：211-228.

徐海明，何金海，董敏，2001. 印度半岛对亚洲夏季风进程影响的数值研究[J]. 热带气象学报，17(2)：
117-124.

徐海明，何金海，温敏，等，2002. 中南半岛影响南海夏季风建立和维持的数值研究[J]. 大气科学，26(3)：
330-342.

杨鉴初，陶诗言，叶笃正，等，1960. 西藏高原气象学[M]. 北京：科学出版社：280.

杨志，刘志刚，李娟，2010. 云南省地气温差时空变化特征分析[J]. 云南大学学报，32(S1)：289-293.

叶笃正，罗四维，朱抱真，1957. 西藏高原及其附近的流场结构和对流层大气的热量平衡[J]. 气象学报，28
(2)：108-121.

叶笃正，张捷迁，1974. 青藏高原加热作用对夏季东亚大气环流影响的初步模拟实验[J]. 中国科学 A 辑：数
学，4(3)：301-320.

叶笃正，高由禧，1979. 青藏高原气象学[M]. 北京：科学出版社：278.

于威，刘屹岷，杨修群，等，2018. 青藏高原不同海拔地表感热的年际和年代际变化特征及其成因分析[J].
高原气象，37(5)：1161-1176.

宇婧婧，刘屹岷，吴国雄，2011a. 冬季青藏高原上空热状况的分析Ⅰ：气候平均[J]. 气象学报，69(1)：
79-88.

宇婧婧，刘屹岷，吴国雄，2011b. 冬季青藏高原上空热状况的分析Ⅱ：年际变化[J]. 气象学报，69(1)：
89-98.

张可苏，陈章昭，周明煜，等，1977. 青藏高压移动的模拟试验及其在夏季预报方面的应用[J]. 中国科学 A 辑：数学，7(4)：360-368.

张琼，吴国雄，2001. 长江流域大范围旱涝与南亚高压的关系[J]. 气象学报，59(5)：569-557.

张顺利，陶诗言，2001. 青藏高原积雪对亚洲夏季风影响的诊断及数值研究[J]. 大气科学，25(3)：372-390.

张文纲，李述训，吴通华，等，2006. 青藏高原地气温差变化分析[J]. 地理学报，61(9)：899-910.

赵平，陈隆勋，2001. 35 年来青藏高原大气热源气候特征及其与中国降水的关系[J]. 中国科学 D 辑：地球科学，31(4)：327-332.

郑庆林，王三杉，张朝林，等，2001. 青藏高原动力和热力作用对热带大气环流影响的数值研究[J]. 高原气象，20(1)：14-21.

周天军，宇如聪，王在志，等，2005. 大气环流模式 SAMIL 及其耦合模式 FGOALS2S[M]. 北京：气象出版社：288.

周晓平，顾振潮，1958. 大地形对于高空行星波传播的影响[J]. 气象学报，29(2)：99-103.

周秀骥，赵平，陈军明，等，2009. 青藏高原热力作用对北半球气候影响的研究[J]. 中国科学 D 辑：地球科学，39(11)：1473-1486.

朱抱真，宋正山，1984. 青藏高压的形成过程和准周期振荡——观测事实的分析[C]//青藏高原气象科学实验文集(一). 北京：科学出版社：303-313.

BOLIN B，1950. On the influence of the earth's orography on the general character of the westerlies[J]. Tellus，2(3)：184-195.

BOOS W R，KUANG Z，2010. Dominant control of the South Asian monsoon by orographic insulation versus plateau heating[J]. Nature，463(7278)：218-223.

CHANG C P，2004. East Asian Monsoon[M]. New Jersey：World Scientific：564.

CHARNEY J G，ELIASSEN A，1949. A numerical method for predicting the perturbation of the middle latitude westerlies[J]. Tellus，1：38-55.

CHARNEY J G，DRAZIN P G，1961. Propagation of planetary-scale disturbances from the lower into the upper atmosphere[J]. Journal of Geophysical Research，66(1)：83-109.

CHEN J，BORDONI S，2014. Orographic effects of the Tibetan Plateau on the East Asian summer monsoon：An energetic perspective[J]. Journal of Climate，27(8)：3052-3072.

CHEN L X，REITER E R，FENG Z Q，1985. The atmospheric heat source over the Tibetan Plateau：May—August 1979[J]. Monthly Weather Review，113(10)：1171-1790.

DICKINSON R E，1980. Planetary Waves：Theory and Observation[M]. WMO：51-84.

DING Y H，1992. Summer monsoon rainfalls in China[J]. Journal of the Meteorological Society of Japan，70：397-421.

DING Y H，CHAN J C L，2005. The East Asian summer monsoon：An overview[J]. Meteorology and Atmospheric Physics，89(1-4)：117-142.

DING Y H，WANG Z Y，SUN Y，2008. Inter-decadal variation of the summer precipitation in east China and its association with decreasing Asian summer monsoon. Part Ⅰ：Observed evidences[J]. International Journal of Climatology，28(9)：1139-1161.

DUAN A，WU G，2008. Weakening trend in the atmospheric heat source over the Tibetan Plateau during recent decades. Part Ⅰ：Observations[J]. Journal of Climate，21(13)：3149-3164.

DUAN A，LI F，WANG M，et al，2011. Persistent weakening trend in the spring sensible heat source over the Tibetan Plateau and its impact on the Asian summer monsoon[J]. Journal of Climate，24（21）：5671-5682.

DUAN A，WANG M，LEI Y，et al，2013. Trends in summer rainfall over China associated with the Tibetan Plateau sensible heat source during 1980—2008[J]. Journal of Climate，26（1）：261-275.

DUAN A M，LIU Y M，WU G X，2005. Heating status of the Tibetan Plateau from April to June and rainfall and atmospheric circulation anomaly over East Asia in midsummer[J]. Science in China Series D—Earth Sciences，48（2）：250-257.

DUAN A M，WANG M R，XIAO Z X，2014. Uncertainties in quantitatively estimating the atmospheric heat source over the Tibetan Plateau[J]. Atmospheric and Oceanic Science Letters，7（1）：28-33.

ELIASSEN A，PALM E，1961. On the transfer of energy in stationary mountain waves[J]. Geophysics Publikasjoner，22（3）：1-23.

EMANUEL K A，NEELIN J D，BRETHERTON C S，1994. On large-scale circulations in convecting atmospheres[J]. Quarterly Journal of the Royal Meteorological Society，120（519）：1111-1143.

ENDO N，UENO K，YASUNARI T，1994. Seasonal changes of the troposphere in the early summer of 1993 over central Tibet observed in the Tanggula mountains[J]. Bulletin of Glacier Research，12：25-30.

FLOHN H，1957. Large-scale aspects of the "summer monsoon" in South and East Asia [J]. Journal of the Meteorological Society of Japan，35A：180-186.

FU Y F，LIU G S，WU G X，et al，2006. Tower mast of precipitation over the central Tibetan Plateau summer，geophysical research letters[J]. Geophysical Research Letters，33：L05802.

GONG D，2002. Shift in the summer rain fall over the Yangtze River valley in the late 1970s[J]. Geophysical Research Letters，29（10）：1436.

HAHN D G，1975. The role of mountains in the South Asian monsoon circulation[J]. Journal of the Atmospheric Sciences，32：1515-1541.

HAURWITZ B，1941. Dynamic Meteorology [M]. New York and London：McGraw Hill Co：295-299.

HE B，WU G X，LIU Y M，et al，2015. Astronomical and hydrological perspective of mountain impacts on the Asian summer monsoon[J]. Scientific Reports，5：1-12.

HE C，LIN A L，GU D J，et al，2017. Interannual variability of eastern China summer rainfall：The origins of the meridional triple and dipole modes[J]. Climate Dynamics，48（1-2）：683-696.

HELD I M，1983. Stationary and Quasi-stationary Eddies in the Extratropical Troposphere：Theory [M]. London：Academic Press：127-168.

HELD I M，TING M，1990. Orographic versus thermal forcing of stationary waves：The importance of the mean low-level wind [J]. Journal of Atmospheric Sciences，47（4）：495-500.

HELD I M，TING M，WANG H，2002. Northern winter stationary waves：Theory and modeling[J]. Journal of Climate，15（16）：2125-2144.

HIRASAWA N，KATO K，TAKEDA T，1995. Abrupt change in the characteristics of the cloud zone in subtropical East Asia around the middle of May[J]. Journal of the Meteorological Society of Japan，73（2）：221-239.

HSU H H，LIU X，2003. Relationship between the Tibetan Plateau heating and East Asian summer monsoon rainfall[J]. Geophysical Research Letters，30(20)：2066.

KITOH A，2002. Effects of large-scale mountain on surface climate—A coupled ocean-atmosphere general circulation model study[J]. Journal of the Meteorological Society of Japan，80(5)：1165-1181.

KRISHNAMURTI T N，MOLINARI J，PAN H J，1976. Numerical simulation of the Somali jet[J]. Journal of the Atmospheric Sciences，33：2350-2362.

KRISHNAMURTI T N，ADDANUY P，RAMANATHAN Y，et al，1981. On the onset vortex of the summer monsoon[J]. Monthly Weather Review，109(2)：344-363.

KRISHNAMURTI T N，JAYAKAUMAR P K，SHENG J，et al，1985. Divergent circulation on the 30 to 50 day time scale[J]. Journal of the Atmospheric Sciences，42：364-375.

LAU K M，YANG S，1997. Climatology and interannual variability of the Southeast Asian summer monsoon [J]. Advances in Atmospheric Sciences，14：141-162.

LI C F，YANAI M，1996. The onset and interannual variability of the Asian summer monsoon in relation to land-sea thermal contrast [J]. Journal of Climate，9(2)：358-375.

LI J P，ZENG Q C，2002. A unified monsoon index[J]. Geophysical Research Letters，29(8)：1274.

LIU B，WU G，MAO J，et al，2013. Genesis of the South Asian high and its impact on the Asian summer monsoon onset[J]. Journal of Climate，26(9)：2976-2991.

LIU Y，LU M，YANG H，et al，2020. Land-atmosphere-ocean coupling associated with the Tibetan Plateau and its climate impacts[J]. National Science Review，7(3)：534-552.

LIU Y M，WU G X，LIU H，et al，2001. Condensation heating of the Asian summer monsoon and the subtropical anticyclone in the eastern hemisphere[J]. Climate Dynamics，17(4)：327-338.

LIU Y M，HOSKINS B，BLACKBURN M，2007. Impact of Tibetan orography and heating on the summer flow over Asia[J]. Journal of the Meteorological Society of Japan，85B：1-19.

LIU Y M，WU G X，HONG J L，et al，2012. Revisiting Asian monsoon formation and change associated with Tibetan Plateau forcing：Ⅱ. Change[J]. Climate Dynamics，39(5)：1183-1195.

LUO H B，YANAI M，1983. The large-scale circulation and heat sources over the Tibetan Plateau and surrounding areas during the early summer of 1979. Part Ⅰ：Precipitation and kinematic analyses[J]. Monthly Weather Review，111：922-944.

LUO H B，YANAI M，1984. The large-scale circulation and heat-sources over the Tibetan Plateau and surrounding areas during the early summer of 1979. Part Ⅱ：Heat and moisture budgets[J]. Monthly Weather Review，112(5)：966-989.

MAK M，KAO C Y J，1982. An instability study of the onset-vortex of the southwest monsoon[J]. Tellus，34：358-368.

MATSUMOTO J，1992. The seasonal changes in Asian and Australian monsoon regions[J]. Journal of the Meteorological Society of Japan，70：257-273.

MOLNAR P，EMANUEL K A，1999. Temperature profiles in radiative-convective equilibrium above surfaces at different heights[J]. Journal of Geophysical Research：Atmospheres，104(D20)：24265-24271.

MURAKAMI T，MATSUMOTO J，1994. Summer monsoon over the Asian continent and western North Pacific[J]. Journal of the Meteorological Society of Japan，72：719-745.

NAN S L，ZHAO P，2012. Snowfall over central China and Asian atmospheric cold source in January[J]. International Journal of Climatology，32：888-899.

NITTA T，1983. Observational study of heat sources over the eastern Tibetan Plateau during the summer monsoon[J]. Journal of the Meteorological Society of Japan，61(4)：590-605.

NITTA T，HU Z Z，1996. Summer climate variability in China and its association with 500 hPa height and tropical convection[J]. Journal of the Meteorological Society of Japan，74：425-445.

PARK H J，CHIANG J C H，BORDONI S，2012. Mechanical impact of the Tibetan Plateau on the seasonal evolution of the South Asian monsoon[J]. Journal of Climate，25：2394-2407.

QUENEY P，1948. The problem of air flow over mountains：A summary of theoretical studies[J]. Bulletin of the American Meteorological Society，29：16-29.

RAJENDRAN K，KITOH A，YUKIMOTO S，2004. South and East Asian summer monsoon climate and variation in the MRI coupled model (MRI-CGCM2)[J]. Journal of Climate，17(4)：763-782.

RAMAGE C，1971. Monsoon Meteorology [M]. New York：Academic Press：296.

SAMPE T，XIE S P，2010. Large-scale dynamics of the Meiyu-Baiu rainband：Environmental forcing by the westerly jet[J]. Journal of Climate，23：113-134.

SASHEGYI K D，GEISLER J E，1987. A linear model study of the cross-equatorial flow forced by summer monsoon heat sources[J]. Journal of Atmospheric Sciences，44：1706-1722.

SHUTTS G J，1983. The propagation of eddies in diffluent jet streams：Eddy vorticity forcing of blocking flow fields[J]. Quarterly Journal of the Royal Meteorological Society，109(7)：737-761.

SMITH R B，1979. The influence of mountains on the atmosphere[J]. Advances in Geophysics，21：87-230.

SON J H，SEO K H，WANG B，2019. Dynamical control of the Tibetan Plateau on the East Asian summer monsoon[J]. Geophysical Research Letters，46(13)：7672-7679.

SON J H，SEO K H，WANG B，2020. How does the Tibetan Plateau dynamically affect downstream monsoon precipitation? [J]. Geophysical Research Letters，47(23)：e2020GL090543.

TANAKA M，1992. Intraseasonal oscillation and the onset and retreat dates of the summer monsoon over East，Southeast Asia and the Western Pacific region using GMS high cloud amount data [J]. Journal of the Meteorological Society of Japan，70：613-629.

TAO S Y，1987. A Review of Recent Research on the East Asian Summer Monsoon in China[M]. Oxford：Oxford University Press：60-92.

THORPE A J，VOLKERT H，HEIMANN D，1993. Potential vorticity of flow along the Alps[J]. Journal of the Atmospheric Sciences，50(11)：1573-1590.

TIAN S F，YASUNARI T，1998. Climatological aspects and mechanism of spring persistent rains over central China[J]. Journal of the Meteorological Society of Japan，76(1)：57-71.

WANG B，2002. Rainy season of the Asian-Pacific summer monsoon[J]. Journal of Climate，15(4)：386-398.

WANG B，2006. The Asian Monsoon[M]. Berlin，Heidelberg：Springer：787.

WANG B，FAN Z，1999. Choice of South Asian summer monsoon indices[J]. Bulletin of the American Meteorological Society，80(4)：629-638.

WANG B，WU R，FU X，2000. Pacific-East Asian teleconnection：How does ENSO affect East Asian climate? [J]. Journal of Climate，13(9)：1517-1536.

WANG B，WU Z，LI J，et al，2008. How to measure the strength of the East Asian summer monsoon? [J].

Journal of Climate, 21(17): 4449-4463.

WANG H J, 2001. The weakening of the Asian monsoon circulation after the end of 1970s[J]. Advances in Atmospheric Sciences, 18(3): 376-386.

WANG M R, ZHOU S W, DUAN A M, 2012. Trend in the atmospheric heat source over the central and eastern Tibetan Plateau during recent decades: Comparison of observations and reanalysis data[J]. Chinese Science Bulletin, 57(5): 548-557.

WANG Y, XU X, LUPO A R, et al, 2011. The remote effect of the Tibetan Plateau on downstream flow in early summer[J]. Journal of Geophysical Research: Atmospheres, 116: D19108.

WANG Z, DUAN A, WU G, 2014. Time-lagged impact of spring sensible heat over the Tibetan Plateau on the summer rainfall anomaly in east China: Case studies using the WRF model[J]. Climate Dynamics, 42(11): 2885-2898.

WEBSTER P J, YANG S, 1992. Monsoon and ENSO: Selectively interactive systems[J]. Quarterly Journal of the Royal Meteorological Society, 118(507): 877-926.

WEBSTER P J, MAGANA V O, PALMER T N, et al, 1998. Monsoons: Processes, predictability, and the prospects for prediction[J]. Journal of Geophysical Research: Oceans, 103(C7): 14451-14510.

WENG H, WU G, LIU Y, et al, 2011. Anomalous summer climate in China influenced by the tropical Indo-Pacific Oceans[J]. Climate Dynamics, 36(3): 769-782.

WU G, 1984. The nonlinear response of the atmosphere to large-scale mechanical and thermal forcing[J]. Journal of the Atmospheric Sciences, 41(16): 2456-2476.

WU G, ZHANG Y, 1998. Tibetan Plateau forcing and the timing of the monsoon onset over South Asia and the South China Sea[J]. Monthly Weather Review, 126(4): 913-927.

WU G, SUN L, LIU Y, et al, 2002. Impact of land surface processes on summer climate[C]//East Asia and Western Pacific Meteorology and Climate. Selected Papers of the Fourth Conference: 64-76.

WU G, LIU Y, 2003. Summertime quadruplet heating pattern in the subtropics and the associated atmospheric circulation[J]. Geophysical Research Letters, 30(5): 1201-1205.

WU G, LIU Y, ZHANG Q, et al, 2007. The influence of mechanical and thermal forcing by the Tibetan Plateau on Asian climate[J]. Journal of Hydrometeorology, 8(4): 770-789.

WU G, GUAN Y, LIU Y, et al, 2012a. Air-sea interaction and formation of the Asian summer monsoon onset vortex over the Bay of Bengal[J]. Climate Dynamics, 38(1): 261-279.

WU G, LIU Y, DONG B, et al, 2012b. Revisiting Asian monsoon formation and change associated with Tibetan Plateau forcing: I. Formation[J]. Climate Dynamics, 39(5): 1169-1181.

WU G, LIU Y, HE B, et al, 2012c. Thermal controls on the Asian summer monsoon[J]. Scientific Reports, 2(1): 1-7.

WU G, DUAN A, LIU Y, et al, 2015. Tibetan Plateau climate dynamics: Recent research progress and outlook[J]. National Science Review, 2(1): 100-116.

WU G, HE B, DUAN A, et al, 2017. Formation and variation of the atmospheric heat source over the Tibetan Plateau and its climate effects[J]. Advances in Atmospheric Sciences, 34(10): 1169-1184.

WU G, DUAN A, LIU Y, 2019. Atmospheric Heating Source over the Tibetan Plateau and Its Regional Climate Impact[M]. Oxford: Oxford Research Encyclopedia of Climate Science.

WU G X, LIU H, ZHAO Y C, et al, 1996. A nine-layer atmospheric general circulation model and its performance[J]. Advances in Atmospheric Sciences, 13:1-18.

WU G X, LIU Y, ZHU X, et al, 2009. Multi-scale forcing and the formation of subtropical desert and monsoon[J]. Annales Geophysicae, 27(9): 3631-3644.

WU G X, GUAN Y, WANG T M, et al, 2011. Vortex genesis over the Bay of Bengal in spring and its role in the onset of the Asian summer monsoon[J]. Science China: Earth Sciences, 54(1): 1-9.

WU G X, LIU Y, HE B, 2021. The Nature of the Thermal Forcing of the Asian Summer Monsoon[M]//The Multiscale Global Monsoon System. Washington D C: World Scientific: 27-36.

XIE S P, SAIKI N, 1999. Abrupt onset and slow seasonal evolution of summer monsoon in an idealized GCM simulation[J]. Journal of the Meteorological Society of Japan, 77(4): 949-968.

XIE S P, KOSAKA Y, DU Y, et al, 2016. Indo-western Pacific Ocean capacitor and coherent climate anomalies in post-ENSO summer: A review[J]. Advances in Atmospheric Sciences, 33(4): 411-432.

YANAI M, ESBENSEN S, CHU J H, 1973. Determination of bulk properties of tropical cloud clusters from large-scale heat and moisture budgets[J]. Journal of Atmospheric Sciences, 30(4): 611-627.

YANAI M, WU G X, 2006. Effects of the Tibetan Plateau[M]//The Asian Monsoon. Berlin, Heidelberg: Springer: 513-549.

YANG K, GUO X F, WU B Y, 2011. Recent trends in surface sensible heat flux on the Tibetan Plateau[J]. Science China: Earth Sciences, 54(1): 19-28.

YANG K, WU H, QIN J, et al, 2014. Recent climate changes over the Tibetan Plateau and their impacts on energy and water cycle: A review[J]. Global and Planetary, 112: 79-91.

YANG S, LAU W K M, 2006. Interannual Variability of the Asian Monsoon[M]//The Asian Monsoon. Berlin, Heidelberg:Springer:259-293.

YEH T C, 1950. The circulation of the high troposphere over China in the winter of 1945−46[J]. Tellus, 2 (3): 173-183.

YEH T C, 1959. The Abrupt Change of Circulation over the Northern Hemisphere during June and October [M]//Bolin B. The Atmosphere and the Sea in Motion. New York:Rockefeller Inst. Press:249-267.

YOSHINO M M, 1965. Four stages of the rainy season in early summer over East Asia (Part I)[J]. Journal of the Meteorological Society of Japan, 43(5): 231-245.

YU R, WANG B, ZHOU T, 2004. Tropospheric cooling and summer monsoon weakening trend over East Asia[J]. Geophysical Research Letters, 31(22): L22212.

ZHANG Q, WU G, QIAN Y, 2002. The bimodality of the 100 hPa South Asia high and its relationship to the climate anomaly over East Asia in summer[J]. Journal of the Meteorological Society of Japan, 80(4): 733-744.

ZHAO P, CHEN L X, 2000. Study on climatic features of surface turbulent heat exchange coefficients and surface thermal sources over the Qinghai-Xizang Plateau[J]. Acta Meteorologica Sinica, 14(1): 13-29.

ZHAO P, CHAN L, 2001. Interannual variability of atmospheric heat source/sink over the Qinghai-Xizang (Tibetan) Plateau and its relation to circulation[J]. Advances in Atmospheric Sciences, 18(1): 106-116.

ZHAO P, YANG S, YU R, 2010. Long-term changes in rainfall over eastern China and large-scale atmospheric circulation associated with recent global warming[J]. Journal of Climate, 23(6): 1544-1562.

ZHAO Y，DUAN A，WU G，2018. Interannual variability of late-spring circulation and diabatic heating over the Tibetan Plateau associated with Indian Ocean forcing[J]. Advances in Atmospheric Sciences，35（8）：927-941.

ZHOU T J，HSU H H，MATSUMOTO J，2011. Summer Monsoons in East Asia，Indochina and the Western North Pacific[M]. Singapore：World Scientific：43-72.

第 2 章
青藏高原气候变化及其对水资源和生态环境的影响

2.1　引言

　　青藏高原的湖泊面积和冰川储量分别占中国总量的 52% 和 80%，是长江、黄河、怒江、澜沧江、雅鲁藏布江与印度河等亚洲诸多大江大河发源地，被誉为"亚洲水塔"，同时也是中纬度地区冰冻圈发育最广泛的区域，主要冰冻圈要素包括积雪、湖冰、冰川和冻土等（图 2.1）。青藏高原在我国气候系统维护、水资源供应、生物多样性保护、碳收支平衡等方面具有重要的生态安全屏障作用，同时也处于"泛第三极"和"一带一路"的核心区，是地球上生态环境最脆弱的地区之一。青藏高原气候变化对我国、亚洲甚至北半球的人类生存环境和可持续发展可能产

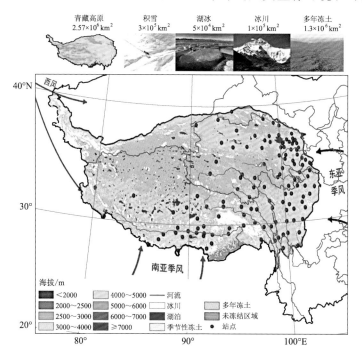

图 2.1　青藏高原自然环境示意图。湖泊、冰川、冻土数据来自国家青藏高原科学数据中心（http://data.tpdc.ac.cn/），积雪、湖冰、冰川和多年冻土面积数据来自（引自姚檀栋 等，2019）。
气象观测站点数据来源于中国气象局（引自游庆龙 等，2021）

生重要的影响,并与周边地区 30 多亿人的生存和发展息息相关。由于特殊的地理位置、高耸的地形,以及复杂的下垫面,高原影响大气环流的动力和热力作用被放大,并对东亚乃至全球气候产生不可忽视的影响。此外,研究青藏高原气候变化可服务于可持续发展的重大国家战略需求,具有重要的地缘政治意义。

根据联合国政府间气候变化专门委员会(IPCC)第六次评估报告,过去 40 a 中,每一个 10 a 都比 1850 年以来的任何一个 10 a 都要热,21 世纪头 20 a(2001—2020 年)全球地表温度比 1850—1990 年高 0.99 ℃(0.84～1.10 ℃),2011—2020 年全球地表温度比 1850—1990 年高 1.09 ℃(0.95～1.20 ℃)。在这种全球变暖的大背景下,青藏高原气候系统正在发生显著变化,升温幅度明显高于同期全球平均水平,增暖的同时还伴随着变湿。青藏高原是全球气候变化最强烈的地区之一,也是全球气候变化最敏感的地区之一。青藏高原的暖湿化使该地区水资源和水交换加强,具体表现为冰川消融、积雪减少和湖泊扩张等。除此之外,青藏高原生态系统总体有变绿趋势。冰冻圈是对全球气候变化响应最快速、最显著和最具指示性的圈层,对气候系统影响最直接、最敏感。青藏高原加速变暖过程中冰冻圈正在发生显著改变,如积雪期缩短、冰川物质持续亏损、冰川跃动和冰崩加剧、多年冻土温度升高和持续退化等。除此之外,青藏高原极端气候事件的加剧也导致青藏高原冰川不稳定性加强,进而导致冰崩、冰湖溃决等灾害加剧,对青藏高原及其周边地区人民生命和财产安全带来重大威胁。因此,青藏高原气候变化及其对水资源和生态环境的影响研究已在国内国际上得到了广泛关注,是目前气候系统变化研究热点之一。

2.2 青藏高原气候变化的特征

2.2.1 青藏高原全新世气候变化

对古气候的研究能够帮助我们更好地认识和理解气候系统的驱动因子以及与气候相关的反馈机制。在地球 46 亿年的历史中,全新世大约 1 万年,是与人类关系最密切的一个时期。全新世的气候史与社会的发展、人类的进步有着密不可分的联系,全新世时期气候的变化一直是古气候研究的焦点(Marcott et al.,2013;Liu et al.,2014;Pang et al.,2020)。Hafsten (1970)根据气候变化趋势将全新世分为三个主要阶段:温度上升期(microthermal)、大暖期 (megathermal)和温度下降期或小冰期(katathermal)。大暖期是全新世气候的重要特征,又称冰后高温期(hypsithermal,Deevey et al.,1957)或气候最适宜期(climatic optimum)。总的来说,全新世相对于前期冰期气候温和而稳定,用古气候代用指标重建的温度主要以早期上升偏暖中期后逐渐转冷为特征(王绍武,2011;Liu et al.,2014;任国玉 等,2021),早期(5000

~10000 a 前)温暖,而全新世中期至晚期(5000 a 前)气温有明显下降趋势(约 0.7 ℃),约200 a 前的小冰期达到全新世温度最低时期(Marcott et al.,2013)。然而,也有少数部分地区的表现为长期升温趋势,例如欧亚大陆中高纬度地区、北美及欧洲(Marsicek et al.,2018;Pang et al.,2020;Rao et al.,2020),这可能与代用资料的季节敏感性有关(Marsicek et al.,2018;Pang et al.,2020)。值得注意的是,气候系统模式模拟的全新世气温表现为显著上升的趋势,这与重建的温度变化趋势存在较大的差异,这种现象也被称为"全新世温度变化谜题"(Liu et al.,2014)。造成这种差异的原因目前还尚未可知,一部分因素可能来自当前气候模型中的不确定性(Liu et al.,2014)、代用温度记录的季节性偏差以及对气候模式内部机制的理解不足(Wang et al.,2021)。

由于青藏高原高海拔地区对气候变化非常敏感,因此,定量重建青藏高原全新世温度变化对于理解"全新世温度变化谜题"具有重要意义。青藏高原及其周边的地区拥有大量冰川资源,尽管在过去 30 多年研究人员在青藏高原钻取了数十支冰芯(An et al.,2016;Deji et al.,2017),但由于缺乏深部冰芯可靠的定量结果,目前青藏高原全新世冰芯记录还十分欠缺。Pang 等(2020)利用新近发展的冰芯不溶颗粒有机碳^{14}C 定年方法,对青藏高原西北部西昆仑山崇测冰帽的数支透底冰芯进行了定年,获得了崇测冰芯过去 7000 a(7 ka BP)以来的冰芯记录,再根据崇测冰芯稳定同位素记录,定量重建了青藏高原西北部温度变化及其趋势。结果表明,青藏高原西北部地区温度在全新世中期至晚期(7~2 ka BP)有明显的升温趋势(图 2.2a),这主要是受到冬季太阳辐射和温室气体强迫驱动(图 2.2);而过去 2000 a 至工业革命之前,青藏高原西北部处于一个相对低温的时期,而该时期太阳活动有所减少,全球火山活动增加,因此,重建的温度记录显示的该时期的冷却很可能主要受到火山活动以及相对较弱的太阳活动驱动。工业革命之后,青藏高原西北部温度急剧上升,过去 30 a(1981—2010 CE[①])的平均温度是过去 7000 a(7 ka BP)中最高的,这种异常的升温主要与人类活动释放的温室气体有关(图 2.2d),这种全新世中期到晚期温度显著变暖的趋势向普遍认为的全新世冷却提出了挑战(Marcott et al.,2013;Liu et al.,2014)。另外,基于青藏高原东南缘湖泊沉积物,Chen 等(2021)重建了的过去 88 ka(88000 a)的平均气温。结果表明,过去 88~71 ka 和 45~22 ka 温度偏暖 2~3 ℃,随后逐渐增暖至全新世末期,这可能与当地日照和温室气体有关。可见代用资料选取和信息获取地点的差异会显著影响重建资料的变化情况,提高重建资料的准确性仍是未来需要努力的方向。

全新世晚期,随着公元纪年的开始,人类以越来越快的速度改变着地球,近 2000 a 的气候变化成为诸多学者关注的焦点,不少科学家提出"人类世"概念(Waters et al.,2016)。科学家们利用树木年轮、冰芯、湖泊沉积物等温度代用资料重建了过去 2000 a(0—2000 CE)青藏高原气温变化时间序列,发现在距今 2000 a(0—2000 CE)的时间中,青藏高原气候变化经历了较现代略为温暖中世纪温暖期(medieval warm period)、寒冷的小冰期(little ice age)和 20 世纪的

---

① CE 为公元,英文 Common Era 的缩写,是"公历纪元"的简称。

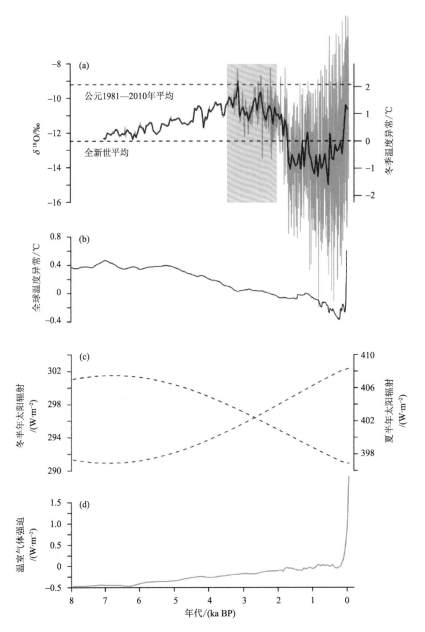

图 2.2 过去 7000 a(7 ka BP)崇测冰芯温度重建及气候驱动因子(引自 Pang et al.,2020)
(a)崇测冰芯稳定同位素记录及温度重建;(b)气候代用指标重建的全球温度变化;
(c)冬半年和夏半年 35°N 太阳辐射变化;(d)温室气体强迫变化

增暖(Li et al.,2020,图 2.3)。由于不同区域代用资料具有不同的属性和特点,例如温度对海拔具有较高的敏感性,从不同海拔高度的代用资料提取的温度记录就可能存在较大的偏差,每种代用资料固有的偏差可能会加剧组合结果的偏差,因此,不同的代用资料和重建时间间隔对于相对冷期和暖期的时间间隔和振幅有较大的影响。就青藏高原而言,Hou 等(2013)和

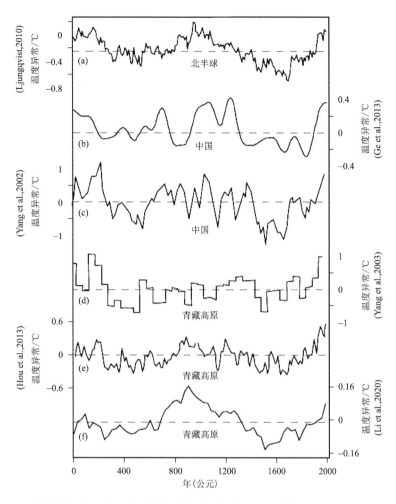

图2.3　来自不同研究的几种青藏高原和其他地区温度重建记录的对比(引自Li et al.，2020)

(a)北半球;(b)、(c)中国;(d)—(f)青藏高原

Yang等(2003)重建的温度记录都表明,中世纪暖期的整体温度要比20世纪低,在200 CE之前也存在短暂的暖期,这些特征在Li等(2020)重建的温度记录中并未体现。相较于Hou等(2013)和Yang等(2003)的研究,Li等(2020)重建的温度记录中,中世纪暖期开始的时间更早、持续时间更长,大约在600—1400 CE期间,且1500 CE开始的小冰期(Hou et al.，2013;Li et al.，2020)也被Yang等(2003)重建温度记录中1800 CE的百年时间间隔的暖期打破。19世纪气温有明显的变暖趋势,打破了过去2000 a的记录,这主要归结于温室气体和自然活动(太阳活动和强辐射等)(Hou et al.，2013)(图2.3)。高原整体而言其温度变化趋势与中国东部一致(图2.4),经历了中世纪暖期、小冰期、900—950 CE和1100—1150 CE两次降温、1650—1700 CE最冷的50 a和18—20世纪的升温。近2000 a高原气候的变化还存在明显的空间差异,800—1100 CE高原东北地区较暖,此时高原西部和南部却处于冷期。高原南部地区的增暖主要发生在1150—1400 CE期间,高原西部地区在1250—1500 CE期间有明显变

暖。而在 1400 CE 之后,除西部地区之外,高原其他地区都表现为一致的冷期,标志着小冰期的到来(图 2.4,Yang et al.，2003)。由此可见,在过去 2000 a 气候变化中,高原西部较为干旱的地区经历着与其他地区不同的气候变化特征。

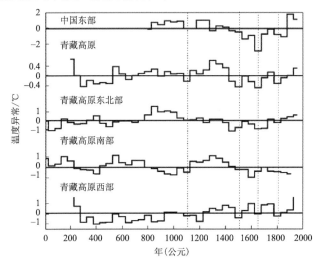

图 2.4　青藏高原与中国东部地区近 2000 a(0—2000 CE)区域重建温度的
50 a 平均值比较(引自 Yang et al.，2003)

2.2.2　青藏高原现代气候变化的时空特征及可能机制

重建资料的不确定性使得对过去气候变化的讨论具有较多的争议和不确定性,本节我们将更多的目光聚焦于具有较为系统的气象仪器观测资料的现代气候变化。全球温度变暖是现代气候变化最重要的特征,青藏高原作为气候变化的敏感区,存在增暖放大的现象。基于地面观测台站、再分析资料、卫星遥感数据以及气候模式等集成资料的研究表明,青藏高原的气候自过去半个世纪以来发生了显著的变化,总体呈现增温、增湿、风速减弱、太阳辐射减少、蒸发增大、径流减少、土壤湿度增大的特征(图 2.5,Yang et al.，2011b,2014;陈德亮 等,2015),干旱区比湿润区表现出更强烈的气候变化。下面将详细分析青藏高原气温、降水、土壤温湿度及高原热力作用等变化情况。

(1)气温

1960 年以来青藏高原平均变暖超过全球同期平均升温速率的 2 倍,达到每 10 a 0.3～0.4 ℃。总体而言,高原 1960—2010 年来气温变化可以划分为 3 个阶段,20 世纪 60 年代为暖期,60 年代中期至 80 年代初为较冷期,80 年代中后期为持续升温期,升温速率达到每 10 a 0.5～0.7 ℃,是过去 2000 a 中最温暖的时期(陈德亮 等,2015)。而这种升温趋势一直持续至 21 世纪,2000—2019 年期间高原上所有站点冬季地表温度较 1980—1999 年升温 0.43～2.34 ℃(李菲等,2021)。

青藏高原变暖有明显的季节差异,四季气温都呈现普遍上升的趋势,其中冬半年增温最为

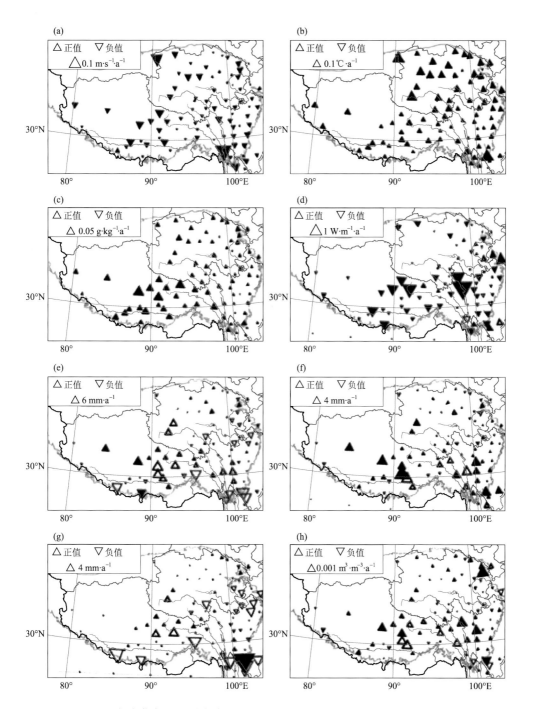

图 2.5　1984—2006 年青藏高原 85 个气象站点观测的 10 m 风速(a)、2 m 气温(b)、比湿(c)、向下短波
辐射(d)、降水(e)、累积蒸发(f)、径流(g)、地表土壤湿度(h)变化趋势,实心三角表示趋势通过置信度为
95％的显著性检验(引自 Yang et al.,2011b)

显著,1955—1996 年冬季和秋季分别以每 10 a 0.32 ℃和 0.17 ℃的速度增温(Liu et al.,
2000),这在高海拔地区尤为明显。而春夏增温不明显,局部地区夏季表现出微弱降温趋势。

从 1980—1999 年到近 20 a(2000—2019 年)，夏季青藏高原表面温度增温幅度仅约为冬季增温幅度的一半(0.28~1.34 ℃)(Li F et al.，2021)。低海拔地区则表现为春冬季节升温明显，夏秋季节升温不明显(宋辞 等，2012)。这种差异的形成可能与青藏高原日照、云量以及大尺度海-气驱动因子等因素有关。需要指出的是，尽管高原整体表现为一致升温的趋势，但由于青藏高原地区的复杂性和多样性，青藏高原变暖还存在较大的空间差异。在 20 世纪 80 年代—21 世纪初期，青藏高原东北部地区和西南部地区升温较强，东南部较弱(图 2.5)；北部增温较南部增温更加显著(图 2.5b)，这可能与北部蒸发较少有关(图 2.5f，Shen et al.，2015)；另外高原边缘地区气候变暖要明显高于高原腹地，尤其是柴达木盆地，是青藏高原气候变化的敏感区域(宋辞 等，2012)。研究认为，由于高原边缘地区地形起伏相对较大，这种高海拔山区局地因素通过影响局地辐射平衡能够引起局地气温的改变(王朋岭 等，2012)，从而形成这种边缘地区增暖强于腹部地区的特征。青藏高原增暖的空间异质性还与云量的变化有关，云辐射反馈能够解释 1998—2013 年 29% 的青藏高原整体增暖现象(0.25 ℃ · (10 a)$^{-1}$)，而对青藏高原南部地区的增暖现象(0.33 ℃ · (10 a)$^{-1}$)的贡献高达 43%，这期间南部的增温最为明显。而引起 1998—2013 年期间青藏高原北部和南部加速增暖的主要原因分别是夜间云量的增加导致云保温效应的增强和白天总云量减少导致白天日照时数增加(Duan et al.，2015)。

Guo 等(2020)基于气象站点观测资料和 1 km 高分辨率的综合卫星数据集研究了 2001—2015 年期间青藏高原西南地区(大致范围 70°~85°E，25°~35°N)2 m 气温变化趋势，发现在变暖的背景下，青藏高原西南地区年平均 2 m 气温却以每 10 a −0.15 ℃的速度显著降低，青藏高原其余地区以每 10 a +0.18 ℃的速度增温。通过资料分析他们认为，青藏高原西南地区降雪的增加和上空自由大气的冷却都可能为青藏高原西部地区温度的降低提供了有利环境。但这种全球变暖背景下异常的降温现象还未被很好地解释，除了局地环流、雪盖等的影响之外，Guo 等(2020)认为，北大西洋涛动和厄尔尼诺-南方涛动(ENSO)都可能造成青藏高原西南地区的降温，但还需要更深入的研究。

此外，青藏高原增暖还存在海拔依赖性，即升温速率随海拔升高而系统变化的现象，但相关现象及其机制还存在很大争议，与研究区域使用数据和研究时段的选取有较大的关联。高原西南部和中部江河源区(念青唐古拉山-唐古拉山-巴颜喀拉山-阿尼玛卿山)为冬季高原增温最显著的区域 (李菲 等，2021)。青藏高原地区增暖的海拔依赖性现象将在第 2.2.3 小节中具体阐述。现有高原增暖的解释机制包括温室气体排放、积雪/冰反照率反馈、云-辐射效应、水汽反馈、局地强迫、土地利用变化和平流层臭氧变化等 (You et al.，2021)。

(2)降水

降水方面，1979—2016 年青藏高原年平均降水总体呈增加趋势，但与高原整体气温显著增加不同，降水的变化呈现出很强的季节性和区域性差异，夏季降水增加最显著，这与不同季节和不同区域所受的天气系统和环流系统不同有关(许建伟 等，2020)。

1979—2014 年间，青藏高原年平均降水量增加速率为 0.61 mm · (10 a)$^{-1}$，且这种增速主要发生在 20 世纪 90 年代中期以后。青藏高原降水主要集中在夏季,但夏季降水变化幅度较小,春季冬季增加显著。降水量增加的同时,降水日数却呈减小趋势。

青藏高原的降水变化与大尺度环流异常相关,如低空偏南风在高原地区增强,可使孟加拉湾向北的水汽输送增强,引起降水增强;近几十年来冬季经向环流的减弱和西风急流的增强,通过环流调整高原上空的水汽输送引起降水的变化;北大西洋风暴轴减弱可通过瞬变波对基本气流的强迫作用,导致高纬西风的减弱,进而通过罗斯贝波造成高原降水的增加(游庆龙等,2019;Yue et al.,2021)。北大西洋海温异常及北大西洋多年代际振荡也是引起青藏高原降水增加的重要原因,西北大西洋海表温度增暖能够激发向东传播的波列,进而诱发了一系列沿欧亚大陆副热带西风急流传输的气旋和反气旋异常,既减弱了输出高原中部的水汽,又增强了从阿拉伯海流入高原西部的水汽,使得高原中西部夏季降水增加。考虑到未来 10 a 北大西洋多年代际振荡(Atlantic multidecadal oscillation,AMO)可能仍处于正相位,预计高原中西部未来 10 a 夏季降水仍以偏多为主,因此,自 20 世纪 90 年代中期以来的高原中西部湖泊扩张仍将继续(Zhou et al.,2019;Sun et al.,2020)。

由于不同的研究时段和资料覆盖程度有差异,前人总结了青藏高原降水变化的空间差异,可归纳为以下几类。

①南北差异型,即以唐古拉山为界,高原南部和北部降水存在反相变化关系。自 20 世纪 80 年代中期至 2000 年初青藏高原气温、风速等经历显著的变化,而青藏高原整体降水呈现弱增加的趋势。中部、北部和西部受西风带影响的区域降水增加,高原中西部湖泊迅速扩张(图 2.5e),而高原东部和南部受季风影响的区域降水减少,湖泊萎缩(Yang et al.,2011b,2014;Gao et al.,2014;Lei et al.,2014;刘田 等,2018)。喜马拉雅山脉地区降水也显著减少(Salerno et al.,2015;Yang,2017)。Li 等(2021)则从高原涡角度分析了 1998—2017 年青藏高原南湿北干的原因,认为青藏高原的增温通过对高空西风急流的调制,导致高原涡形成的区域差异,进而造成青藏高原南北部降水的差异。

②东西差异型,即高原降水变化存在东西差异(Yang et al.,2014;Zhou et al.,2019)。印度洋夏季风的影响可能是造成青藏高原东部、西部地区反向变化的原因之一(孙亦 等,2019)。

③中部和边缘差异型,即高原年平均降水在中部增加,在边缘地区却呈减小趋势。Sun 等(2020)指出,自 20 世纪 80 年代以来,青藏高原的气候变化以升温、增湿、风速减弱和太阳辐射衰减为主要特征。在此背景下,水交换出现了以下显著变化:受西风影响的区域(相对干旱)降水有增加的趋势,而受季风影响的边缘区域(相对湿润)呈现降水减少的趋势。青藏高原内部地区降水的增加在一定程度上可能与北大西洋多年代际振荡有关,20 世纪 90 年代中期北大西洋多年代际振荡位于正位相期间,通过激发欧亚大陆上空的一系列波列,导致青藏高原东西部地区分别出现异常反气旋和气旋,东部的反气旋减弱了西风急流使得水汽在高原地区滞留,而西部的气旋增加了从阿拉伯海的水汽向高原南中部地区输送。

④多元型,即高原不同分区降水变化规律差异显著(许建伟 等,2020)。青藏高原水汽来

源主要受到夏季风、局地环流和西风带共同作用,但不同地区主要因素有所不同,不同的大气环流型可能是造成青藏高原降水区域性差异的主要原因。例如夏季风的向北推进对青藏高原南部降水起到很重要的调节作用而对青藏高原腹地作用较小,青藏高原南部和东南部降水的减少可能与亚洲夏季风的减弱有关(Yao et al.,2012;Chen et al.,2019)。此外,热带海洋过程如 ENSO、印度洋偶极子以及中高纬度大气环流模态如北大西洋涛动等能够对大气环流产生重要的影响,进而调整青藏高原水汽输送(Yang et al.,2019)。值得注意的是,青藏高原降水量与气温的对应关系整体表现为暖湿和冷干的组合特征(陈德亮 等,2015)。

（3）土壤温湿度

青藏高原土壤温湿度作为储存地面热状况和干湿信号的重要因子,能够对气候变化作出快速响应,并通过地表能量平衡和水分平衡方程与大气相互作用,进而又对气候变化作出反馈。全球变暖背景下,青藏高原土壤温湿度都呈现明显的增加趋势。

近 55 a(1960—2014 年)来青藏高原表层(0 cm)、浅层(5～20 cm)、深层(40～320 cm)土壤温度均呈现显著升高的趋势,分别以 0.47、0.36、0.36 ℃·(10 a)$^{-1}$ 的速率升高,而近地面气温以 0.35 ℃·(10 a)$^{-1}$ 速率增温。整个过程表层土壤温度增温速率均超过近地表气温增温速率,表明青藏高原土壤温度对气温增暖反应敏感而迅速。近地表气温和表层土壤湿度增暖趋势在各个月份表现相当一致(图 2.6),气温增暖是导致表层土壤显著增暖的主导因子之一,而增温需要一定时间才能到达深层(Fang et al.,2018)。另外,青藏高原降水量、积雪等也是影响青藏高原土壤快速增暖的重要原因,在气温增高,年平均降水量增大及积雪深度减小的背景之下,青藏高原土壤温度也持续升高。

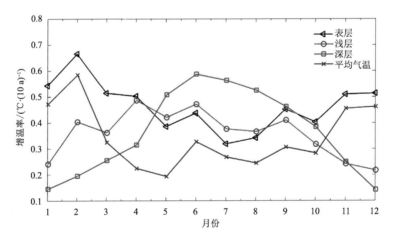

图 2.6　各层土壤温度及近地层气温月平均增温率(引自 Fang et al.,2018)

另一方面,全球变暖背景下,作为气候变化的敏感区,青藏高原显著的增暖导致与之对应的高原主体土壤湿度也呈现显著增大的现象(图 2.4h)。王静等(2016)利用专用传感器微波成像仪(SSM/I)(van der Velde et al.,2014)反演的高原土壤湿度资料分析 1988—2008 年青藏高原春季土壤湿度变化特征,发现青藏高原在 1988—2008 年期间大部分地区土壤湿度呈现显著增湿的趋势,仅在高原西部及南部边缘的趋势不明显,而这种增湿特征与李栋梁等(2005)

研究中基本一致。同年石磊等(2016)利用再分析资料同样发现 1980—2012 年青藏高原年平均土壤湿度以 0.91 mm·a^{-1} 的速度显著增湿,1979—2013 年青藏高原夏季土壤湿度呈现增大的趋势(Meng et al.,2018)。

青藏高原土壤湿度的变化也存在较大的空间差异性。在空间分布上,由于夏季风为青藏高原南部带来充沛的水汽,高原南部边缘降水较为丰富,高原土壤高湿区基本位于高原南部,由东南向西北方向递减,这种土壤湿度分布特征与高原降水分布呈现高度一致(石磊 等,2016;王静 等,2016,2018;Meng et al.,2018)。实际上,降水和土壤湿度之间存在较强的耦合关系,土壤湿度的正异常可能是由于降水的增加,然而降水的增加却并不意味着一定会导致土壤湿度的异常,土壤湿度的变化还依赖于其他因素,例如蒸发等(Meng et al.,2018)。降水和土壤湿度之间的关系较为复杂,不同气候时期两者关系不一致。例如,在多水期,土壤湿度与降水量存在明显正相关关系,但当月降水量达到 100 mm 左右时,土壤水分饱和或者降水强度增大后地表水径流加大导致土壤湿度不仅不会随着降水的增加反而还会有所降低。而随着青藏高原雨季的结束,少水期的到来,降水对土壤水分的补充能力减弱,此时与气温相关的蒸发和融冻过程主导青藏高原土壤湿度的变化(石磊 等,2016)。

虽然青藏高原大部分地区随降水增加土壤湿度增加,但是在高原西北部地区降水和土壤湿度的变化并不是一致的,说明土壤湿度还受到其他因素的影响。西部地区降水相对较少,土壤相对干燥,土壤水分对降水的响应较弱,而全球变暖使得高原大部分地区蒸散发增加(Yang et al.,2011b;Yin et al.,2013),导致青藏高原西部土壤水分的减少。

青藏高原土壤湿度对气候变化的响应具有区域差异性,这些不确定性可能与土壤湿度资料偏差、降水、蒸发、径流和冰川融化等有关。土壤湿度作为陆面水交换和能量循环的关键环节,湿蒸散发的水汽来源,在陆面水平衡和能量平衡中扮演着重要的角色,土壤湿度能够将前期的信号储存,其异常可以持续数周至数月,通过改变地表反照率、土壤热容量以及感热、潜热等途径来影响大气环流和气候,对长期天气预报和短期气候预测有重要的指示意义,尤其是对我国东部降水的影响(王静 等,2016)。

(4)青藏高原热力作用

在过去 30 a 青藏高原经历了显著的气候变化:增暖、增湿(宋辞 等,2012;陈德亮 等,2015;吴芳营 等,2019;姚檀栋 等,2019;李菲 等,2021)、冰川消融(姚檀栋 等,2013;陈德亮 等,2015;Guo et al.,2017)、积雪减少(车涛 等,2019;叶红 等,2020)和湖泊扩张(姚檀栋 等,2019;朱立平 等,2019)等,改变了青藏高原上空大气和水文循环,青藏高原上空热状况自 20 世纪 80 年代中期以后逐渐减弱(Duan et al.,2008,2009,2011,2012;Yang et al.,2014),高原热力作用的改变对北半球大气环流和气候变化有十分重要的影响。

叶笃正等 (1979)首次对青藏高原热源进行了估算,随后诸多学者对青藏高原热源变化特征进行了估算和分析。但由于青藏高原观测记录稀少,气象站点分布不均匀,准确估算青藏高原热强迫强度和变化仍是一个很大的挑战,不同数据集表现出的青藏高原热源状况的结果并不完全一致,有的甚至出现相反的变化特征(Wang et al.,2012)。青藏高原总热源可由地表

感热通量、潜热通量和净辐射通量三个部分组成,具体算法如下:

$$E = \text{SH} + \text{LH} + \text{RC} \qquad (2.1)$$

式中,E 表示大气总热源,SH 表示地表感热(surface sensible heat),LH 表示大气中的凝结潜热释放(latent heat release),RC 表示整层大气柱的净辐射通量。

其中地表感热采用总体动力学公式进行计算:

$$\text{SH} = c_p \rho\, C_{\text{DH}}\, V_0\, (T_s - T_a) \qquad (2.2)$$

式中,干空气比定压热容 $c_p = 1005\ \text{J} \cdot \text{kg}^{-1} \cdot \text{K}^{-1}$,空气密度 $\rho = 0.8\ \text{kg} \cdot \text{m}^{-3}$,$V_0$ 表示 10 m 风速,T_s 和 T_a 分别表示地表温度和大气温度,C_{DH} 表示热力拖曳系数(也称滞凝系数),无量纲。热力拖曳系数一般随地面粗糙度、高度增加而增加,地表感热估算中热力拖曳系数的选取存在较大的争议,不少学者从理论和实际观测中对热力拖曳系数进行了估计。Cressman (1960)考虑地形摩擦,认为 C_{DH} 应取 0.005~0.009;叶笃正等(1979)认为青藏高原上拖曳系数在 0.006~0.01 之间,可取 0.008;Chen 等(1985)以 2800 m 为界,指出不同高度热量拖曳系数变化不一致,青藏高原拖曳系数应取 0.0036;而 Li 等(1996,2000)估算青藏高原东西部拖曳系数,西部 $C_{\text{DH}} = 0.00475$,东部 $C_{\text{DH}} = 0.004$;一般将青藏高原拖曳系数取平均值 0.004 (Duan et al.,2008;Yang et al.,2011a;Wang et al.,2012),Yang 等(2009)将中国气象局(CMA)台站数据分解为逐小时数据以捕获拖曳系数的日变化对感热通量的计算进行了改进。

凝结潜热则根据降水数据进行估算:

$$\text{LH} = P_r\, L_w\, \rho \qquad (2.3)$$

式中,凝结热系数 $L_w = 2.5 \times 10^6\ \text{J} \cdot \text{kg}^{-1}$,$P_r$ 为降水量,ρ 为水的密度。净辐射通量为大气层顶与地表的净辐射通量之差。

为了探究全球变暖背景下,青藏高原热力作用却呈现为减弱趋势的原因,我们从高原总热源的三个组成分量入手展开研究。

在全球变暖的大背景之下,青藏高原大部分地区感热通量自 20 世纪 80 年代中期以来却呈现显著的减弱趋势(Duan et al.,2008,2018;Yang et al.,2011a;Wang et al.,2012;Zhu et al.,2012)。在 1980—2003 年期间,青藏高原中东部地区地表感热平均减弱速率为 -3.4 $\text{W} \cdot \text{m}^{-2} \cdot (10\ \text{a})^{-1}$,在青藏高原感热通量达到盛期的春季减弱趋势更加明显,减弱速率达到 $-5.4\ \text{W} \cdot \text{m}^{-2} \cdot (10\ \text{a})^{-1}$(Duan et al.,2008,2009)。从公式(2.2)可知,地表感热通量与地-气温差和地表风速的乘积成正比,在此期间地表温度增温强于近地面空气温度,导致了地-气温差呈现微弱上升的趋势。但有研究指出,早在 20 世纪 70 年代,中国区域风速就呈现显著减弱的趋势(Xu et al.,2006;Jiang et al.,2009),并且在高原地区减弱更加强烈(Yang et al.,2011b)。青藏高原地表风速在春季显著减弱,因而使得青藏高原地表感热明显减弱。研究指出,中国地区风速的减弱可能与城市化和空气污染(Xu et al.,2006)以及表面粗糙度的增加(Vautard et al.,2010)密切相关,然而青藏高原由于地理位置偏僻、环境险峻,导致人烟稀少,人类活动影响相对较弱,这些因子可能不是引起高原地表风速的变化的主要因子。高原地表风速显著减弱是可能大气环流调整的结果(Zhang et al.,2009),全球变暖的大背景之下,高纬度地区变暖幅度大于低纬度地区导致位势高度的变化和调整,高低纬度之间气压梯度力减弱,使得东亚副热带西风急流的减弱,从而导致高原地表风速的显著减弱(Duan et al.,2009;Yang et al.,2014)。Lin 等(2013)利用中国气象局(CMA)提供的数据和全球无线电探空集成数据(integrated global radiosonde archive,IGRA)进一步证实了这一结论。尽管不同的高原地表感热估算方案得到的地表感热变化趋势大小上有所差异,但都呈现出一致的减弱趋势(Yang et al.,2011a),但这种减弱在 2003 年之后又有所恢复(图 2.7,Duan et al.,2008,2018)。

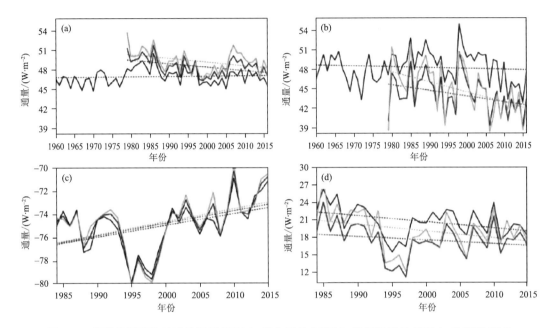

图 2.7 青藏高原平均的感热通量 SH(a)、潜热通量 LH(b)、净辐射通量 RC(c)、总热源 E(d)的时间变化序列。蓝线表示 32 个站点平均,绿线表示 48 个站点平均,红线表示 80 个站点平均
(引自 Duan et al.,2018)

相较于地表感热通量的持续减弱趋势,1980—2003 年间,青藏高原由降水引起的凝结潜热释放在全年均表现为微弱增强的趋势(0.7～3.4 W・m^{-2}・(10 a)$^{-1}$),冬、春季节显著增强。由于凝结潜热是由降水估算,与降水成正比,具有较大的年际变率,因此,年平均的凝结加热的变化趋势可能较小 (Duan et al.,2008;Wang et al.,2012;Yang et al.,2014)。在最近的研究中,Duan 等(2018)基于 80 个常规气象站 24 h 累积降水量估算的凝结潜热释放,发现1979—2016 年期间青藏高原年平均凝结潜热加热表现为显著下降的趋势,其空间变化情况与降水的变化情况基本一致。

净辐射通量通常为负值,对高原热源有冷却作用。20 世纪 70 年代末期青藏高原太阳辐射经历了由增加到减少的转变,对青藏高原增暖的作用较弱。20 世纪 50—70 年代青藏高原太阳辐射变化速度为(0.17±0.19)W・m^{-2}・(10 a)$^{-1}$,而在 20 世纪 70 年代—21 世纪初期变化速度为−0.22 W・m^{-2}・(10 a)$^{-1}$(Tang et al.,2011)。从图 2.5d 中也能看出大部分站点有变暗的趋势,这可能与青藏高原快速增温引起的深对流云增加有关(Yang,2017)。与此同时,由于变暖和总云量(尤其是高云)的减少,高原上长波辐射冷却作用却显著增强(Duan et al.,2008;Yang et al.,2014)。太阳辐射增暖作用的减弱和长波辐射冷却作用的增强促使青藏高原上空净辐射通量对高原热源的冷却作用增强,在1984—2004期间变化速率约为-11.2 W·m^{-2}·(10 a)$^{-1}$(Duan et al.,2008)。更长时段的资料表明,净辐射通量对高原的冷却作用大约在1998年之前呈现增强的趋势,而之后净辐射通量的冷却作用减弱(图2.7c,Duan et al.,2018)。

20世纪80年代中期以来,青藏高原气温升高和地表风速减小,进而导致地表感热减少,同时青藏高原大气净辐射通量冷却作用增强,而凝结潜热加热变化趋势较小,导致高原热力强迫作用在全球变暖背景下呈现出减弱。而这种趋势变化速率在20世纪90年代中后期前后发生明显变化,这种变化转折主要与净辐射通量的变化趋势一致。2000年之前青藏高原总热源的变化与净辐射通量的变化类似,表现为20世纪80年代之后显著地下降,而该阶段高原地表感热和潜热加热的变化趋势变化相对较小(图2.7)。因此,2000年之前青藏高原总热源显著减弱可能与净辐射通量冷却作用的增强有重要联系。但在2000年之后青藏高原总热源表现为缓慢减弱趋势,净辐射通量呈现增加的趋势即冷却作用减弱。

与全球变暖相关的青藏高原气候变化可以简单地概括为图2.8所示的概念示意图。全球变暖导致高纬度地区变暖幅度强于低纬度地区,位势高度根据热力对比变化进行调整,低纬度和高纬度之间对流层中层压力梯度减弱,风速减弱,减少了对流层自由大气向边界层动量的输送,地表风速随之减弱。地表风速的减弱不利于青藏高原地区的能量交换和对高原上空局地大气的加热。另一方面,温室效应、臭氧减少等也对高原大气的增暖起到了相当程度的积极贡献(Duan et al.,2006b;Zhang et al.,2009)。而青藏高原的变暖和增湿使得大气不稳定性增加,增强了对流势能,有利于触发深对流,导致太阳辐射减弱。

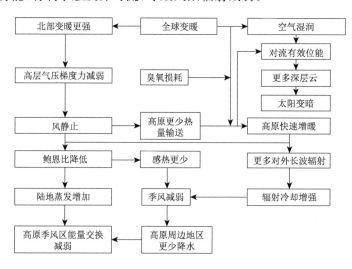

图 2.8　青藏高原气候变化概念示意图(改自 Yang et al.,2014)

青藏高原风速和温度的改变引起青藏高原地表感热的显著降低,结合高原显著增暖导致更多的长波辐射增强辐射冷却作用,最终导致青藏高原热力强迫减弱。青藏高原总热源和感热通量的持续减弱使得高原上空感热通量驱动的气泵效应受到抑制,不仅导致高原南坡和北坡降水减少,印度洋东北部和孟加拉湾地区降水增加,对亚洲季风、中国东部降水及其他周边气候和降水都有十分重要的作用(Duan et al.,2011;Wu et al.,2015)。

除此之外,作为全球气候变化的敏感区,在全球变暖背景下青藏高原的极端气候事件发生的概率和强度也在增加,且高海拔地区变化比低海拔地区更加明显(宋辞 等,2012)。20 世纪80 年代中期以来,青藏高原大部分地区与日最低气温相关的极端事件(冷夜、持续冷期、霜日和冰冻日)的变化趋势普遍减少,而与日最高气温相关的极端事件(热昼和持续暖期)则从无显著变化转变为显著增强。极端降水事件指标(强降水量、强降水率、极强降水量、极强降水率、连续湿日、连续干日)和降水极值(最大 1 日降水量、最大连续 5 日降水量)并无显著趋势(You et al.,2008;吴国雄 等,2013)。青藏高原地区极端气温事件不仅受地形的影响,还与季风年际振荡、厄尔尼诺事件以及高原积雪等密切联系。这部分内容将在第 2.3.4 节中详细展开。

2.2.3　青藏高原增暖海拔依赖性现象及其机制

由于青藏高原地形复杂且冰冻圈发育广泛,青藏高原增暖放大(Tibetan amplification)和海拔依赖性(elevation dependent warming)现象明显。根据 ERA5 再分析资料结果表明,1979—2020 年青藏高原近地表增温趋势在春夏秋冬分别为 0.26、0.33、0.31 和 0.36 ℃ • (10 a)$^{-1}$,而同期全球平均为 0.18、0.17、0.20 和 0.19 ℃ • (10 a)$^{-1}$。不难看出,青藏高原增暖趋势大于北半球和全球的平均值,增暖放大现象具有空间异质性且季节变化明显,冬季增温速率远大于年平均增温速率(You et al.,2021)。

作为世界上海拔最高的高原(平均海拔高度 4000 m 以上),青藏高原变暖幅度和海拔高度密切相关,不同海拔高度地区变暖幅度存在差异。对 1961—1990 年高原及邻近地区台站资料进行插补后,发现高原年平均气温变暖趋势与海拔高度成正比(刘晓东 等,1998)。1981—2010 年均一化后的气象站点观测资料表明海拔每升高 1000 m,站点年平均气温倾向率增加0.1 ℃ • (10 a)$^{-1}$,并且在冬季最为明显,每 1000 m 增加 0.2 ℃ • (10 a)$^{-1}$,秋季和春季每1000 m 分别增加 0.1、0.08 ℃ • (10 a)$^{-1}$(王朋岭 等,2012)。青藏高原变暖海拔依赖性现象不仅体现在平均气温,在日最高温和最低温也有体现。基于高原及周边地区 139 个站点1961—2012 年观测数据的分析结果表明,最低气温的变暖海拔依赖性最强,平均气温次之,最高气温最弱,这种特征以冬季最为显著,春季和秋季次之,夏季最弱(You et al.,2020c)。因此,变暖海拔依赖性在不同气温指标和不同季节表现有所不同。由于青藏高原观测站稀疏,遥感数据、再分析资料和模式数据成为研究青藏高原气候变化的必要补充。遥感数据具有覆盖广泛以及空间分辨率较高的优点,利用中分辨率成像光谱辐射仪(MODIS)数据发现 2000—2006 年青藏高原地表气温在海拔 3000～4800 m 之间变暖趋势随着海拔升高而增大,海拔5000 m 以上由于冰雪覆盖,增温幅度较小(Qin et al.,2009)。不同再分析资料展现的变暖海拔依赖性程度不同,两者之间的差异与再分析资料无法很好地刻画青藏高原复杂地形以及不同再分析资料所选用的陆面过程方案不同有关(You et al.,2010)。由于目前气候模式在刻画复杂地形中的缺陷,变暖海拔依赖性在气候模式中未能很好地再现,但在一些高分辨率区域模式的试验中可以验证(You et al.,2020a)。

关于海拔依赖性增暖的机制目前还有争论,图2.9总结了一些可能的机制。冰雪反照率反馈是解释变暖海拔依赖性最重要的反馈之一,尤其对于春季和夏季的变暖海拔依赖性起重要作用。冰雪反照率对于高海拔地区的升温有着放大效应:随着高原的增暖,积雪减少,高海拔地区的冰雪消融过程对升温高度更敏感,下垫面裸露的岩石面积增加,这使得地表反照率降低,地表增暖加剧,冰雪进一步消融减少。季节性积雪随着青藏高原海拔变化而变化,最大升温速率出现在雪线附近,即0 ℃等温线附近(Pepin et al.,2015)。云通过影响短波和长波辐射影响地表能量收支,从而影响变暖海拔依赖性,这在一些数值模拟试验中得到了验证。在青藏高原尤其是北部地区,夜间低云增加,导致夜间地表增温增强,而白天总云量和低云均减少,导致了地面对太阳短波辐射吸收的增强,这在南部地区尤为明显。此外,云层高度也起到重要作用,研究发现,高云的增加以及中层云的减少导致正的净云辐射强迫,从而有利于高原变暖增强(Pepin et al.,2015)。而温室气体的排放能够通过局地云反馈影响青藏高原变暖(Duan et al.,2006b;Yan et al.,2016;You et al.,2021),Yan等(2016)利用4倍水平 CO_2 强迫的

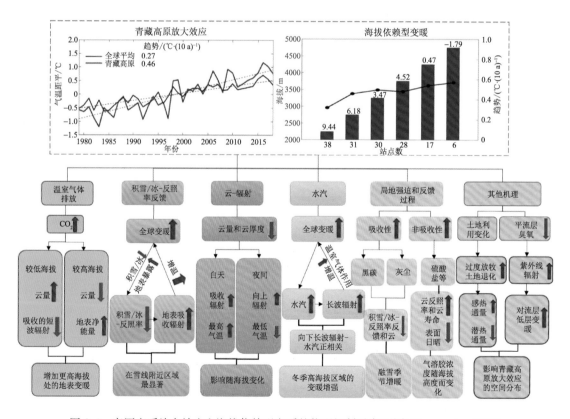

图2.9 高原变暖放大效应和海拔依赖型变暖的物理机制示意(引自 You et al.,2021)

社区气候系统模式(Community Climate System Model 3,CCSM3)试验表明,当年平均的 CO_2 增加 1%时,青藏高原低海拔地区由于水交换和大气湿度的增加导致年平均总云量增加,而高海拔地区的总云量却呈现减少的趋势。因此,低海拔地区由于云量增加引起的向下长波辐射增加,而高海拔地区由于云量的减少导致太阳辐射的增加,再加上青藏高原高海拔地区增温较大导致雪深显著增加,降低了表面反照率,进一步促进了青藏高原高海拔地区的太阳辐射增暖,这其中短波辐射增加对高海拔地区的增温起着主导作用(Yan et al.,2016;You et al.,2020a)。大气中的水汽也是引起增暖的重要原因,研究发现冬季地表比湿的增加导致的向下长波辐射增加是影响变暖海拔依赖性的关键过程,这一机制对春季和秋季变暖海拔依赖性也很重要,但贡献较小(You et al.,2021)。青藏高原冰川和积雪上的黑碳沉积可通过影响辐射平衡对变暖海拔依赖性造成影响。人类活动导致的土地利用类型改变也可通过影响辐射收支在一定程度上影响变暖海拔依赖性。青藏高原植被增加可通过蒸腾作用的增强对环境起到降温作用。还有研究指出,青藏高原臭氧的减少导致了到达地表的紫外线辐射的增强和对流层低层的强烈升温(You et al.,2021)。

尽管以上各种机制都得到了不同程度的证实,但目前关于变暖海拔依赖性的研究还有深入探讨的空间。这是因为,一方面,关于变暖海拔依赖性发生在多大时间和空间尺度有待进一步研究,同时其他一些要素的变化,如辐射通量、植被等在全球变暖背景下是否存在海拔依赖性也值得研究;另一方面,考虑到变暖海拔依赖性的主导机制在不同时间尺度(如季节、年际等)和不同区域存在很大差异,今后需要加强定量研究。

2.2.4 青藏高原气候变化的未来预估

第五、六次国际耦合模式比较计划(CMIP5 和 CMIP6)中,多模式集合平均的预估结果表明,未来青藏高原气候变化仍以变暖和变湿为主要特征,且其暖湿化程度明显高于其他同纬度地区。

在低排放(RCP2.6)情景下,青藏高原在未来 30 a 内将出现较弱的增温趋势,到 21 世纪末则呈现出较弱的降温趋势。中等排放(RCP4.5)和高排放(RCP8.5)情景下近期(现今—2050 年)和远期(2051—2100 年)年平均温度分别比 1961—1990 年基准期高 3.2~3.5 ℃ 和 3.9~6.9 ℃(陈德亮 等,2015)。在可持续发展路径(SSP1-2.6)/中等路径(SSP2-4.5)/一切照旧路径(SSP5-8.5)情景下,近期(2021—2040 年)、中期(2041—2060 年)、远期(2081—2100 年)相比于 1986—2005 年平均增温 1.2/1.3/1.4 ℃、1.7/2.0/2.6 ℃、1.7/2.9/5.6 ℃。但升温幅度存在区域和季节性差异,空间上以高原西部增温最为显著,季节上以冬季升温最为显著(You et al.,2020b)。在各种排放情景之下,全球变暖,尤其是青藏高原变暖尤为显著。青藏高原持续变暖对其周边地区的生态系统和环境将产生重要的影响,要实现 2015 年《巴黎协定》争取在 21 世纪末将全球平均温度较工业革命前的增幅控制在 2 ℃ 以内,并向 1.5 ℃ 努力的目标,缓解高海拔地区升温速率尤为重要。

与此同时,青藏高原地区海拔依赖性增暖在未来预计将持续或增强。基于政府间气候变化委员会第四次评估报告(IPCC-AR4)的 20 个气候模式和 CCSM3 输出驱动下的动力降尺度分析结果,刘晓东等(2009)指出,相对于历史基准期(1980—1999 年),2030—2049 年青藏高原大部分地区地表温度增暖 1.4~2.2 ℃,高海拔地区增温尤为显著,且这种海拔依赖性在最低温度的变化上表现得尤为突出。对应 1.5 ℃/2 ℃的全球变暖,青藏高原的变暖幅度明显更大,且高原年与各季节平均气温对全球变暖 1.5 ℃和 2 ℃的响应差异均>0.5 ℃,冬季最为明显,区域平均差异可达 0.94 ℃,局地差异超过 1.1 ℃(图 2.10),总体来说,南部、西部的变暖大于东部和北部的变暖(吴芳营 等,2019)。与全球变暖 1.5 ℃相比,全球变暖 2 ℃时青藏高原的海拔依赖性变暖更为显著,这可能与积雪反照率反馈密切相关(You et al.,2019)。

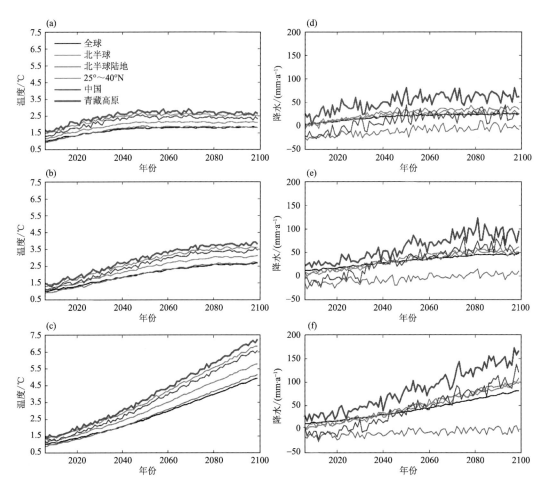

图 2.10　全球、北半球、北半球陆地、25°~40°N、中国以及青藏高原在未来三种排放情景下 RCP2.6((a)、(d))、RCP4.5((b)、(e))、RCP8.5((c)、(f)) 2006—2100 年气温和降水的变化(相对 1850—1900 年),左列表示气温,右列表示降水(引自 You et al.,2020b)

青藏高原地区的降水在未来很可能增加,RCP4.5 和 RCP8.5 情景下近期和远期降水量分别比 1961—1990 年基准期增加 10.4%~11.0%和 14.2%~21.4%。最大的降水增幅出现在夏季,而冬季降水的增幅最小(陈德亮 等,2015),其中对流降水增加尤为明显。两种情景下青藏高原预计未来降水变化空间分布基本一致,降水增幅大值区主要集中在高原北部地区(Jia et al.,2019)。由于气候模式的分辨率较低,有学者也采用动力降尺度方法对未来降水进行预估,结果表明 RCP4.5 和 RCP8.5 情景下高原湿季总降水增加,但空间上呈现"北增南减"的变化特征,其中高层云降水的明显减少,导致高原南部总降水减少,对流降水明显增加则导致了高原北部总降水增加(张宏文 等,2020)。这表明在未来持续变暖背景下,青藏高原湿润的东南部有变干趋势,而青藏高原西南部的干旱会得到一定程度的缓解。然而,基于 CMIP6 的多模式预估结果通过统计降尺度方法的预估结果则表明未来降水增加主要出现在高原东南部人口稠密的地区。

除了气候平均态的变化外,未来青藏高原极端气候也将发生显著变化。多个气候模式的预估表明,相对于 1961—1990 年,21 世纪末青藏高原霜冻天数将减少 $10\%\sim30\%$;热浪天数增幅达 10 倍以上,暖夜天数增加 4 倍以上;极端降水强度增加 $10\%\sim26\%$,最大连续 5 日降水量增加 $25\%\sim45\%$。CMIP5 多模式集合平均结果显示相对于 1986—2005 年,在 RCP4.5 和 RCP8.5 情景下,与高温有关的极端事件(日最低气温最低值、日最高气温最高值、高于 20 ℃ 的暖夜数、高于 25 ℃ 的夏日数、暖夜和暖日)均增加,并且 RCP8.5 情景下增幅比 RCP4.5 更大;而与低温有关的极端事件(霜冻日数、冰冻日数、冷夜和冷日)均减少;与降水有关的极端事件(总湿日降水量、平均日降水强度、极端降水日数、连续 5 日降水量)增加。由于温度和降水的增加,未来植物生长季也增加,并且 RCP8.5 情景下增幅更大(张人禾 等,2015)。另外,在温度、降水等均发生变化的情况下,青藏高原积雪、冻土面积、径流、冰川、植被、生态环境等都会发生一系列的变化,这些将在第 2.3.1 小节内容中详细展开。

2.3 青藏高原气候变化的影响

2.3.1 青藏高原积雪、冻土、冰川、水资源变化

青藏高原是除南极和北极以外冰雪储量最大的地方,被称为"亚洲水塔"(Immerzeel et al.,2010),拥有约 1×10^5 km² 面积的冰川、5×10^4 km² 面积的湖泊、1.3×10^6 km² 面积的多年冻土、3×10^5 km² 面积的常年积雪和亚洲 10 多条大江大河的源头,关系着下游地区的水资源利用和水安全(姚檀栋 等,2019),其中积雪、冻土、冰川、湖泊和河流等是"亚洲水塔"的重要组成部分。随着青藏高原气候变化的加剧,"亚洲水塔"的各个组成部分也在发生剧烈变化,其主要特征为冰川加速退缩、湖泊严重扩张、冰川径流增加和水交换加强。这些变化以及对当地生态系统产生重要的影响,使得青藏高原及其周边地区水资源风险增加,土地利用率降低。

(1)积雪

青藏高原积雪覆盖面积大,是中国中低纬度带主要的积雪分布区,因而被誉为"雪域高原"(除多 等,2017),积雪水储量对青藏高原及其周边区域的农业灌溉和生产生活具有十分重要的作用。与此同时,青藏高原积雪的变化在一定程度上影响着地表植被的生长,是青藏高原及其周边区域的生态环境变化中的关键因素。已有的研究中,对青藏高原积雪的研究主要依靠地面台站观测和卫星遥感检测,主要关注积雪时空变化、雪深、雪线、雪水当量和积雪反照率等要素。

青藏高原积雪时空分布具有很大差异。积雪覆盖持续时间长的区域主要位于喀喇昆仑山脉、喜马拉雅山脉和念青唐古拉山脉等高海拔山脉的南部和西部边缘,这些区域受印度夏季风带来的水汽影响,积雪覆盖率较高。而高原内陆大部分地区积雪持续时间相对较短(图 2.11,Xiao et al.,2016;You et al.,2020c)。青藏高原积雪深度大值区主要集中在横断山脉西侧、念青唐古拉山脉、喜马拉雅山脉、帕米尔高原、巴颜喀拉山以及祁连山地区,空间分布与积雪覆盖时长分布类似,年均雪深最大能达到 10 cm 以上,主要分布在横断山脉西侧和念青唐古拉山。而在高原腹地及柴达木盆地地区,由于降水次数少,平均雪深维持在 1 cm 以内(车涛 等,2019)。青藏高原积雪还存在明显的季节变化,积雪主要出现于 10 月—次年 5 月,6 月和 9 月积雪略微下降,7 月和 8 月积雪较少甚至没有。

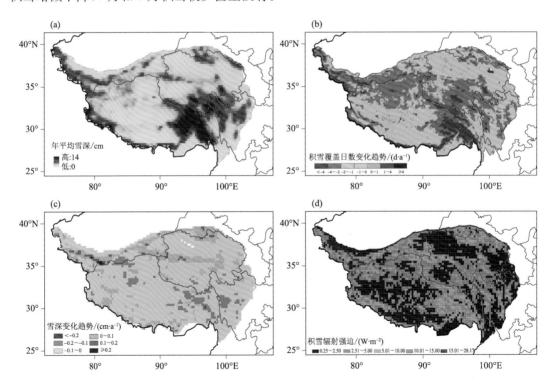

图 2.11　1980—2018 年青藏高原年平均雪深(a)、积雪覆盖日数变化趋势(b)、雪深变化趋势(c)和积雪辐射强迫变化(d)的空间分布(引自车涛 等,2019;You et al.,2020a)

高原积雪有明显的年际和年代际变化特征,在 1960—2005 年期间呈现先增加后减少的变化,积雪深度与积雪日数呈现一致的变化趋势:1960—1990 年积雪日数增加了 13 d,雪水当量增加了 1.5 mm,积雪深度和积雪日数分别以 0.32 mm·(10 a)$^{-1}$ 和 0.4 d·(10 a)$^{-1}$ 的速率增加;而在 1990 年以后青藏高原积雪出现减少趋势,1991—2005 年积雪深度和积雪日数分别以 1.8 mm·(10 a)$^{-1}$ 和 1.59 d·(10 a)$^{-1}$ 速率减少(You et al.,2011;陈德亮 等,2015;Xu W et al.,2017;Yang et al.,2019),尤其在 2000 年之后,积雪覆盖日数和雪深明显下降,积雪覆盖日数在 1961—2010 年期间减少速率为(23.5±1.2)d·(10 a)$^{-1}$(车涛 等,2019)。根据 1980—2015 年的逐年积雪日数统计,这一时期积雪日数变化趋势小于−2 d·(10 a)$^{-1}$ 的区域约占青藏高原面积的一半,在喀喇昆仑山、昆仑山东段、唐古拉山东段、念青唐古拉山以及喜马拉雅山东段,甚至出现小于−4 d·a^{-1} 的下降趋势(车涛 等,2019,图 2.11)。青藏高原东部地区是雪深变化最大的区域,高原地区 108 个台站的观测结果显示,1961—2014 年,年、春、夏、秋和冬季雪深呈减少趋势的站点分别占总数的 61%、59%、56%、75% 和 51%(沈鎏澄 等,2019)。Tang 等(2013)指出 2001—2011 年期间积雪日数显著减少的区域集中分布于高海拔地区,尤其横断山脉和喀喇昆仑山北部,而喀喇昆仑山南部、祁连山北部和青藏高原中部等地区积雪表现为增加的趋势,这种变化趋势的空间差异性在更长时间范围内是否依然存在时间趋势还需要采用更长时间段的资料进行确认和验证。

近 20 a 来(2000—2019 年),气温变化和降水是影响青藏高原积雪的重要因子,积雪与气温之间存在显著的负相关关系,且相关能够通过置信度为 95% 的显著性检验的区域占高原总面积的 5.12%,积雪与降水表现为显著正相关关系的区域占青藏高原总面积的 6.4%(叶红 等,2020)。有研究认为,在冬季积雪面积的变化更容易受到降水的影响,而温度则主导了夏季积雪面积的变化(Yang et al.,2019)。

青藏高原的积雪变化强烈改变着局地和区域的能量平衡,对高原气候系统产生重要的影响。积雪减少与气候变暖之间存在正反馈作用,气候变暖导致积雪减少,进而引起地表反照率显著降低,地面能够吸收到更多的太阳短波辐射,导致积雪进一步消融。这种正反馈效应能够放大积雪对气候系统的响应,进而加速气候变暖的进程。另一方面,在气候变暖背景下,青藏高原积雪消融过程中能够产生大量融雪,可能加剧融雪型洪水等自然灾害,对青藏高原及周边区域产生较大的威胁(车涛 等,2019)。

(2)冻土

根据我国学者在不同时期对青藏高原现代冻土分布的估算,青藏高原多年冻土和季节冻土的面积分别为 $1.06×10^6$ km^2 和 $1.45×10^6$ km^2,分别占高原总面积的 40.2% 和 56%,其中羌塘高原北部和昆仑山是多年冻土发育最广泛的地区(程国栋 等,2019)。

受青藏高原强烈增温的影响,多年冻土发生了显著且快速的大面积的退化。20 世纪 60 年代、70 年代、80 年代、90 年代和 21 世纪初,青藏高原多年冻土总面积分别为 $1.6×10^6$ km^2、$1.49×10^6$ km^2、$1.45×10^6$ km^2、$1.36×10^6$ km^2 和 $1.27×10^6$ km^2,到 2000 年,退化的冻土总面积为 $3.3×10^5$ km^2,约占 20 世纪 60 年代冻土总面积的五分之一(Cheng et al.,2012,图 2.12)。1981—2010 年青藏高原季节性冻土厚度总体下降趋势为 0.34 m·(10 a)$^{-1}$(Guo et al.,2013)。1975—1996 年期间沿青藏公路的冻土层南边界下限向北移动了 10 km,北边界下限向南移动了 3 km(Jin et al.，2000)。

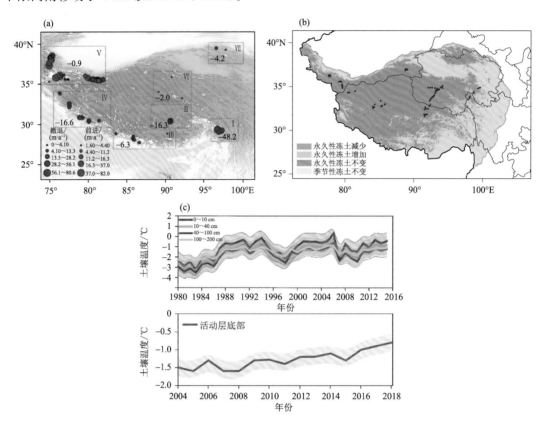

图 2.12　青藏高原冰川和冻土变化情况(You et al.，2021)。(a)为 Yao 等(2012)所示的青藏高原冰川退缩情况；(b)为 Cheng 等（2012）所示的 20 世纪 60 年代—21 世纪初青藏高原多冻土分布年情况；(c)为程国栋等(2019)所示各活动层厚度的土壤温度变化情况

　　除了多年冻土和季节性冻土的退化以外,青藏高原活动层厚度和地温在不断上升,根据不同下垫面资料和 ERA-Interim 土壤温度再分析数据的结果,1980—2015 年活动层年平均土壤温度增温趋势在 0～10、10～40、40～100 和 100～200 cm 分别为 0.439、0.449、0.396 和 0.259 ℃ • (10 a)$^{-1}$,而根据青藏公路沿线 10 个活动层观测点的分析,2004—2018 年活动层底部温度平均以 0.486 ℃ • (10 a)$^{-1}$ 速率上升。深度为 6 m 的冻土温度增加最为明显,1996—2006 年期间 6 m 深度冻土温度增加 0.12～0.67 ℃(Wu et al.，2008),近年来冻土增温速率减慢,2006—2010 仅以每年 0.02 ℃ 的速率增加(Wu et al.，2012)。

　　多年冻土区温度的增加可能与以下两个因素有关:①青藏高原积雪覆盖的减少导致地表吸收更多的太阳辐射,进而使得冻土增温;②地-气温差和地面比湿的增大导致向下长波辐射的增加,促进冻土的增温(Rangwala et al.，2010；Wu et al.，2013)。1981—2018 年间活动层厚度的平均增加率为 19.5 cm • (10 a)$^{-1}$(程国栋 等,2019),青藏高原活动层厚度变化的区域主要集中在多年冻土边缘区和高山多年冻土区,活动层厚度的增加与年平均气温的升高有较好的一致性,说明气候变化对活动层厚度的变化有较大的影响(Xu X et al.，2017)。尽管青藏高原的降水量和归一化植被指数(NDVI)在总体上都呈现增加趋势,但局部地区荒漠化面积扩大且程度加剧,其中以江河源区尤为突出(陈德亮 等,2015)。总的来说,气候变化对高原冻土的影响主要表现在地温升高、冻土融化、活动层增厚、连续率降低、剖面出现不衔接,形成局部融区以及融区增大的现象,同时具有冰冻期缩短和融化期延长的趋势(程国栋 等,2019)。由冻土退化所引发的区域性地下水位下降、湖泊水温下降、湿地萎缩、草地退化等已经成为环境恶化的重要原因。

Chang 等 (2018)采用地面冻结指数 SFI(surface frost index)模型和 Kudryavtsev 方法(Kudryavtsev et al.,1974)计算了青藏高原地表层多年冻土分布,在 RCP2.6(低排放情景)、RCP4.5(中等排放情景)、RCP6.0(中等排放情景)、RCP8.5(高排放情景)情景下未来 50 a 地表层多年冻土面积分别减少 26.4 万 km²(20.0%)、36.7 万 km²(26.6%)、26.1 万 km²(18.9%)、45.7 万 km²(32.7%),而到 21 世纪末期四种排放情景下多年冻土面积分别约107.0 万 km²、82.5 万 km²、81.1 万 km²、42.4 万 km²,分别减少了 19.2%、40.2%、41.3%、69.6%。Wang 等(2019)研究中也得到了相似的结论。尽管不同排放情景下未来多年冻土面积减少程度不一致,但 CMIP5 中各模式地表层多年冻土面积变化与近地表温度变化有较好的线性关系。在气温以每年 0.02 ℃增加的情形下,50 a 后的多年冻土面积将缩小 8.8%,100 a以后多年冻土面积将缩小 13.4%;当温度以每年 0.052 ℃增加的情形下,青藏高原多年冻土面积将在 50 a 之后缩小 13.5%,100 a 后多年冻土退化面积高达 46%(Nan et al.,2005)。其至有模拟结果显示在 RCP8.5 的情景下,青藏高原多年冻土将不存在(Guo et al.,2016)。值得注意的是,青藏高原未来 100 a 冻土对气温变化的敏感度在不同模式或同一模式不同情景下有明显差异。

(3)冰川

以青藏高原为中心的冰川群是中国乃至整个亚洲冰川的核心。根据《中国第二次冰川编目》,我国西部共有冰川 48571 条,总面积 51840 km²,估计储冰量 5600 km³(刘时银 等,2015)。青藏高原共有冰川 36793 条,冰川面积达到 49873.44 km²,分别约占我国冰川总数的79.4%和 84.0%。青藏高原冰川主要集中在喜马拉雅山、念青唐古拉山、昆仑山、喀喇昆仑山、天山等山系附近。根据降水量青藏高原冰川被分为三类:海洋型冰川,主要集中分布于青藏高原东南部横断山脉山系,其补给和消融水平都较高,导致其具有较快的运动速度;亚大陆型冰川,主要分布于青藏高原东北部和南部;极大陆型冰川,主要位于高原腹地及西部地区。后两类冰川由于补给和消融速度都低于海洋型冰川,地貌作用相对较弱,极大陆型冰川较为稳定(郑度 等,2017)。

全球变暖背景下,青藏高原冰川面积、长度、物质平衡、平衡线高度等都发生显著改变,总体表现为:随着青藏高原的增暖加剧,冰川逐渐退缩,退缩幅度总体上呈现从青藏高原外缘向内部减小的趋势。冰川变化在高原时空分布不均匀,空间上喜马拉雅山脉和藏东南地区冰川以退缩为主,冰川物质平衡呈强烈负平衡,且退缩速率从喜马拉雅山脉向内陆减少。青藏高原冰川加剧退缩导致次生灾害增加、河流径流增加、湖泊扩张、气候暖湿化,对青藏高原下游地区居民生活造成严重危害。

1976年以来,藏东南冰川退缩幅度平均达每年40 m,面积缩小超过25%;唐古拉中东段、念青唐古拉西端、喜马拉雅冰川末端退缩速率平均为每年20～30 m,面积总体缩小约20%;喀喇昆仑、西昆仑冰川末端变化不明显,面积缩小仅为1.4%～4%(姚檀栋 等,2019)。总的来说,青藏高原东南部海洋型冰川的退缩幅度大于西部的极大陆型冰川,说明青藏高原边缘山区冰川对气候变化的响应较中腹地区更加敏感(Yao et al.,2012;姚檀栋 等,2013)。

为了进一步分析变暖背景下青藏高原冰川变化的空间分布,Yao 等(2012)将青藏高原地区冰川分为了图2.12a所示的7个区域,包括高原东北、西北部的一个区域、中部两个区域、沿喜马拉雅山脉的三个区域(青藏高原东南部、喜马拉雅山脉中部、喜马拉雅山脉西部),分别可以对应三大类冰川走向:西南东北向(Ⅲ、Ⅱ、Ⅵ、Ⅶ)、东南西北向(Ⅰ、Ⅱ、Ⅴ)、沿喜马拉雅山脉(Ⅰ、Ⅲ、Ⅳ)。沿喜马拉雅山脉冰川表现为退缩趋势,尤其是青藏高原东南部地区(Ⅰ),20世纪70年代—21世纪初,以每年48.2 m的速度退缩,面积萎缩速率为每年减少0.57%;冰川收缩速率从青藏高原东南部(Ⅰ)向中部地区(Ⅱ、Ⅵ)减小,青藏高原西部地区(帕米尔高原东部Ⅴ)收缩速率最小,甚至表现为前进的趋势,这里的面积萎缩速度远远小于青藏高原其他冰川萎缩速度,仅以每年-0.07%的速度变化。青藏高原冰川物质平衡变化也呈现出与冰川长度面积相当一致的空间分布特征(冰川物质平衡指该冰川某一时段内以固态降水为主的物质积累量和以消融位置的物质支出量之间的差值,当冰川物质为正值时,表明该冰川物质处于累积阶段,冰川增厚或前进,反之亦然),物质平衡负值最大区出现在喜马拉雅山脉冰川地区,喀喇昆仑山、西昆仑山以及帕米尔高原地区冰川物质平衡亏损较少。以20世纪90年代为转折点,在此之前,冰川总量持续减小,在此之后,东部和南部季风区冰川退缩幅度进一步加大,而西北部西风带区冰川退缩不明显甚至出现稳定前进现象,物质平衡由负转正,被称为"喀喇昆仑异常"(姚檀栋 等,2019)。沿喜马拉雅山脉冰川长度和面积减小最为显著,且物质平衡为负,而青藏高原西部帕米尔高原、喀喇昆仑山地区冰川长度、面积减小最小,且物质平衡为正,速率为(0.11±0.22)m·a⁻¹(1999—2008年),造成青藏高原边缘和中部地区冰川变化差异的可能原因是印度季风的减弱以及西风带增强,因此,在未来继续变暖的情况下,喜马拉雅山脉很有可能进一步收缩而东帕米尔高原地区冰川则可能继续向前推进(蒲健辰 等,2004;Yao et al.,2012;王宁练 等,2019)。

除了冰川面积、长度和物质平衡质量,近几十年青藏高原冰川平衡高度线均显示显著升高也直接反映了青藏高原冰川的萎缩(王宁练 等,2019)。此外,有研究指出,冰川变化除了水平空间上的差异性之外,发生冰川退缩所在的主要高度也发生了变化,1977—2001年冰川退缩主要发生在5600～5800 m的高度之间,而2001—2010年海拔5800～6000 m之间的冰川退缩更加明显,冰川退缩的平均高度增加了近200 m,冰川退缩有向高海拔地区转移的趋势。

造成青藏高原冰川变化的主要原因如下。

①气候变暖。一方面,近年来青藏高原普遍退缩的趋势是发生在气候变暖的背景之下,二者存在较好的相关关系。气候增暖导致印度季风显著减弱而西风带增强,直接影响了青藏高

原水汽输送和气温的变化。青藏高原气温和降水与冰川的变化有较好的对应关系,高原边缘地区气候变暖要明显高于高原腹地,而冰川的面积、长度等退缩均表现为边缘强于腹部地区,这可能是温度的升高不利于冰川的发展。1960—2014 年天山地区以 $0.3\ ℃\cdot(10\ a)^{-1}$ 的速率增温,而天山中东部增温速率达到 $0.45\ ℃\cdot(10\ a)^{-1}$,这可以解释为什么天山中东部冰川萎缩较西部大(蒲健辰 等,2004;陈德亮 等,2015;王宁练 等,2019)。另一方面,高原东部和南部受季风影响的区域及喜马拉雅山脉降水减少,促进了冰川的进一步退缩。而青藏高原西部地区(尤其是喀喇昆仑山地区)近几十年温度有所降低,且降水量呈现增加的趋势,这可能是"喀喇昆仑现象"(即 20 世纪末,在全球冰川普遍处于退缩状态时,喀喇昆仑冰山出现前进的现象(Hewitt,2005))的重要影响因素。

②人类活动的影响。近年来越来越多的人类活动,如过度放牧、过度开发等严重加速了冰川的退缩。此外,认为气溶胶的排放通过大气环流输送至青藏高原东部、南部地区,增加了青藏高原南部冰川中黑碳含量(Chen et al.,2018),进而降低青藏高原冰川反照率,通过冰川自身反馈,促进冰川的消融。有研究表明,黑碳对降低反照率的贡献高达 2%~5%(Yasunari et al.,2010)。

③全球变暖导致冰面反照率、冰内温度、冰运动速度等发生改变,并通过冰川系统自反馈促进冰川的消融和退缩(Yao et al.,2019)。在全球变暖的影响下,未来几十年高原冰川将继续保持退缩趋势,面积小于 $1\ km^2$ 的冰川将面临消失,"亚洲水塔"固态水储量将显著减少。除了全球变暖的影响下,长波辐射增加、大气湿度变化、降水减少、吸光性杂质沉降与富集等也对冰川消融有增强作用(姚檀栋 等,2013)。

(4)湖泊

青藏高原区域范围内湖泊面积大于 $1\ km^2$ 的约有 1000 多个,青藏高原湖泊总面积约 46500 km^2,超过我国总湖泊面积的 50% 以上,多分布在海拔 4000~5000 m 范围内。第二次青藏高原综合科学考察研究发现,在全球变暖背景下,青藏高原湖泊水位、面积、数量和水量方面都发生了显著的变化。高原上 80% 以上的湖泊面积在扩张,面积大于 $1\ km^2$ 的湖泊数量/总面积从 20 世纪 70 年代的 1081 个/$(4×10^4)km^2$ 扩张到 2010 年的 1236 个/$(4.74×10^4)$ km^2,到 2018 年数量增达 1424 个/$(5.0×10^4±791.4)km^2$。20 世纪 70 年代到 2018 年,青藏高原湖泊总面积增加了 25.4%。

自 20 世纪 70 年代来,青藏高原湖泊总体呈现扩张的趋势,但湖泊扩张的趋势在整个时间段内并不是一致变化的。20 世纪 70—90 年代增加了 13.42%;20 世纪 90 年代—2000 年前后是湖泊面积增加的低值期,仅增加了 4.86%(闫立娟 等,2016);2000 年前后—2010 年为快速增长期,增加了 13.04%;随后 2010—2016 年呈现缓慢增长,在 2017—2018 年又表现为扩张加剧的现象(朱立平 等,2019)。此外,2003—2009 年,湖泊水位和水量以平均 $0.14\ m\cdot a^{-1}$ 和 $8.0\ Pg\cdot a^{-1}$ 的速率上升(陈德亮 等,2015),其中青藏高原大中型湖泊水量的增量对青藏高原湖泊总体变化态势起着决定性作用(朱立平 等,2019),这一变化预示着"亚洲水塔"液态水储量的增加。

除了湖泊面积、水位、水量等的变化之外,青藏高原湖泊湖水一些基本物理化学性质对气候变化也做出了响应,例如 1979—2012 年期间纳木错湖表层水温在夏季以(0.52±0.25)℃·(10 a)$^{-1}$ 的速度升高,而由于大量降水造成的淡水补给使得纳木错盐度下降了 6.1 g·L^{-1}。湖泊水温、盐度的增加进一步能够影响湖泊食物链、湖泊浮游生物。同时,青藏高原大多数湖泊的透明度受到降水增加的影响,在 2000—2017 年也呈现出显著的增加态势(Lee et al.,2015;朱立平 等,2019)。

青藏高原湖泊面积、水位、水量等的变化并不是都呈现全区一致的趋势,还表现出明显的空间差异性。20 世纪 90 年代中期以来,青藏高原中部、北部和西部湖泊总体呈扩张趋势,而高原南部湖泊和喜马拉雅地区湖泊呈收缩趋势(Lei et al.,2014;Song et al.,2015;Salerno et al.,2016)。这种变化分布与图 2.5e 中高原降水的分布特征一致,表明降水的变化对湖泊的扩张与收缩起着关键的作用。青藏高原中部主要江河源(色林错、纳木错、巴木错、蓬错、达如错和兹格错等)在 1976—2010 年间面积扩张了 20.2%,其中以 1999 年扩张最为显著。色林错、纳木错和蓬错受冰川补给变化影响,1999—2010 年水位分别上涨约 1.0 m、0.7 m 和 1.1 m,其中色林错 1972—2017 年面积增加了 710.5 km²,水储量增加 24.9 Gt,在 2010 年超过纳木错成为西藏境内面积最大的湖泊。不同于内流区水位明显上涨的趋势,在南部的雅鲁藏布江流域湖泊水位以下降为主(姚檀栋 等,2019),青藏高原的湖泊变化存在显著的南北差异(陈德亮 等,2015)。考虑到复杂的空间变化,不少学者对青藏高原湖泊进行空间分类研究,Lei 等(2014)将青藏高原分为了包含西部、中部喜马拉雅山脉和青藏高原内部(青藏高原东南部、青藏高原西南部、青藏高原北部、青藏高原西部)的 6 个区域,喜马拉雅山脉中部和西部地区湖泊在 1979—2010 各个阶段都显示持续的萎缩趋势,青藏高原内部区域的湖泊自 1999 年来显示为整体扩张趋势,总面积增加了 18.2%。但内部 4 个区域的湖泊在各个阶段呈现出不一致的变化情况:青藏高原东南部湖泊在 1979—1999 年缓慢扩张,但在 20 世纪 90 年代之后表现为加速扩张的趋势;高原西南部湖泊在 1976—1999 年总面积略有缩小,之后显示扩张;高原北部区域在 1976—1990 年期间显著收缩,减少了 8.7%,之后扩张了 29.7%;高原西部地区在前阶段以 1.8% 趋势缓慢收缩,随后加速扩张,扩张了 21.9%。高原内部湖泊整体上呈现自南向北、自西向东扩张增加的趋势。高原内部地区湖泊水位在 1976—1999 年变化相对较小,此后湖泊水位明显增加,与总湖泊面积扩张趋势相似;而喜马拉雅山脉湖泊水位显示出下降的趋势。

闫利等(2019)采用多种分类方法分析了 1980—2015 年青藏高原湖泊变化情况及引起湖泊变化的主导因素:根据湖泊面积线性变化趋势,青藏高原湖泊可分为扩张型湖泊、萎缩性湖泊、稳定性湖泊,2000 年以来青藏高原湖泊主要以扩张型湖泊为主;根据主要补给来源,青藏高原湖泊可分为冰雪融水补给、地表径流补给和河流补给。2000 年以来青藏高原湖泊补给主要以冰雪融水为主,其中扩张型湖泊占了 59.51%;根据湖泊矿度分类,青藏高原湖泊可分为盐湖、咸水湖、淡水湖,其中盐湖和咸水湖主要以扩张型为主,淡水湖主要以稳定型为主。根据气候要素变化将青藏高原分为五个气候变化区(图 2.13):Ⅰ区主要位于青藏高原中东部,气温降水均呈现增加的趋势,湖泊以扩张型湖泊为主,湖泊补给主要以冰川融水为主;Ⅱ区主要位于青藏高原南部地区,气温和降水呈现增加趋势,扩张型湖泊占了60.78%,湖泊主要补给为祁连山、昆仑山、冈底斯山部分冰川融水补给;Ⅲ区主要位于青海省南部、四川西北部地区,平均气温呈增加趋势,但降水量呈现减少趋势,扩张型湖泊占50.5%;Ⅳ、Ⅴ区气温均呈降低趋势,而降水增加,扩张型湖泊分别为58.83%、66.67%。通过对比分析发现,气温降水与湖泊扩张呈现显著正相关关系,气温和降水增加趋势越显著,湖泊扩张趋势越明显,这与以往诸多研究的结论一致(Lei et al.,2014;Song et al.,2015;闫立娟 等,2016;朱立平 等,2019)。

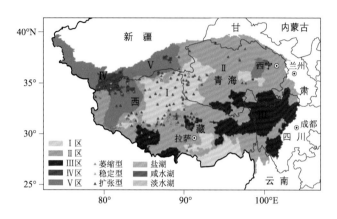

图2.13 青藏高原气候要素分区图(引自闫利 等,2019)

湖泊的变化受气温、降水和蒸发等的共同影响,这使得高原的湖泊变化具有时空不均一的特征。2000年之前温度升高使得冰川融水和湖泊水量增加,2000年之后降水是导致湖泊变化的主要因素,Song等(2015)计算了湖泊水位变化与降水之间的相关关系,指出青藏高原近80%湖泊水位年变化与降水量在0.05显著性水平上呈现显著的正相关关系。近年来,色林错湖泊迅速扩张成为青藏高原第二大湖,1979—2013年期间降水对色林错湖泊扩张的贡献占90%以上,冰川融水导致的湖泊水量的增加仅占7%左右(朱立平 等,2020)。而2005—2013年连续的气温上升,导致蒸发加强并削弱了湖泊水量增加的速率(Zhou et al.,2015)。另一方面气温的升高导致冰川融水的增加,促进以冰雪融水为主的补给源湖泊的补给量,导致湖泊的扩张。在青藏高原中西部和西北部地区,2000—2013年的湖泊水量增加主要受冰川融水的影响。以纳木错为例,1971—2004年期间纳木错水量从783.23亿 m³ 增加到863.77亿 m³(朱立平 等,2020),与降水有关的径流增加对湖泊水量增加的贡献占46.7%,而冰川融水增加的贡献占了52.9%,说明气候增暖引起的冰川融水增加是纳木错湖泊迅速扩张的主导因素(Zhu et al.,2010;Zhang et al.,2011)。20世纪70年代开始,湖泊变化的空间分布与西风和季风区降水变化趋势一致。青藏高原的气候变化不仅使湖泊面积、水位发生变化,增温还导致了湖泊水温的增加,水量增加又导致盐度的下降,从而改变了湖泊的生态系统平衡(朱立平 等,2019)。此外,人类活动(如人工水库、农业灌溉、盐湖工业等)是影响湖泊等扩张、收缩最直接的因素。朱立平等(2020)综合考虑降水、气温、蒸发等因素建立湖泊水量平衡模型,预测2015—2035年期间青藏高原内陆湖泊面积将继续扩大,前10 a(2016—2025年)气候变化速率可能与现在相似的情况之下,湖泊面积将继续增加约 4000 km²,而到后 10 a(2026—2035 年),由于气候暖湿化程度加剧,青藏高原湖泊可能出现更强的扩张趋势。

(5)径流

青藏高原是长江、黄河、雅鲁藏布江、澜沧江、怒江、印度河、恒河等亚洲主要流域的发源地,集水面积大于 50 km² 的河流就有 13266 条,占据了我国同口径河流总数的 29.3%。长江、黄河、塔里木河、雅鲁藏布江、澜沧江和怒江等集水面积均超过 1 万 km²(《第一次全国水利普查成果丛书》编委会,2017)。

受气候变化影响,青藏高原的河流径流发生显著改变,深刻影响着下游地区的水资源和水环境。20 世纪 50、60 年代开始,河流径流量显著增大,20 世纪 80 年代—21 世纪初期整体呈现减少的趋势,21 世纪初期以来,一些河流径流出现增加的趋势(陈德亮 等,2015)。张建云等(2019)选取了直门达、唐乃亥、昌都、嘉玉桥和奴下 5 个水文站代表青藏高原长江、黄河、澜沧江、怒江和雅鲁藏布江 5 个河流源区,采用站点资料分析了 1960—2018 年期间青藏高原河流变化情况(图 2.14)。过去 60 多年来,除了位于青藏高原东北部的黄河源唐乃亥年径流表现为不显著的下降趋势,下降速率为 $-1.10\%\cdot(10\ a)^{-1}$,约 2.2 亿 m³,其余源区(长江源直门达、澜沧江源昌都、怒江源嘉玉桥、雅鲁藏布源奴下)均表现为上升趋势,尤其是长江源直门达最为显著。且各源区径流变化也存在显著的季节差异,长江、澜沧江、怒江、雅鲁藏布江流域春季、秋季和冬季径流增长趋势都十分明显,夏季径流趋势变化较小,部分甚至出现下降的趋势。黄河源流域大多数月份径流量为下降趋势,但变化幅度较小,仅在 5、8、9 月下降程度较大。各区域径流的季节性变化可能与全球气温增加引发的冬季低温增暖和春秋季冰川雪盖融化增加等有关。

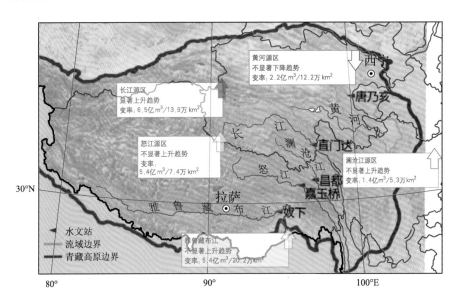

图 2.14 青藏高原主要河流及代表性水文站分布图(矢量方向代表上升或下降趋势;
实心矢量表示非常显著,空心矢量表示不显著)(引自张建云 等,2019)

从上面的研究也能看出,青藏高原河流径流量的变化存在空间异质性,且不同区域径流变化的主要因素不同。径流量的变率可以由三部分水量平衡成分解释:降水、蒸发和总储水量的变化。首先以青藏高原东南部河流为例,降水的变化趋势与径流变化趋势的空间分布基本一致,但变化幅度较小(Wang et al.,2017)。降水是其中最主要的气候影响因子,尤其在暖湿季节,降水主导了径流的年际变化。全球变暖背景下青藏高原东南部降水显著减弱而北部降水增加导致河流年径流的相反变化,径流增加的北部区域主要受到降水量增加的影响,例如长江上游直门达站年径流在 1961—2011 年呈现微弱增长趋势,同期该站的年径流与年降水量的线性关系达 0.81,降水量直接决定该站年径流的变化(Su et al.,2019)。此外,各河流源区径流增加除了与降水增加有关外,还与气温升高和冰雪消融的贡献有关。总储水量的变化能够反映冰冻圈的水文动态,青藏高原东南角地区的西南部总储水量变化的趋势为正值,而总储水量的趋势为负值,表明总储水量下降,但下降的速率有所减缓甚至可能逆转(图 2.15)。以嘉玉桥流域为例,2003—2006 年总储水量呈现显著减少的趋势,总储水量变化和年降水量分别为

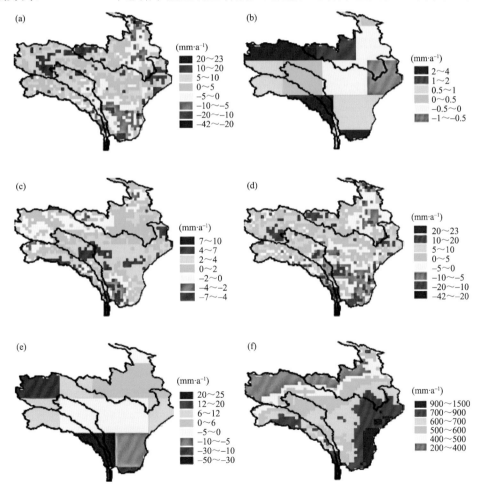

图 2.15　2003—2014 年期间,青藏高原东南部地区降水趋势(a)、水储存总量变化趋势(b)、蒸发趋势(c)、径流变化趋势(d)的变化及水储存总量(e)、平均降水量(f)的变化(引自 Wang et al.,2017)

-23.2 mm·a^{-1} 和$+671$ mm·a^{-1},而 2007—2014 年总储水量变化和年降水量分别为 $+0.31$ mm·a^{-1} 和$+677$ mm·a^{-1},这表明冰雪大量收缩后融水停止增加是造成嘉玉桥流域径流减少的最主要原因(Wang et al.,2017)。青藏高原径流变化其次还受到气温的影响,根据长江源沱沱河流域冰川径流估算结果,长江源沱沱河年平均冰川融水量为 3.8×10^{7} km^{3},在 2010 年达到最大值,比 1960—2000 年平均值增加 120.89%(姚檀栋 等,2019)。澜沧江上游年径流量在 1980 年之前为下降趋势,而之后呈微弱上升趋势(Su et al.,2019)。1970—2013 年,雅鲁藏布江、印度河上游年径流量也呈增加趋势(姚檀栋 等,2019)。气温升高一方面可使冰雪消融加速,从而提高春季河流补给量,另一方面,气温升高有助于蒸散发消耗增强,从而抵消冰雪消融的补给,如黄河上游兰州站以上站点年径流在 1956—2009 年间呈显著下降趋势,其中蒸散发增加被认为是径流减少的主要原因(Su et al.,2019)。除此之外,气候变化引起的冻土层变化对径流也有一定影响,气温升高导致冻土层下降,冻融时间缩短,从而减少了径流量。积雪覆盖的辐射作用对地表水文过程也有一定调节作用(Su et al.,2019)。最后,人类活动也是河流径流变化的重要驱动力,例如城市用水、农田灌溉、水库大坝拦截等都会减少径流,草地生态工程活动则能够促进地表蒸散发过程、减少丰水期径流。但另一方面蒸发作用增加又能导致大气水汽含量的增加,促进降水。人类活动的影响是多方面的,还需要更深入的研究。在未来气候变化情景之下,相比于 2000—2007 年日平均流量,2046—2065 年的日平均流量将显著减少 8.4%,印度河上游径流、恒河上游径流、雅鲁藏布江径流和长江上游河流径流将分别减少 8.4%、17.6%、19.6%和 5.2%(Immerzeel et al.,2010)。

2.3.2 青藏高原碳氮收支和生物地球化学循环过程

青藏高原增暖,一方面,可以直接影响光合作用来改变植物的净初级生产力,从而增加陆地生态系统的总输入;同时还会增加潜在蒸散和植物的呼吸作用,导致植物的水分胁迫,从而造成陆地生态系统的总碳输入降低。另一方面,青藏高原增暖还可以通过改变土壤氮素矿化速率等,间接影响陆地生态系统的碳输入(王军邦 等,2012)。全球变暖背景之下,青藏高原寒带、亚寒带东界西移,南界北移,温带区扩大,导致青藏高原上生态系统呈现总体趋于变好而局部变差的特征(陈德亮 等,2015)。从整体变化趋势来看,青藏高原植被生产力与全球大部分地区植被生产力的变化趋势一致,即在过去 30 多年间(1982—2017 年)呈显著增加趋势,其中气候变化尤其是气候变暖是 20 世纪 80 年代以来青藏高原植被增加的主要原因(Piao et al.,2019)。生态系统碳循环模型和大气反演模型模拟结果表明,青藏高原生态系统是一个碳汇,大小为 23.4~34.3 TgC·a^{-1},其中植被生产力增加是青藏高原主要碳汇机制,过去 10 a 间(2000—2010 年)青藏高原高寒草地表层(0~30 cm)土壤碳库以 28.0 gC·m^{-2}·a^{-1} 的平均速率在积累。即在高原增暖背景下,青藏高原生态系统表现为一个弱的碳源,同时碳循环的速率加快(王军邦 等,2012;Ding et al.,2017)。氮素作为限制植被生长的因子,能够调控生态系统的碳循环过程及其对气候变化的响应。在增温增湿以及大气 CO_2 增多的背景下,青藏高原生态系统有效氮供给增加,但植被氮需求和气态氮损失的增加却导致植被氮限制进一步加强,增加的氮限制可能会限制气候变暖和 CO_2 富集对植被生产力的促进作用(Kou et al.,2020)。而草地作为地球分布最广的植被类型,是相当重要的碳源,储存全球 1/4 的有机碳(Kato et al.,2004)。在青藏高原地区存在着我国面积最大的天然草原,面积约 $1.2 \times 10^6 \ km^2$,约占高原陆地面积的 48% 以上(岳广阳 等,2010)。研究发现,近几十年,与 20 世纪 50 年代相比,青藏高原三江源区的草地呈现全面退化的趋势,占本区可利用草原面积的 58%,草地植被覆盖度减少了 15%~25%。三江源区异常的草地退化可能与异常气候有关,三江源区气候变化显著,年平均增温达 0.019 ℃,干燥指数在 20 世纪 70 年代趋于增大,90 年代之后呈现明显的暖干化,不利于高寒草原和高寒沼泽化草甸植被的生长而导致草地的退化。另外干旱化导致多年冻土退化,影响土壤特性,加速鼠虫害形成和发生,在一定程度上加速草地退化。研究指出,暖干化的气候变化对三江源区草地退化的贡献高达 26.64%(赵新全 等,2005;岳广阳 等,2010;张琴琴 等,2011)。

除了植被的固碳作用,多年冻土区是一个巨大的碳库且对气候变化十分敏感。高原增暖将导致多年冻土退化,从而导致地表沉降、滑塌或热融侵蚀,形成热喀斯特地貌,对多年冻土碳循环过程具有重要影响。一方面,热喀斯特破坏原有地貌,将原本保存于多年冻土中的有机碳释放;另一方面,改变了土壤结构、温度、水分以及氧化还原电势等物理条件。两个过程导致土壤碳及其他营养物质流失,并被微生物降解而产生 CO_2、CH_4 和 N_2O 等主要温室气体,进入大气圈,加剧温室效应,改变原来的碳收支平衡,逐渐由大气向多年冻土区的土壤积累碳转为由土壤向大气排放碳,即从"碳汇"转为"碳源"(Mu et al.,2020;马蔷 等,2020)。

2.3.3 青藏高原季风的变化

关于青藏高原季风的研究最早开始于 20 世纪中期,叶笃正等(1957)注意到夏季青藏高原热力作用使得高原低层周围风场为气旋式环流,向高原上形成强烈的耦合上升运动。高由禧等(1958)提出,在高原北部存在"季风区",但并不能用海陆热力差异来解释这个季风区的存在。随后,徐淑英等(1962)指出,青藏高原存在季风现象,但是不同于东南季风和西南季风,他们认为,对自由大气而言,可以将青藏高原看作是一个特殊的热力系统,青藏高原的热力作用的季节变化能够引起类似海陆风现象。1962 年在甘肃省气象学会年会上,高由禧和汤懋苍首次提出了"高原季风的概念",指出青藏高原的热力作用使得高原主体部分冬季为冷高压,夏季为热低压,在高原热力作用下形成独立的风系,称为"青藏高原季风"。随后汤懋苍对高原季风的环流结构、气压、降水、温度等进行了详细的分析(汤懋苍 等,1984,1979;汤懋苍,1993,1998),之后高原季风受到了国内外的关注。诸多学者从高度场、风场、涡度、散度等方面对高原季风进行了定义,各指数之间具有较强的相关性,表明青藏高原季风对应的环流场变化具有相当一致性(王颖 等,2015a)。但高原季风定义的差异导致突出特点和强度的差异,根据研究需求选取合适的青藏高原季风指数尤为重要,目前青藏高原季风指数尚没有统一的标准。

青藏高原热力作用是高原季风形成的重要原因,季风演变过程与高原热力作用的变化存在紧密的联系。青藏高原夏季风通常从4月开始形成,暖低压系统在高原上生成,6月达到最强,之后随着青藏高原热源的缓慢减弱,青藏高原暖低压系统也随之减弱,10月左右青藏高原夏季风结束,冬季风开始(王奕丹 等,2019)。有研究指出,青藏高原季风强度与北半球温度具有较好的正相关关系(王颖 等,2015a)。青藏高原对全球变暖响应迅速,陈德亮等(2015)将1960年以来高原气温变化划分为3个阶段,20世纪60年代为暖期,60年代中期至80年代初为较冷期,80年代中后期依然为快速升温期,升温速率达到每10 a 0.5~0.7 ℃,是过去2000 a中最温暖的时期。青藏高原气温的变化阶段与汤懋苍(1995)指出的20世纪青藏高原季风变化的三个阶段是相当一致的,汤懋苍用高原地面热低压强度(约记为600 hPa等压面高原四周的平均高度)表征青藏高原夏季风的强度,该指数越大表示高原夏季风越强,指数越小表示夏季风越多或冬季风越强,冬季风指数一般为负。根据青藏高原季风强度的指数将高原季风的变化分为三个阶段:1950—1966年为高原季风的强盛期,1967—1983年高原季风减弱,而在1984年之后高原季风又开始增强。白虎志等(2001)同样采用600 hPa高度场(汤懋苍 等,1984)定义了高原季风强度,分析1961—1995年青藏高原季风的变化情况,指出青藏高原季风强度存在两次突变,分别在1968年和1984年实现青藏高原夏季风(青藏高原冬季风)由强(弱)到弱(强)再增强(减弱)的转变。荀学义等(2011)利用欧洲中期天气预报中心600 hPa的高度场逐月再分析资料计算了1958—2002年的青藏高原季风强度指数,同样指出20世纪50年代末期—20世纪60年代末期青藏高原夏季风指数实现由强变弱的转变,而冬季风指数由弱变强,在20世纪70年代之后夏季风经历了一个由弱变强再变弱的短暂过程,到20世纪80年代初之后青藏高原夏季风又逐渐增强。1958—2002年期间高原季风整体表现为冬季减弱,夏季增强。华维等(2012)也得出了与前人基本一致的结论,他指出1958—2010年青藏高原夏季风呈现为0.23×(10 a)$^{-1}$增强的趋势,青藏高原夏季风的增强与全球变暖背景之下高原和周围地区夏季热力差异显著增大存在明显的联系。高原夏季风强-弱-强的转变分别发生在20世纪70年代中期和20世纪70年代末期,并且高原夏季风位置也发生南北、东西摆动(华维等,2012;王颖 等,2015a)。青藏高原冬季风在1977年出现由弱到强的突变,并且冬季风位置在1986年发生偏北向偏南的突变(王颖 等,2015b)。全球变暖背景下,青藏高原冬季风和夏季风分别发生由强变弱、由强变弱再变强的反向突变,青藏高原冬季风对应高原地区的干冷天气,同时伴随积雪减少,导致后期夏季高原热力作用减弱,进而表现为较强的夏季风(白虎志等,2001)。

基于以上研究不难发现,北半球和青藏高原气温的变化与青藏高原季风的变化联系紧密,均存在三个较为明显的高度变化阶段,季风强盛期气温高,季风弱期气温较低。全球变暖背景下,青藏高原地区显著增温,增强了与周边地区的热力差异,导致青藏高原热低压增强,青藏高原季风整体表现为增强的趋势(华维 等,2012;王颖 等,2015a,2015b)。然而,王颖等(2015a)后来又指出,高原季风强度变化与北半球气温之间的关系并不稳定,在20世纪70年代之前主要呈现为显著的负相关关系,伴随着北半球气温的下降,青藏高原季风强度增强;而在20世纪

70年代中期—80年代末期,北半球为升温趋势,但青藏高原季风强度增强;直到80年代末期—90年代中期,北半球持续升温,高原季风强度呈现减弱趋势;在1998年高原夏季风转为增强,北半球依旧表现为升温趋势,但速率减缓。高原季风强度与北半球温度关系在20世纪70年代中期由反向变化转变为同向变化,并且21世纪之前高原季风和北半球温度之间的联系较为紧密。进入21世纪之后高原季风强度和北半球气温变化之间的关系似乎相对独立,关系并不显著。

2.3.4 青藏高原极端气候(事件)的变化

全球变暖背景下,许多国家和地区的极端事件也呈现显著增加的趋势,对全球经济和人民生产造成了较大的影响。据2020年发布的《全球气候风险指数报告》显示,1999—2018年期间全球累计发生了超过12000件极端事件,造成了49.5万人死亡,经济损失高达3.54万亿美元(Eckstein et al.,2018)。青藏高原作为全球对气候变化最敏感的区域之一,近几十年该地区气候极端性加强,极端事件发生频率及强度均发生了显著的改变。青藏高原极端天气气候的变化是驱动青藏高原生态、环境变化的重要因素之一,且能够对周围区域天气气候产生较为严重的影响(吴国雄 等,2013)。

自20世纪60年代初期开始,青藏高原地区极端温度呈现增暖的趋势,尤其是青藏高原西北、西南和东南地区最为显著。高原大部分地区与日低温相关的极端事件(冷夜、持续冷期、霜日和冰冻日)减少,而与日高温相关的极端事件(暖昼和持续暖期)显著增强(You et al.,2008;吴国雄 等,2013)。基于1961—2014年期间高原71个观测站点资料,You等(2021)指出,青藏高原极端冷日/冷夜发生率分别以$-1.05\ \mathrm{d \cdot (10\ a)^{-1}}/-1.9\ \mathrm{d \cdot (10\ a)^{-1}}$的速率减少,极端暖日/暖夜增加($1.9\ \mathrm{d \cdot (10\ a)^{-1}}/2.9\ \mathrm{d \cdot (10\ a)^{-1}}$),极端冷日/夜温度增加($0.29\ \mathrm{℃ \cdot (10\ a)^{-1}}/0.51\ \mathrm{℃ \cdot (10\ a)^{-1}}$),暖日/夜增加($0.28\ \mathrm{℃ \cdot (10\ a)^{-1}}/0.29\ \mathrm{℃ \cdot (10\ a)^{-1}}$),冰雪日和霜冻日减少($-2.67\ \mathrm{d \cdot (10\ a)^{-1}}$和$-4.1\ \mathrm{d \cdot (10\ a)^{-1}}$),植物生长日增加,速率为$3.69\ \mathrm{d \cdot (10\ a)^{-1}}$,日温度范围则以$0.1\ \mathrm{℃ \cdot (10\ a)^{-1}}$的速度降低(图2.16)。与此同时,夜间增暖更加明显,这种夜间大幅度增温是北半球高寒地带对全球变暖的一种典型的响应,可能与夜间低云量显著增加,进而导致大气反射辐射增强,地面有效辐射减弱引起的降温有关(Duan et al.,2006a)。

赵金鹏(2019)分析了1961—2016年间青藏高原极端气温的变化情况并指出,青藏高原极端气温的变化具有冷暖不对称性和昼夜不对称性,最高气温极值变化幅度小于最低温度极值的变化幅度,昼指数(冷昼和暖昼日数)变化速率小于夜间指数(冷夜和暖夜日数)变化速率。

此外,青藏高原极端气温的变化幅度还存在空间上的差异性,尽管大部分区域的冷昼冷夜指数呈现下降趋势但高原东部南部边缘地区少数站点呈现上升趋势,而暖夜指数均呈现上升的趋势。日最高和日最低温度极大值呈现高原全区一致的增暖趋势,日最高和日最低温度极小值在大部分地区也都呈现出上升的趋势。

然而,大部分站点的霜冻和冰冻相关的指数都呈现下降趋势。

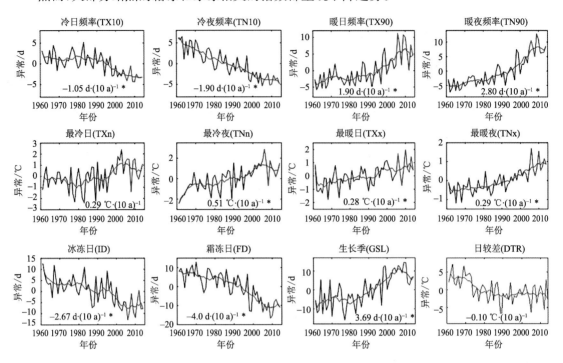

图 2.16　1961—2014 年青藏高原 71 个站点平均的极端气温指数时间序列。
红线表示 9 a 滑动平均,＊表示通过置信度为 95％的显著性检验(引自 You et al. ,2021)

不同于极端气温的一致变化,由于高原地形环境复杂,降水的局地性较强,青藏高原极端降水的变化有较强的空间差异。青藏高原降水总量、强度、强雨量雨日、极值、强降水频次、最长持续有降水日数等均由西向东、由北向南增多(曹瑜 等,2017;冯晓莉 等,2020),而高原中部地区极端强降水事件、降水极值和连续湿日数表现为显著减小的趋势(You et al. ,2008)。将青藏高原视为一个整体,则青藏高原极端降水量、极端降水日数和连续性极端降水事件呈现显著增加的趋势。通常来说,青藏高原地区极端降水事件发生在 6 月上旬,于 8 月下旬结束,大约持续两个月。近 60 a(1961—2016 年)期间,青藏高原极端降水事件开始时间显著提前(提前速率为 1.7 d・(10 a)$^{-1}$),而结束时间显著延后(延后速率为 0.8 d・(10 a)$^{-1}$);青藏高原极端降水事件持续时间以 2.5 d・(10 a)$^{-1}$ 的速度增加(卢珊 等,2020)。

青藏高原极端降水事件的变化可能受到诸多因素的影响:①冬季欧亚大陆地区的反气旋系统和气旋系统之间增大的气压梯度导致的弱经向环流和强西风急流影响大尺度环流调整,从而增强高原上空水汽的输送,是导致青藏高原冬季极端降水事件的增加的原因之一(游庆龙 等,2021);②青藏高原极端降水事件的变化还可能由北大西洋风暴轴的变化引起,风暴轴增强(减弱),瞬变波对基本气流的强迫增强(减弱),导致高纬度地区西风风速带加速(减速),进而通过罗斯贝波列引起青藏高原极端降水事件的减少(增加);③青藏高原极端降水事件还可能受到偏南气流的影响,孟加拉湾向北水汽输送加强,从而引起青藏高原极端降水事件的增加(游庆龙 等,2021)。

全球变暖背景下,青藏高原气候变化极端性增强在许多气候模式中也得到了验证。Jiang 等(2011)和江志红等(2009)利用多个 CMIP3 气候模式在排放情景特别报告(special report on emissions scenarios,SRES)情境下预估未来极端事件变化,结果表明,21 世纪中国区域的极端事件将增多,且强度增强,极端事件变化的幅度与排放强度成正比,这种情况在高原地区表现得更加明显。21 世纪末期青藏高原地区与极端低温事件相关的霜冻天数将减少,减少10%～30%;而大部分与极端高温相关的极端气候指数将增加,相对于当前气候,热浪天数将以 10 倍以上的速度增加,暖夜日数将增加 4 倍以上。而极端降水强度显著增加,增幅由南到北逐渐减少,达到 10%～26%。最大连续 5 日降水量也由南至北增加了 45%～25%。

2.4 青藏高原气候变化的应对与措施建议

2.4.1 建立青藏高原多圈层综合观测网络,加强预警预报服务

青藏高原是我国极端天气气候频发地区,随着未来增暖的加剧,青藏高原气候与生态环境灾害复合风险加大。然而,目前我国对青藏高原多圈层多要素综合观测不足,气候变化特别是极端气候变化机理研究不够,极大限制了我们对未来气候变化风险的预估能力。为此,今后应加快青藏高原气候变化监测网络建设,实现对青藏高原地区气候、生态环境、水文、冰雪冻土、大气成分、沙尘等方面较为全面完整的多圈层综合观测。同时建立青藏高原气候变化数据库与共享服务平台,供各部门使用。加强气候变化服务工作,向各政府部门、社会提供方便快捷的气候变化预测信息,提高对气象灾害的防御能力。开展气候变化对农牧业、水资源、生态系统等方面的综合影响评估,为人民生产生活提供有力保障。

2.4.2 开展多数据、多方法的青藏高原气候变化集成研究

除了观测数据,遥感、再分析和模式数据都是研究青藏高原强有力的工具。但受高原海拔高、气候环境恶劣、地形陡峭复杂等影响,目前青藏高原的数据集存在时空分布不均匀、分辨率低、不确定性高等问题,难以满足科学研究和气象业务需求。针对这一现状,近年来我国陆续开展了诸多相关的研究项目。

(1)再分析资料在青藏高原地区的适用性

由不同业务数值预报模式的同化系统同化或融合经质量控制的观测资料(地面、探空、卫星、雷达、浮标、飞机、船舶等观测资料),以及结合模式外推计算结果得到的实时模式产品资料就是再分析资料,再分析资料具有空间覆盖完整、垂直分层高、时间均一性稳定的特点。20 世

纪 60 年代之后,气象卫星资料的应用弥补了观测站点资料空间分布不均匀、时空连续性较差等不足。进入 90 年代之后,卫星资料加入变分资料同化系统,进一步提高了资料的精确度。但是青藏高原下垫面复杂、自然环境恶劣,再分析资料在高原的应用还面临诸多挑战。往往不同再分析资料对不同要素的刻画能力参差不齐,同一套资料对不同要素的刻画甚至也有较大的差异。

目前使用较为广泛的再分析资料包括欧洲中期天气预报中心(ECMWF)的 20 世纪大气再分析(ERA-20C)、40 年再分析(ERA-40)、第四代(ERA-Interim)和最新研制的第五代(ERA5)再分析,日本气象厅(JMA)的 25 年再分析(JRA-25)、55 年再分析(JRA-55),美国国家航空与航天局(NASA)的现代研究和应用回归再分析(MERRA 和 MERRA2),美国国家环境预报中心气候预测系统再分析(NCEP CFSR),美国国家海洋大气局的 20 世纪再分析(NOAA-CIRES 20CRv2c、NOAA-CIRES-DOE 20CRv3D)等。关于再分析资料的气温、降水等在青藏高原地区的适用性问题已开展了大量的研究,大多数研究显示,再分析地表气温资料在青藏高原存在明显的冷偏差,冷偏差产生的原因可能与再分析同化地形与观测海拔差异密切相关。地表气温的偏差与站点资料所对应格点的海拔高度差存在紧密的联系,ERA-Interim 资料显示当海拔高度位于 3500~4000 m 时,地表气温再分析资料差异最大,坡度与 ERA-Interim 地表气温资料与实际观测的偏差之间的相关关系为 -0.39,海拔差与偏差的相关为 -0.42,均通过置信度为 99% 的显著性检验(陈涛 等,2019)。地表气温年平均绝对误差呈现北低南高的空间分布形态,再分析资料地表温度在高原北部的适用性较南部好,青藏高原南部受到地形影响导致再分析资料的适用性相对较差(游庆龙 等,2021)。Yan 等(2020)基于地形因子指数和温度递减率对地表温度进行偏差订正之后,发现大部分再分析资料的冷偏差都有明显改进,ERA-Interim 和 JRA55 近 45% 的冷偏差都被消除。订正后的再分析资料虽然能较为准确捕捉到青藏高原整体变暖,但很难再现青藏高原地区的显著变暖趋势。另外,相较于其他再分析资料,NCEP 资料在高原地区表现稍差,即使在进行温度订正之后表现依旧不理想,地表气温仍然存在较大的冷偏差。可见目前再分析资料对青藏高原等地形较为复杂、资料较为稀缺的地区的刻画还面临诸多的挑战,与实际观测值还存在一些偏差,使用时应充分考虑不同地区、不同季节、不同要素在青藏高原地区的适用性,未来还应加强再分析资料在高原地区适用性的研究。

(2)完善资料同化系统

青藏高原地形陡峭复杂、环境艰苦、气象台站资料稀少,常规观测数据有限,而气象卫星能够从太空对地球及其大气层进行气象观测,其观测范围广,并且不受自然条件和地域的限制。采用气象卫星资料同化对青藏高原及其周边地区的数值天气预报具有十分重要的意义。

尽管气象卫星资料在覆盖面积、全天候时长等方面具有绝对的优势,但由于实际情况的复杂性,卫星资料在运用之前还需要误差校正,使其在青藏高原地区具有适用性。针对不同卫星特点采用不同的订正方法,例如风云三号 C 星微波成像仪在地理位置定位方面具有明显的偏差,因此根据微波成像仪地理位置平均误差,根据锥形扫描仪的特点,利用非线性最优化方法,推算出卫星翻滚角(roll)、俯仰角(pitch)和偏航角(yaw)上的误差并进行订正,订正后的观测资料与海陆分布有更高精度的对应关系,对微波成像仪的同化和气候应用有很好的提高效果(Tang et al.,2016);而 Han 等(2016)发现 Suomi-NPP 卫星搭载的先进微波探测器(ATMS)高层大气探测通道观测亮温与背景场(O-B)差值场中存在清晰的跨轨条纹噪声,该噪声在ATMS 沿轨方向上变化显著。他们将主成分分析法(PCA)和集合经验模态分解法(EEMD)结合起来,对 ATMS 上层大气温度探测通道中的条带噪声进行了有效消除。然而,对于 ATMS 窗区通道 1 和通道 2,当扫描线与海岸线或是深对流云边界相一致时,在去噪后的观测亮温中会出现人为噪声。这是由于 ATMS 对地观测时,窗区通道的沿轨方向观测亮温在海陆边界和深对流云边界变化较大。因此,Han 等(2016)继续在 PCA/EEMD 方法中加入了额外的处理步骤用于消除这种影响。结果显示,改进方法可以有效消除 ATMS 窗区通道中的条纹噪声并且不会在去噪后的亮温场中引入人为干扰。高精度卫星资料定位误差校正技术和条纹噪声滤波方法已经在业务应用中进行了尝试。要有效地利用卫星资料,建立多种卫星资料误差订正方法,改进卫星资料质量,提高卫星资料的适用性。

进一步对订正后的卫星资料进行同化处理发现,卫星资料同化的效果依然容易受到模式对地形描述准确性的影响,如何改进并完善卫星资料的同化效果是另一个值得关注的重要课题。

Qin 等(2017)利用美国的业务资料同化系统格点统计插值(gridpoint statistical interpolation,GSI)和中尺度区域预报模式-高级天气研究及预报模式(the Advanced Research Weather Research and Forecasting WRF Model,ARW),通过对不同垂直分辨率模式的同化和预报效果的比较分析发现模式垂直分辨率的提高对于红外高光谱资料的同化效果改进最为明显,尤其是权重函数峰值在 400 hPa 附近通道的 O-B 减小最为明显。并与探空资料比较证明高垂直分辨率模式的卫星资料同化对高空的水汽和温度的改进效果更好。卫星资料同化能够改进高度场和降水预报效果,其中 9 h 以内的短时降水预报效果垂直分辨率提高的影响并不明显,但是随着改进后的高层大气初始场逐步影响大气中下层,模式垂直分辨率增加能够显著改进长时间降水预报效果,公正预兆得分(equitable threat scores,ETS)评分最高可以提高0.1 以上。同时我国还创造性地首次提出将微波温度和湿度计资料做成一个数据流进行同化的新思想。自从 1998 年美国极轨卫星 NOAA-15 发射以来,普遍将微波温度计和湿度计分开开展同化。微波温度计主要用于探测对流层下层大气温度而微波湿度计则用于探测对流层下层水汽,且两者总是搭载在同一颗极轨卫星之上,两者的时间偏差几乎可以忽略,且相比于800 多千米的观测距离,两者的宽幅差异也是十分微弱的,两者在视觉上近似是重叠的,微波温度计和湿度计的"并流"同化实现了探测特点方面的互补。由此,Zou 等(2017)利用 GSI 和ARW 两种资料分别同化和"并流"同化对微波湿度计资料同化效果的影响,最后表明并流同化方案能够明显改进微波湿度计资料同化效果,进而能够提高模式对强降水的预报水平。增加晨昏轨道微波温度探测(邹晓蕾 等,2016)、发展微波湿度计资料同化在陆地上云的检测新方案(Qin et al.,2016)、选取合适的模式层顶高度(Zou et al.,2015)、发展日本最新静止卫星成像仪资料同化方法（Qin et al.，2017）显著地提高了卫星资料同化效果。在卫星资料同化过程中应不断根据卫星特点，提出有效合理的卫星资料同化方案，不断提高卫星资料同化效果。

涵盖青藏高原区域的我国自己的再分析资料不久前已经公开释放，这将有力支持我国在青藏高原的科学研究。今后在改进卫星资料质量和同化方法的基础之上，应综合多种卫星遥感资料、常规气象台站资料，开展青藏高原及其周边地区多元资料的同化，建立青藏高原地区再分析资料集。

（3）融合多源数据

随着观测手段的不断发展，观测资料的种类越来越丰富，但是在实际大气观测中仍然不可避免地存在一定的误差，由探空资料直接计算的散度与大气上下边界的水、热量通量不能够代表大气的真实情况，也无法满足大气的水汽与能量收支平衡。并且不同资料之间存在不协调性，很多关键的物理量也难以直接计算。因此，处理融合常规和外场观测的多源资料，从而得到大气物理过程相互协调、适应于动态平衡的大气数据集是青藏高原相关研究中的重要科学问题之一。

姜晓玲（2016）引进变分客观分析方法（Zhang et al.，1997），选取以那曲为青藏高原中心，半径为200 km的气柱作为试验区域，构建青藏高原物理协调大气分析模型。利用常规的观测资料、探空资料、地面自动站观测资料、边界层观测资料、卫星遥感观测资料和场外加密观测试验数据，采用满足大气结构"气柱"总质量、动量、水汽与静力能守恒的变分客观分析方法，对该区域的大气背景场进行物理约束，从而得到热动力协调的大气分析场。对该数据集从日、月等不同时间尺度降水强度、地表气压、地表状态、风场、温度场、垂直速度、温度平流等不同类型物理量进行评估，发现物理协调的大气分析模型可以处理调整不同时空分辨率的多源观测资料，生成众多重要的大气衍生量；模型生成的地表及大气顶的物理量、高空风场、温度场和湿度场比再分析资料更接近实际大气状态；模型得到的垂直速度等衍生量与降水过程更为匹配，在天气过程分析等研究中具有明显优势。因此，基于变分客观分析方法的物理协调大气分析模型所生成的大气分析数据集对试验期间试验区域内的大气特征，尤其是强降水时段内的天气过程描述更合理可靠（姜晓玲，2016；庞紫豪，2018）。基于这些研究，关于"青藏高原试验区大气动力-热力互相协调的数据集"已在"青藏高原地-气系统多源信息综合数据共享平台"进行展示（http://101.201.172.75:8888/tipexn/index.html）。除了在青藏高原地区具有普适性，这种"物理协调大气分析数据集生成技术"甚至有望应用于青藏高原以外的具有不同时空尺度的地理区域和地-气系统中。

另外，融合水汽、云和降水等多源观测，例如地基雷达、CloudSat卫星、AIRS卫星、TRMM卫星等的数据，将不同卫星观测数据统一到同样的时空分辨率，可以建立覆盖青藏高原地区包括水汽、云（云量、云水含量、云冰含量）和降水的数据集。将不同卫星观测统一到同时空分辨率，融合数据集产品可提供该空间匹配处的三维大气温度、水汽垂直分布、降水粒子信息、云廓线及时空变化、云的内部结构、液水和冰水的含量及云水粒子信息。由此可建立更加细致、准确的三维大气水物质（水汽、云和降水）场的数据集。

近几年随着人工智能的发展,机器学习、深度学习等一些技术可弥补其中的不足。机器学习、深度学习拥有众多算法,可将一些缺失的图像补全成一幅完整的图像;也拥有一些新兴的超分辨率重建技术,可实现高原气候变化多元数据集,特别是高分辨率气候要素场的重建;另外,也可以针对现有分辨率较低的产品做降尺度处理,以获取高时空分辨率的气候数据集。未来的研究一方面需要加紧开展各类数据在青藏高原的适用性研究,另一方面也需结合各类数据的优缺点,融合多源数据、多种方法开展集成研究,为未来气候变化应对提供理论基础。

2.4.3 加强气候资源合理利用与生态环境保护

随着青藏高原的气候变化加剧,冰冻圈要素退缩、土地荒漠化和草地退化加剧、水资源日趋减少,以及生物多样性减少等环境问题也日趋严重,这对当地气候资源利用和生态环境保护提出更高要求。一方面,应合理利用气候变化短期内所带来的气候资源,改善高原生态环境,如三江源地区水汽条件丰富,可合理开发利用空中云水资源;冰川是巨大的淡水资源,可合理利用冰川融水以加强高原地区的生态环境建设。另一方面,也要加紧生态修复和环境保护,如退耕还林,以减缓人为耕作带来的荒漠化进程;根据草地退化程度因地制宜,采取相应工程和生物措施,开展综合治理;建立自然保护区,进行生物多样性建设等。

2.5 本章小结

青藏高原平均海拔 4000 m 以上,对全球气候变化非常敏感。全球变暖大背景之下,青藏高原气候系统发生显著变化。

(1)1960 年以来青藏高原地区总体气温显著升高,变暖幅度超过全球同期升温的 2 倍,不同时段升温速率不同。并且青藏高原变暖表现出明显的空间和季节差异,北部强于南部,边缘强于腹地,且冬半年升温速率最为显著,夏季增温幅度仅约冬季增温幅度的一半。另外,青藏高原增暖还存在明显的海拔依赖性,变暖趋势随海拔增高而增加。研究认为,冰雪反照率反馈、云-辐射反馈、温室气体、水汽、局地强迫和反馈过程等是解释青藏高原变暖海拔依赖性的重要因素。青藏高原平均降水总体呈现增加趋势,且表现出比气温变化更强的区域性和季节性差异。青藏高原降水空间变化主要分为南北差异型、东西差异型、中部和边缘差异型和多元型,夏季降水增加最为显著。而全球变暖大背景之下,由于地表风速显著减弱以及太阳变暗,青藏高原大部分地区热力强迫作用却呈现减弱趋势。作为气候变化的敏感区,青藏高原土壤温湿度、极端事件发生概率、高原季风等都发生了显著的变化。

(2)受气候变化等影响,青藏高原积雪、冻土、冰川、湖泊、水资源发生剧烈的变化。青藏高原冰川加速萎缩、湖泊严重扩张、冰川径流增加、水交换加强、气候暖湿化。青藏高原积雪等变化具有明显的年代际特征,气温和降水是影响青藏高原积雪的重要因子,积雪的变化通过辐射反馈机制和积雪消融过程产生大量融雪等,强烈影响着局地和地区等能量平衡和居民生产生活。而受到青藏高原强烈增温的影响,多年冻土发生了显著且快速等大面积退化,多年冻土区温度显著增加。另外,由于气候变暖、人类活动等导致青藏高原冰川普遍退缩,退缩幅度总体上呈现从青藏高原外缘向内部减小的趋势。气候暖湿化进一步导致青藏高原湖泊显著扩张,20 世纪 70 年代—2018 年,青藏高原湖泊总面积增加了 25.4%。由于其变化受到气温、降水和蒸发等的影响,湖泊等变化具有时空不均一等特征。此外,青藏高原生态系统呈现总体变好而局部变差等特征,在高原增暖背景下,青藏高原生态系统表现为一个弱的碳源,同时碳循环的速率加快。

(3)青藏高原是气候变化的剧烈区和敏感区,且是我国极端天气气候频发地区,其气候和生态环境灾害复合风险大,而目前我国对青藏高原多圈层多要素综合观测不足、气候变化机理研究不够等,限制了对未来气候变化风险等预估能力。为更好地应对青藏高原剧烈的气候变化,应建立青藏高原多圈层综合观测网络,加强预警预报服务,开展多数据多方法等青藏高原气候变化集成研究,加强气候资源合理利用和生态环境的保护。

参考文献

白虎志,谢金南,李栋梁,2001. 近 40 年青藏高原季风变化的主要特征[J]. 高原气象,20(1):22-27.

曹瑜,游庆龙,马茜蓉,等,2017. 青藏高原夏季极端降水概率分布特征[J]. 高原气象,36(5):1176-1187.

车涛,郝晓华,戴礼云,等,2019. 青藏高原积雪变化及其影响[J]. 中国科学院院刊,34(11):1247-1253.

陈德亮,徐柏青,姚檀栋,等,2015. 青藏高原环境变化科学评估:过去、现在与未来[J]. 科学通报,60(32):3025-3035.

陈涛,智海,边多,2019. 青藏高原观测地表温度与 ERA-Interim 再分析资料的差异及归因分析[J]. 山地学报,37(1):1-8.

程国栋,赵林,李韧,等,2019. 青藏高原多年冻土特征、变化及影响[J]. 科学通报,64(27):2783-2795.

除多,达娃,拉巴卓玛,等,2017. 基于 MODIS 数据的青藏高原积雪时空分布特征分析[J]. 国土资源遥感,29(2):117-124.

《第一次全国水利普查成果丛书》编委会,2017. 河湖基本情况普查报告[M]. 北京:中国水利水电出版社.

冯晓莉,申红艳,李万志,等,2020. 1961—2017 年青藏高原暖湿季节极端降水时空变化特征[J]. 高原气象,39(4):694-705.

高由禧,郭其蕴,1958. 我国的秋雨现象[J]. 气象学报,29(4):264-273.

华维,范广洲,王炳赟,2012. 近几十年青藏高原夏季风变化趋势及其对中国东部降水的影响[J]. 大气科学,36(4):784-794.

江志红,陈威霖,宋洁,等,2009. 7 个 IPCC AR4 模式对中国地区极端降水指数模拟能力的评估及其未来情景预估[J]. 大气科学,33(1):109-120.

姜晓玲,2016. 青藏高原试验区物理协调大气分析模型的研究与应用[D]. 北京:中国气象科学研究院.

李栋梁,钟海玲,吴青柏,等,2005. 青藏高原地表温度的变化分析[J]. 高原气象,24(3):291-298.

李菲,邰永祺,万欣,等,2021. 全球变暖与地球"三极"气候变化[J]. 大气科学学报,44(1):111.

刘时银，姚晓军，郭万钦，等，2015. 基于第二次冰川编目的中国冰川现状[J]. 地理学报，70(1):3-16.

刘田，阳坤，秦军，等，2018. 青藏高原中、东部气象站降水资料时间序列的构建与应用[J]. 高原气象，37(6)，
1449-1457.

刘晓东，侯萍，1998. 青藏高原及其邻近地区近 30 年气候变暖与海拔高度的关系[J]. 高原气象，17(3):
245-249.

刘晓东，程志刚，张冉，2009. 青藏高原未来 30～50 年 A1B 情景下气候变化预估[J]. 高原气象，28(3):475-
484.

卢珊，胡泽勇，王百朋，等，2020. 近 56 年中国极端降水事件的时空变化格局[J]. 高原气象，39(4):
683-693.

闫利，张廷斌，易桂花，等，2019. 2000 年以来青藏高原湖泊面积变化与气候要素的响应关系[J]. 湖泊科
学，31(2):573-589.

马蔷，金会军，2020. 气候变暖对多年冻土区土壤有机碳库的影响[J]. 冰川冻土，42(1):91-103.

庞紫豪，2018. 基于物理协调大气分析模型的青藏高原试验区云和降水过程的研究[D]. 北京:中国气象科学
研究院.

蒲健辰，姚檀栋，王宁练，等，2004. 近百年来青藏高原冰川的进退变化[J]. 冰川冻土，26(5):517-522.

任国玉，姜大膀，燕青，2021. 古气候演化特征、驱动与反馈及对现代气候变化研究的启示意义[J]. 第四纪
研究，41(3):824-841.

沈鎏澄，吴涛，游庆龙，等，2019. 青藏高原中东部积雪深度时空变化特征及其成因分析[J]. 冰川冻土，41
(5):1150-1161.

石磊，杜军，周刊社，等，2016. 1980—2012 年青藏高原土壤湿度时空演变特征[J]. 冰川冻土，38(5):
1241-1248.

宋辞，裴韬，周成虎，2012. 1960 年以来青藏高原气温变化研究进展[J]. 地理科学进展，31(11):1503-1509.

孙亦，巩远发，2019. 印度夏季风影响下的青藏高原降水及环流异常变化特征[J]. 成都信息工程大学学报，
34(4):411-419.

汤懋苍，1993. 高原季风研究的若干进展[J]. 高原气象，12(1):95-101.

汤懋苍，1995. 高原季风的年代际振荡及其原因探讨[J]. 气象科学，15(4):64-68.

汤懋苍，1998. 青藏高原季风的形成、演化及振荡特性[J]. 甘肃气象，16(1):3-16.

汤懋苍，沈志宝，陈有虞，1979. 高原季风的平均气候特征[J]. 地理学报，34(1):33-42.

汤懋苍，梁娟，邵明镜，等，1984. 高原季风年际变化的初步分析[J]. 高原气象，3(3):76-82.

王静，祁莉，何金海，等，2016. 青藏高原春季土壤湿度与我国长江流域夏季降水的联系及其可能机理[J].
地球物理学报，59(11):3985-3995.

王静，何金海，祁莉，等，2018. 青藏高原土壤湿度的变化特征及其对中国东部降水影响的研究进展[J]. 大气
科学学报，41(1):1-11.

王军邦，黄玫，林小惠，2012. 青藏高原草地生态系统碳收支研究进展[J]. 地理科学进展，31(1):123-128.

王宁练，姚檀栋，徐柏青，等，2019. 全球变暖背景下青藏高原及周边地区冰川变化的时空格局与趋势及影
响[J]. 中国科学院院刊，34(11):1220-1232.

王朋岭，唐国利，曹丽娟，等，2012. 1981—2010 年青藏高原地区气温变化与高程及纬度的关系[J]. 气候变
化研究进展，8(5):4-10.

王绍武，2011. 全新世气候变化[M]. 北京:气象出版社.

王奕丹，胡泽勇，孙根厚，等，2019. 高原季风特征及其与东亚夏季风关系的研究[J]. 高原气象，38(3)：518-527.

王颖，李栋梁，2015a. 变暖背景下青藏高原夏季风变异及其对中国西南气候的影响[J]. 气象学报，73(5)：910-924.

王颖，李栋梁，王慧，等，2015b. 青藏高原冬季风演变的新特征及其与中国西南气温的关系[J]. 高原气象，34(1)：11-20.

吴芳营，游庆龙，谢文欣，等，2019. 全球变暖1.5 ℃和2 ℃阈值时青藏高原气温的变化特征[J]. 气候变化研究进展，15(2)：130-139.

吴国雄，段安民，张雪芹，等，2013. 青藏高原极端天气气候变化及其环境效应[J]. 自然杂志，35(3)：167-171.

许建伟，高艳红，彭保发，等，2020. 1979—2016年青藏高原降水的变化特征及成因分析[J]. 高原气象，39(2)：234-244.

徐淑英，高由禧，1962. 西藏高原的季风现象[J]. 地理学报，28(2)：111-123.

荀学义，胡泽勇，崔桂凤，等，2011. 青藏高原季风变化及其与鄂尔多斯高原夏季降水的关联[J]. 干旱区资源与环境，25(4)：79-83.

闫立娟，郑绵平，魏乐军，2016. 近40年来青藏高原湖泊变迁及其对气候变化的响应[J]. 地学前缘，23(4)：310-323.

姚檀栋，秦大河，沈永平，等，2013. 青藏高原冰冻圈变化及其对区域水循环和生态条件的影响[J]. 自然杂志，35(3)：179-186.

姚檀栋，邬光剑，徐柏青，等，2019."亚洲水塔"变化与影响[J]. 中国科学院院刊，34(11)：1203-1209.

叶笃正，罗四维，朱抱真，1957. 西藏高原及其附近的流场结构和对流层大气的热量平衡[J]. 气象学报，28(2)：108-121.

叶笃正，高由禧，等，1979. 青藏高原气象学[M]. 北京：科学出版社.

叶红，易桂花，张廷斌，等，2020. 2000—2019年青藏高原积雪时空变化[J]. 资源科学，42(12)：2434-2450.

游庆龙，康世昌，2019. 青藏高原现代气候变化特征研究[M]. 长沙：湖南教育出版社.

游庆龙，康世昌，李剑东，等，2021. 青藏高原气候变化若干前沿科学问题[J]. 冰川冻土，43(3)：885-901.

岳广阳，赵林，赵拥华，等，2010. 青藏高原草地生态系统碳通量研究进展[J]. 冰川冻土，32(1)：166-174.

张宏文，高艳红，2020. 基于动力降尺度方法预估的青藏高原降水变化[J]. 高原气象，39(3)：477-485.

张建云，刘九夫，金君良，等，2019. 青藏高原水资源演变与趋势分析[J]. 中国科学院院刊，34(11)：1264-1273.

张琴琴，摆万奇，张镱锂，等，2011. 黄河源地区牧民对草地退化的感知——以达日县为例[J]. 资源科学，33(5)：942-949.

张人禾，苏凤阁，江志红，等，2015. 青藏高原21世纪气候和环境变化预估研究进展[J]. 科学通报，60(32)：3036-3047.

赵金鹏，2019. 1961—2016年青藏高原极端气候事件变化特征研究[D]. 兰州：兰州大学.

赵新全，周华坤，2005. 三江源区生态环境退化、恢复治理及其可持续发展[J]. 中国科学院院刊，20(6)：37-42.

郑度，赵东升，2017. 青藏高原的自然环境特征[J]. 科技导报，35(6)：13-22.

朱立平，张国庆，杨瑞敏，等，2019. 青藏高原最近40年湖泊变化的主要表现与发展趋势[J]. 中国科学院院刊，34(11)：1254-1263.

朱立平，彭萍，张国庆，等，2020. 全球变化下青藏高原湖泊在地表水循环中的作用[J]. 湖泊科学，32(3)：597-608.

邹晓蕾，秦正坤，翁富忠，2016. 晨昏轨道微波温度计资料同化对降水定量预报的影响及其对三轨卫星系统的意义[J]. 大气科学，40(1)：46-62.

AN W，HOU S，ZHANG W，et al，2016. Possible recent warming hiatus on the northwestern Tibetan Plateau derived from ice core records[J]. Scientific Reports，6：32813.

CHANG Y，LYU S，LUO S，et al，2018. Estimation of permafrost on the Tibetan Plateau under current and future climate conditions using the CMIP5 data[J]. International Journal of Climatology，38：5659-5676.

CHEN B，ZHANG W，YANG S，et al，2019. Identifying and contrasting the sources of the water vapor reaching the subregions of the Tibetan Plateau during the wet season[J]. Climate Dynamics，53：6891-6907.

CHEN F，DUAN Y，HOU J，2021. An 88 ka temperature record from a subtropical lake on the southeastern margin of the Tibetan Plateau (third pole)：New insights and future perspectives[J]. Science Bulletin，66(11)：1056-1057.

CHEN L X，REITER E R，FENG Z Q，1985. The atmospheric heat source over the Tibetan Plateau：May—August 1979[J]. Monthly Weather Review，113：1771-1790.

CHEN X，KANG S，CONG Z，et al，2018. Concentration，temporal variation，and sources of black carbon in the Mt. Everest region retrieved by real-time observation and simulation[J]. Atmospheric Chemistry and Physics，18：12859-12875.

CHENG W，ZHAO S，ZHOU C，et al，2012. Simulation of the decadal permafrost distribution on the Qinghai-Tibet Plateau (China) over the past 50 years[J]. Permafrost and Periglacial Processes，23(4)：292-300.

CRESSMAN G P，1960. Improved terrain effects in barotropic forecasts[J]. Monthly Weather Review，88(9)：327-342.

DEEVEY E S，FLINT R F，1957. Postglacial hypsithermal interval[J]. Science，125：182-184.

DEJI，YAO T D，YANG X X，2017. Warming and wetting climate during last century revealed by an ice core in northwest Tibetan Plateau[J]. Palaeogeography，Palaeoclimatology，Palaeoecology，487：270-277.

DING J，CHEN L，JI C，et al，2017. Decadal soil carbon accumulation across Tibetan permafrost regions[J]. Nature Geoscience，10(6)：420-424.

DUAN A，WU G，2006a. Change of cloud amount and the climate warming on the Tibetan Plateau[J]. Geophysical Research Letters，33：L22704.

DUAN A，WU G，ZHANG Q，et al，2006b. New proofs of the recent climate warming over the Tibetan Plateau as a result of the increasing greenhouse gases emissions[J]. Chinese Science Bulletin，51(11)：1396-1400.

DUAN A，WU G，2008. Weakening trend in the atmospheric heat source over the Tibetan Plateau during recent decades. Part Ⅰ：Observations[J]. Journal of Climate，21：3149-3164.

DUAN A，WU G，2009. Weakening trend in the atmospheric heat source over the Tibetan Plateau during recent decades. Part Ⅱ：Connection with climate warming[J]. Journal of Climate，22：4197-4212.

DUAN A，LI F，WANG M，et al，2011. Persistent weakening trend in the spring sensible heat source over the Tibetan Plateau and its impact on the Asian summer monsoon[J]. Journal of Climate，24：5671-5682.

DUAN A，WU G，LIU Y，et al，2012. Weather and climate effects of the Tibetan Plateau[J]. Advances in Atmospheric Sciences,29:978-992.

DUAN A,XIAO Z,2015. Does the climate warming hiatus exist over the Tibetan Plateau? [J]. Scientific Reports,5:13711.

DUAN A,LIU S,ZHAO Y,et al,2018. Atmospheric heat source/sink dataset over the Tibetan Plateau based on satellite and routine meteorological observations[J]. Big Earth Data,2:179-189.

ECKSTEIN D,KÜNZEL V,SCHÄFER L,et al, 2018. Global Climate Risk Index 2020. Who Suffers Most from Extreme Weather events? Weather-related Loss Events in 2018 and 1999 to 2018[M]. Berlin:Germanwatch.

FANG X,LUO S,LYU S, 2018. Observed soil temperature trends associated with climate change in the Tibetan Plateau, 1960—2014[J]. Theoretical and Applied Climatology,135:169-181.

GAO Y,CUO L,ZHANG Y,2014. Changes in moisture flux over the Tibetan Plateau during 1979—2011 and possible mechanisms[J]. Journal of Climate,27:1876-1893.

GE Q, ZHENG J, HAO Z, et al, 2013. General characteristics of climate changes during the past 2000 years in China[J]. Science China: Earth Sciences, 56(2): 321-329.

GUO D,WANG H,2013. Simulation of permafrost and seasonally frozen ground conditions on the Tibetan Plateau, 1981—2010[J]. Journal of Geophysical Research: Atmospheres,118:5216-5230.

GUO D,WANG H,2016. CMIP5 permafrost degradation projection:A comparison among different regions [J]. Journal of Geophysical Research: Atmospheres,121: 4499-4517.

GUO D,SUN J,YANG K,et al, 2020. Satellite data reveal southwestern Tibetan Plateau cooling since 2001 due to snow-albedo feedback[J]. International Journal of Climatology,40(3):1644-1655.

GUO W,LIU S,XU J,et al, 2017. The second Chinese glacier inventory:Data, methods and results[J]. Journal of Glaciology,61:357-372.

HAFSTEN U,1970. A sub-division of the Late Pleistocene period on a synchronous basis, intended for global and universal usage[J]. Palaeogeography, Palaeoclimatology, Palaeoecology,7(4):279-296.

HAN Y,WENG F,ZOU X,et al,2016. Characterization of geolocation accuracy of Suomi NPP Advanced Technology Microwave Sounder measurements[J]. Journal of Geophysical Research: Atmospheres,121: 4933-4950.

HEWITT K, 2005. The Karakoram anomaly? Glacier expansion and the "elevation effect", Karakoram Himalaya[J]. Mountain Research and Development, 25(4): 332-340.

HOU G E C,LIU X,ZENG F, 2013. Reconstruction of integrated temperature series of the past 2000 years on the Tibetan Plateau with 10-year intervals[J]. Theoretical and Applied Climatology,113:259-269.

IMMERZEEL W W,VAN BEEK L P H, BIERKENS M F P, 2010. Climate change will affect the Asian water towers[J]. Science,328:1382-1385.

JIA K,RUAN Y,YANG Y,et al, 2019. Assessing the performance of CMIP5 global climate models for simulating future precipitation change in the Tibetan Plateau[J]. Water,11(9):1771.

JIANG Y,LUO Y,ZHAO Z,et al,2009. Changes in wind speed over China during 1956—2004[J]. Theoretical and Applied Climatology,99:421-430.

JIANG Z,SONG J,LI L,et al,2011. Extreme climate events in China:IPCC-AR4 model evaluation and projection[J]. Climatic Change,110: 385-401.

JIN H,LI S,CHENG G,et al,2000. Permafrost and climatic change in China[J]. Global and Planetary Change,26(4):387-404.

KATO T,TANG Y,GU S,et al,2004. Carbon dioxide exchange between the atmosphere and an alpine meadow ecosystem on the Qinghai-Tibetan Plateau,China[J]. Agricultural and Forest Meteorology,124:121-134.

KOU D,YANG G,LI F,et al,2020. Progressive nitrogen limitation across the Tibetan alpine permafrost region [J]. Nature Communications,11:3331.

KUDRYAVTSEV V A,GARAGULYA L S,YEVA K A K,et al,1974. Fundamentals of Frost Forecasting in Geological Engineering Investigations[M]. Moscow:Nauka.

LEE Z,SHANG S,HU C,et al,2015. Secchi disk depth:A new theory and mechanistic model for underwater visibility[J]. Remote Sensing of Environment,169:139-149.

LEI Y,YANG K,WANG B,et al,2014. Response of inland lake dynamics over the Tibetan Plateau to climate change[J]. Climatic Change,125:281-290.

LI G P,DUAN T Y,WAN J,et al,1996. Determination of the drag coefficient over the Tibetan Plateau[J]. Advances in Atmospheric Sciences,13(4):511-518.

LI G P,DUAN T Y,GONG Y F,2000. The bulk transfer coefficients and surface fluxes on the western Tibetan Plateau[J]. Chinese Science Bulletin,45(13):1221-1226.

LI L,ZHANG R,WEN M,et al,2021. Regionally different precipitation trends over the Tibetan Plateau in the warming context:A perspective of the Tibetan Plateau vortices[J]. Geophysical Research Letters,48 (11):e2020GL091680.

LI X M,ZHANG Y,WANG M D,et al,2020. Centennial-scale temperature change during the Common Era revealed by quantitative temperature reconstructions on the Tibetan Plateau[J]. Frontiers in Earth Science, 8:360.

LIN C,YANG K,QIN J,et al,2013. Observed coherent trends of surface and upper-air wind speed over China since 1960[J]. Journal of Climate,26:2891-2903.

LIU X D,CHEN B D,2000. Climatic warming in the Tibetan Plateau during recent decades[J]. International Journal of Climatology,20:1729-1742.

LIU Z Y,ZHU J,ROSENTHAL Y,et al,2014. The Holocene temperature conundrum[J]. Environmental Sciences,111(34):E3501-3505.

LJUNGQVIST F C,2010. A new reconstruction of temperature variability in the extra-tropical Northern Hemisphere during the last two millennia[J]. Geografiska Annaler:Series A,Physical Geography,92(3): 339-351.

MARCOTT S A,SHAKUN J D,CLARK P U,et al,2013. A reconstruction of regional and global temperature for the past 11300 years[J]. Science,339:1198-1201.

MARSICEK J,SHUMAN B N,BARTLEIN P J,et al,2018. Reconciling divergent trends and millennial variations in Holocene temperatures[J]. Nature,554:92-96.

MENG X,LI R,LUAN L,et al,2018. Detecting hydrological consistency between soil moisture and precipitation and changes of soil moisture in summer over the Tibetan Plateau[J]. Climate Dynamics,51:4157-4168.

MU C C,ABBOTT B W,NORRIS A J,et al,2020. The status and stability of permafrost carbon on the Tibetan Plateau[J]. Earth-Science Reviews,211:103433.

NAN Z,LI S,CHENG G, 2005. Prediction of permafrost distribution on the Qinghai-Tibet Plateau in the next 50 and 100 years[J]. Science in China Series D—Earth Sciences,48:797-804.

PANG H X,HOU S G,ZHANG W B,et al, 2020. Temperature trends in the northwestern Tibetan Plateau constrained by ice core water isotopes over the past 7000 years[J]. Journal of Geophysical Research: Atmospheres,125(19):e2020JD032560.

PEPIN N,BRADLEY R S,DIAZ H F,et al, 2015. Elevation-dependent warming in mountain regions of the world[J]. Nature Climate Change,5:424-430.

PIAO S, NIU B, ZHU J,et al, 2019. Responses and feedback of the Tibetan Plateau's alpine ecosystem to climate change[J]. Chinese Science Bulletin,64(27):2842-2855.

QIN J,YANG K,LIANG S,et al, 2009. The altitudinal dependence of recent rapid warming over the Tibetan Plateau[J]. Climatic Change,97:321-327.

QIN Z,ZOU X,2016. Development and initial assessment of a new land index for microwave humidity sounder cloud detection[J]. Journal of Meteorological Research,30:12-37.

QIN Z,ZOU X,WENG F,2017. Impacts of assimilating all or GOES-like AHI infrared channels radiances on QPFs over eastern China[J]. Tellus A: Dynamic Meteorology and Oceanography,69(1):1345265.

RANGWALA I,MILLER J R,RUSSELL G L,et al, 2010. Using a global climate model to evaluate the influences of water vapor, snow cover and atmospheric aerosol on warming in the Tibetan Plateau during the twenty-first century[J]. Climate Dynamics,34:859-872.

RAO Z,GUO H,CAO J,et al, 2020. Consistent long-term Holocene warming trend at different elevations in the Altai Mountains in arid Central Asia[J]. Journal of Quaternary Science,35:1036-1045.

SALERNO F,GUYENNON N,THAKURI S,et al, 2015. Weak precipitation, warm winters and springs impact glaciers of south slopes of Mt. Everest (central Himalaya) in the last 2 decades (1994—2013)[J]. The Cryosphere,9:1229-1247.

SALERNO F,THAKURI S,GUYENNON N,et al, 2016. Glacier melting and precipitation trends detected by surface area changes in Himalayan ponds[J]. The Cryosphere,10:1433-1448.

SHEN M,PIAO S,JEONG S J, et al,2015. Evaporative cooling over the Tibetan Plateau induced by vegetation growth[J]. Proceedings of the National Academy of Sciences,112:9299-9304.

SONG C,HUANG B,KE L, 2015. Heterogeneous change patterns of water level for inland lakes in High Mountain Asia derived from multi-mission satellite altimetry[J]. Hydrological Processes,29:2769-2781.

SU F,ZHANG Y,TANG Q,et al, 2019. Streamflow change on the Qinghai-Tibet Plateau and its impacts[J]. Chinese Science Bulletin,64(27):2807-2821.

SUN J,YANG K,GUO W,et al, 2020. Why has the inner Tibetan Plateau become wetter since the Mid-1990s? [J]. Journal of Climate,33:8507-8522.

TANG F,ZOU X L,YANG H,et al, 2016. Estimation and correction of geolocation errors in FengYun-3C microwave radiation imager data[J]. Ieee Transactions on Geoscience and Remote Sensing,54:407-420.

TANG W J,YANG K,QIN J,et al, 2011. Solar radiation trend across China in recent decades: A revisit with quality-controlled data[J]. Atmospheric Chemistry and Physics,11:393-406.

TANG Z,WANG J,LI H, et al, 2013. Spatiotemporal changes of snow cover over the Tibetan Plateau based on cloud-removed moderate resolution imaging spectroradiometer fractional snow cover product from 2001 to 2011[J]. Journal of Applied Remote Sensing,7:073582.

VAN DER VELDE R,SALAMA M S,PELLARIN T,et al,2014. Long term soil moisture mapping over the Tibetan Plateau using Special Sensor Microwave/Imager[J]. Hydrology and Earth System Sciences,18:1323-1337.

VAUTARD R,CATTIAUX J,YIOU P,et al,2010. Northern Hemisphere atmospheric stilling partly attributed to an increase in surface roughness[J]. Nature Geoscience,3:756-761.

WANG C,WANG Z,KONG Y,et al,2019. Most of the Northern Hemisphere permafrost remains under climate change[J]. Scientific Reports,9:3295.

WANG M,HOU J,DUAN Y,et al,2021. Internal feedbacks forced Middle Holocene cooling on the Qinghai-Tibetan Plateau[J]. Boreas,50(4):1116-1130.

WANG M R,ZHOU S W,DUAN A M,2012. Trend in the atmospheric heat source over the central and eastern Tibetan Plateau during recent decades: Comparison of observations and reanalysis data[J]. Chinese Science Bulletin,57:548-557.

WANG Y,ZHANG Y,CHIEW F H S,et al,2017. Contrasting runoff trends between dry and wet parts of eastern Tibetan Plateau[J]. Scientific Reports,7:15458.

WATERS C N,ZALASIEWICZ J,SUMMERHAYES C,et al,2016. The Anthropocene is functionally and stratigraphically distinct from the Holocene[J]. Science,351(6269):aad2622.

WU G,DUAN A,LIU Y, et al,2015. Tibetan Plateau climate dynamics: Recent research progress and outlook[J]. National Science Review,2(1):100-116.

WU Q,ZHANG T,2008. Recent permafrost warming on the Qinghai-Tibetan Plateau[J]. Journal of Geophysical Research,113(D13):1-22.

WU Q,ZHANG T,LIU Y,2012. Thermal state of the active layer and permafrost along the Qinghai-Xizang (Tibet) Railway from 2006 to 2010[J]. The Cryosphere,6:607-612.

WU T,ZHAO L,LI R,et al,2013. Recent ground surface warming and its effects on permafrost on the central Qinghai-Tibet Plateau[J]. International Journal of Climatology,33:920-930.

XIAO Z,DUAN A,2016. Impacts of Tibetan Plateau snow cover on the interannual variability of the East Asian summer monsoon[J]. Journal of Climate,29:8495-8514.

XU M,CHANG C P,FU C,et al,2006. Steady decline of East Asian monsoon winds,1969−2000: Evidence from direct ground measurements of wind speed[J]. Journal of Geophysical Research,111(D24):906-910.

XU W,MA L,MA M,et al,2017. Spatial-temporal variability of snow cover and depth in the Qinghai-Tibetan Plateau[J]. Journal of Climate,30:1521-1533.

XU X,WU Q,ZHANG Z,2017. Responses of active layer thickness on the Qinghai-Tibet Plateau to climate change[J]. Journal of Glaciology and Geocryology,39:1-8.

YAN L,LIU Z,CHEN G,et al, 2016. Mechanisms of elevation-dependent warming over the Tibetan Plateau in quadrupled CO_2 experiments[J]. Climatic Change,135:509-519.

YAN Y,YOU Q,WU F,et al,2020. Surface mean temperature from the observational stations and multiple reanalyses over the Tibetan Plateau[J]. Climate Dynamics,55:2405-2419.

YANG B, BRAEUNING A, JOHNSON K R, et al, 2002. General characteristics of temperature variation in

China during the last two millennia[J]. Geophysical Research Letters, 29(9): 38-1-38-4.

YANG B, BRAEUNING A, SHI Y F, et al. 2003. Temperature variations on the Tibetan Plateau over the last two millennia[J]. Chinese Science Bulletin, 48(14):1446-1450.

YANG K, 2017. Observed regional climate change in Tibet over the Last Decades[M]//CHEN D L, YAO T D. Regional Climate and Climate Change in the Region of Tibet. Oxford: Oxford University Press:1-58.

YANG K, QIN J, GUO X F, et al. 2009. Method development for estimating sensible heat flux over the Tibetan Plateau from CMA data[J]. Journal of Applied Meteorology and Climatology, 48:2474-2486.

YANG K, GUO X, WU B, 2011a. Recent trends in surface sensible heat flux on the Tibetan Plateau[J]. Science China: Earth Sciences, 54(1):19-28.

YANG K, YE B, ZHOU D, et al, 2011b. Response of hydrological cycle to recent climate changes in the Tibetan Plateau[J]. Climatic Change, 109:517-534.

YANG K, WU H, QIN J, et al, 2014. Recent climate changes over the Tibetan Plateau and their impacts on energy and water cycle: A review[J]. Global and Planetary Change, 112:79-91.

YANG M, WANG X, PANG G, et al, 2019. The Tibetan Plateau cryosphere: Observations and model simulations for current status and recent changes[J]. Earth-Science Reviews, 190:353-369.

YAO T, YU W, WU G, et al, 2019. Glacier anomalies and relevant disaster risks on the Tibetan Plateau and surroundings[J]. Chinese Science Bulletin, 64(27):2770-2782.

YAO T D, THOMPSON L, YANG W, et al, 2012. Different glacier status with atmospheric circulations in Tibetan Plateau and surroundings[J]. Nature Climate Change, 2:663-667.

YASUNARI T, BONASONI P, LAJ P, et al, 2010. Estimated impact of black carbon deposition during pre-monsoon season from Nepal Climate Observatory-Pyramid data and snow albedo changes over Himalayan glaciers[J]. Atmospheric Chemistry and Physics, 10:6603-6615.

YIN Y, WU S, ZHAO D, 2013. Past and future spatiotemporal changes in evapotranspiration and effective moisture on the Tibetan Plateau[J]. Journal of Geophysical Research: Atmospheres, 118(19):10850-10860.

YOU Q L, KANG S, AGUILAR E, et al. 2008. Changes in daily climate extremes in the eastern and central Tibetan Plateau during 1961－2005[J]. Journal of Geophysical Research: Atmospheres, 113:D07101.

YOU Q L, KANG S C, PEPIN N, et al, 2010. Relationship between temperature trend magnitude, elevation and mean temperature in the Tibetan Plateau from homogenized surface stations and reanalysis data[J]. Global and Planetary Change, 71:124-133.

YOU Q L, KANG S C, REN G Y, et al, 2011. Observed changes in snow depth and number of snow days in the eastern and central Tibetan Plateau[J]. Climate Research, 46:171-183.

YOU Q L, ZHANG Y Q, XIE X Y, et al, 2019. Robust elevation dependency warming over the Tibetan Plateau under global warming of 1.5 ℃ and 2 ℃[J]. Climate Dynamics, 53:2047-2060.

YOU Q L, CHEN D, WU F, et al, 2020a. Elevation dependent warming over the Tibetan Plateau: Patterns, mechanisms and perspectives[J]. Earth-Science Reviews, 210:103349.

YOU Q L, WU F Y, SHEN L C, et al, 2020b. Tibetan Plateau amplification of climate extremes under global warming of 1.5 ℃, 2 ℃ and 3 ℃[J]. Global and Planetary Change, 192:103261.

YOU Q L, WU T, SHEN L C, et al, 2020c. Review of snow cover variation over the Tibetan Plateau and its influence on the broad climate system[J]. Earth-Science Reviews, 201:103043.

YOU Q L, CAI Z, PEPIN N, et al, 2021. Warming amplification over the Arctic Pole and Third Pole: Trends, mechanisms and consequences[J]. Earth-Science Reviews, 217:103625.

YUE S Y, WANG B, YANG K, et al, 2021. Mechanisms of the decadal variability of monsoon rainfall in the southern Tibetan Plateau[J]. Environmental Research Letters, 16(1):014011.

ZHANG B, WU Y, ZHU L, et al, 2011. Estimation and trend detection of water storage at Nam Co Lake, central Tibetan Plateau[J]. Journal of Hydrology, 405:161-170.

ZHANG M H, LIN J L, 1997. Constrained variational analysis of sounding data based on column-integrated budgets of mass[J]. Journal of the Atmospheric Sciences, 54(11):1503-1524.

ZHANG R H, ZHOU S W, 2009. Air temperature changes over the Tibetan Plateau and other regions in the same latitudes and the role of ozone depletion[J]. Acta Meteorologica Sinica, 23(3):290-299.

ZHOU C, ZHAO P, CHEN J, 2019. The interdecadal change of summer water vapor over the Tibetan Plateau and associated mechanisms[J]. Journal of Climate, 32: 4103-4119.

ZHOU J, WANG L, ZHANG Y, et al, 2015. Exploring the water storage changes in the largest lake (Selin Co) over the Tibetan Plateau during 2003－2012 from a basin-wide hydrological modeling[J]. Water Resources Research, 51:8060-8086.

ZHU L P, XIE M P, WU Y H, 2010. Quantitative analysis of lake area variations and the influence factors from 1971 to 2004 in the Nam Co basin of the Tibetan Plateau[J]. Chinese Science Bulletin, 55(13): 1294-1303.

ZHU X, LIU Y, WU G, 2012. An assessment of summer sensible heat flux on the Tibetan Plateau from eight data sets[J]. Science China: Earth Sciences, 55:779-786.

ZOU X, QIN Z, WENG F, 2017. Impacts from assimilation of one data stream of AMSU-A and MHS radiances on quantitative precipitation forecasts[J]. Quarterly Journal of the Royal Meteorological Society, 143: 731-743.

ZOU X L, WENG F Z, TALLAPRAGADA V, et al, 2015. Satellite data assimilation of upper-level sounding channels in HWRF with two different model tops[J]. Journal of Meteorological Research, 29:1-27.

第3章
青藏高原气溶胶对天气气候的影响

3.1 引言

气溶胶是指悬浮在大气中的液态或固态粒子。尽管气溶胶在地球大气中的含量很少,但其在大气物理化学过程和环境污染中的重要作用不可忽视。产生气溶胶的源有很多,主要分为自然源和人为源,来自不同排放源的大气气溶胶光学特性不同,对太阳辐射的吸收和散射能力存在显著差异,进而产生不同的天气气候效应。

青藏高原大气相对清洁,气溶胶含量相对较低。然而,卫星观测证实,青藏高原及周边区域上空频繁出现气溶胶层(Huang et al.,2007;Liu et al.,2015;Xu et al.,2015;Wang et al.,2020a),甚至长期存在平均厚度约1 km的沙尘层(Xu et al.,2020)。青藏高原周围分布着许多重要的自然气溶胶和人为气溶胶源区,包括北部的塔克拉玛干沙漠、东北部的戈壁沙漠、西部的中东沙漠、印度-恒河平原的人为排放源以及南亚的生物质燃烧排放源。青藏高原位于东亚和南亚的交汇区,东亚和南亚是全球人为气溶胶的主要源地,且东亚地区还分布着塔克拉玛干沙漠和戈壁沙漠这两个最重要的沙尘源区。青藏高原周边源区排放至大气中的沙尘气溶胶和人为气溶胶,可在大气环流的作用下被进一步输送到青藏高原,对青藏高原的大气环境产生重要影响(Huang et al.,2007;Jia et al.,2015;Li et al.,2016;Xu et al.,2018;Yuan et al.,2019;Wang et al.,2021)。此外,气候变暖导致冰川融化、雪线上升,形成了一些高海拔的沙尘源区;加之过度放牧及旅游业发展,青藏高原局地气溶胶源的排放,也为高原大气贡献了部分气溶胶。青藏高原上空的气溶胶粒子极易被卷入西风急流中,可随西风急流向下游输送,使青藏高原成为沙尘在北半球长距离输送的重要源区之一(Fang et al.,2004;Xu et al.,2018)。同时,由于青藏高原的大地形作用(Bian et al.,2020),其在对流层-平流层之间的气溶胶交换中也起着重要作用。因此,青藏高原对气溶胶的水平和垂直输送均有重要作用,对区域和全球天气气候有着潜在影响。

青藏高原大气中的气溶胶可通过直接、半直接与间接效应,改变地-气系统的辐射收支和大气热力学结构,进而影响天气气候。青藏高原上空的沙尘气溶胶主要通过改变短波辐射收支,影响大气热力结构,调节高原感热和潜热产生热泵作用(Lau et al.,2006;Chen et al.,2013;Jia et al.,2015)。由于青藏高原上空沙尘气溶胶的直接辐射效应,使得高原热源减弱,导致高原与周边海洋之间的温度差异变小,进而使季风减弱(Li et al.,2016)。因此,虽然青藏高原上空的沙尘气溶胶相比亚洲气溶胶总量而言相对较小,但它对亚洲季风和区域气候的影响却很重要(Sun et al.,2017)。另一方面,青藏高原上空的气溶胶进入云内可作为云凝结核,通过改变云滴数浓度和大小,影响高原局地的云特性,产生气溶胶-云-降水相互作用。高原上空的气溶胶-云相互作用,不仅对青藏高原局地降水产生影响,还能进一步影响下游地区的降水过程(Liu et al.,2019,2020;Yuan et al.,2021)。

综上所述,研究青藏高原气溶胶的源区、输送,对高原局地大气环境以及区域乃至全球天气气候的影响具有重要意义。2000 年以来,随着青藏高原科学考察的开展,卫星资料的广泛应用,数值模式的充分发展,青藏高原的气溶胶研究也取得了重大进展(Zhao et al.,2020)。以下对近年来在青藏高原气溶胶分布、输送机制及其天气气候效应等方面取得的主要研究成果进行总结。

3.2 青藏高原气溶胶分布特征

青藏高原海拔高、气候恶劣,大部分观测站点位于高原南部和东部,中部和西北部观测站点稀缺,实地采样能得到的气溶胶数据较少,且这种方法只能在有限观测站点进行,区域代表性不好。随着近几十年来卫星探测技术的发展,卫星遥感观测在很大程度上弥补了站点观测的不足,在青藏高原气溶胶特性数据的获取方面发挥了巨大作用,提供了大量前所未知的气溶胶信息(Huang et al.,2007;Xu et al.,2015;Jia et al.,2019;Zhao et al.,2020)。青藏高原地区进行的地面气溶胶观测结合卫星遥感数据,拓展了对高原上空气溶胶特性分布的认知,青藏高原气溶胶具有明显的区域分布和季节变化特征(Xu et al.,2015),青藏高原气溶胶的主要成分是沙尘、黑碳和硫酸盐/硝酸盐(Jia et al.,2019;Zhao et al.,2020)。

3.2.1 青藏高原气溶胶空间分布

青藏高原纳木错多圈层综合观测研究站(30.46°N,90.59°E,海拔 4730 m)和珠穆朗玛峰大气与环境综合观测研究站(28.21°N,86.56°E,海拔 4276 m),两个观测站长达 10 a 的气溶胶光学特性观测表明,青藏高原是一个对气候变化和人类活动敏感的地区。纳木错多圈层综合观测研究站位于青藏高原中部,珠穆朗玛峰大气与环境综合观测研究站位于青藏高原南部喜马拉雅山北侧。观测结果表明,纳木错和珠穆朗玛峰的气溶胶光学厚度基线值分别为 0.029(2006—2016 年)和 0.027(2009—2017 年),与北极地区和远海的气溶胶光学厚度相当,甚至更低(Pokharel et al.,2019)。联合位于青藏高原不同生态区的观测站,阿里荒漠环境综合观测研究站(33.39°N,79.7°E,海拔 4270 m)和藏东南高山环境综合观测研究站(94.44°N,29.46°E,海拔 3326 m),2011—2013 年的气溶胶原位观测数据分析发现,青藏高原近地面大气中的气溶胶质量浓度较低,且随地表覆盖状况而不同,气溶胶的质量浓度总体趋势为:阿里和珠穆朗玛峰(荒地)＞纳木错(草地)＞藏东南观测站(森林),而且四个观测站点气溶胶在粒径上呈现积聚模态和粗模态的双峰模态。阿里、珠穆朗玛峰、纳木错和藏东南观测站的 $PM_{2.5}$ 日均质量浓度依次为 $(18.2 \pm 8.9) \mu g \cdot m^{-3}$、$(14.5 \pm 7.4) \mu g \cdot m^{-3}$、$(11.9 \pm 4.9) \mu g \cdot m^{-3}$ 和 $(11.7 \pm 4.7) \mu g \cdot m^{-3}$;相应地,$PM_{2.5}$ 与总悬浮颗粒物的比率为 $(27.4 \pm 6.65)\%$、$(22.3 \pm 10.9)\%$、$(37.3 \pm 11.1)\%$ 和 $(54.4 \pm 6.72)\%$。在上述地基观测的基础上,卫星遥感观测也进一步表明,青藏高原上空的气溶胶浓度呈现明显的空间差异性,且与对应的陆地生态系统相关,即高山荒漠区域高于草甸和森林区域,而细颗粒物所占比率则为草甸和森林区域高于高山荒漠区域(Liu et al.,2017)。$PM_{2.5}$ 样本中的沙尘气溶胶含量在阿里站为 26%,珠穆朗玛峰站为 29%,近似于有人为影响观测站结果的 $2 \sim 3$ 倍。青藏高原观测站点观测得到的气溶胶数据,证实了从荒漠的土地表面抬升细颗粒所必需的空气动力学条件的存在,结合多角度成像光谱辐射仪(MISR),青藏高原总悬浮颗粒物质量和气溶胶光学厚度,通常随着地表覆盖从荒地变为森林而降低,与 $PM_{2.5}$ 相反(Liu et al.,2017)。

2019 年 7 月 8 日—8 月 2 日,在青藏高原西北部阿里狮泉河国家气候站开展的气溶胶综合观测试验,量化了高原西北部的关键气溶胶参数,指出青藏高原西北部气溶胶的总量和辐射效应此前被低估的问题。密集的实地观测期间,发现了此地夏季出乎意料的气溶胶高吸收率。在 870 nm 处低单散射反照率,细颗粒物的平均值为 0.73 ± 0.18。早晨细气溶胶达到峰值时,低单散射反照率甚至低于 0.60,表明人为活动引起的细颗粒物吸收率较高。粗模式气溶胶占总体积浓度的 $70.58\% \pm 14.98\%$,矿物粉尘是总悬浮颗粒中含量最多的物质,质量分数为 48.7%(Zhang et al.,2021)。

基于多角度成像光谱辐射仪(MISR),15 a(2000—2014 年)的资料分析发现,青藏高原上空的气溶胶含量相对较低,但纬向分布格局清晰可见。青藏高原北部(33°~34°N 以北)的气溶胶含量总体高于南部,北部沙尘气溶胶高值和南部沙尘气溶胶低值之间的分界线,大约在高原中部 33°~35°N,海拔 6~8 km 的高度层,尤其是在春季和夏季更为明显;而且气溶胶更容易从青藏高原北坡向高原主体输送,部分原因是因为青藏高原北部边缘的海拔高度低于高原南部边缘的喜马拉雅山脉的高度。另外也发现,柴达木盆地沙漠上方的气溶胶光学厚度,高于青藏高原其他区域的气溶胶光学厚度,频繁的沙尘暴是导致气溶胶光学厚度高的主要原因,另外,柴达木盆地的化石燃料燃烧和工业排放等人类活动,也在一定程度上导致该区域上空气溶胶浓度的增加(Xu et al.,2015)。从经向分布来看,青藏高原东坡上空的气溶胶光学厚度较大,甚至比一些重要的工业化地区和沙漠区域还要大,通过对高原东坡污染物的详细分析,高原东坡的主要气溶胶成分是硫酸盐,其次是含碳气溶胶和沙尘气溶胶(Jia et al.,2019)。

结合卫星资料和数值模式研究结果发现,青藏高原的沙尘气溶胶主要分布在青藏高原北坡,人为气溶胶主要分布在青藏高原南坡和东坡(Liu et al.,2015)。青藏高原北坡的气溶胶以沙尘气溶胶为主,出现频率高达 60%,可被抬升至 6 km 以上,消光系数约为 0.36 km^{-1},随高度增高而减小。青藏高原南坡的气溶胶类型较为复杂,主要包括沙尘、被污染的沙尘、烟尘以及被污染的大陆性气溶胶,该地区气溶胶的消光系数约为 0.30 km^{-1}。青藏高原主体上空的气溶胶较少,消光系数约为 0.14 km^{-1},以沙尘和被污染的沙尘为主。青藏高原东坡的气溶胶主要分布在 5 km 以下,消光系数超过了 0.56 km^{-1}(Jia et al.,2019)。青藏高原大部分地区的吸收性气溶胶指数超过 0.5,青藏高原北部地区的吸收性气溶胶指数值大于 1.0,这些大值表明青藏高原气溶胶具有高吸收性(Huang et al.,2007)。

沙尘气溶胶是全球大气气溶胶的主要成分,也是青藏高原上最主要的气溶胶类型。青藏高原沙尘气溶胶含量与沙尘事件的发生频次密切相关,沙尘事件多发年的高原大气沙尘含量,高于沙尘事件少发年份。在沙尘事件发生多的年份,青藏高原上空存在两个沙尘气溶胶含量的高值中心,一个在柴达木盆地,另一个在高原的西北部,两个中心的最大值均大于 70 mg·m^{-2};在沙尘事件发生少的年份,高原西北部的气溶胶含量远低于沙尘事件发生多的年份,平均值小于 25 mg·m^{-2}(Sun et al.,2017)。

除此之外,青藏高原上空的黑碳气溶胶,也是不可忽视的一种气溶胶类型。基于青藏高原 37 个站点以及横跨青藏高原的一个冰川河流域(老虎沟地区),2014 年 12 月和 2015 年 11 月收集的雪样,对沉积在青藏高原雪上的吸光微粒(包括黑碳、有机碳和沙尘)的研究表明,积雪中的黑碳、有机碳和沙尘浓度一般分别为 202~17468 μg·g^{-1}、491~13880 μg·g^{-1}、22~846 μg·g^{-1},在高原中部到北部观察到的雪中黑碳浓度整体高于高原南部;高原地表雪样中有机碳/黑碳比值范围为 0.64~3.31,总体由南向北递减,表明人类活动对青藏高原地区积雪的有机碳/黑碳比值起重要作用。生物质燃烧对青藏高原黑碳的贡献,从南部的 50% 左右下降到北部的 30% 左右(Zhang et al.,2018)。在青藏高原藏东南高山环境综合观测研究站(鲁朗)的观测表明,2015 年 9—10 月,难熔性黑碳气溶胶的平均质量浓度为(0.31 ±0.55)ng·m^{-3},高于大多数已有研究结果(Wang et al.,2018)。在青藏高原东北部边缘的青海湖测站(海拔 3200 m)观测发现,难熔性黑碳气溶胶的平均质量浓度和涂层耐火黑碳气溶胶的数量分数,分别为(160 ± 190)ng·m^{-3} 和 59%。在污染事件期间,观察到难熔性黑碳气溶胶的质量浓度和涂层耐火黑碳的数量分数显著增强,平均值分别为 390 ng·m^{-3} 和 65%。难熔的黑碳气溶胶颗粒的质量大小分布呈对数正态分布,无论污染水平如何,峰值直径均接近 187 nm。后向轨迹分析表明,来自印度北部的气团导致了观测期间耐火黑碳气溶胶含量的增加。潜在源贡献模式(the potential source contribution function model)结合火点观测(the fire counts map)进一步证明,印度北部的生物质燃烧是污染事件期间,影响青藏高原东北部黑碳气溶胶浓度的重要潜在源(Wang et al.,2015)。一般而言,大气中黑碳的 60% 以上来自人为排放源,然而青藏高原几乎没有可直接归因于当地人类活动的黑碳排放源,因此,评估周边地区向青藏高原的人为黑碳输送至关重要。全球化学传输模式 20 a(1995—2014 年)的数值模拟表明,青藏高原近地面大气中,黑碳浓度在空间和季节上变化很大,反映了来自不同源区黑碳来源的复杂相互作用。在青藏高原的所有区域中,东部和南部的近地面大气中,黑碳浓度最高,主要受到东亚和南亚黑碳输送的影响(Han et al.,2020)。

总体而言,青藏高原气溶胶在空间上呈现显著的区域差异性,且不同区域的气溶胶类型和特性也具有空间差异性。青藏高原北部气溶胶含量总体高于南部,北坡气溶胶以沙尘气溶胶为主,南坡气溶胶类型较为复杂,主要包括沙尘、被污染的沙尘、烟尘及被污染的大陆性气溶胶;高原主体上空的气溶胶较少,以沙尘气溶胶和被污染的沙尘气溶胶为主;东坡的气溶胶主要分布在 5 km 以下,以硫酸盐、含碳气溶胶等人为气溶胶为主。

3.2.2　青藏高原气溶胶的时间演变

青藏高原气溶胶含量具有明显的季节变化特征,整体呈现春季和夏季高、秋季和冬季低的分布特征。纳木错和珠穆朗玛峰站的原位观测均显示,气溶胶光学厚度的季节性变化为春季最大,此后依次是夏季、冬季、秋季(Pokharel et al.,2019)。原位观测还显示,气溶胶质量参数的季节性变化特征,还取决于土地覆盖状况。在森林(藏东南观测站)和草原地区(纳木错观测站),总悬浮颗粒质量浓度、PM$_{2.5}$质量浓度、多角度成像光谱辐射仪气溶胶光学厚度和细模式气溶胶光学厚度,在春季和夏季较高,秋季和冬季较低。在荒地地区(珠穆朗玛峰站),总悬浮颗粒质量浓度、PM$_{2.5}$质量浓度和整层大气气溶胶光学厚度(细模式气溶胶光学厚度)之间,存在不一致的季节性模式(Liu et al.,2017)。总体而言,气溶胶光学厚度峰值出现在 5 月或 6 月,春季、夏季的平均气溶胶光学厚度值是秋季、冬季的两倍多(Xia et al.,2008)。整个青藏高原春季和夏季(2000—2014 年)平均气溶胶光学厚度小于 0.50,秋季和冬季小于 0.25(图 3.1,Xu et al.,2015)。青藏高原北部和南部气溶胶光学厚度季节变化存在显著差异,4—6 月高原北部气溶胶含量较高,气溶胶光学厚度从 4—6 月逐渐增加,5 月达到峰值;而高原南部的气溶胶含量在 6—8 月较高,气溶胶光学厚度在 7 月达到峰值;高原北部纬向平均的气溶胶光学厚度月平均峰值约为南部的 1.5 倍(图 3.1)。研究认为,青藏高原北部和南部季节平均的气溶胶特性差异,除与周边地区排放源的排放特征有关外,主要受到大气环流的驱动(Xu et al.,2015;Jia et al.,2019)。

云气溶胶激光雷达和红外探路卫星观测(CALIPSO)与多角度成像光谱辐射仪(MISR)数据的比较表明,沙尘事件的发生与气溶胶光学厚度的空间格局一致,因此,气溶胶含量的季节变化和空间格局,在很大程度上与沙尘事件的发生有关(Liu et al.,2014;Jia et al.,2018)。青藏高原地面气象站沙尘事件观测表明,1961—2000 年,沙尘事件主要发生在冬季和早春,且发生频次在这两个季节较高(Fang et al.,2004);1960—2010 年,高原春季和冬季的沙尘事件,自 20 世纪 60 年代逐渐上升,从 60 年代到 70 年代增加了约 1 d,并且在 70 年代频繁发生,此后,1980—2010 年 30 a 中,沙尘事件呈下降趋势,21 世纪初是近 50 a 来沙尘事件发生次数最少的时期,低于 1 d(Kang et al.,2016)。

在青藏高原中部纳木错地区采样也发现,高原气溶胶中棕碳的含量和吸光特性也具有显著的季节差异。棕碳是在吸光能力较强的黑碳和无吸光性有机碳之间,存在的一类黄色或棕色吸光性有机物质,棕碳的吸光能力随波长变短迅速增强,因此,在地表辐射平衡中具有不可忽视的作用。在纳木错对大气气溶胶进行的采样分析发现(采样时间为 2014 年 12 月 21 日—

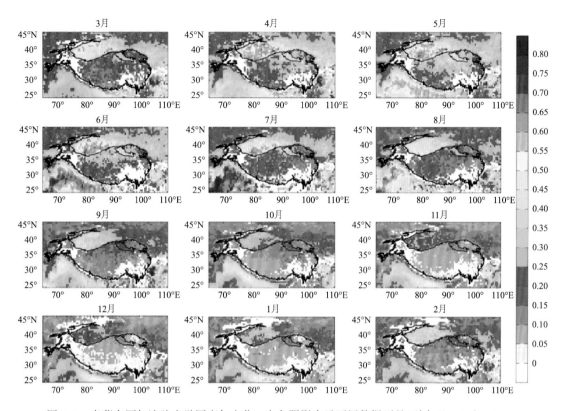

图 3.1　青藏高原气溶胶光学厚度年变化。白色阴影表示可用数据不足(引自 Xu et al.，2015)

2015 年 2 月 2 日,2015 年 8 月 3 日—9 月 7 日),气溶胶中棕碳的含量和吸光特性的季节差异为:夏季含量明显高于冬季,而冬季的吸光能力是夏季的 2~3 倍。通过与有机示踪物的相关性分析发现,纳木错冬季大气棕碳主要来自于生物质燃烧,而夏季主要受大气中二次反应过程的影响。纳木错地区冬季大气棕碳受到南亚生物质燃烧长距离输送的影响,夏季棕碳的前体物主要来自于印度东北部的人为排放与植被挥发等(Wu et al.，2018)。

　　春季,青藏高原上空的沙尘层可输送至对流层上层和平流层下层,而其他季节沙尘层的高度要低得多。春季和夏季观测到青藏高原北部的沙尘发生率较高,青藏高原南部的沙尘发生频次较低(Xu et al.，2015)。过去 38 a(1980—2017 年)中,青藏高原沙尘层顶、沙尘层底以及沙尘层厚度的年均值相对稳定(Xu et al.，2020)。夏季,青藏高原南坡、北坡和高原主体上空都有大量气溶胶存在,这些气溶胶甚至可被抬升至 10 km 以上(Jia et al.，2019)。根据 CALIPSO 观测,青藏高原夏季(2006 年 6—9 月)沙尘羽的发生频率约为 53%,但从地面站观测到的平均沙尘事件总数(包括浮尘、扬沙、沙尘暴),在 6—9 月的 4 个月期间小于 10%,远低于 CALIPSO 检测到的频率,其主要原因是青藏高原中部和西北部观测站点稀少,导致对沙尘天气的漏测(Huang et al.，2007)。另外地面站观测到沙尘事件的高峰期为 12 月—次年 5 月,MISR 观测到整个青藏高原的月气溶胶光学厚度从 1—6 月逐渐增加,其余月份减少(Xia et al.，2008)。地面观测的沙尘事件的月分布与卫星观测结果也不完全一致,也就是说气溶胶光学厚度的高峰期与地面观测到的沙尘事件不同。可能的原因有三个方面,首先,这种月际分布不一致,可部分归因于不同的沙尘源贡献率,大气化学模式(WRF-Chem)模拟沙尘收支表明,青藏高原冬春季节局部扬沙占主导地位,而夏季偏远地区扬沙贡献较大,夏季塔克拉玛干沙尘个例以及高原上卫星观测结果研究可以证实这一点(Chen et al.,2013;Liu et al.,2015),局部沙尘排放尤其在地表附近占主导地位,而远程沙尘源在中高对流层的贡献更大。其次,在给出区域平均值时应考虑空间分布,虽然夏季青藏高原平均气溶胶光学厚度较高,但气溶胶光学厚度最高的地区,一般是青藏高原北坡,而大多数站点所在的青藏高原东部的气溶胶光学厚度较低(Xia et al.,2008;Xu et al.,2015)。第三,虽然沙尘占青藏高原气溶胶含量的很大一部分,但也应考虑其他气溶胶的贡献,尤其是在夏季。夏季在青藏高原收集的气溶胶样本和相应的后向气团轨迹表明,南亚的人为气溶胶可以输送到青藏高原(Kang et al.,2016)。

除季节变化外,青藏高原上空的气溶胶也呈现出明显的日变化特征。与季节变化不同,气溶胶日变化主要受中尺度系统和局地地形的影响,降水对气溶胶的清除作用可减少大气中气溶胶的含量,地表加热通过影响局地对流,影响气溶胶垂直输送及向周边区域的扩散,多种因素共同导致气溶胶光学厚度的昼夜变化(Xu et al.,2014)。青藏高原地区阿里、珠穆朗玛峰、纳木错和藏东南观测站的观测数据表明,细颗粒物(PM$_{2.5}$)质量浓度具有显著的日变化特征,细颗粒物质量浓度在珠穆朗玛峰、纳木错和藏东南观测站,普遍呈现双峰模式日变化特征,而在阿里站呈现单峰模式的日变化特征。结合同期的大气边界层物理要素与气溶胶化学组成,局地地形、山谷风系统和气溶胶排放,也是影响大气细颗粒物日变化的重要因素(Liu et al.,2017)。

3.2.3 影响青藏高原气溶胶分布的关键因素

青藏高原气溶胶的分布特征和季节变化受排放源、大气环流和青藏高原大地形等多种因素的影响。就青藏高原本地排放源而言,高原地表风速的减小,可以部分解释高原自20世纪70年代以来沙尘事件的显著减少。20世纪70年代以来,青藏高原春季和冬季的大风日数,每10 a分别减少0.98 d和1.36 d,通过定义青藏高原春季和冬季的沙尘指数(沙尘暴、扬沙和浮尘不同权重系数的组合),发现青藏高原沙尘指数与地表风速呈正相关,春季相关系数为0.42,冬季相关系数为0.46;强风的平均天数(风速大于6.5 m·s^{-1})与沙尘指数显著相关,春季相关系数为0.69,冬季相关系数为0.76,也呈下降趋势。同时,高原植被覆盖度的上升,是另一个导致沙尘事件显著减少的因素,春季和冬季归一化植被指数变化趋势均为0.001 a^{-1},表明青藏高原地区植被覆盖增加,沙尘指数与归一化植被指数呈负相关,春季相关系数为−0.48,冬季相关系数为−0.29。另外,大气环流的分析表明,青藏高原上空北部高压脊增强,西风急流减弱,也推动了青藏高原沙尘事件的减少(Kang et al.,2016)。青藏高原西北部阿里狮泉河气溶胶综合观测试验(2019年7月8日—8月2日)结果显示,细模式气溶胶浓度对风速的依赖性很小,而粗模式气溶胶和金属元素浓度与风速呈显著正相关,表明风吹尘粒的重要性(Zhang et al.，2021)。

  青藏高原东坡的气溶胶成分主要是硫酸盐,其次是含碳气溶胶和沙尘气溶胶。硫酸盐和碳质气溶胶排放主要由人类活动产生,因此,季节性变化较小,春季东南亚森林、草原和热带稀树草原火灾释放的大量含碳气溶胶,可以被盛行的西南风输送到青藏高原东坡,少量沙尘气溶胶,从塔克拉玛干沙漠和戈壁沙漠输送到青藏高原东坡,来自塔克拉玛干沙漠和戈壁沙漠的沙尘,对青藏高原东坡沙尘气溶胶的贡献在春季达到峰值,输送来的沙尘亦会与当地人为气溶胶混合。与人类活动相关的局部排放,直接导致四川盆地上空硫酸盐和碳质气溶胶的积累,由于特殊的地形,地形驱动的环流可以在四川盆地捕获气溶胶,由于盛行的上升气流,这些气溶胶沿着青藏高原东坡爬升。相比较而言,夏季气溶胶含量最低,这是由于夏季强降水引起的有效湿沉降,高原热泵效应增强的较大垂直温度梯度和上升运动导致的更好的输送条件;冬季气溶胶含量最大,主要是由于青藏高原东坡降水较少和扩散条件较差。因此,青藏高原东坡上空气溶胶污染的原因,可以概括为本地排放、区域外输送和特定地理条件下污染物的积累,向高原东坡输送的气溶胶和地形驱动的环流,极大地促进了青藏高原东坡上气溶胶的积累(Jia et al.，2019)。

  春季和夏季,青藏高原周边地区,包括印度-恒河平原和塔克拉玛干沙漠,存在高浓度的气溶胶,此外,在这两个季节中,气溶胶层高度高于青藏高原海拔高度,这些条件有利于气溶胶从周边地区输送到青藏高原(Xu et al.，2015)。根据 MERRA-2 气溶胶数据集,对过去 20 a 青藏高原上空对流层高层输送气溶胶的变化的研究表明,与 20 世纪 90 年代相比,21 世纪初春季,青藏高原上空对流层高层大气沙尘增加了 34%,木嘎岗琼(唐古拉)冰芯的沙尘沉积通量增加了 157%(46%),地球探测器总臭氧映射光谱仪的气溶胶指数增加了 69%,CMIP6 模式模拟的青藏高原沙尘气溶胶的增加,与这一结果类似。21 世纪初,青藏高原上沙尘气溶胶的增加,可能与中东沙尘排放量的增加有关。1990—2000 年,降水减少和气旋活动增加导致中东地区沙尘排放量增加,中东地区的气旋发生频率增加了 25.8%以上,更多的气旋活动通过加剧的上升气流,将更多的沙尘气溶胶从近地表抬升到对流层中层。在 21 世纪初,欧亚大陆上空对流层中层大气环流,有利于高原上更多的沙尘气溶胶聚积,增强的中纬度西风带,将更多的沙尘气溶胶从中亚向东输送至中国西北地区,此后中国西北地区偏北风的增加,推动沙尘向南进入青藏高原(Feng et al.，2020),源自塔克拉玛干沙漠的沙尘气溶胶的输送,可能是决定夏季高原气溶胶光学厚度变化的重要因素(Xia et al.，2008)。

  青藏高原上黑碳气溶胶的外源输送,主要受大尺度大气环流的影响,具有明显的季节变化特征。夏季,较强的东亚夏季风和较强的南亚夏季风,分别导致中国中部和南亚东北部向青藏高原输送更多的黑碳气溶胶。在冬季,随着东亚冬季风或强的西伯利亚高压,来自中国中部的黑碳气溶胶输送逐年增强,更强大的西伯利亚高压,也可以将更多的黑碳气溶胶从南亚北部输送到青藏高原(Han et al.，2020)。模式定量评估了 2013 年青藏高原上,各种来源对人为黑碳气溶胶的影响,青藏高原上大部分人为黑碳气溶胶来自南亚,季风季节人为黑碳气溶胶的贡献小于非季风季节。在非季风季节,西风盛行,将黑碳气溶胶从中亚和印度北部输送到青藏高原西部,人为黑碳气溶胶的贡献占近地面黑碳气溶胶的40%~80%(平均61.3%);季风季节,黑碳气溶胶被输送到印度-恒河平原上空的对流层中上层,并通过西南风穿越喜马拉雅山脉,人为黑碳气溶胶的贡献占近地面黑碳气溶胶的10%~50%(平均19.4%)。但在青藏高原东北部,在非季风季节,来自中国东部的人为黑碳气溶胶,在总量中占比不到10%,而在季风季节占比可达50%。平均而言,在非季风季节和季风季节,中国东部人为黑碳气溶胶输送,分别占青藏高原近地面黑碳气溶胶的6.2%和8.4%(Yang et al.,2018)。

从季风前向季风季节过渡时期,在青藏高原中部纳木错的站点观测(2015年6月)表明,亚微米颗粒物(PM_1)的平均环境质量浓度接近2.0 $\mu g \cdot m^{-3}$,其中有机物占68%,其次是硫酸盐(15%)、黑碳(8%)、铵(7%)和硝酸盐(2%)。在季风前期观测到相对较高的气溶胶质量浓度,而在季风期间观测到持续低的气溶胶质量浓度(Xu et al.,2018)。

青藏高原大地形可以有效地阻挡气溶胶的输送,高原南部边缘的喜马拉雅山脉,是南亚向青藏高原主体输送沙尘气溶胶的天然屏障,这也是春季和夏季,在青藏高原中部大约33°~35°N,海拔6~8 km的高度上,存在南北不同沙尘分界线的原因(Xu et al.,2015)。夏季青藏高原气溶胶含量在30°N以南略有增加,高原南部气溶胶含量的变化,可能与印度-恒河平原人为气溶胶的排放有关,对这种现象的可能解释是,夏季印度-恒河平原的人为排放峰值以及适当的大气环流,沿喜马拉雅山脉的高山峡谷(如喜马拉雅西部的普兰河谷和喜马拉雅中部的亚东河谷),可能是季风季节气溶胶进入高原南部的通道(Xu et al.,2015)。

3.3　青藏高原气溶胶的输送

青藏高原环境受周边地区自然和人为气溶胶影响较大。春季,塔克拉玛干沙漠和戈壁沙漠是两个主要的长距离输送沙尘源,从巴基斯坦/阿富汗、中东、撒哈拉沙漠和塔克拉玛干沙漠输送的沙尘气溶胶,在高原南坡和北坡的高海拔地区积聚;夏季,青藏高原沙尘气溶胶主要来自塔克拉玛干沙漠,并在青藏高原北坡积聚,随气流最终被抬升到了高原上空(Huang et al.,2007;Yuan et al.,2019)。由于青藏高原高海拔和对流上升运动,高原上空的沙尘气溶胶极易被输送到对流层上层,然后随西风急流向下游区域输送并在北太平洋下沉(Fang et al.,2004;Xu et al.,2018)。

3.3.1　青藏高原气溶胶的主要源区

塔克拉玛干沙漠和戈壁沙漠是东亚地区最重要的两个沙尘源(Huang et al.,2007;Jia et al.,2015)。塔克拉玛干沙漠和塔尔沙漠等沙尘源的沙尘气溶胶最大排放和最大含量,主要出现在春季或夏季,秋季和冬季较少。值得注意的是,塔克拉玛干沙漠上空的沙尘气溶胶光学厚度峰值中心,不随季节发生变化,而南亚塔尔沙漠的沙尘气溶胶光学厚度峰值中心,伴随南亚夏季风的爆发和增强向西移动(Wang et al.,2020b)。沙尘粒子主要分布在沙漠周围,例如塔克拉玛干沙漠,而含碳气溶胶和硫酸盐气溶胶,主要分布在印度半岛北部和高原东部(Liu et al.,2015)。青藏高原北坡的气溶胶主要是沙尘气溶胶,而高原南坡和东部的气溶胶类型则以人为气溶胶为主。青藏高原北坡的沙尘气溶胶,主要来自邻近的塔克拉玛干沙漠;青藏高原南坡东部的人为气溶胶主要来源于印度;南坡西部的沙尘气溶胶主要来自塔尔沙漠;青藏高原东部的沙尘气溶胶,主要来自塔克拉玛干沙漠和当地沙尘源,而人为气溶胶则来自四川盆地及中国东部地区(Liu et al.,2015)。

从 CALIPSO 卫星资料,可以探测到青藏高原夏季出现的沙尘气溶胶羽流,高原沙尘层最常出现在海拔高度为 4~7 km 的位置。后向轨迹分析表明,这些沙尘气溶胶羽流,很可能起源于附近的塔克拉玛干沙漠,并聚集在青藏高原的北坡上空。塔克拉玛干沙漠地区的沙尘暴发生频率高,平均每年超过 80 d,来自塔克拉玛干沙漠的沙尘气溶胶被排放到海拔 5 km 或更高的高度,并被盛行风输送到青藏高原(Huang et al.,2007)。起源于塔克拉玛干沙漠沙尘粒子,并没有直接输送到青藏高原,大多数沙尘粒子沿着反气旋路径输送。沙尘粒子被强烈的西北风向东输送,由于地形阻挡,气流由西北风转为东北风,沙尘粒子随着气流首先向东输送,然后在沙漠边缘转向南输送,之后沙尘粒子向西输送并在青藏高原北坡聚积,最终在高原上空升起(Huang et al.,2007)。夏季,青藏高原上的气溶胶光学厚度与塔克拉玛干沙漠上的气溶胶光学厚度密切相关(Xia et al.,2008),在塔克拉玛干沙尘事件期间,沙尘云在青海北部和西藏上空持续,并在青藏高原北坡形成了一个沙尘层,沙尘层从地面延伸至海拔 5~9 km(Huang et al.,2007)。模式模拟的气溶胶质量浓度的分布表明,沙尘气溶胶在大约 78°E、37°N 处排放到大气中,并从沙尘事件第一天开始延伸至大约 8 km,然后,沙尘气溶胶向上被输送到 9 km。与此同时,第二天的沙尘气溶胶大量向东输送,在向南输送过程中,由于地形的影响,沙尘气溶胶被阻挡并被抬升到青藏高原,随着沙尘事件减弱,垂直和水平方向的输送都减弱。模型模拟也表明,青藏高原沙尘气溶胶出现在海拔 7~8 km 处,羽状流起源于附近的塔克拉玛干沙漠,并在夏季积聚在青藏高原北坡(Liu et al.,2015)。这些气溶胶可以在青藏高原上空持续较长时间,在卫星观测到的一次沙尘事件中(2008 年 8 月 6—10 日),塔克拉玛干沙漠上空出现了密集的气溶胶,随后几天,排放在空气中的气溶胶被抬升,输送到青藏高原并扩散在高原上空,直到沙尘事件的第五天(2008 年 8 月 10 日),仍然可以观测到高原上空沙尘气溶胶(Jia et al.,2018)。此外,古尔班通古特和库姆塔格沙漠以及当地的柴达木沙漠,也为青藏高原提供了丰富的沙尘气溶胶(Jia et al. 2015),特别是在冬季,由于塔克拉玛干沙漠上逆温层的抑制作用,青藏高原上的沙尘主要来自柴达木盆地(Xu et al.,2020)。

基于 WRF-Chem 区域大气化学模式并结合源标签技术,定量估计的不同沙源对青藏高原沙尘的贡献(2010—2015 年)表明,东亚沙尘以 7.9 Tg·a⁻¹ 的质量通量被输送到青藏高原北侧,中东沙尘和北非沙尘以 26.6 Tg·a⁻¹ 和 7.8 Tg·a⁻¹ 的质量通量被输送到青藏高原西侧。东亚沙尘(主要来自戈壁和塔克拉玛干沙漠)向南输送并上升到青藏高原,在青藏高原北坡

3 km 高度贡献了 50 mg·m^{-2} 质量载荷，12 km 高度贡献了 5 mg·m^{-2} 质量载荷。北非的沙尘在西风的作用下向东输送，与中东的沙尘混合后进入东亚，然后被输送到青藏高原西侧。由于青藏高原高大地形的阻挡，沙尘气溶胶羽流被分成两股，其中北非沙尘通过青藏高原北坡进入高原，在 6 km 以下质量载荷为 10 mg·m^{-2}；而中东沙尘集中在青藏高原南坡，6 km 以下的沙尘质量浓度约为 50 mg·m^{-2}，6 km 以上的沙尘质量载荷为 5～10 mg·m^{-2}。另外，东亚沙尘在北坡贡献了更多的沙尘，而中东沙尘在南坡贡献了更多的沙尘；在高原更高的高度上（海拔 6 km 以上），沙尘主要贡献源区来自中东，其值为 60%（Hu et al.，2020）。

在青藏高原，东亚沙尘粒子主要集中在 1.25～10.0 μm 的大小范围内，其高度可达 9 km；北非和中东的沙尘粒子主要在 1.25～5.0 μm 范围内，其高度可达 12 km，同时中东的沙尘占总沙尘质量的比例更大。就沙尘粒子数而言，东亚和北非的沙尘粒子数，主要在 0.156～1.25 μm 的大小范围内，而中东沙尘粒子数则在 0.078～2.5 μm 范围内。高原上的东亚沙尘粒子主要分布在 2～8 km，而北非和中东的沙尘粒子范围更广，可以达到 12 km（Hu et al.，2020）。

对于气溶胶总质量，2010—2015 年，由于沙尘在 0～3 km 处进入青藏高原的最大区域输送，沙尘贡献占 50% 以上；在 3 km 以上，沙尘质量贡献占 55% 以上，其中在 6～9 km 处贡献最大。然而，与整层的硫酸盐、有机物和其他气溶胶颗粒相比，沙尘颗粒对总气溶胶粒子数的贡献较小。从气溶胶光学特性来看，沙尘气溶胶光学厚度所占比例随高度呈增加趋势，而总沙尘气溶胶光学厚度随高度呈下降趋势（Hu et al.，2020）。

黑碳气溶胶在大气中浓度较低，在大气气溶胶成分中所占比例也比较小。青藏高原毗邻南亚黑碳高排放区，南亚黑碳气溶胶能够跨越喜马拉雅山，被输送到青藏高原，外部源区对高原的影响起主要作用（Yang et al.，2018）。模式敏感性试验分析，青藏高原黑碳气溶胶主要来自于南亚的人为排放，在 2013 年非季风期（2013 年 10 月—2014 年 4 月），青藏高原有 61.3%（平均值）的黑碳来自于南亚的人为排放，中亚和印度西北部的黑碳可以通过西风输送到青藏高原，同时，喜马拉雅山脉局地的山谷风，也是非季风期黑碳气溶胶跨境输送的重要途径。季风期（5—9 月），南亚的人为排放黑碳对青藏高原的贡献率为 19.4%（平均值），在季风期，高原以南地区存在辐合上升气流，将低层黑碳气溶胶携带到大气中高层，随后被南风气流输送到青藏高原。对于青藏高原东北部，来自中国东部的人为黑碳气溶胶，在非季风季节，在近地层大气黑碳总量中的比例不到 10%，在季风季节，占近地层大气黑碳总量的 8.4%（Yang et al.，2018）。

1995—2014 年 20 a 的平均值，青藏高原近地层大气中 77% 的黑碳来自南亚和东亚，其中来自南亚的占 43%，来自东亚的占 35%。就非本地影响的季节性变化而言，南亚和东亚，分别是冬季和夏季青藏高原近地层大气黑碳的主要来源，同时，南亚还是青藏高原近地层大气中黑碳全年的主要贡献者。年际间，青藏高原上的近地层大气中黑碳，主要受全年来自非本地区的黑碳输送和南亚的生物质燃烧（主要在春季）调节，1999 年春季，南亚极强的生物质燃烧，极大地提高了青藏高原近地层大气中黑碳浓度（相对于气候平均而言为 31%）（Han et al.，2020）。在 2014 年 4 月一次严重的生物质燃烧事件中，MODIS 观测到南亚发生了密集的火点,覆盖了喜马拉雅山山麓和印度-恒河平原,气团后向轨迹和星载激光雷达(CALIOP)观测进一步表明,生物质燃烧羽流可以被抬升到更高的高度并到达喜马拉雅山(Pokharel et al.,2019)。

长时间序列(1985—2013 年)的模式模拟,量化了人为排放源和自然排放源对青藏高原气溶胶(碳质和硫酸盐)的贡献,青藏高原外部人为排放源,对青藏高原年平均气溶胶表面浓度的贡献率为 75.2%,其中夏季为 78.9%,冬季为 66.6%,夏季贡献率更为显著;青藏高原当地人为排放源,对青藏高原年平均气溶胶表面浓度的贡献率约为 13.5%,其中夏为 7.4%,冬季为 24.0%,冬季贡献率更为显著。青藏高原外部自然排放源(指生物质燃烧源),对青藏高原气溶胶表面浓度的贡献约为 10%,尤其是在春季(13.8%);青藏高原内部自然排放,在青藏高原气溶胶表面浓度中起次要作用。青藏高原外部人为排放源,对青藏高原年平均气溶胶光学厚度(含量)的贡献高达 87.3%(88.0%),其中秋季为 93.9%,冬季为 80.6%(Zhao et al.,2021)。

3.3.2 天气系统对青藏高原气溶胶输送的影响

东亚上空西风急流的减弱,显著减少了塔克拉玛干沙漠沙尘向东的纬向输送,有利于塔克拉玛干沙漠沙尘向青藏高原的经向输送。数值模式模拟的塔克拉玛干沙漠主要区域和高原北部平均的沙尘气溶胶的水平和垂直分布表明,夏季,由于青藏高原感热增加、东亚西风急流减弱,塔克拉玛干沙漠的沙尘颗粒很容易被抬升至 8 km 的高度并聚积。受高原的热源效应和东亚西风减弱的影响,在塔克拉玛干沙漠地区偏北气流的影响下,沙漠上空聚积的沙尘颗粒向南输送增强,并通过地形强迫向青藏高原北坡输送(Yuan et al.,2019)。天气系统冷锋引发高原北部塔克拉玛干沙漠沙尘暴和沙尘排放,增强了塔克拉玛干沙漠沙尘在青藏高原上的输送,塔克拉玛干沙尘突破了行星边界层并延伸到青藏高原北部的对流层上部。在一次起源于塔克拉玛干沙漠,并移动到青藏高原北坡的强沙尘暴事件中(2006 年 7 月 26—30 日),塔克拉玛干沙尘通量以 6.6 Gg·d^{-1} 到达青藏高原,但在青藏高原向南移动期间,由于干沉降而迅速减少。这次沙尘事件是由一个中尺度冷锋系统,穿过天山并侵入塔克拉玛干沙漠而产生的,在天气系统的作用下,沙尘向南输送并到达对流层上层,在青藏高原上空海拔约 10 km 高空。冷锋与塔克拉玛干沙漠上相对较弱的西风相结合,以及青藏高原热泵的热效应,有利于塔克拉玛干沙漠沙尘在青藏高原上空的上升和输送。沙尘流出通量具有明显的昼夜循环,由于高原上白天加热驱动的上升气流的昼夜变化,在沙尘事件期间向南(从塔克拉玛干沙漠到青藏高原)的沙尘通量在大约 16 时(地方时,世界时+6 h)达到峰值。此外,下午高原热效应较强也导致辐合环流较强,将沙尘从塔克拉玛干沙漠输送到青藏高原(Chen et al.,2013)。长时间序列(2007—2014 年)的卫星观测资料研究也证实,青藏高原沙尘主要来自塔克拉玛干沙漠,部分来自古尔班通古特沙漠和印度塔尔沙漠。沙尘个例研究表明,有利于沙尘暴爆发和沙尘输送的气象条件以及地形条件,对青藏高原附近的沙尘排放和向高原的输送至关重要。当冷平流或由强冷平流形成的冷锋经过时,塔克拉玛干沙漠和古尔班通古特沙漠中的沙尘颗粒被排放到大气中,携带着冷空气的西北气流经过天山-阿尔泰山之间的狭长地形得以加强,加速后的西北气流受青藏高原东北坡的阻挡分为两支,一支继续向东,另一支由西北气流转为东北气流吹向青藏高原,从塔克拉玛干沙漠和古尔班通古特沙漠排放到大气中的沙尘粒子,被东北气流输送到青藏高原北坡(Jia et al.,2015)。

塔克拉玛干沙漠和古尔班通古特沙漠的沙尘排放,是由强冷锋平流的形成和发展引发的,青藏高原夏季沙尘事件月频次与冷平流经过塔克拉玛干沙漠和古尔班通古特沙漠的相关系数,分别高达 0.68 和 0.34。但从印度塔尔沙漠输送到青藏高原的沙尘与低压系统的活动有关,印度塔尔沙漠的沙尘排放,是由与高原相关的低压系统上升气流和强风引起的,地形条件导致周围盛行风吹向青藏高原,气象条件强烈影响沙尘输送,沙尘气溶胶甚至可以被上升气流抬升并越过高原。从印度塔尔沙漠输送到青藏高原的沙尘,通常被人为气溶胶污染,当发生沙尘事件时,低压系统强烈的上升气流引起印度塔尔沙漠的沙尘排放,印度夏季风西南气流,将沙尘气溶胶和人为气溶胶从印度输送到青藏高原的南坡(Jia et al.,2015;Liu et al.,2015)。

南亚的沙尘气溶胶越过喜马拉雅山到达青藏高原,也是天气尺度系统相互作用的结果,受南亚典型大气环流条件约束与驱动的沙尘气溶胶和人为污染,很可能被输送到青藏高原。在高空急流、高空低压槽和副热带高压的共同作用下,2018 年 5 月 1—4 日在南亚塔尔沙漠爆发了一次破坏力极强的强沙尘暴,沙尘暴的影响范围覆盖了整个印度-恒河平原、印度南部、孟加拉湾和青藏高原。位于南亚地区上空的高空急流轴(中心最大风速>50 m·s^{-1}),在塔尔沙漠上空出现了中断现象,其能量下传,在高空急流出口区激发出一个左侧上升、右侧下沉的次级环流,因此,靠近高原的塔尔沙漠北部的沙尘,在上升气流的作用下可以被输送到 600 hPa 以上的高空。此外,由于高空急流的动力不稳定条件和向下的动量输送,在 700 hPa 形成了一个低空急流,更有利于沙尘向孟加拉湾等下游地区输送。除了高低空急流以及大气的上升下沉运动作用,阿拉伯海上空副热带高压的长期维持,使得阿富汗北部上空存在一个高空槽,孟加拉湾上空存在一个深厚的南支槽,其槽前的西南气流频繁地将沙尘携带到青藏高原,而沙尘气溶胶的输送路径也因低压槽的位置发生改变(Wang et al.,2021)。南亚北部地区是典型的污染源,除了季风爆发前沙尘暴的频繁发生,人为污染也非常严重。在大尺度西风和小尺度南风环流的驱动下,南亚地区的大气污染物,可以周期性地穿越喜马拉雅山脉到达内陆高原地区。上述南亚塔尔沙漠爆发的沙尘暴个例,进一步明确了高空急流、低空急流、高空槽和副热带高压,对南亚沙尘及污染物向青藏高原输送的共同作用(Wang et al.,2021)。

3.3.3　青藏高原气溶胶的输送机制

青藏高原周边沙漠地区的沙尘,在上升气流的作用下,沙尘颗粒被排放到沙漠区域上空的大气中,然后随气流被输送到下风向区域。青藏高原北部高浓度的沙尘层与塔克拉玛干沙漠沙尘的经向输送有关,并且夏季的相关性更高(Xia et al.,2008)。虽然夏季塔克拉玛干沙漠和青藏高原的沙尘排放通量低于春季(2007—2011 年),但是从整层大气中的沙尘浓度来看,夏季青藏高原北部沙尘浓度比春季高 90 mg·m^{-2}。卫星观测和数值模拟也表明,夏季塔克拉玛干的沙尘粒子聚积在青藏高原北坡 3~8 km 的高度处,质量浓度比春季高 30 μg·m^{-3}(Yuan et al.,2019)。对塔克拉玛干沙漠四个方向沙尘输送通量的分析发现,春季(夏季)塔克拉玛干沙漠沙尘向东输送量占 74%(61%),向南输送量占 21%(30%),两个季节塔克拉玛干沙漠沙尘向东的输送量最大,南向输送仅次于塔克拉玛干沙尘的东向输送,特别是夏季,在东向输送减弱的情况下,南向输送更为显著。从春季到夏季,东向输送通量由总输送量的 74% 减少至 61%,而南向输送由 21% 增加至 30%,塔克拉玛干沙漠沙尘向南(经向)输送增加,向东输送减少。塔克拉玛干沙漠沙尘经向输送的季节差异,与季节环流变化和热强迫有关(图 3.2)。春季(图 3.2a)冷空气较强,青藏高原和塔克拉玛干沙漠起沙量较高,但受高空强风和地表弱的感热加热的影响,来自塔克拉玛干沙漠的大部分沙尘,随着高空西风气流被输送到中国东部,只有少部分沙尘,通过地形抬升和弱感热引起的湍流混合作用,输送到青藏高原北部。此时,高原北部是一个沙源,大部分的沙尘被高空西风输送到太平洋地区(Fang et al.,2004)。而在夏季受强的感热加热的影响,沙尘粒子在强的边界层湍流混合和上升气流的作用下,被抬升到 3~8 km 的高度(图 3.2b)。由于西风带北移和减弱,塔克拉玛干沙漠沙尘向东输送相对于春季减少了约 34%,大部分沙尘聚积在塔克拉玛干沙漠及其附近区域,为沙尘经向输送提供了基础。在塔克拉玛干沙漠南部和高原北部,夏季高原强的感热加热引起地表出现强的辐合、高空出现强的辐散。这种低空辐合、高空辐散的环流形式,使得塔克拉玛干沙漠南部的沙尘,在偏北风的作用下,被输送到高原并被抬升至 8 km 的高度(Yuan et al.,2019)。在此高度上,沙尘会进一步通过吸收太阳辐射加热大气,增强青藏高原热源(Chen et al.,2013)。

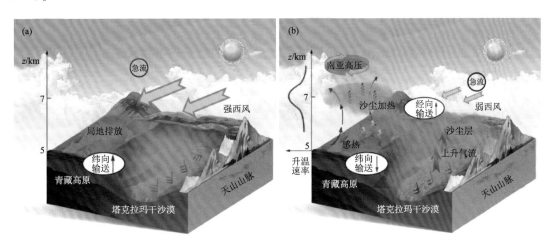

图 3.2　塔克拉玛干沙漠沙尘输送示意图(引自 Yuan et al.,2019)

(a) 春季;(b) 夏季

南亚上空沙尘气溶胶向青藏高原输送的机制,可概括为图 3.3。南亚沙尘暴的爆发,也与强烈的地面风和当地的热力条件密切相关。高空急流动量下传导致低空急流以及高空急流出口区引发的南北向次级环流,使得塔尔沙漠上空的沙尘气溶胶既能向下游输送得更远,也能被抬升至更高的高度。因此,低压槽和南支槽的维持以及槽前部的偏南气流,最终会通过东西两条路径,将沙尘气溶胶及污染物输送到青藏高原,甚至进一步向下游输送,对这些区域的天气气候产生重要影响(Wang et al.,2021)。需要注意的是,该机制只是一次沙尘暴个例,需要进行更多的个例分析和深入研究,以全面了解南亚沙尘气溶胶跨喜马拉雅山向青藏高原的输送。

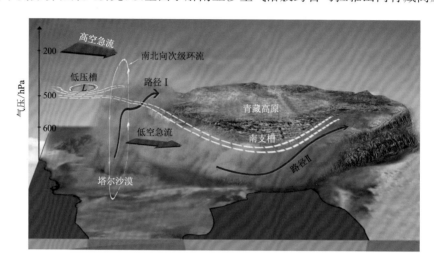

图 3.3　南亚沙尘气溶胶向青藏高原输送机制示意图。红色箭头分别代表 200 hPa 的高空急流和 600 hPa 的低空急流,白色带方向曲线表示由高空急流触发的南北向次级环流,白色虚线表示 500 hPa 水平的大气流场,蓝色箭头代表通往青藏高原的两条输送路径(引自 Wang et al.,2021)

北极海冰流失加剧了南亚气溶胶向青藏高原的输送。观测分析表明,2 月低的北极海冰增强了 4 月的亚洲副热带急流,亚洲副热带急流可以将喜马拉雅山脉上空的气溶胶输送到青藏高原上。这种气溶胶的输送机制是:在 4 月,当气溶胶含量达到气候学最大值,并且在印度夏季风爆发之前,北极北大西洋副极地海冰的冬季损失促进了气溶胶向青藏高原的输送。2 月的低海冰削弱了极地急流,通过减少向高纬度欧亚大陆内部输送温暖潮湿的海洋空气,导致乌拉尔积雪减少并持续到 4 月,加强了乌拉尔高压脊和东亚大槽,它们是延伸到欧亚大陆的准固定罗斯贝波列的一部分。这些条件促进了高原南缘的亚热带西风急流增强,激发了上坡气流与中尺度上升气流相结合,将喜马拉雅山上空的气溶胶输送至青藏高原(Li et al.,2020)。

青藏高原中部纳木错站的太阳光度计,观测记录了 2009 年 3 月 14—19 日强烈的春季气溶胶污染事件,南亚附近地区和印度半岛北部,由于火灾活动和污染的气溶胶被排放到大气中,然后盛行的西南气流将排放到大气中气溶胶输送到青藏高原中部。此个例揭示了气溶胶从南亚到高原中部的输送,受到两个关键因素的影响,即气溶胶层堆积在 3~5 km 高度,并且在此高度上盛行西南气流(Xia et al.,2011)。

青藏高原中部,由于气候恶劣,几乎没有人类居住的痕迹,当地的人为排放极为罕见。纳木错站的 CIMEL 太阳光度计获取的地面遥感气溶胶数据表明,纳木错站的年度气溶胶基线为 $\tau=0.029$,约为太平洋和大西洋的一半。在 2009 年 3 月 14—19 日个例中,由于火灾活动和污染的气溶胶,从南亚附近地区和印度半岛北部向青藏高原中部输送,青藏高原南部斜坡上大量的棕云区聚积,气溶胶污染事件期间的气溶胶光学厚度和气溶胶吸收,与某些亚洲大城市报告的相当。纳木错的日 τ 值从 3 月 13 日的 0.09 急剧增加到 3 月 14 日的 0.39,这种高气溶胶含量一直持续到 3 月 19 日。在此期间,纳木错附近测站的 τ 值几乎同时增大,表明有大量新粒子被排放到大气中,伴随着 τ 的显著变化,气溶胶颗粒的大小和吸收性也发生了显著变化,纳木错测站与气溶胶的粒子谱分布有关的 α 指数显著增加,意味着大量细颗粒被排放到大气中,气溶胶颗粒尺寸分布清楚地说明了这一点。在此期间,气溶胶单散射反照率的大小及其波长依赖性也发生了显著变化,单散射反照率普遍较低,波长依赖性变为中性或随波长降低,意味着在这次污染事件中,不同类型的气溶胶被排放到大气中。MODIS 图像显示,与喜马拉雅山、印度-恒河平原和南亚的活跃火灾有关的浓烟羽流,以及厚厚的、大范围的薄雾堆积在喜马拉雅山脊上,并影响到相邻的山谷,高原南部也被羽流覆盖,青藏高原南坡的吸收性气溶胶指数接近 2.0,表明那里有一层富含吸收性气溶胶的厚层,富含吸收性气溶胶的厚层达 2 km。印度-恒河平原上空富含气溶胶的沙尘污染池,在此期间延伸至 3~5 km,使气溶胶向青藏高原中部输送成为可能。后向轨迹曲线显示,气团在到达纳木错之前总是穿过浓密的羽流,堆积在 3~5 km 高度的气溶胶,被此高度上盛行的西南气流输送到高原中部(Xia et al.,2011)。

青藏高原东坡黑碳气溶胶的输送,与东亚大气环流的配置密切相关。高原东坡是青藏高原地区黑碳气溶胶逐日变化最为显著的区域,冬季高原东坡黑碳气溶胶偏高时的东亚大气环流特征为:高原南侧西风气流增强,北侧西风气流减弱,东亚大槽东移。在这种环流形势配置下,来自印度的黑碳,一方面,在对流层中层沿平直西风气流到达高原东部,另一方面,在对流层低层伴随增强的南支西风气流到达高原南部,同时在中国西南地区,强的西南气流会将源自四川盆地的黑碳气溶胶向青藏高原东北部输送。在边界层内,冷高压前增强的东北气流,使得来自中国中部和东部的黑碳向高原东坡输送,与此同时,高原北侧减弱的西风气流和高原东坡异常强的上升气流,有利于黑碳气溶胶的抬升,从而使得高原东坡至中国中部存在一个高浓度的黑碳气溶胶带;而当东亚大气环流配置与上述环流形势相反时,导致青藏高原黑碳气溶胶浓度偏低。两种大气环流模态可能与东亚低层经向温度梯度异常有关,这是因为冬季低层大气经向温度梯度的变化,会通过瞬变涡反馈影响高层大气环流(Yuan et al.,2020)。

青藏高原是沙尘长距离输送的重要源区之一,因为青藏高原海拔高,细颗粒物极易被卷入西风急流带。伴随青藏高原沙尘暴的是高原上一股强大的上升气流,将各种大小的沙尘颗粒提升到不同的层次,被抬升的粗颗粒在青藏高原东部大量落下堆积成黄土,细颗粒被西风急流向下游区域输送并在北太平洋下沉(Fang et al.,2004)。多年平均(2007—2016 年)沙尘气溶胶光学厚度和沙尘质量通量,在对流层低层(低于 3 km)和对流层高层(高于 8 km)存在巨大差异。对流层低层较高的沙尘气溶胶光学厚度和沙尘质量通量,主要与北半球的沙尘源有关;青藏高原下游的对流层高层,沙尘浓度和沙尘质量通量更高,在青藏高原下风方向高于 6 km 的高度,30°~40°N 的纬度上出现一条沙尘带,春季沙尘带可以穿越太平洋延伸到北美,其机制是沙尘首先被抬升到沙尘源区上空的对流层,然后被输送到青藏高原,青藏高原盛行的频繁、深厚且干燥的对流导致对流上升,将沙尘气溶胶抬升到对流层上层,然后通过亚热带西风急流将其输送到下游区域,即沙尘输送的主要途径之一,就是通过青藏高原上的对流上升,青藏高原充当了将沙尘从低层大气输送到对流层上层的通道,使得沙尘在北半球的长距离输送成为可能(Xu et al.,2018)。

3.4 青藏高原气溶胶-云-降水相互作用

近年来,卫星频繁观测到发生在青藏高原上空的大气污染事件,沙尘气溶胶可以与高原上空的云混合,形成沙尘云,气溶胶-云混合出现频次在高原边缘区域更高。气溶胶可通过影响青藏高原云微物理特性,例如云滴的数量浓度和大小,改变云反照率和云寿命,产生气溶胶-云-降水相互作用(Jia et al.,2019)。

3.4.1 气溶胶-云-降水相互作用的主要特征

青藏高原周边几大沙漠和人为污染物源区的气溶胶被输送至高原边坡,受高原大地形动力和热力作用的影响,被进一步抬升至高原上空。同时,夏季青藏高原周边洋面的水汽,受季风影响可输送至高原周围,在高原热力作用下,进一步汇聚至高原上空形成空中湿岛。夏季充沛的水汽使得高原上空对流云的形成和发展旺盛,并与抬升至高原上空的沙尘等大气气溶胶发生混合,气溶胶粒子对云物理特性产生影响(Hua et al.,2018,2020)。其中,与沙尘混合的云(简称沙尘云)主要分布在青藏高原西南部和北部(约13%)以及东北部(约7%),被污染的沙尘与云的混合主要发生在青藏高原的南坡、东坡和东北部(约8%)。虽然青藏高原上空与云混合的气溶胶较少,但亦不容忽视(Jia et al.,2019),随着人类活动的加剧,青藏高原地区本地排放的大气气溶胶也逐渐增多。

研究显示,自1998年以来,全球变暖趋势减缓,但青藏高原地区增温仍很显著,与1961—1999年+0.04 ℃·(10 a)$^{-1}$的增温速率相比,2000—2015年青藏高原以+0.30 ℃·(10 a)$^{-1}$的速率加速增温,且冷季(11月—次年3月)增温较暖季(5—9月)增温更为明显。卫星观测显示,同时期冷季几乎整个青藏高原的中云减少(−0.359%·a^{-1}),高云增加(+0.241%·a^{-1}),且冷季高原的净云辐射强迫为正,表现为加热效应。综合青藏高原大部分地区高云增加和中云减少的趋势分析表明,中云反照率效应的减弱和高云长波温室效应的增强,可能部分促成了高原气候持续变暖,而且中云减少比高云增加,在调节高原加速升温方面发挥了更重要的作用,尤其是在冷季。而且增温速率和云分数的变化随海拔高度的升高而显著增大,云的短波反照率效应随海拔高度的增加而减小,这与云份数和云长波温室效应随海拔高度的增大不同,总云份数与云辐射强迫之间存在明显的线性关系,此外,云的辐射效应随海拔高度的升高而增强。耦合模式比对计划第五阶段(CMIP5)的数值模式模拟结果表明,云净辐射效应对高原增温的贡献为+0.88 ℃,其中因中云减少引起的短波辐射效应增加占主导地位(Hua et al.,2018)。

气溶胶可通过直接辐射效应影响大气中的辐射收支,改变大气热力结构,进而对云微物理过程产生影响。沙尘气溶胶对短波辐射的影响远大于对长波辐射的影响(Jia et al.,2015;Wang et al.,2020b),这意味着白天沙尘气溶胶的加热效应比夜间更明显。白天,由于沙尘气溶胶的加热作用,可引起更强的云滴蒸发,在成核过程中为沙尘气溶胶提供更多的水汽。随着沙尘气溶胶的增加,对水汽的竞争加剧,导致白天冰云滴半径下降更为显著。因此,白天冰水路径对沙尘气溶胶的增加反应迅速,随着沙尘气溶胶增加到阈值(气溶胶指数(aerosol index,缩写为 AIn)=0.12),饱和效应显著增加,冰云滴半径和冰水路径的变化,通常会导致冰云滴半径和饱和效应的变化。相反,在夜间,在相对稳定的水汽环境下,沙尘气溶胶的加热效应较小,冰云滴半径保持稳定,导致冰水路径和冰云滴半径的变化与白天不同。因此,气溶胶不仅通过微物理而且通过动态过程影响云特征(Liu et al.,2019)。

气溶胶对冰云和水云物理特性的影响不同。总体而言,青藏高原上空气溶胶对冰云物理特性的影响比对水云物理特性的影响更显著(Liu et al.,2019;Hua et al.,2020)。在青藏高原上空,气溶胶与冰云云份数之间的相关性比水云云份数高。随着气溶胶的增加,水云发展得更高更深厚,冰云则变高变薄。从云的微观特性而言,相较于水云,气溶胶对冰云的影响更为显著,2001—2004 年平均的结果也显示,沙尘对冰云的微物理特性有着显著影响。研究表明,沙尘污染条件下的冰云有效粒径、光学厚度和冰水路径均比无尘大气环境中的冰云各参量小(Huang et al.,2006)。其中,气溶胶的增加导致白天冰云的粒子半径减小,当气溶胶指数从 0.05 增加到 0.17 时,白天的冰云滴半径从 32.1 μm 减小到 27.9 μm,夜间冰云的粒子半径几乎不变。由于饱和效应,白天冰水路径略有减少,夜间冰水路径则显著增加。白天和夜间冰云的光学厚度呈现出显著相反的变化趋势。这些结果虽然为气溶胶与云特性之间的关系提供了一些证据,但不能排除气象因素对云特性的影响。进一步单独筛选出气象因素的影响后,计算气溶胶指数与云参数的偏相关系数发现,气溶胶因素对白天冰云滴半径、夜间冰水路径和冰云光学厚度的影响高于气象因素。即剔除气象因素的影响表明,气溶胶对冰云特性的影响比气象条件更显著(夜间冰云滴半径和白天冰水路径除外)。观测和模式模拟结果均表明,受气溶胶的影响,冰云辐射强迫的变化覆盖了青藏高原大部分地区,而水云辐射强迫的变化主要出现在青藏高原的南缘。模式模拟结果表明,气溶胶对青藏高原水云总辐射强迫的间接影响为 $-0.34(\pm0.03)$ W·m^{-2},而对冰云强迫的间接影响为 $-0.73(\pm0.03)$ W·m^{-2},模式模拟和卫星资料分析结果都表明,气溶胶对冰云的间接影响比对水云的间接影响更为明显(Hua et al.,2020)。

研究青藏高原上空气溶胶与深对流云相互作用机制发现,首先,深对流云的发展是由于强的水汽输送和适当的大气动力学条件产生的。当对流过程发展到足够强时,更多的水汽在 0 ℃以上的等熵层上被迅速输送,由于云凝结核和冰核的短缺,产生了过冷水云。沙尘粒子通过对流上升气流注入这个过冷层后,其中一些被激活为冰核并将过冷水云迅速输送到冰云中。当沙尘粒子被抬升到云层上层时,云反照率增加,云中的冰粒子有效半径减小。先前的研究阐明了潜热释放在深对流增强中的关键作用,因此,这种冻结过程释放的潜热预计会加强对流系统,将更多的沙尘粒子和水汽从周围区域吸入对流云,最终发展为成熟的雷暴导致强降水(Yuan et al.,2021)。

气溶胶粒子可促进冰核粒子的异质核化,调节云的微物理和辐射特性。2018年1—10月,在纳木错综合观测站采集的34个雨水样本中,检测到在与混合相云相关的温度下的雨水中的冰核粒子,雨水的化学成分是沙尘气溶胶、海洋气溶胶和人为污染物的混合物,表明在青藏高原中部的雨水成分,受到多种自然和人为气溶胶的影响。在$-27.5 \sim -7.1$ ℃的温度范围内,冰核粒子浓度值在$0.002 \sim 0.675$ L^{-1}之间变化,在全球地球物理条件下降水中的冰核粒子光谱范围内,也与北极地区的冰核粒子浓度相当。加热实验表明,在-20 ℃时,生物冰核粒子平均占总冰核粒子的$57\% \pm 30\%$(平均值±标准偏差),并且在更高的温度范围内变得更加重要,表明在-20 ℃以上温度条件下,生物颗粒是青藏高原上冰核粒子的主要贡献者。青藏高原上的大陆下垫面,例如天然植被和农业区,可能是这些生物冰核粒子的来源。化学分析表明,雨水成分可能受到混合源的影响,包括沙尘颗粒、海洋气溶胶和人为污染物,在低于-20 ℃的温度下,与从周围沙漠输送或源自高原上地表的沙尘颗粒相关的成分形成耐热冰核粒子。雨水中的黑碳平均质量浓度为(1.07 ± 1.05) $ng \cdot mL^{-1}$,由于在确定的温度范围内含量低得多,且成冰性能和核化效率低,黑碳可能不是观察到的耐热冰核粒子的原因(Chen et al.,2021)。

3.4.2 气溶胶-云-降水相互作用对高原降水的影响

沙尘气溶胶可以通过增强云中冰晶的形成和生长过程,影响云的微物理特性,对流云中的沙尘气溶胶可能会产生二次间接效应(即云寿命效应),沙尘粒子降低了对流云中冰粒子的有效半径,延长了这些云的寿命并引发了高原上云的垂直发展(Liu et al.,2019,2020)。沙尘气溶胶作为冰核,可以激活深对流云中气溶胶-云-降水的相互作用,加强深对流云的发展,造成强对流降水(Yuan et al.,2021)。发生在2018年5月2日强沙尘暴事件,整个印度-恒河平原、印度南部、孟加拉湾,甚至青藏高原都受到了这次沙尘事件的影响,高空急流触发的典型的南北向二级环流,促进了塔尔沙漠上的沙尘气溶胶更强和更高的垂直抬升,这些抬升的沙尘颗粒,由于阿富汗上空低压槽和孟加拉湾上空的低压槽前的偏南气流,穿过喜马拉雅山脉输送到青藏高原,受南亚典型大气环流条件约束和驱动的沙尘气溶胶和人为污染被输送到青藏高原(Wang et al.,2021)。强沙尘暴发生的同时,印度西北部还出现了雷暴和强降水。瞬时风速超过了100 $km \cdot h^{-1}$,有利于沙尘气溶胶向印度-恒河平原的排放和输送。此次强对流过程造成印度西北和巴基斯坦东部,包括旁遮普邦、喜马偕尔邦、查谟和克什米尔地区,在5月2日12 h(00—12时(世界时))的累积降水达到$5 \sim 30$ mm(Yuan et al.,2021)。

沙尘暴和雷暴于 2018 年 5 月 2 日在印度西北部爆发,沙尘气溶胶和水汽,分别伴随对流层低层 700 hPa 的西南风和 850 hPa 的偏东风,沿着喜马拉雅山南麓在印度北部汇合,然后被强不稳定层结和西风急流驱动的次级环流触发的强对流系统,抬升到对流层的中上部。虽然 CALIPSO 没有直接穿过雷暴云团的中心,但是在雷暴云团发展到达成熟阶段之前,CALIPSO 的垂直剖面显示,喜马拉雅山南侧出现了沙尘和冰云的混合云,并且存在着大量的过冷水云。此外,臭氧监测仪(ozone monitoring instrument,OMI)也探测到雷暴云团周围存在显著的沙尘层,意味着深对流云团中可能存在着大量的沙尘和水凝结物的混合。通过对沙尘和云的微物理结构演变的分析,发现南亚沙尘可能通过冰核的形成,使对流云发展并增强降雨,这是因为当过冷水云急剧减少时,沙尘气溶胶光学厚度、冰水路径和云相态表现出增加的趋势,表明沙尘颗粒很可能作为冰核,加速液态水云和混合云向冰云的转化。由于沙尘冰核的存在,MODIS 以及云和地球辐合能量系统(clouds and the earth's radiant energy system,CERES)反演的冰云粒径大幅下降。在此相变过程中释放的潜热,进一步增强深对流云的发展,造成了印度北部强对流降水(Yuan et al.,2021)。

模式模拟了 2014 年 8 月青藏高原对流云对气溶胶的响应。增加气溶胶浓度,通常会增强云核上升气流和最大上升气流,从而加强青藏高原对流云中的对流。一般来说,随着气溶胶浓度从非常干净的背景条件到污染条件的变化,更多的气溶胶被活化,青藏高原对流云中云滴数浓度显著增加,对流云中的液滴尺寸减小,大量小尺寸云滴的形成抑制了暖雨过程,提高了水汽凝结效率和上升气流,产生更多可用的可凝结水汽。当更多的云滴在 0 ℃等温线以上输送时,发生混合相过程释放更多的潜热,进一步增强云核上升气流和增加降水(Zhou et al.,2017)。

青藏高原对流云中的降水随着气溶胶浓度的增加而增加,但与高气溶胶浓度地区(中国华北平原)对流云相比,降水增强并不显著。这是因为青藏高原对流云中气溶胶浓度增加引起的对流增强,不仅促进了降水,而且还将更多的冰相水凝物输送到对流层上部形成云砧,从而降低了降水效率。在青藏高原对流云中,当气溶胶浓度增加时,随着气溶胶浓度的增加降水增强变得不明显,但相当数量的冰相水凝物在 12 km 以上甚至超过 16 km 都增加了(Zhou et al.,2017)。

3.4.3　气溶胶-云-降水相互作用对周边降水的影响

大气气溶胶影响地-气系统的辐射收支并进而影响地球气候外,气溶胶粒子的存在,还将引起大气加热率和冷却率的变化,直接影响大气动力过程。青藏高原沙尘气溶胶的间接影响,可以增强高原对流云的发展,并可能有助于下游区域的强降水(Liu et al.,2019)。夏季青藏高原如同一个强大的发动机,驱动附近的水汽、云和气溶胶运动,影响青藏高原附近的降水,引发下游地区的降水或干旱(Liu et al.,2020)。CALIPSO 在青藏高原北坡探测到一次强沙尘事件(2016 年 7 月 16—17 日),气溶胶光学厚度高值主要分布在青藏高原北坡,同时,云卫星

(CloudSat)在青藏高原北坡地区观测到深对流云,青藏高原北坡对流云和沙尘在同一高度混合,随着气溶胶光学厚度增加到峰值,冰的粒径减小到最小,云中沙尘气溶胶的加入,导致冰粒尺寸减小并延长云寿命,沙尘气溶胶的云寿命效应促进对流云的发展,使对流云在更高的高度发展,相应地,云顶高度和云面积分数增加,更大的冰水路径是由向东移动的对流云的发展引起的。在有利的气象条件下,青藏高原上空受气溶胶影响的对流云继续东移,并沿移动路径与其他对流云团合并,导致长江流域出现明显降水;受强风影响,部分强对流云团向北移动,引发华北地区强降水。

　　模式模拟也证实了塔克拉玛干沙尘对青藏高原云特性和下游降雨的影响机制。塔克拉玛干沙漠的沙尘被抬升到青藏高原北坡,输送到青藏高原的沙尘气溶胶减小了云有效半径,但增加了高原上的云光学厚度、液态水路径和冰水路径。沙尘对云有效半径滞后的最大影响在气溶胶光学厚度峰值之后,同时,沙尘对冰云光学厚度的影响比水云光学厚度更大,意味着沙尘对高原上对流云中冰粒的影响比对流云中的液滴更显著。模型验证并量化了塔克拉玛干沙尘对青藏高原云特性的间接影响,以及对北部地区降雨的影响,当源自塔克拉玛干沙漠的沙尘气溶胶输送到青藏高原时,通过影响云特性来影响下游降水。同时,模式模拟的沙尘气溶胶空间分布表明,下游地区没有出现沙尘气溶胶,可以断定塔克拉玛干沙漠没有直接向下游输送沙尘气溶胶,因此,在本个例研究中,下游降水主要受从高原移出的塔克拉玛干沙尘污染云的影响,而不是沿云移动路径的沙尘气溶胶。总体而言,由于塔克拉玛干沙尘气溶胶的间接影响,云在高原上进一步发展,延长了云的寿命,相应地,影响了下游降水。云层的发展增强了暴雨强度,推迟了北方地区暴雨的发生,受塔克拉玛干沙尘污染的云团向东移动,可使强降雨的发生延迟12 h,但会加剧北部地区的降雨(Liu et al.,2019)。

　　青藏高原的水汽、云、沙尘气溶胶和沙尘云输送的变化,可以部分改变中国北方地区的降水,如图3.4所示。自1979年以来,夏季的亚洲副热带急流轴显著北移,对流层上层风速明显减弱,从青藏高原输送的水汽、沙尘、云水等减少,导致中国北方地区大气趋于干燥;同时,可作

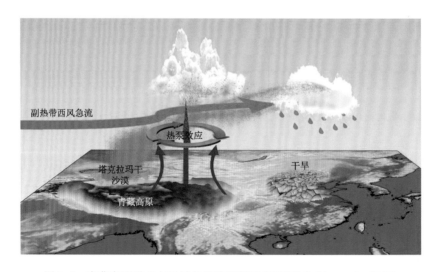

图3.4　青藏高原对北方干旱的影响机制示意图(引自 Liu et al.,2020)

为云中冰核的沙尘气溶胶从青藏高原向北的输送减少。而在中国北方地区,人为气溶胶,尤其是硫酸盐气溶胶呈高增加趋势,且该区域大气环境相对干燥,由于水汽和冰核数量不足,大量的人为气溶胶可能会抑制降水,从而使中国北方降水减少并导致更频繁的干旱。相反,当副热带急流向南偏移时,中国北方地区的夏季降水增加(Liu et al.,2020)。

另外,印度污染气溶胶和青藏高原对流降水以及华南地区降水之间,也可能存在潜在的遥相关。来自印度的人为气溶胶和周边地区的沙尘气溶胶,会增强青藏高原上空的对流降水,对流云可以向下游输送到华南等地区,造成强对流降水,进而增加中国下游地区的降水,印度污染与青藏高原和华南地区降水之间存在时间滞后。然而,考虑到影响云量和降水的多种因素,这种遥相关难以从观测中清楚地识别出来,此外,由于全球变暖、冰川、气溶胶等多种影响因素的相互作用,很难从降水观测中评估上述机制(Zhao et al.,2020)。

3.5　青藏高原气溶胶对天气气候的影响

沙尘气溶胶主要通过改变短波辐射收支,影响青藏高原上大气的辐射收支和热力学结构(Jia et al.,2018;Wang et al.,2020a),调节大气的稳定性以及地表感热和潜热,影响青藏高原热泵作用(Chen et al.,2013),对雪和冰盖产生巨大的融化潜力。沙尘辐射加热的月际和年际变化,突显了沙尘气溶胶对大气热力结构的显著增暖作用,尤其是在近地面(Wang et al.,2020b),沙尘强迫辐射加热的增温模式,可能会影响大气、陆地和积雪的温度异常,进而影响过去几十年的大规模加速增温。地表附近显著的变暖效应可能增加融雪潜力,导致青藏高原及下游地区的水交换发生改变,进而影响天气气候。

3.5.1　青藏高原气溶胶的辐射效应

利用气溶胶消光系数,模拟青藏高原上气溶胶的辐射效应和加热速率表明,在高原上短波的辐射效应是正值,可以高达 16 W·m^{-2},而红外辐射效应为负值,约为-4 W·m^{-2}。沙尘对青藏高原气溶胶辐射强迫的贡献最大,硫酸盐和含碳气溶胶的辐射强迫相对较小,沙尘气溶胶可以通过吸收辐射能量,并将其保留在沙尘层进而加热大气,在含量很高的沙尘层中,瞬时加热速率可高达 5.5 K·d^{-1},青藏高原上的沙尘气溶胶主要影响短波辐射收支(Jia et al.,2018)。沙尘气溶胶吸收短波辐射以加热大气,并可能引发来自相邻源区的沙尘气溶胶的强烈垂直输送,增温中心主要出现在塔克拉玛干沙漠、塔尔沙漠及其邻近的输送区域(Wang et al.,2020b)。春季增温的峰值中心出现在塔克拉玛干沙漠,约为 9.0 K·月$^{-1}$,而夏季出现在塔尔沙漠的峰值约为 7.0 K·月$^{-1}$。沙尘强迫长波辐射大部分显示为负值,但沙尘长波冷却效应的幅度,远小于短波加热效应的幅度,除冬季以外的所有季节,长波冷却的峰值中心(约

—1.5 K·月$^{-1}$)主要发生在塔克拉玛干沙漠。青藏高原及其周边区域的最大沙尘气溶胶光学厚度和沙尘辐射加热,主要出现在春季,但印度-恒河平原,由于受南亚季风爆发和增强的影响,沙尘辐射加热最大值出现在夏季。沙尘辐射加热与大气沙尘含量有较好的一致性,具有相当大的季节性和空间变异性,青藏高原周边区域沙尘气溶胶的最大排放和含量,春季(3—5月)出现在塔克拉玛干沙漠,夏季(6—8月)出现在塔尔沙漠等沙尘源及其邻近地区,而秋季(9—11月)和冬季(12月—次年2月)较少。沙尘强迫辐射加热的年代际气候学表明(2007—2016年),沙尘辐射强迫加热最大值出现在地表附近,并随着高度的增加而降低。近地表沙尘强迫辐射加热年代均值,塔克拉玛干沙漠为16.8 K·月$^{-1}$,恒河平原春季为10.8 K·月$^{-1}$,印度平原夏季为13.7 K·月$^{-1}$,分别为地表沙尘强迫辐射加热平均值的3.6、3.0和3.1倍。来自青藏高原及其周边区域的沙尘气溶胶,在青藏高原的大气热结构变化中起着重要作用,特别是来自柴达木盆地及其周边地区的沙尘气溶胶的叠加,对增加青藏高原沙尘辐射加热有很大贡献。沙尘事件对青藏高原上柴达木盆地的影响最为显著,其中春季近地表沙尘强迫辐射加热为4.7 K·月$^{-1}$,夏季达到2.8 K·月$^{-1}$。沙尘强迫辐射加热的月际和年际变化,突显了沙尘气溶胶对大气热结构的显著增温效应,尤其是在近地表(Wang et al.,2020b)。数值模拟结果表明,2010—2015年,青藏高原沙尘产生的年平均短波辐射、长波辐射和净辐射(短波辐射+长波辐射)强迫,在大气层顶分别为—1.40 W·m^{-2}、0.13 W·m^{-2}和—1.27 W·m^{-2}(冷却),在大气层中分别为0.67 W·m^{-2}、—0.26 W·m^{-2}和0.41 W·m^{-2}(变暖),在地表面分别为—2.08 W·m^{-2}、0.39 W·m^{-2}和—1.69 W·m^{-2}(冷却)(Hu et al.,2020)。

塔克拉玛干沙漠沙尘冷却近地表附近的大气,并加热上方的大气,在一次强沙尘事件中(2006年7月26—30日),在青藏高原上约7 km处,以0.11 K·d^{-1}的最大加热速率加热。塔克拉玛干沙漠沙尘在青藏高原大气层顶、大气中和地表上,平均净辐射强迫分别为—3.97、1.61和—5.58 W·m^{-2}。塔克拉玛干沙漠沙尘在高原地表,具有平均为11.71 W·m^{-2}的短波冷却效应和平均为6.13 W·m^{-2}的长波增温效应,在大气中,塔克拉玛干沙漠沙尘可引起短波6.69 W·m^{-2}的变暖和5.08 W·m^{-2}的长波冷却。大气中沙尘引起的短波加热和长波冷却随着海拔升高而逐渐减少。模式估算的青藏高原上沙尘的辐射强迫和加热速率,总体上与先前研究中估算的塔克拉玛干沙漠沙尘源区域附近的相当(Chen et al.,2013)。2015—2017年的模式模拟结果也表明,青藏高原沙尘气溶胶可以明显冷却地表(南、北坡的净辐射强迫约为—30 W·m^{-2}和—16 W·m^{-2})和大气层顶(南、北坡净辐射强迫约为—16 W·m^{-2}和—8 W·m^{-2}),对大气有加热作用(南、北坡的辐射强迫约为8 W·m^{-2}和20 W·m^{-2})。硫酸盐气溶胶对大气层顶和地面都有冷却作用(—5 W·m^{-2}),对大气影响较小。虽然光学厚度较小,含碳气溶胶却可以明显加热大气,其辐射强迫约为6 W·m^{-2}(Jia et al.,2015)。

人为黑碳在青藏高原近地表引起了负辐射强迫和冷却效应(Yang et al.,2018)。黑碳、有机碳和硫酸盐在青藏高原上(1985—2013年)的近地表产生—0.7 W·m^{-2}的平均辐射强迫,尤其是在夏季(Zhao et al.,2021)。沉积在青藏高原雪上的吸光微粒(包括黑碳、有机碳和矿物粉尘)会降低地表反照率,并有助于全球范围内的冰雪融化,黑碳和沙尘对降雪反照率减少的相对贡献,分别达到约 37% 和 15%(Zhang et al.,2018)。但黑碳浓度具有明显的季节性变化和区域差异的分布特征,在非季风季节和低海拔地区具有更高的值,因此,黑碳引起的区域平均积雪反照率减少和地表辐射效应,在不同季节和区域之间的差异高达一个数量级(He,2017)。

2005—2013 年,在青藏高原拉萨的紫外线辐射和总辐射实地测量的基础上,研究了紫外线辐射的变化,以及各种云层条件下气溶胶和云对紫外线辐射的影响。紫外线辐射从春天到夏天增加,然后在冬天减少到较低的值,年平均值为 $0.91\ \mathrm{MJ \cdot m^{-2} \cdot d^{-1}}$。随着云量的增加,紫外线辐射与总辐射的比值呈现上升趋势,尤其是在云量高于 5 倍的情况下。时间变化显示了不同云量背景下,紫外线辐射与总辐射的比和晴度指数之间的反比关系。气溶胶、气溶胶与云衰减效应相结合,均导致紫外线辐射最高值从春季到夏季有明显的增加趋势,之后逐渐下降至冬季。在青藏高原拉萨,气溶胶和云对紫外线辐射的年平均消光效应约为 18%(Hu et al.,2015)。

在青藏高原西北部阿里狮泉河,2019 年 7 月 8 日—8 月 2 日气溶胶综合观测试验期间,量化的关键气溶胶参数显示,青藏高原西北部气溶胶的总量和辐射效应较高,特别是气溶胶吸收性辐射效应较强(Zhang et al.,2021)。在青藏高原中部纳木错,太阳光度计观测记录的 2009 年 3 月 14—19 日强烈的春季气溶胶污染事件中,纳木错显著较低的单散射反照率表明,由于气溶胶的强烈吸收,大部分太阳辐射被重新分配到大气中。在此个例中,当太阳天顶角约为 63° 时,地表和大气层顶的瞬时辐射强迫分别为 $-72.2\ \mathrm{W \cdot m^{-2}}$ 和 $6.9\ \mathrm{W \cdot m^{-2}}$,大气层中瞬时辐射强迫约为 $79.1\ \mathrm{W \cdot m^{-2}}$,由于气溶胶的强烈吸收而加热大气(Xia et al.,2011)。

3.5.2 青藏高原气溶胶对局地天气的影响

青藏高原整体环境较为清洁,因而对气溶胶异常敏感。气溶胶可以吸收和散射太阳辐射,也可以改变云的性质,从而直接或间接地影响青藏高原天气气候。

图 3.5 是基于文献综述的气溶胶影响青藏高原天气和气候示意图(Zhao et al.,2020),印度上空排放的气溶胶可能会减少到达地表的太阳辐射,使地表变暖减缓,此外,吸光气溶胶进一步吸收太阳辐射,使近地表空气温度比没有吸光气溶胶的更热,这两种气溶胶辐射效应能够改变大气热力结构,使印度大部分地区的大气更加稳定,然后降低云和降水的频率,使得本来应该在印度中部或南部地区形成降水的气溶胶和水汽,随着潜热的增强,进一步向青藏高原南坡输送,形成更多的云层和更强的降水,其机制如图 3.5a 所示。

污染的气溶胶,包括黑碳和可溶性颗粒,甚至可以穿过喜马拉雅山脉到达高原内部区域,对高原上的云和降水的形成和发展造成影响。先前的研究提出了青藏高原的热泵效应,如图 3.5b 所示,输送至青藏高原的吸光气溶胶通过在地面或地面附近吸收更多的太阳辐射,可以增强热泵效应,可能在青藏高原上产生更强的对流,并使更多的大气成分输送到青藏高原或通过青藏高原,如图 3.5c 所示,多项研究证实了这个机制。这些研究表明,吸光气溶胶增加的净

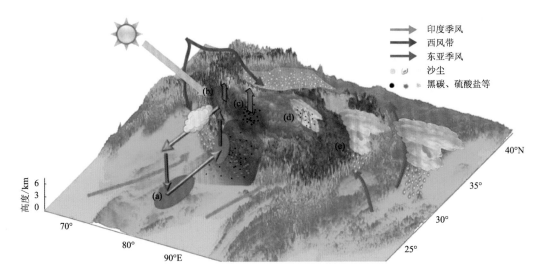

图 3.5 气溶胶对天气和气候影响的示意图。(a)气溶胶从印度中部向青藏高原南坡的输送;(b)青藏高原的热泵效应;(c)气溶胶增强了热泵效应;(d)气溶胶增强青藏高原上的对流和降水;(e)青藏高原对流增强导致下游地区降水增多(引自 Zhao et al.,2020)

地表太阳辐射吸收,将导致青藏高原上快速融雪和对流层上部变暖,随后是喜马拉雅山脉、印度-恒河平原上空的低层西南风增强和沙尘含量增加。这种效果可以进一步导致青藏高原反气旋增强和东亚上空异常罗斯贝波列的发展,导致梅雨雨带向北移动和加强(Zhao et al.,2020)。

不仅地表吸光气溶胶可以增强热泵效应,地表的吸光气溶胶以及大气中其他类型的气溶胶可以激发青藏高原上空的对流云。云解析模型分析表明,增加气溶胶浓度通常会增强云核的上升气流和最大上升气流,加强高原上的对流和降水,如图 3.5d 所示,增强的对流不仅给青藏高原带来更多降水,而且可能影响下游地区的降水,如图 3.5e 所示,同样,青藏高原上的吸光气溶胶增强对流也可能导致下游地区降水增多(Zhao et al.,2020)。

数值模式试验表明,沙尘和黑碳对大气的加热会导致青藏高原普遍变暖,并加速青藏高原西部和喜马拉雅山脉的积雪融化。在北方春季,主要由邻近沙漠输送的沙尘和当地排放的黑碳组成的厚气溶胶层,在印度-恒河平原上聚积,紧靠喜马拉雅山山麓和青藏高原,气溶胶层从地表延伸到海拔约 5 km 高度,通过吸收太阳辐射,加热对流层中层,加热会产生大气动力反馈——高原热泵效应,高原热泵增加了印度北部的湿度、云量和深对流,并加大了喜马拉雅山和高原的积雪融化速度,积雪加速融化主要集中在高原西部。从 4 月初开始积雪缓慢融化,然后 5 月上旬至中旬迅速融化,5 月中旬到 6 月初,积雪继续减少,其中 4 月下旬至 5 月中旬高原西部地区的变暖和融雪最为明显。积雪加速融化伴随着青藏高原大气-陆地系统升温阶段,大气升温导致地表升温。地表能量平衡分析表明,地表短波辐射通量和长波辐射通量,主要受高原上空云量和水汽变化的调节,地表短波辐射通量和长波辐射通量在很大程度上相互抵消,具有整体净冷却效果,地表加热和积雪加速融化,源于通过感热和潜热通量,从大气到陆地热量的有效输送,超过净辐射(短波和长波)冷却效应。4 月积雪的缓慢融化阶段,是由感热从较温暖的大气层有效输送到陆地开始的,5 月积雪的快速融化阶段,是由于蒸发-雪-陆地反馈耦合高架热泵效应引起的青藏高原上大气水汽增加(Lau et al.,2010)。

作为对印度-恒河平原和喜马拉雅山山麓沙尘和黑碳辐射强迫的响应,青藏高原上空的大气是通过高架热泵效应异常加热和润湿,青藏高原上空温暖和湿润的大气,导致从陆地到大气的地表感热和潜热通量减少,即地表的净热量增加,获得的净热量用于融化青藏高原和喜马拉雅山上的更多积雪。气溶胶的太阳辐射加热引起的异常大气热能,从大气输送到陆地,从而增强了地表的季节性变暖和该地区的积雪融化(Lau et al.,2010)。在模式中,当考虑气溶胶强迫时,在青藏高原西部和喜马拉雅山上,春季积雪比例比平均水平显著降低,青藏高原上春季积雪比例呈大幅度下降趋势,在青藏高原西部和喜马拉雅山坡上积雪比例的最大下降 12%～15%。春季气溶胶对对流层的加热,导致喜马拉雅山和高原西部的积雪融化加速,气溶胶引起的变暖和融雪在高原西部最为明显。春季融雪加速也是由于气溶胶对积雪反照率的影响,气溶胶沉积导致积雪反照率降低,因为雪的反照率减少导致太阳辐射增加,比空气变暖引起的积雪融化更有效。地表能量平衡分析表明,由于吸收性气溶胶引起的地表变暖导致早期雪融化,并通过雪/冰反照率反馈,进一步增加地表大气变暖。印度-恒河平原通过吸收性气溶胶对气溶胶强迫的响应,积雪反照率效应可能会显著加速高原季风前季节的积雪融化。模式估计表明,气溶胶对融雪的影响很大,或与温室气体的影响相当,因为黑碳或沙尘沉积在雪上引起的雪反照率降低,可以进一步加速高原上的积雪融化(Lee et al.,2013)。

仪器数据和长期湿度敏感的树木年轮显示,自 20 世纪 80 年代初以来,在中亚和东亚,青藏高原的显著湿润趋势最为明显。研究表明,大尺度海洋异常和大气环流异常,对青藏高原的湿润趋势没有显著影响,同时,局部温度与降水之间的弱相关性表明,温度引起的局部水交换增强,也不能完全解释湿润趋势,这可能表明局部温度和降水之间存在非线性关系。假设当前的变暖可能会增加生物挥发性有机化合物的排放,从而增加二次有机气溶胶,导致降水增加。湿润趋势可以增加植被覆盖,并导致对生物挥发性有机化合物排放的正反馈,模式模拟表明,生物气溶胶浓度的增加是青藏高原近期湿润趋势的一个促成因素,生物挥发性有机化合物排放的增加,对区域有机气溶胶质量有显著贡献,并且模拟的生物挥发性有机化合物排放的增加与青藏高原的润湿趋势显著相关(Fang et al.,2015)。

模式对历史上末次盛冰期青藏高原上的雪中沙尘辐射强迫及其对区域气候的反馈和春季沙尘循环的研究表明,青藏高原上的雪中沙尘辐射强迫,在末次冰盛期期间建立了增强东亚沙尘循环的正反馈路径。春季是末次冰盛期东亚地区沙尘活动最强的季节,雪中沙尘会导致正辐射强迫和青藏高原表面的显著变暖,在末次冰盛期期间达到 45 W·m^{-2} 以上和青藏高原西部变暖 3～5 ℃。在末次冰盛期期间,雪中沙尘辐射强迫在春季使东亚沙尘排放、干沉降和湿沉降,分别增加了 71.6 Tg(8.1%)、34.5 Tg(7.0%)和 7.9 Tg(16.0%)。进一步分析表明,雪中沙尘辐射强迫通过增加地表短波辐射强迫、感热和潜热通量,使青藏高原表面变暖,增强了青藏高原春季的热效应,使中高层反气旋环流异常,从而增强了东亚沙尘源区的区域西风,进而增强了东亚的沙尘排放和沙尘输送(Shen et al.,2020)。

除青藏高原北部的部分地区外,青藏高原大部分地区的人为黑碳气溶胶在近地面造成负辐射强迫,由于这种负辐射强迫,在非季风季节和季风季节,青藏高原大部分地区的地表温度均下降。人为黑碳气溶胶,因其吸收太阳辐射的能力而在大气中的不同高度产生加热效应,因为黑碳气溶胶可以吸收太阳辐射并加热大气。温度变化与人为黑碳气溶胶浓度之间存在很强的对应关系,在 500 hPa 和 200 hPa,由于对流层中低层强烈的上升气流,将地面附近的黑碳气溶胶向上输送到对流层中上层,导致对流层中上层大气中人为黑碳气溶胶浓度升高,季风期的增温效应比非季风期更为显著。大气中人为黑碳气溶胶引起的青藏高原上地表温度的变化非常小,变化值在 $-0.08 \sim 0.08$ ℃ 的范围内。此外,在非季风季节和季风季节,青藏高原北部的温度分布均呈现升温趋势,这与地表辐射强迫的空间格局一致(Yang et al.,2018)。

3.5.3 青藏高原气溶胶对气候的影响

气溶胶对季风的显著影响之一,体现在南亚和东亚大范围的暗化现象,即到达地面的太阳辐射的整体减少,在大陆尺度上,气溶胶减少了到达地球表面的太阳辐射,削弱了海-陆之间的热力差异,从而抑制季风的发展,减弱季风强度。中国雾/霾天数的增加,除了与污染排放有关外,也与东亚季风气候变化息息相关(Li et al. 2016;Wu et al.,2016)。亚洲季风受多种自然气溶胶和人为气溶胶的影响,研究表明,亚洲沙漠排放的沙尘会减弱东亚夏季风,数值模拟结果证实,青藏高原上产生的沙尘气溶胶,对东亚夏季风产生了重要的影响。在仅考虑青藏高原排放的沙尘气溶胶对区域气候影响的模拟显示,青藏高原本地排放的沙尘气溶胶,还可以通过减弱青藏高原热源,从而减小海-陆热力差异,使东亚夏季风显著减弱(Sun et al.,2017)。青藏高原本地产生的沙尘气溶胶引起的对流层中层直接辐射冷却,导致以青藏高原地区为中心的低对流层整体反气旋环流异常,东亚夏季风地区的东北部异常使其强度大大降低。敏感性模拟表明,东亚夏季风与青藏高原本地排放的沙尘气溶胶之间存在负相关,东亚夏季风指数和沙尘含量,在 2 个试验(有或无青藏高原本地沙尘排放)之间的差异的相关系数 $r = -0.46$;另外,东亚夏季风指数也随着输入的沙尘气溶胶和本地沙尘气溶胶在青藏高原上的增加(减少)而减弱(增强)。基于沙尘含量的变化,对比分析重沙尘年(1994 年和 2009 年沙尘含量大的 2 a)和轻沙尘年(2003 年和 2007 年沙尘含量小的 2 a)东亚夏季风的异常,由于沙尘气溶胶的辐射冷却效应,在重沙尘年,青藏高原上的净大气加热速率为负值,沙尘气溶胶导致青藏高原上方对流层低层(600～400 hPa)的异常冷中心,由于沙尘含量多,冷却率大于 $0.5 \, \mathrm{K \cdot d^{-1}}$,这些冷异常导致青藏高原上 500 hPa 的低温中心,其平均值降低了 0.8 ℃ 以上,地表温度降低了 0.6 ℃。青藏高原气溶胶的整体效应,冷却了青藏高原周围的对流层,因此,青藏高原上的沙尘气溶胶降低了海-陆热力对比。青藏高原上空排放的沙尘气溶胶引起的大气环流异常,显示出以青藏高原为中心的反气旋环流位势高度为正异常。东亚夏季风区域逆西南季风的东北风尤为强烈,表明东亚夏季风明显减弱。轻沙尘年异常仍存在,但强度远弱于重沙尘年(Sun et al.,2017)。

东亚夏季风与高原本地排放的沙尘气溶胶之间存在的负相关,尽管因果关系尚不明确,但根据模拟结果,其可能的机制是:首先,春季重(轻)沙尘年,青藏高原上的沙尘气溶胶增加(减少),可以减弱(增强)青藏高原热源,从而减少(增加)高原上的降水;高原上降水的减少(增加)还可以进一步增强(减少)高原上的沙尘排放。其次,减弱(增强)的青藏高原热源可以从春季持续到夏季,减小(扩大)陆-海热力差异,从而减弱(增强)东亚夏季风,因此,青藏高原上沙尘的变化与东亚夏季风环流强度的变化呈反相关。第三,减弱(增强)的季风环流可以减少(增加)东亚的降水,因此,青藏高原的降水变化与东亚夏季风的降水变化呈正相关。由于东亚夏季风减弱,重沙尘年夏季,高原南部和北部季风区降水均减少,且南部季风区的降水量减少幅度大于北部季风区(Sun et al., 2017)。

青藏高原本地产生的沙尘,可以通过固定的罗斯贝波,传播到渤海湾和中国、朝鲜边境地区的下游很远的地方引起地表冷却。虽然青藏高原(主要是柴达木盆地)内的沙尘气溶胶,在亚洲气溶胶总量中所占的比例相对较小,但它对亚洲季风和气候的影响似乎不成比例地大,可能是因为青藏高原本身海拔较高(Sun et al., 2017)。

利用地球系统模式(CESM)对 2000—2005 年进行了黑碳气溶胶辐射效应的模拟,结果表明,黑碳气溶胶可对东亚季风和南亚季风产生重要影响,进而改变青藏高原的水汽输送(图3.6)。尽管黑碳气溶胶对青藏高原低层大气起加热作用,但存在显著的空间差异。一方面,黑碳气溶胶可使巴基斯坦和阿富汗降温,但使印度南部及其周围海洋地区的温度升高,导致海-陆热力差异减弱,使南亚夏季风减弱,进而使自印度洋经由青藏高原南缘向高原输送的水汽减少;另一方面,东亚地区海-陆热力差异加剧,导致东亚夏季风加强,更多的水汽经由青藏高原东缘向高原输送。因此,黑碳气溶胶引起的南亚夏季风减弱和东亚夏季风增强极大地影响了青藏高原的水汽输送。受黑碳气溶胶的影响,巴基斯坦、阿富汗地表温度和西北太平洋上空的温度降低,在巴基斯坦和阿富汗上空、西北太平洋上空 500 hPa,分别形成一个弱气旋和一个异常明显的气旋,青藏高原西部受弱气旋系统西南风的控制,可使更多水汽被输送至高原;青

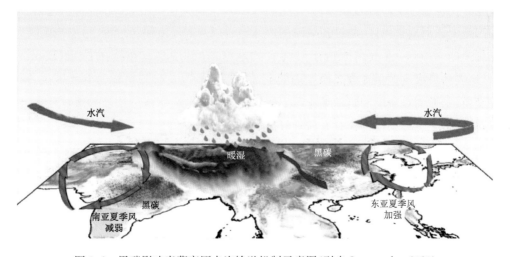

图 3.6　黑碳影响青藏高原水汽输送机制示意图(引自 Luo et al., 2020)

藏高原东部则受西北太平洋上空气旋北侧的东风控制,也导致更多的水汽被输送到高原。由于黑碳气溶胶的作用,虽然从青藏高原南侧输入的水汽减少,从青藏高原北侧输出的水汽增加,但有更多的水汽从青藏高原东侧和西侧输送至青藏高原,可能会增加高原上的降水,使高原变得更加湿润(Luo et al.,2020)。

气溶胶对亚洲夏季风影响的机制,涉及与青藏高原物理过程的相互作用。在3—4月的前季风季节,来自中国西部、阿富汗/巴基斯坦和中东沙漠的沙尘,被输送并堆积在青藏高原的北坡和南坡,沙尘对太阳辐射的吸收,加热了斜坡上方地表附近的空气。在南坡,当地排放的黑碳增强了大气加热,加热的空气通过干对流上升,相对于南部地区,在高原上空的对流层中上层产生正温度异常。5—6月初,以一种类似于高架热泵的方式,对流层上层温度升高,迫使上升的热空气在印度次大陆上空吸入暖湿空气,为南亚夏季风的爆发奠定了基础。晚春期间,印度北部当地的沙尘含量增加以及黑碳排放,可能导致雨季提前,随后印度夏季风增强,在海平面气压场上,表现为气压偶极子模式——以青藏高原为中心的亚洲热低压,从西北太平洋到南海北部的西南—东北向的高压,此高压可以延伸到孟加拉湾南部和印度洋中部。印度夏季风的增强是与海平面气压偶极子异常模式相关的大规模环流异常的一部分,主要通过吸收沙尘和黑碳气溶胶引起,大规模环流异常包括亚洲内陆的热低压和从西太平洋延伸到印度洋的副热带高压。气压偶极子异常,通过加强印度中部和北部的低层西风气流,增强了印度季风,印度降水增强,但减弱了华南上空的西南季风,从而使东亚(梅雨)雨带向西北移动,抑制了东亚及邻近海洋区域的降水(Lau et al.,2006)。

3.6 青藏高原气溶胶对平流层的影响

青藏高原就像一个巨大的发动机,驱动附近的大气物质在水平和垂直方向上输送。青藏高原周围整个亚洲夏季风区,通过强对流的快速输送以及大尺度输送过程,可以把低层大气物质输送到全球平流层,青藏高原由于其高大的地形,在其中具有重要的作用(Bian et al.,2020)。地表污染物从包括青藏高原在内的亚洲夏季风反气旋环流区输送到平流层,对流层-平流层交换,是控制对流层上层和平流层下层气溶胶和其他化学成分浓度的重要因素,它们可能通过化学、微物理和辐射过程对全球气候产生重大影响。

3.6.1 青藏高原气溶胶垂直输送的原位观测

卫星观测发现了亚洲夏季风6—9月期间,亚洲对流层顶附近的增强气溶胶层(ATAL),但它的来源和气候影响,目前还没有得到很好的解释。为了了解这一现象,科学家们于2015年夏季在青藏高原(中国昆明)进行了原位气溶胶观测。青藏高原原位测量证实,昆明上空上对流层和下平流层中的粒子表面积密度,在对流层顶附近显示出增强层,这个气溶胶层从对流层顶以下几千米延伸至对流层顶以上 2 km。该层与卫星测量中观测到的亚洲对流层顶气溶胶层的位置一致,该层下方粒子表面积密度低值表明,来自对流层低层的气溶胶,通过与季风对流相关的清除作用被有效去除,而亚洲对流层顶气溶胶层,通过从光化学活性硫和有机微量气体原位产生新粒子而随后形成,这些气体在抬升过程中没有被完全清除(Yu et al.,2017)。

长期以来,人们知道热带上升气流是对流层气溶胶输送到平流层的主要途径,青藏高原原位观测呈现的对流层顶附近的垂直气溶胶分布,与在热带地区观测到的形状相似,表明两者形成机制相似,但表面积密度值大约是在热带地区观测到的三倍。一旦在亚洲夏季风区以对流方式上升的气团到达上对流层,它们往往会被强烈的反气旋环流所包围,同时继续缓慢上升到下平流层。在这段缓慢上升的过程中,光化学会产生挥发性较低的物质,这些物质既可以使新粒子成核,又会凝结在先前形成的粒子上,在对流层顶附近出现增强气溶胶层(Yu et al.,2017)。

原位观测表明,在对流层顶和对流层顶上方 2 km 处,气溶胶表面积密度降低了约 80%,因为在下平流层中没有已知的气溶胶质量下沉,并且在亚洲夏季风季节 4 个月期间,观察到颗粒沉降可以忽略不计,这种减少一定是由于随着反气旋在高海拔地区减弱,而与更清洁的背景平流层空气水平混合,推测亚洲对流层顶气溶胶层粒子从反气旋中混合出来,并在整个北半球中纬度带中输送(Yu et al.,2017)。

对流层顶上方增强气溶胶的观测清楚地表明,空气进入反气旋内的平流层,这与先前的研究一致,上对流层和下平流层中测量的粒度分布的相似性表明,几乎所有由短寿命光化学活性气体形成的二次有机气溶胶,都发生在上对流层。后向轨迹分析表明,气球采样的空气代表了亚洲夏季风反气旋区域。在每次气球飞行中,始终观测到亚洲对流层顶气溶胶层的事实表明,亚洲对流层顶气溶胶层是分布在整个亚洲夏季风反气旋中的显著特征(Yu et al.,2017)。

2018 年 8 月,在青藏高原格尔木 (36.48 °N,94.93 °E) 的实地试验,使用气球携带的便携式光学粒子计数器测量气溶胶粒子轮廓。原位测量显示,在海拔 16 km 的对流层顶周围,存在强大的亚洲对流层顶气溶胶层,最大气溶胶数密度为 35 cm^{-3},最大气溶胶质量浓度为 0.15 $\mu g \cdot m^{-3}$,粒子直径在 0.14 ~3 μm 之间。亚洲对流层顶气溶胶层中的气溶胶粒子大多直径小于 0.25 μm,占检测到的所有气溶胶粒子的 98%。后向轨迹分析表明,气团通过两条独立的路径到达亚洲对流层顶气溶胶层高度:①360 K 等熵面以下的抬升,气团首先上升到对流层上层,然后加入亚洲夏季风反气旋循环;②沿亚洲夏季风反气旋环流的准水平运动,大约位于 360~420 K 等熵面之间(Zhang et al.,2019)。

气候模型模拟表明,亚洲大量的人为气溶胶排放,加上季风对流带来的快速垂直输送,导致亚洲夏季风反气旋内对流层高层形成大量气溶胶颗粒,这些气溶胶粒子随后散布在整个北半球低平流层中,对北半球平流层气溶胶做出显著贡献(Yu et al.,2017)。总之,这些原位观测和模型模拟表明,亚洲夏季风反气旋区是污染物进入平流层的重要途径。

3.6.2　青藏高原的"烟囱效应"

亚洲夏季风反气旋或南亚高压是北半球夏季上对流层和下平流层环流的主要特征,亚洲夏季风反气旋或南亚高压位于青藏高原之上,形成了一个封闭区域。卫星观测、模型模拟和原位测量表明,亚洲夏季风区是边界层大气成分(包括污染物)进入全球平流层的一个重要通道,其中青藏高原由于其高大地形的作用而具有重要的地位。亚洲夏季风环流影响被污染和未被污染的气溶胶的分布和输送(Bian et al.,2020)。亚洲夏季风反气旋与高浓度污染物共存于一处,这些污染物在大陆大气边界层中排放。大气边界层中的空气(被污染和未被污染的空气)都汇聚到对流层下部的强对流区域,然后通过大范围的向上对流,到达对流层中部,最后到达对流层上部(Fan et al.,2017a)。深对流输送是大气边界层空气进入平流层的先决条件,也是最有效的输送机制,深对流可以在几十分钟之内,将空气从大气边界层快速输送到主要的流出层(约 360 K)(Bian et al.,2020)。污染物气溶胶输送主要受对流影响,亚洲夏季风区域的地表 CO 排放量相对较高,可作为空气污染物排放(包括气溶胶)的良好示踪剂,印度上空的高 CO 空气直接输送到对流层上层,然后被限制在亚洲夏季风反气旋内,导致上对流层-下平流层区域的最大值(Yan et al.,2015)。硝酸盐气溶胶在地表附近是次要的,但它是上对流层-下平流层中最主要的气溶胶种类,青藏高原/亚洲夏季风区域上对流层-下平流层中硝酸盐的积累机制,包括垂直输送和 HNO_3 气-气溶胶转化形成硝酸盐。上对流层-下平流层区域与深对流相关的高相对湿度和低温有利于 HNO_3 气-气溶胶转化(Gu et al.,2016)。印度次大陆上空的深对流,通过将污染物输送到上对流层-下平流层来供应亚洲对流层顶气溶胶层。在寒冷潮湿的对流环境中,二次气溶胶的形成和生长,可能在亚洲对流层顶气溶胶层的形成中发挥重要作用(Vernier et al.,2015)。根据 ERA-Interim 再分析数据对连续方程、速度势和辐散风的分析,亚洲夏季风区域对流层-平流层输送的贡献,可能远远大于全球对流层-平流层输送的 50%(Shi et al.,2018)。

由多年平均的夏季污染物垂直分布特征来看,青藏高原附近由地表至上对流层-下平流层区域存在 CO 和含碳气溶胶(黑碳+有机碳)的高值区。进一步分析发现,青藏高原附近地区污染物垂直输送的位置和强度会受南亚高压季节内东西振荡的影响。当南亚高压为青藏高原模态时,相较于伊朗高原模态,青藏高原上空出现温度正异常,上升运动增强,反气旋性环流增强。高层反气旋环流异常和上升运动的配合有利于青藏高原附近的污染物向上输送,从而使得高原上空的上对流层-下平流层区域出现污染物浓度的异常高值区。进一步聚焦到南亚高压的准双周振荡周期内,发现南亚高压中心由伊朗高原模态向青藏高原模态转变过程中,青藏高原上空和东侧 105°E 附近 CO 和含碳气溶胶的垂直输送增强。相反地,南亚高压由青藏高原模态向伊朗高原模态转变过程中,青藏高原东侧 CO 和含碳气溶胶的垂直输送减弱,伊朗高原近地表附近含碳气溶胶增多且沿青藏高原西侧向上对流层-下平流层区域的输送增强。对应地,在上对流层-下平流层区域,污染物浓度的水平分布也随之改变(孙梦仙,2021)。

在北半球夏季,来自亚洲夏季风反气旋的空气进入平流层,主要有两条路径,即非绝热对流路径和涡旋脱落路径(Fan et al., 2017a; Bian et al., 2020)。在非绝热对流路径中,空气通过缓慢的非绝热上升运动穿过等熵面并进入热带平流层,从而平衡了辐射加热。该路径是最重要的,主要发生在亚洲夏季风反气旋的东南部和通常发生强降水的喜马拉雅山(Garny et al., 2016; Pan et al., 2016; Fan et al., 2017b; Fu et al., 2018)。前向轨迹计算表明,大约三分之二的空气通过这条路径穿过对流层顶(Fan et al., 2017b),这条路径中最大的不确定性来自于非绝热上升率的计算,因为缺乏关于一些关键大气特征的信息,尤其是云分布。对流超调(overshooting,穿透对流层顶的深对流)也是在亚洲夏季风反气旋内,将化学物质输送到对流层顶的有效机制(Dessler et al., 2004)。然而,超调对流到达对流层顶的频率非常低,量化超调对流对亚洲夏季风区输送影响的直接方法,仍然存在挑战性(Liu et al., 2016)。

涡旋脱落路径涉及空气通过沿等熵面的涡旋脱落进入中纬度平流层(Pan et al., 2016; Fan et al., 2017b)。准等熵输送可导致赤道和高纬度低平流层中亚洲夏季风区域空气上升的快速(每周)影响,最终进入布鲁尔-多布森(Brewer-Dobson)环流(平流层的垂直经向环流)的上升分支。亚洲夏季风反气旋以北的副热带西风急流,通常被认为是反气旋内部与中纬度平流层之间空气交换的屏障,然而,反气旋环流和罗斯贝波相互作用引起的涡旋脱落会使内部空气远离反气旋。尽管这条路径对空气质量输送的贡献较小,但它对于引起平流层的成分变化非常重要,因为这里的成分水平梯度要大得多。

3.6.3　气溶胶对平流层的影响

亚洲排放的污染物会影响整个北半球的平流层气溶胶。气候模型模拟表明,来自亚洲的大量人为气溶胶前体排放,加上与季风对流相关的快速垂直输送,导致亚洲夏季风反气旋内对流层上部形成大量颗粒,这些颗粒随后扩散到整个北半球平流层下部。平均而言,亚洲对流层顶气溶胶层,每年对北半球平流层气溶胶做出显著贡献,约占北半球气溶胶的15%,这一贡献与2000—2015年小火山喷发的总和相当。由于亚洲有大量的有机物和硫排放,亚洲夏季风反气旋可作为有效的烟囱,将气溶胶排放到对流层上部和平流层下部。随着亚洲经济的持续增长,亚洲排放对平流层气溶胶的相对重要性可能会增加(Bian et al., 2020)。

亚洲夏季风对北半球平流层气溶胶表面积密度的巨大贡献(每年约15%),在统计上是稳定的,贡献的下限和上限分别为10%和25.4%。亚洲夏季风对平流层气溶胶的贡献仅限于北半球,其贡献最大的是在$10° \sim 40°N$纬度带,峰值与亚洲夏季风反气旋区重合。在峰值区域,年平均平流层气溶胶表面积密度,$20\% \sim 35\%$可归因于亚洲夏季风区气溶胶。在8月和12月之间,大部分亚洲夏季风气溶胶沿着Brewer-Dobson环流的下部分支向极地移动,在高纬度地区,气溶胶最终会冲出平流层(图3.7,Yu et al., 2017)。

卫星资料分析表明,夏季亚洲污染物能够增加进入平流层的水汽。与干净的卷云相比较,在对流层顶附近污染区卷云冰晶粒子具有较小的有效半径、较高的温度和比湿。因为气溶胶

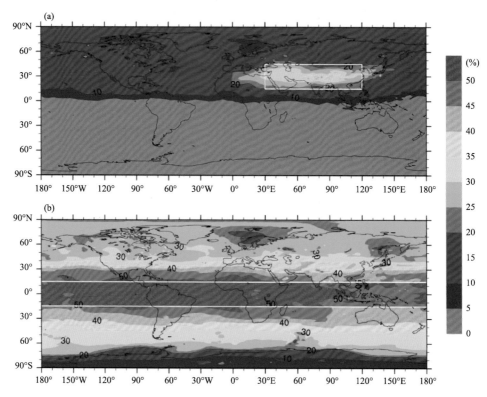

图 3.7　(a) 通过亚洲夏季风区域(15°~45°N,30°~120°E,6—9 月)输送的气溶胶对平流层年平均颗粒表面积的贡献(%)。(b) 穿过热带地区(15°S~15°N,0°~360°E,全年)的气溶胶对平流层年平均颗粒表面积的贡献。

(a)中的白色框显示了包含区域的空间范围,在这里消除了气溶胶和气溶胶前体(引自 Yu et al.,2017)

冰核的增加造成卷云中冰晶粒子变小,沉降速度变慢,因而在空中停留时间更长,辐射加热使得对流层顶附近温度变高,因而这里有较大的蒸发和上升,从而进入平流层的水汽通量增强。青藏高原对流云中气溶胶导致的对流增强,不仅促进了降水,而且还将更多的冰相水凝物输送到对流层上部。考虑到青藏高原上空大气相对洁净,由于其特定的地形,气溶胶浓度增加导致对流增强,促进了降水,增强了潜热释放使对流层中层变暖,从而影响亚洲夏季风,也将更多的水汽输送到对流层上层,使更多的水汽进入平流层下层(Zhou et al.,2017)。因此,亚洲夏季风对低层污染物向上对流层-下平流层区域的输送和平流层水汽,具有显著的影响,进而影响臭氧化学和全球辐射收支。气溶胶还通过非均相化学反应、大规模环流和温度的改变,对平流层臭氧产生影响。模式模拟表明,水汽和气溶胶的变化都会引起平流层臭氧的变化。从低层进入亚洲夏季风反气旋的各种地表污染物,可以突破反气旋并扩散到地球的广大地区。卫星观测表明,北半球夏季,亚洲夏季风反气旋内的高水汽含量,增加了北半球中高纬度平流层下层在随后季节(夏季和秋季)的水汽含量(Su et al.,2011;Bian et al.,2020)。

卫星资料分析表明,平流层气溶胶光学厚度在四个季节都有振荡。气溶胶光学厚度在冬季最厚,春季稍薄,夏季最薄,然后秋季稍厚,这种振荡是由不同季节对流层顶的振荡引起的。平流层气溶胶主要来自火山喷发,皮纳图博火山喷发后,青藏高原平流层气溶胶光学厚度较之前增加 10 倍。青藏高原气溶胶垂直分布的特点是在 70 hPa 处有极高值,最有趣的是,极高值可以在 50 hPa 和 100 hPa 之间振荡,通过与华南和华北的比较,证实了这种振荡是青藏高原独有的特征(Li et al.,2001)。

3.7 本章小结

青藏高原上气溶胶含量较低,且具有明显的区域分布特征和季节变化特征。气溶胶含量呈现清晰的纬向分布格局,青藏高原北部(33°~34°N 以北)的气溶胶含量高于南部;气溶胶整体呈现春季和夏季高、秋季和冬季低的分布特征。青藏高原气溶胶含量的分布特征和季节变化受排放源、大气环流和青藏高原地形等多种因素的影响。青藏高原气溶胶的主要成分是沙尘、黑碳和硫酸盐/硝酸盐,沙尘气溶胶主要分布在青藏高原北坡,人为气溶胶主要分布在青藏高原南坡和东部。

青藏高原沙尘气溶胶主要来自塔克拉玛干沙漠,部分来自古尔班通古特沙漠和印度塔尔沙漠,青藏高原本地沙尘气溶胶的排放以及青藏高原上的柴达木沙漠也为青藏高原提供了丰富的沙尘气溶胶;青藏高原人为气溶胶主要来自南亚和东亚。此外,青藏高原也是北半球沙尘气溶胶长距离输送的重要沙尘源区之一。

青藏高原上空冰云出现的频率比水云出现的频率更高,气溶胶对冰云物理特性的影响比对水云物理特性的影响更显著;沙尘气溶胶作为冰核,可以激活深对流云中气溶胶-云-降水的相互作用,气溶胶浓度加强了云核的上升气流和最大上升气流,增强了高原上的对流降水。青藏高原沙尘气溶胶的间接影响可以增强高原云的发展,并可能有助于下游区域的强降水。

沙尘对青藏高原气溶胶辐射强迫的贡献最大,硫酸盐和含碳气溶胶的辐射强迫相对较小。沙尘气溶胶通过净暖效应在大气热结构中起着至关重要的作用,即短波升温速率大于长波降温速率,因此,青藏高原上的沙尘气溶胶主要影响短波辐射收支。沙尘气溶胶可以通过将辐射能量保留在沙尘层中来加热大气。

亚洲季风受多种自然和人为气溶胶影响最大,青藏高原上产生的沙尘气溶胶对东亚夏季风产生了深远的影响。在仅考虑青藏高原排放的沙尘气溶胶对区域气候的影响的模拟显示,青藏高原排放的沙尘气溶胶,可以通过减弱青藏高原热源,从而减小海陆热力差异,使东亚夏季风显著减弱。黑碳气溶胶也会对东亚季风和南亚季风产生影响,并进一步影响青藏高原的水汽输送,使青藏高原变得更加湿润。沙尘和黑碳气溶胶对大气的加热会导致青藏高原普遍变暖,并加速青藏高原西部和喜马拉雅山脉的积雪融化。

研究存在的问题如下。

(1)由于气溶胶参数的反演需要做很多假定,导致遥感观测手段仍然存在不确定性;

(2)目前对气溶胶物理化学性质的了解仍很有限,青藏高原大气气溶胶辐射效应的评估存在不确定性；

（3）亚洲季风系统受到多个影响因子的重要作用，评估和量化有关气溶胶-季风相互作用的单一机制具有很大挑战，气溶胶对亚洲季风的减弱程度具有很大的不确定性；

（4）影响降水的因素很多，沙尘气溶胶和人为气溶胶对青藏高原上的对流降水和下游区域降水的影响，这种相关难以从观测中清楚地识别出来，此外，由于全球变暖、冰川、气溶胶等多种影响因素的相互作用，很难从降水观测中评估上述机制；

（5）在解释模型模拟结果时，要知道模型模拟时各种限制和注意事项，以便准确理解模型模拟确定的机制的适用性。

参考文献

孙梦仙，2021. 亚洲对流层顶气溶胶层季节内变化与南亚高压的关系[D]. 兰州：兰州大学.

BIAN J C，LI D，BAI Z，et al，2020. Transport of Asian surface pollutants to the global stratosphere from the Tibetan Plateau region during the Asian summer monsoon[J]. National Science Review，7：516-533.

CHEN J，WU Z J，WU G M，et al，2021. Ice-nucleating particle concentrations and sources in rainwater over the third pole, Tibetan Plateau[J]. Journal of Geophysical Research：Atmospheres，126：e2020JD033864.

CHEN S Y，HUANG J P，ZHAO C，et al，2013. Modeling the transport and radiative forcing of Taklimakan dust over the Tibetan Plateau：A case study in the summer of 2006[J]. Journal of Geophysical Research：Atmospheres，118：797-812.

DESSLER A E，SHERWOOD S C，2004. Effect of convection on the summertime extratropical lower stratosphere[J]. Journal of Geophysical Research：Atmospheres，109：D23301.

FAN Q J，BIAN J C，PAN L L，2017a. Atmospheric boundary layer sources for upper tropospheric air over the Asian summer monsoon region[J]. Atmospheric and Oceanic Science Letters，10：358-363.

FAN Q J，BIAN J C，PAN L L，2017b. Stratospheric entry point for upper- tropospheric air within the Asian summer monsoon anticyclone[J]. Science China：Earth Sciences，60：1685-1693.

FANG K，MAKKONEN R，GUO Z，et al，2015. An increase in the biogenic aerosol concentration as a contributing factor to the recent wetting trend in Tibetan Plateau[J]. Scientific Reports，5：14628.

FANG X，HAN Y，MA J，et al，2004. Dust storms and loess accumulation on the Tibetan Plateau：A case study of dust event on 4 March 2003 in Lhasa[J]. Chinese Science Bulletin，49(9)：953-960.

FENG X，MAO R，GONG D，et al，2020. Increased dust aerosols in the high troposphere over the Tibetan Plateau from 1990s to 2000s[J]. Journal of Geophysical Research：Atmospheres，125(13)：e2020JD032807.

FU Y F，PAN X，XIAN T，et al，2018. Precipitation characteristics over the steep slope of the Himalayas in rainy season observed by TRMM PR and VIRS[J]. Climate Dynamics，51：1971-1989.

GARNY H，RANDEL W J，2016. Transport pathways from the Asian monsoon anticyclone to the stratosphere[J]. Atmospheric Chemistry and Physics，16：2703-2718.

GU Y，LIAO H，BIAN J，2016. Summertime nitrate aerosol in the upper troposphere and lower stratosphere over the Tibetan Plateau and the South Asian summer monsoon region[J]. Atmospheric Chemistry and Physics，16：6641-6663.

HAN H，WU Y，LIU J，2020. Impacts of atmospheric transport and biomass burning on the inter-annual variation in black carbon aerosols over the Tibetan Plateau[J]. Atmospheric Chemistry and Physics，20：13591-13610.

HE C L，2017. Climatic Effects of Black Carbon Aerosols over the Tibetan Plateau[D]. Los Angeles：University of California.

HU B，WANG Y S，2015. The attenuation effect on ultraviolet radiation caused by aerosol and cloud in Lhasa，Tibetan Plateau of China[J]. Advances in Space Research，56：111-118.

HU Z，HUANG J，ZHAO C，et al，2020. Modeling dust sources，transport，and radiative effects at different altitudes over the Tibetan Plateau[J]. Atmospheric Chemistry and Physics，20：1507-1529.

HUA S，LIU Y Z，JIA R，et al，2018. Role of clouds in accelerating cold-season warming during 2000−2015 over the Tibetan Plateau[J]. International Journal of Climatology，38：4950-4966.

HUA S，LIU Y Z，LUO R，et al，2020. Inconsistent aerosol indirect effects on water clouds and ice clouds over the Tibetan Plateau[J]. International Journal of Climatology，40：3832-3848.

HUANG J P，MINNIS P，LIN B，et al，2006. Possible influences of Asian dust aerosols on cloud properties and radiative forcing observed from MODIS and CERES[J]. Geophysical Research Letters，33：L06824.

HUANG J P，MINNIS P，YI Y H，et al，2007. Summer dust aerosols detected from CALIPSO over the Tibetan Plateau[J]. Geophysical Research Letters，34（18）：L18805.

JIA R，LIU Y Z，CHEN B，et al，2015. Source and transportation of summer dust over the Tibetan Plateau[J]. Atmospheric Environment，123：210-219.

JIA R，LIU Y Z，HUA S，et al，2018. Estimation of the aerosol radiative effect over the Tibetan Plateau based on the latest CALIPSO product[J]. Journal of Meteorological Research，32(5)：707-722.

JIA R，LUO M，LIU Y Z，et al，2019. Anthropogenic aerosol pollution over the eastern slope of the Tibetan Plateau[J]. Advances in Atmospheric Sciences，36：847-862.

KANG L T，HUANG J P，CHEN S Y，2016. Long-term trends of dust events over Tibetan Plateau during 1961−2010[J]. Atmospheric Environment，125：188-198.

LAU K M，KIM M K，KIM K M，2006. Asian summer monsoon anomalies induced by aerosol direct forcing：The role of the Tibetan Plateau[J]. Climate Dynamics，26：855-864.

LAU W K M，KIM M K，KIM K M，et al，2010. Enhanced surface warming and accelerated snow melt in the Himalayas and Tibetan Plateau induced by absorbing aerosols[J]. Environmental Research Letters，5：025204.

LEE W S，BHAWAR R L，KIM M K，et al，2013. Study of aerosol effect on accelerated snow melting over the Tibetan Plateau during boreal spring[J]. Atmospheric Environment，75：113-122.

LI F，WAN X，WANG H J，et al，2020. Arctic sea-ice loss intensifies aerosol transport to the Tibetan Plateau[J]. Nature Climate Change，10：1037-1058.

LI W L，YU S M，2001. Spatio-temporal characteristics of aerosol distribution over Tibetan Plateau and numerical simulation of radiative forcing and climate response[J]. Science in China Series D—Earth Sciences，44：375-384.

LI Z Q，LAU W K-M，RAMANATHAN V，et al，2016. Aerosol and monsoon climate interactions over Asia[J]. Review of Geophysics，54：866-929.

LIU B，CONG Z Y，WANG Y S，et al，2017. Background aerosol over the Himalayas and Tibetan Plateau：

Observed characteristics of aerosol mass loading[J]. Atmospheric Chemistry and Physics, 17: 449-463.

LIU N, LIU C, 2016. Global distribution of deep convection reaching tropopause in 1 year GPM observations [J]. Journal of Geophysical Research: Atmospheres, 121:3824-3842.

LIU Y Z, JIA R, DAI T, et al, 2014. A review of aerosol optical properties and radiative effects[J]. Journal of Meteorological Research, 28(6): 1003-1028.

LIU Y Z, SATO Y, JIA R, et al, 2015. Modeling study on the transport of summer dust and anthropogenic aerosols over the Tibetan Plateau[J]. Atmospheric Chemistry and Physics, 15: 12581-12594.

LIU Y Z, ZHU Q, HUANG J P, et al, 2019. Impact of dust-polluted convective clouds over the Tibetan Plateau on downstream precipitation[J]. Atmospheric Environment, 209: 67-77.

LIU Y Z, LI Y, HUANG J P, et al, 2020. Attribution of the Tibetan Plateau to northern drought[J]. National Science Review, 7(3): 489-492.

LUO M, LIU Y Z, ZHU Q, et al, 2020. Role and mechanisms of black carbon affecting water vapor transport to Tibet[J]. Remote Sensing. 12:231.

PAN L L, HONOMICHL S B, KINNISON D E, et al, 2016. Transport of chemical tracers from the boundary layer to stratosphere associated with the dynamics of the Asian summer monsoon[J]. Journal of Geophysical Research: Atmospheres, 121:159-174.

POKHAREL M, GUANG J, LIU B, et al, 2019. Aerosol properties over Tibetan Plateau from a decade of AERONET measurements: Baseline, types, and influencing factors[J]. Journal of Geophysical Research: Atmospheres, 124:13357-13374.

SHEN J J, XIE X N, CHENG X G, et al, 2020. Effects of dust-in-snow forcing over the Tibetan Plateau on the East Asian dust cycle during the Last Glacial Maximum[J]. Palaeogeography, Palaeoclimatology, Palaeoecology, 542:109442.

SHI C H, CHANG S J, GUO D, et al, 2018. Exploring the relationship between the cloud-top and tropopause height in boreal summer over the Tibetan Plateau and its adjacent region[J]. Atmospheric and Oceanic Science Letters, 11: 173-179.

SU H, JIANG J H, LIU X, et al, 2011. Observed increase of TTL temperature and water vapor in polluted clouds over Asia[J]. Journal of Climate, 24: 2728-2736.

SUN H, LIU X, PAN Z, 2017. Direct radiative effects of dust aerosols emitted from the Tibetan Plateau on the East Asian summer monsoon—A regional climate model simulation[J]. Atmospheric Chemistry and Physics, 17: 13731-13745.

VERNIER J P, FAIRLIE T D, NATARAJAN M, et al, 2015. Increase in upper tropospheric and lower stratospheric aerosol levels and its potential connection with Asian pollution[J]. Journal of Geophysical Research: Atmospheres, 120(4): 1608-1619.

WANG Q Y, HUANG R J, CAO J J, 2015. Black carbon aerosol in winter northeastern Qinghai-Tibetan Plateau, China: The source, mixing state and optical property[J]. Atmospheric Chemistry and Physics, 15: 13059-13069.

WANG Q Y, CAO J J, HAN Y M, 2018. Sources and physicochemical characteristics of black carbon aerosol from the southeastern Tibetan Plateau: Internal mixing enhances light absorption[J]. Atmospheric Chemistry and Physics, 18: 4639-4656.

WANG T H，CHEN Y，GAN Z，et al，2020a. Assessment of dominating aerosol properties and their long-term trend in the Pan-Third Pole region：A study with 10-year multi-sensor measurements[J]. Atmospheric Environment，239：117738.

WANG T H，HAN Y，HUANG J P，et al，2020b. Climatology of dust-forced radiative heating over the Tibetan Plateau and its surroundings ［J］. Journal of Geophysical Research：Atmospheres，125：e2020JD032942.

WANG T H，TANG J，SUN M，et al，2021. Identifying a transport mechanism of dust aerosols over South Asia to the Tibetan Plateau：A case study[J]. Science of the Total Environment，758：143714.

WU G M，WAN X，GAO S P，et al，2018. Humic-Like Substances（HULIS）in aerosols of central Tibetan Plateau（Nam Co，4730 m asl）：Abundance，light absorption，properties，and sources[J]. Environmental Science and Technology，52：7203-7211.

WU G X，LI Z，FU C B，et al，2016. Advances in studying interactions between aerosols and monsoon in China[J]. Science China：Earth Sciences，59：1-16.

XIA X，WANG P，WANG Y，et al，2008. Aerosol optical depth over the Tibetan Plateau and its relation to aerosols over the Taklimakan Desert[J]. Geophysical Research Letters，35：L16804.

XIA X G，ZONG X M，CONG Z Y，et al，2011. Baseline continental aerosol over the central Tibetan Plateau and a case study of aerosol transport from South Asia[J]. Atmospheric Environment，45：7370-7378.

XU C，MA Y M，PANDAY A，2014. Similarities and differences of aerosol optical properties between southern and northern sides of the Himalayas[J]. Atmospheric Chemistry and Physics，14：3133-3149.

XU C，MA Y M，YOU C，et al，2015. The regional distribution characteristics of aerosol optical depth over the Tibetan Plateau[J]. Atmospheric Chemistry and Physics，15：12065-12078.

XU C，MA Y M，YANG K，et al，2018. Tibetan Plateau impacts global dust transport in the upper troposphere[J]. Journal of Climate，31：4745-4756.

XU X F，WU H，YANG X Y，et al，2020. Distribution and transport characteristics of dust aerosol over Tibetan Plateau and Taklimakan Desert in China using MERRA-2 and CALIPSO data[J]. Atmospheric Environment，237：117670.

YAN R C，BIAN J C，2015. Tracing the boundary layer sources of carbon monoxide in the Asian summer monsoon anticyclone using WRF-Chem[J]. Advances in Atmospheric Sciences，32：943-951.

YANG J，KANG S，JI Z，et al，2018. Modeling the origin of anthropogenic black carbon and its climatic effect over the Tibetan Plateau and surrounding regions[J]. Journal of Geophysical Research：Atmospheres，123：671-692.

YU P，ROSENLOF K H，LIU S，et al，2017. Efficient transport of tropospheric aerosol into the stratosphere via the Asian summer monsoon anticyclone[J]. Proceedings of the National Academy of Sciences of the United States of America，114：6972-6977.

YUAN T G，CHEN S Y，HUANG J P，et al，2019. Influence of dynamic and thermal forcing on the meridional transport of Taklimakan Desert dust in spring and summer[J]. Journal of Climate，32(3)：749-767.

YUAN T G，CHEN S Y，WANG L，et al，2020. Impacts of two East Asian atmospheric circulation modes on black carbon aerosol over the Tibetan Plateau in winter[J]. Journal of Geophysical Research：Atmospheres，125：e2020JD032458.

YUAN T G，HUANG J P，CAO J H，et al，2021. Indian dust-rain storm：Possible influences of dust ice nuclei on deep convective clouds[J]. Science of the Total Environment，779：146439.

ZHANG J Q，WU X，LIU S，et al，2019. In situ measurements and backward-trajectory analysis of high-concentration，fine-mode aerosols in the UTLS over the Tibetan Plateau[J]. Environmental Research Letters，14：124068.

ZHANG L，TANG C，HUANG J，et al，2021. Unexpected high absorption of atmospheric aerosols over a western Tibetan Plateau site in summer [J]. Journal of Geophysical Research：Atmospheres，126：e2020JD033286.

ZHANG Y，KANG S，SPRENGER M，et al，2018. Black carbon and mineral dust in snow cover on the Tibetan Plateau[J]. The Cryosphere，12(2)：413-431.

ZHAO C F，YANG Y K，FAN H，et al，2020. Aerosol characteristics and impacts on weather and climate over the Tibetan Plateau[J]. National Science Review，7(3)：492-495.

ZHAO M，DAI T，WANG H，et al，2021. Modelling study on the source contribution to aerosol over the Tibetan Plateau[J]. International Journal of Climatology，41：3247-3265.

ZHOU X，BEI N，LIU H，et al，2017. Aerosol effects on the development of cumulus clouds over the Tibetan Plateau[J]. Atmospheric Chemistry and Physics，17：7423-7434.

第4章
青藏高原对灾害天气的影响

青藏高原(简称高原)不仅影响局地环流,还影响全球环流和季风演化,其大地形和抬高热源对我国、亚洲、北半球乃至全球的天气气候及环境变化都有着重要的影响,在东亚独特的天气气候形成过程中,起到了非常关键的作用(叶笃正 等,1979;章基嘉 等,1988;陶诗言 等,1999;吴国雄 等,2003;徐祥德,2009)。

陶诗言等(1999)分析了1991和1998年长江流域持续性大暴雨洪水,得到造成异常暴雨的一些涡旋系统,其胚胎可以追溯到青藏高原上空的对流云团。Li 等(2007)指出,由于青藏高原大地形与环流的相互作用,高原东侧复杂地形区大气边界层流场的变化是我国长江上游暴雨等灾害天气的前兆强信号。实际上,1998 年夏季我国长江全流域的特大暴雨洪涝灾害,2008 年冬季我国南方 50 a 一遇的冰冻雨雪灾害等都与高原影响直接相关。在全球变暖下,青藏高原引发天气气候灾害,又呈现出多发、突发、剧烈和加重等态势。因此,青藏高原对于灾害天气的影响是一个具有重要理论意义和应用价值的科学问题。

4.1　青藏高原天气学概况

青藏高原天气学是高原气象学的重要分支,是关于在青藏高原与大气环流相互作用下,高原热力、动力效应,以及高原天气系统活动影响区域和大范围天气变化特征、过程和机理的学科,而青藏高原对灾害天气的影响是其核心内容。

长期以来,国内外关于青藏高原对我国灾害天气气候的影响开展了许多有意义的研究。特别是中外科学家围绕青藏高原气象学,开展了第一次青藏高原气象科学试验、第二次青藏高原大气科学试验和日本国际协力机构(Japan International Cooperation Agency,JICA)计划中日气象灾害合作研究中心项目高原气象试验,以及第三次青藏高原大气科学试验的持续推进,在高原加热与辐射、高原边界层与地-气过程、高原天气系统、高原对大气环流和季风及灾害天气气候的影响、高原上空对流层与平流层相互作用、高原及周边地区综合观测与资料同化及预测技术等方面取得了许多重要进展,并应用于实际。其中,对于青藏高原影响灾害天气的观测试验、基本特征、物理过程和异常成因等研究也取得了一些很有意义的成果。主要有:①青藏高原大地形及其东侧陡峭地形的热力、动力影响,使高原地区成为全球同纬度低值天气系统活动的高频中心;②青藏高原天气系统是影响我国冬夏灾害天气的主要系统,其发生发展,尤其是东移往往引发我国夏季暴雨洪涝等天气灾害;③青藏高原地-气过程影响我国灾害天气的区域格局,是天气灾害预测的上游区和强信号区;④青藏高原地区气象观测站网的科学布局与外场试验,是我国暴雨洪涝、高温干旱、低温雨雪等天气气候灾害研究与业务的重要基础。

4.1.1　青藏高原热源与天气

青藏高原是我国天气灾害的上游关键区和信号前兆区,其热力效应对我国灾害天气区域格局有重要影响。研究表明:青藏高原热源,尤其是高原感热加热对环流和气候的调制作用,为我国灾害天气变化提供了重要的背景条件。钱正安等(2001)研究表明,青藏高原大气热源强度的年变化与高原及周边平均垂直环流的年变化有密切联系,且青藏高原及周围地区的平均垂直环流特征能较好地解释各区域的降水气候。赵平等(2001)指出,青藏高原春季热源对于随后夏季中国江淮、华南和华北地区的降水有较好的指示意义,而高原夏季热源与同期长江流域降水存在明显的正相关。另外,长江中下游夏季旱涝异常对应前期高原南部和北部不同层次地温距平的反位相分布,表明高原热力状况异常可以通过地-气能量反馈引起大气环流的变化,从而造成长江中下游地区降水的异常(Zhou et al.,2002)。Hsu等(2003)得到青藏高原非绝热加热从春到夏有较好的持续性,高原非绝热加热引起夏季东亚三极型的降水异常。并且,东亚地区夏季降水的分布形势与高原非绝热加热变化有很好的相关关系,高原非绝热加热对其有显著的作用(刘新 等,2007)。Fujinanmi等(2009)发现,江淮流域7~25 d的对流活动与两类中纬度波的传播密切相关。一类为从江淮流域北面到青藏高原东侧的高相关,对流异常从高原东北至中国南部向南传播,与梅雨锋的南移相联系;另一类为青藏高原的高相关,对流异常由高原西部向东传播,随着高原波包和对流的东传,在高原东侧诱发低涡。而高原涡的发生、发展及消亡与周边大气加热场的变化有密切关系,地面感热加热对低涡的生成发展起决定性作用(罗四维 等,1992,1993),但高原地面感热对低涡的这种作用是否有利于其发展与低涡中心和感热加热中心的配置有关(李国平 等,2002)。高守亭等(2000)通过转槽实验发现,青藏高原对切变线上低涡及气旋波的发展起着重要的驱动作用。数值模拟得到,高原上中尺度对流系统的形成和消亡都是位势高度场先于风场变化,表明涡旋与高原热力作用密切相关;一系列敏感性试验显示,在一定的高层大尺度背景下,适当的低层热力效应就有在高原上形成中尺度对流系统(mesoscale convective system,MCS)的可能性(Zhu et al.,2003)。Sugimoto等(2010)发现热量的日变化和移动导致高原西部形成气旋环流,它是东部形成大规模MCS的基础;近地面低涡的移动由副热带西风强度决定;高原东部大规模MCS的形成与湿润地面强对流不稳定一致,表明了高原大气温湿状态的特殊性。

4.1.2　青藏高原天气系统与天气

高原低涡(简称高原涡)、西南低涡(简称西南涡)、高原切变线等青藏高原天气系统是影响我国冬夏灾害天气的主要系统,其发生发展,尤其是东移往往引发我国暴雨洪涝等严重天气灾害。陶诗言等(1980)、卢敬华(1986)指出,发展东移的西南涡能引发我国长江流域、淮河流域、华北、东北和华南等下游广大地区的暴雨等灾害天气。Kuo 等(1988)通过数值模拟得到,青藏高原边缘低涡是造成 1981 年 7 月四川大范围大暴雨和特大暴雨天气灾害的重要天气系统。陶诗言等(1980)指出,西南涡是在青藏高原地形影响下产生的中尺度天气系统,是造成我国夏半年暴雨的主要原因之一,并提出了其发生的三个主要源地。Li 等(2008)发现,青藏高原夏季对流系统主要中心在横断山脉,次中心在雅鲁藏布江,其中约 50% 的系统向东和向南移出高原,移出系统一般具有更长生命史,产生更多降水。而且,20 世纪 90 年代我国江淮流域 3 次致洪暴雨过程,也是青藏高原 α 中尺度对流系统东传到江淮流域,促进梅雨锋上 α 中尺度对流系统的形成发展,为大暴雨创造了有利条件(张顺利 等,2002)。宋敏红等(2002)指出,高原涡东移出青藏高原会激发西南涡东移,并使西太平洋副热带高压南落,长江中下游流域发生暴雨天气。陶诗言等(2004)进一步指出,高原东移天气系统对我国青藏高原下游流域降水有重要作用,并提出了包括高原低值系统影响的我国南方暴雨天气学模型。Xiang 等（2013）分析了一次东移—折回—西移奇异路径高原涡持续性暴雨天气,得到青藏高原东侧地形与低涡的相互作用对降水有显著影响、高原涡东移过程与潜热释放中心的引导密切相关的结论。郁淑华等(2013)指出,高原切变线对于青藏高原及其下游中国广大地区的降水都有显著影响,其生命史越长影响越大,且夏半年降水范围和强度大于冬半年,可造成暴雨及以上强降水天气。

4.1.3　主要科学问题

虽然关于青藏高原对灾害天气的影响,已在高原热源与天气系统基本结构和演变特征、高原热源与高原天气系统的内在关系、高原热源与系统对灾害天气的影响、高原影响灾害天气的预报理论与技术等方面取得了不少成果。但是,作为气候系统相互作用及其影响效应的典型区域,青藏高原及周边地区气象综合观测能力不强,主要是关键区域气象台站稀少,反映高原热力性质、中小尺度活动的观测薄弱,其多圈层基本观测资料缺乏(李跃清,2011)。因此,面对现实需求与发展趋势,基于青藏高原观测站网的基础资料数量与质量是高原气象学的一个首要困难。目前,具体存在以下几个主要问题。

(1)青藏高原大地形及其东侧陡峭地形的热力、动力影响科学问题。由于资料数量与质量欠缺、时空分辨率低等原因,高原热力、动力影响还难以精确、定量地计算和诊断,有关的认识尚需进一步系统化、具体化,如青藏高原主体与边坡地面和大气热源的精准观测和计算,哪些区域的高原热源与哪些区域的环流、天气系统密切联系,尤其是在多尺度天气过程上的具体关系;高原天气系统演变机理的普适性、多样性等问题都需进一步分析。

(2)高原天气系统发生发展影响我国灾害天气,尤其是东移引发严重暴雨洪涝等科学问题。目前,已有成果多为基于少数典型个例的高原天气系统(高原涡、西南涡、高原切变线等)分析,缺乏气候态的普遍认识,而关于高原天气系统的演变过程与物理成因还不是很清楚,如为什么高原天气系统会活跃、频发和东移发展,也会中断、少动和原地消亡,在大尺度环流下,高原天气系统的微物理特性、多尺度相互作用对其演变和移动的影响等,这些问题都需要开展大量个例的对比分析和合成研究。

(3)青藏高原地-气过程影响我国灾害天气区域格局,尤其是天气灾害预测的上游区和强信号科学问题。但是,青藏高原地-气过程及其天气影响涉及多尺度耦合作用,以及高原气象观测站网不仅稀少,而且观测要素针对性不强,对于青藏高原地-气过程相关的能量、物质交换等物理、化学效应缺乏系统、全面的了解,如关于高原热源异常结构及其协同作用如何通过大气热力、动力过程影响高原天气系统演变,引发区域灾害天气,青藏高原影响灾害天气的多尺度特征,重点是天气尺度上的密切关系等,都需要更深入、系统与细致的研究。

(4)青藏高原地区大气综合观测站网优化布局与外场试验科学技术问题。实际上,作为我国暴雨洪涝、高温干旱、低温雨雪等天气气候研究与业务的重要基础,现有青藏高原气象观测站网还难以有效支撑高原影响灾害天气的研究及业务,特别是关于高原地-气过程影响我国灾害天气的关键区还不是很清楚,缺乏对于高原热源、系统和水汽等关键区的必要观测,以及代表关键区的高质量数据。虽然高原气象综合观测与科学试验是一个长期的系统工程(李跃清,2011),但也应加强分析辨识高原天气气候关键区与敏感区,在此基础上,有侧重地完善高原气象综合观测体系,获取具有强信号信息的数据资料,是很有意义的。

4.2　青藏高原热源与天气系统特征

青藏高原作为一个抬高的巨大热源,对于大范围天气气候具有显著的热力作用。目前,关于青藏高原热力作用的气候效应已有一些相对成熟的研究成果,提出了"高原感热气泵"等高原大气影响理论,但是,关于高原热源对天气的影响涉及复杂的大气过程,其理论认识还有待于不断深入。同时,青藏高原作为主体大地形与周边陡峭地形构成的一个复杂地理单元,其天气气候影响往往表现出多尺度的动力热力效应。虽然已经认识到:青藏高原及周边地区是我国中小尺度系统活跃的一个中心,高原涡、西南涡、高原切变线等天气系统对于我国大范围灾害天气有显著的影响,但是,对于它们活动、影响的复杂性、剧烈性、多样性,还需要深入化、系统化分析。因此,研究青藏高原热源及其高原天气系统具有重要的意义。

4.2.1　青海高原热源特征

青藏高原夏季不同地面热源的气候分析表明:近 30 a(1981—2010 年)夏季高原地面感热(潜热)气候均值为 58(62) W·m^{-2},总体呈微弱减小(波动伴有增大)趋势,有准 3(4)a、准 7(9)a 周期的显著振荡,1996(2004)年是减小(增大)突变点;高原地面热源气候均值为 120

W·m⁻²，地面感热与地面潜热的贡献相当，其总体呈幅度不大的减弱趋势，具有与地面感热相同的主周期振荡，年际、年代际变化明显，1997年前后由强转弱(李国平 等，2016)。并且，青藏高原不同热源具有明显的日变化特征：夏季高原地面感热00时(06时)(世界时)为东北向西南(西北向东南)递减分布，平均107.61(165.50) W·m⁻²。12时(18时)(世界时)为南向北(南向北)递减分布，平均−12.67(−20.10) W·m⁻²。高原地面感热白天(夜晚)为热源(热汇)，大部分地区日较差大于100 W·m⁻²，北部可达300 W·m⁻²；夏季高原地面潜热00时(06时)(世界时)为东南向西北(南向北)递减分布，平均119.54(149.42) W·m⁻²。12时(18时)(世界时)为北向南递减分布(平均值大于同时地面感热)，开始减弱(达到最弱)。高原地面潜热白天大于夜晚，大部分地区日较差超过80 W·m⁻²，南部可达200~220 W·m⁻²；夏季高原地面热源00时(06时)(世界时)为东南向西北(西向东)递减分布，平均227.15(314.92，西部可达400) W·m⁻²。12时(18时)(世界时)平均值−12.61(−23.78) W·m⁻²。整个高原地面热源白天(夜晚)为热源(热汇)，日较差都大于240 W·m⁻²，西南部可达420 W·m⁻²(张恬月 等，2016)。

青藏高原地面感热通量，1951—2010年年平均大部分地区为正值，春、夏、秋季均为正值，冬季为负值。高原感热除冬季为热汇外，年平均、春、夏、秋季都为由地面向大气输送的热源；近60 a(1951—2010年)高原地面感热通量出现不同程度的减少，春、夏季不显著，但秋、冬季和年平均下降趋势较显著，分别为0.94、0.50和0.49 W·m⁻²·(10 a)⁻¹。春、夏季和年平均感热通量的增加趋势分布面积相对较大，但下降趋势幅度较大，秋、冬季感热通量负值面积较大，且负值中心较显著。高原地面感热通量主要在中北部增加，在南部和西部减少。1969年前后的突变导致1970—1981年高原感热显著的下降趋势；且高原感热的变化与气温呈负相关，与风速和地温呈正相关，与降水的关系不明显(王学佳 等，2013)。但是，近30 a(1981—2010年)夏季高原感热通量减少趋势分布较广，负值中心明显，而感热增加主要在高原西北部和东部(张恬月 等，2018)。

1998—2016年，青藏高原地面感热、地面潜热、地面热源分布(图4.1)的季节变化特征相似，从冬到春到夏为明显的增强过程，从夏到秋到冬为相反的减弱过程。而地面感热、地面热源从冬到春爆发性增强，从秋到冬陡然减弱，地面潜热从春到夏的增强也特别明显(郁淑华 等，2019)。

夏季青藏高原大气热源的气候特征表明：近30 a(1981—2010年)夏季高原大气热源强度平均105 W·m⁻²，总体呈减弱趋势，年代际变化明显。6、7月为减弱趋势，8月为较明显的增强趋势。存在准3 a的周期振荡；高原南部和北部(尤其是东南部和西北部)大气热源的水平异常分布与天气系统相联系(刘云丰 等，2016)。

青藏高原上空大气热量分布的气候(1961—2001年)状况为：3000 m以上高原整层大气，3—9月共7个月为热源，6月最强(214 W·m⁻²)，10月—次年2月共5个月为热汇，12月最强(−84 W·m⁻²)，且热源强度明显大于热汇。最大热源层高度随季节基本没有变化，集中在500~600 hPa，但其强度6月最强。而最大热汇层和强度随时间变化，夏季6—8月热汇层薄

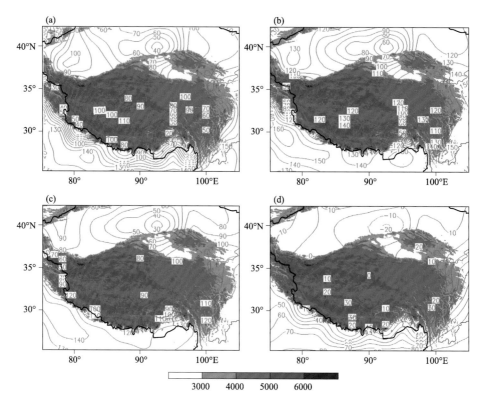

图 4.1　1998—2016 年年均地面热源(等值线;单位:W·m⁻²) 季节分布
阴影区为海拔高度(单位:m) (引自郁淑华 等,2019)
(a)春季;(b)夏季;(c)秋季;(d)冬季

且弱;4—8 月高原西部热源强度较东部强,其位置比东部偏北。春季(初夏)高原西部(东部)
热源增强迅速,5(6)月出现 200 W·m⁻² 中心。整个高原热源 7 月起向南减弱、西部减弱迅
速,10(11)月高原西部(东部)转为热汇;夏季高原热源变率为南北反位相型,其他季节为中部-
东北部与东南部的反位相型。得到青藏高原整层大气热量的显著非对称年循环、垂直输送的
贡献最大、水平分布具有突出的区域特征,1990 年前后为高原热源各季变率气候型的转变点
(钟珊珊 等,2009)。

夏季青藏高原及周边地区大气热源的空间分布具有显著的局地特征。大气视热源 Q_1 演
变存在 5 个基本模态(图 4.2):高原南侧印度北部、高原东北侧、高原主体东部、高原东南侧四
川东部和高原主体西部;不同区域的热力差异较大,热源强度、年际和年代际变化各有不同。
其中,夏季高原南侧、东南侧热源强度最大,强于高原主体,且年代际变化显著。高原东北侧热
源强度最小,为很弱热源甚至为弱冷源,以年际变化为主。高原主体东部、西部为强热源,且年
际变化明显;另外,各区域上空热源和视水汽汇 Q_2 中心高度及垂直变化也有明显的局地性特
征,夏季大气视热源 Q_1 强度主要决定于温度平流和垂直加热的相互作用(敖婷 等,2015)。

青藏高原和伊朗高原的地面感热不仅具有相互作用,而且存在反馈效应。伊朗高原的感
热能减弱青藏高原的感热并增强其潜热,而青藏高原的感热能增强伊朗高原的地面加热,由此

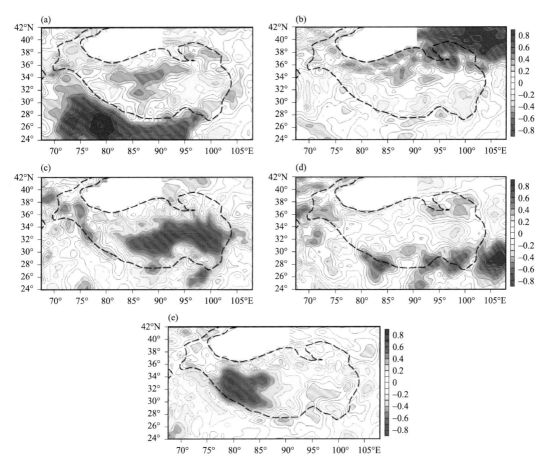

图 4.2　夏季青藏高原及周边地区大气热源前 5 个旋转自然正交函数(REOF)模态(虚线:海拔超过 3000 m 高原)
(引自敖婷 等,2015)
(a)第一模态;(b)第二模态;(c)第三模态;(d)第四模态;(e)第五模态

达到青藏高原感热与潜热,伊朗高原感热与大气垂直运动的准平衡态。在此基础上,形成了影响大气环流的青藏-伊朗高原耦合系统,其中,青藏高原地面感热和潜热的相互作用居于主导地位(Liu et al.,2017)。

但是,青藏高原大气热源的定量估算仍然存在不确定性,这一问题持续存在的主要原因有:常规气象站仅覆盖了青藏高原的有限区域,且绝大多数分布在高原中东部,表现出极大的空间不均匀性。另外,所有站点都位于海拔 5000 m 以下,而这一高度之上的大部地区没有观测资料;高原大多数站点没有热源通量的直接观测,而通过整体公式计算感热通量,其中的热量拖曳系数常被处理为一个经验常数,没有考虑大气稳定度和热力粗糙度长度;基于卫星遥感得到的辐射通量在数据反演和复杂地形的算法中表现出很大的差异;再分析资料除了用于数据同化的观测记录稀缺外,物理过程的模式偏差在得出非绝热加热场时产生了明显的误差(Duan et al.,2014)。

青藏高原对季风和全球气候的影响

4.2.2 高原涡特征

高原低涡(简称高原涡)是在青藏高原热力和动力作用下,青藏高原大气边界层 500 hPa 等压面上 400~500 km 水平尺度的 α 中尺度气旋式低压系统,多生成于 5—9 月青藏高原中西部地区,生命期 1~3 d,少数能发展移出高原,是影响青藏高原及其下游我国广大地区暴雨等灾害的重要高原天气系统。

统计 1980—2004 年 5—9 月青藏高原低涡活动得知:夏半年高原涡发生频次具有明显的年代际、年际和季节变化特征,20 世纪 90 年代有所下降,7 月为活跃期;西藏申扎—改则之间、西藏那曲东北部、四川德格东北部和四川松潘附近是四个生成源地;而西藏那曲东北部、青海曲麻莱、四川德格和青海玛沁是移出青藏高原高原涡的四个涡源;部分高原涡能在高原上生成 36 h 以上并发展移动,主要有东北、东南和东三条移动路径,东北路径最多,但移出高原后的路径则是向东路径多,其次是东北、东南路径;移出青藏高原的高原涡多数 12 h 内减弱消亡,有些可持续 60 h,极少数在 100 h 以上,最长可达 192 h,影响范围广大;初生高原涡,暖性涡比斜压涡多近两倍,而移出高原 12 h 低涡性质发生很大改变,以斜压涡居多,移出高原涡 7 月最多,6 月次之,9 月最少;20 世纪 80 年代中期以后,高原涡的生成源地、移动路径和性质等特征有所改变(王鑫 等,2009)。

基于 5 套再分析资料分析得到,高原涡年平均 63.5 个,大部分生成于海拔约 5500 m 的高原中西部山区(34°N,78°~95°E)和南部(30°N,80°~84°E)纬带,消失于低谷和山地背风坡;主要发生在暖季 5—9 月,夏季最活跃,冬季不活跃,白天多于夜间;移出青藏高原的高原涡不到 10%~14%,且一般向东(6.9%~7.8%)、东北(2.3%~3.4%)和东南(2.3%~3.5%)移动 (Lin et al.,2020)。

1981—2010 年夏季 6—8 月移出型高原涡的时空分布特征为:近 30 a 平均每年 9 个高原涡发展移出青藏高原,移出型高原涡的涡源主要在西藏改则、安多和青海沱沱河以北,以及曲麻莱附近,主要为东移路径,占移出型的 58.2%,东北路径、东南路径分别占 25.5%、13.8%,其他路径占 2.5%(黄楚惠 等,2015)。并且,近 30 a 夏季高原涡生成频数整体呈一定程度的线性减少趋势,年际变化明显,高发期主要集中在 20 世纪 80—90 年代中后期,1998 年突变后又处于减少态势,具有显著的准 7 a、准 13 a 周期振荡(李国平 等,2016)。另外,近 30 a (1981—2010 年)夏季高原涡共生成 965 个,平均每年 32 个,生成源地主要集中在西藏双湖、那曲和青海格尔木(扎仁克吾)一带,可分为中部涡(占 50.8%)、西部涡(占 27.0%)、东部涡(占 22.2%);40%以上的高原涡能持续 6 h,持续 12 h 的仅占 20%,生命史超过 18 h 的不到 10%;6,7,8 月高原涡分别占夏季总数的 44.7%、29.9%、25.4%;高原涡的生成以暖性涡为主,占总数 90.7%;夏季发生频数整体呈较明显的增多趋势,具有较强的年际变化,6(7 和 8) 月为减少(增加)趋势;高原涡频数 2000 年突变后由增多趋势转为减少趋势,2005 年突变后又转为增多趋势,具有显著的准 5 a、准 9 a 和准 15 a 周期振荡;平均每年夏季有 1.3 个高影响高原涡移出青藏高原并引发下游大范围强降水天气。移出高原涡以东移为主,占移出总数56.4%,东北移和东南移则分别占 20.1%和 20.5%;高原涡主要有直接被填塞、汇入高空低槽、蜕变为高原低槽或高原切变线几种消亡方式(李国平 等,2014)。夏季高原涡主要生成于青藏高原腹地,00 时(世界时)主要在西藏那曲和林芝工布江达地区生成,12 时(世界时)主要在西藏那曲和青海玉树地区生成;高原涡在夜间生成的概率略高于白天,有一定日变化(张恬月 等,2016)。

1998—2016 年不同季节高原涡、移出高原的高原涡(移出涡)、未移出高原的高原涡(未移出涡)的涡源区特征为:高原涡、移出涡、未移出涡生成 6 月最多,7 月次之,5—8 月(6—7 月)为高原涡和未移出涡(移出涡)生成的主要时段(图 4.3);高原涡、未移出涡、移出涡的涡源分布季节变化相似,由冬到春到夏(夏到秋到冬),初生区域逐渐扩大(缩小)。移出涡的涡源区明显小于高原涡、未移出涡,但由冬到春到夏,其涡源由无到有、再向东向北扩,而高原涡、未移出涡则逐渐向东扩;由冬到春(秋到冬),未移出涡很快增加(明显减少),移出涡则有(无)成片生成区(图 4.4—4.6,郁淑华 等,2019)。

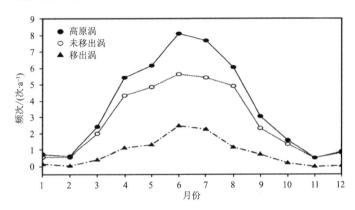

图 4.3 高原涡、移出高原的高原涡、未移出高原的高原涡年均各月生成频数(引自郁淑华 等,2019)

基于 2003—2012 年《青藏高原低涡切变线年鉴》(李跃清 等,2009b,2009c,2010e,2011,2012a,2012b;彭广 等,2011a,2011b,2012,2014)的统计分析得到:高原涡主要生成于青藏高原东部,高频区分布在唐古拉山、杂多、德格、曲麻莱和柴达木五个地区。移出高原的高原涡主要生成于高原东部,移出涡的高频生成源地在青海曲麻莱最集中。高原涡出现次数年际变化主要为增加趋势,每年集中出现在 4—9 月,6 月最多;93.0%的高原涡持续时间在 60 h 以内,移出高原涡主要有东北、东南、东三个路径,移入地区主要为甘肃、四川、陕西和宁夏四个地区(张凯荣 等,2015)。在 1998—2015 年移出高原后持续活动 2 d 以上的持续高原涡基础上,发现中国大陆以东、140°E 以西洋面台风或热带低压向北活动,会造成持续高原涡东移受阻,产生河套地区打转的异常路径现象(郁淑华 等,2018b)。并且,2000—2010 年移出青藏高原后生命史长达 3 d 或以上的高原涡,可分为东、东北和东南三类移动路径;不同时段,不同路径的长生命史高原涡具有不同的活跃度,盛夏 7 月,东移高原涡远多于东北移和东南移,东南移又多于东北移;而夏末 8 月,东南移高原涡则远多于东北移和东移;移出高原后的长生命史高原涡基本在冷平流带中移动,东南移的高原涡具有相对较强的冷空气活动(师锐 等,2018)。

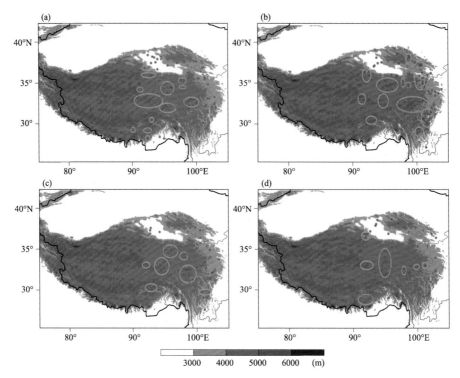

图 4.4　1998—2016 年高原涡初生地分布(引自郁淑华 等,2019)

(a)春季;(b)夏季;(c)秋季;(d)冬季

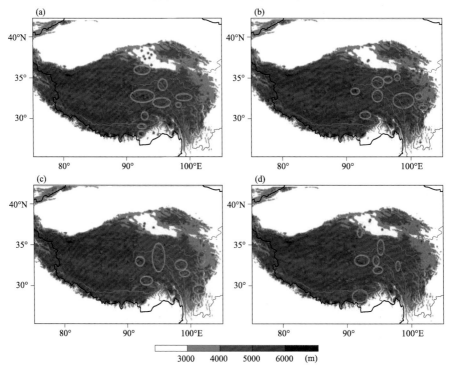

图 4.5　1998—2016 年未移出高原的高原涡初生地分布(引自郁淑华 等,2019)

(a)春季;(b)夏季;(c)秋季;(d)冬季

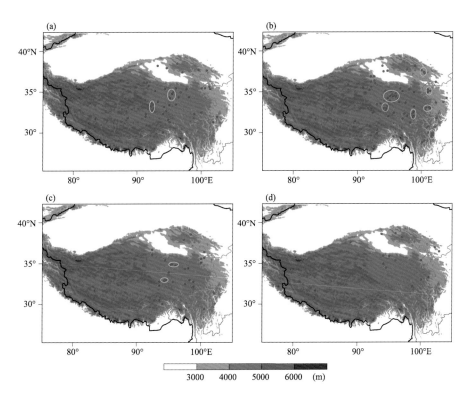

图 4.6　1998—2016 年移出高原的高原涡初生地分布(引自郁淑华 等,2019)

(a)春季;(b)夏季;(c)秋季;(d)冬季

　　高原涡还存在一类不同于传统定义的深厚型高原涡,其垂直尺度可达大气对流层顶或平流层底(图 4.7),深厚型高原涡不同阶段的基本结构和演变特征与浅薄型高原涡不同。浅薄型高原涡 500 hPa 暖心明显,其上为冷性分布,而深厚型高原涡热力结构分层明显,时空演变较为复杂,250 hPa 与南亚高压具有相同的暖性结构,以下为冷性结构,其转变过程在不同高度存在差异;形成前期,深厚型高原涡有强辐合和上升运动,而浅薄型高原涡辐合较弱,以下沉运动为主。消散期,深厚型高原涡主要减弱因子是水平涡度平流,而垂直涡度转换成水平涡度是造成浅薄型高原涡垂直涡度下降的主要原因(杨颖璨 等,2018)。并且,高原涡生成初期,总比能变化主要取决于显热能,而高原涡生成移出青藏高原后,总比能变化则主要取决于潜热能;能量场上高原涡具有螺旋与“涡眼”结构特征(董元昌 等,2015)。基于两次高原涡东移个例分析得到:高原涡东移过程的正涡度东传特征明显,对于东移过青藏高原后维持加强的高原涡,表现为过高原前,深厚正涡度配合深厚上升运动,以及对流层中低层较强的辐合;过高原后,正涡度强度增加,对流层中低层辐合、上升运动增大,对流层中高层辐散增加。而对于东移过青藏高原后减弱的高原涡,表现为过高原前,正涡度强度、垂直上升运动较东移过高原后维持加强的弱;过高原后,正涡度强度减弱,整层辐合上升运动也减弱明显(何光碧 等,2009)。

　　应用高分辨率新一代 NCEP-CFSR 数据集,分类与合成得到高原涡的动力热力特征具有区域性和季节性,并受其移动、降水和南亚高压的影响。第 1 类普通降水型高原涡,多生成于 33°~36°N 东西向纬带,为显著的低层斜压、非对称系统,存在于大尺度辐合带,易于东移出青

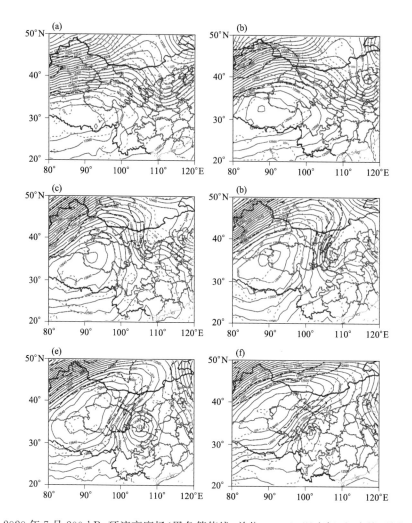

图 4.7 2020 年 7 月 200 hPa 环流高度场(黑色等值线;单位:gpm)、温度场(红虚线;单位:K)以及
高空急流(黑虚线;单位:m · s⁻¹)(D 为低涡中心位置)(引自杨颖璨 等,2018)
(a)21 日 00 时;(b)22 日 00 时;(c)23 日 06 时;(d)23 日 18 时;(e)24 日 12 时;(f)25 日 00 时(世界时)

藏高原;第 2 类暴雨型高原涡,盛夏具有深厚的气旋性环流,其中低层斜压子类与低空急流相联系,主要生成于(32°～35°N,86°～94°E)区域,易移过 90°E 以东,甚至移出青藏高原。同时,近垂直型子类低层冷中心、中高层暖中心,为准定常、准对称系统,多生成于 92°E 以西,这两子类对流层高层维持西部型南亚高压;第 3 类春季干涡,位于高原西部,暖热而浅薄(厚度约100 hPa),对流层中高层为大尺度纬向环流控制;第 4 类 6—8 月高原南部降水型高原涡,不受低层偏北气流影响,垂直伸展,受高层带状南亚高压控制(Feng et al.,2017)。

通过再分析资料和高分辨率全球气候模式,基于一种客观特征追踪算法分析得到,大多数高原涡生成于青藏高原西北部,全年这一主要生成区中心范围较小但稳定,副热带西风急流的强度和位置与高原涡的东移距离有关,对高原涡能否移出青藏高原有影响,并且,25 km 水平分辨率全球气候模式可模拟反映高原涡的气候学特征,为基于模式研究高原涡提供了广泛的选择途径(Curio et al.，2019)。Lin 等(2020)通过 500 hPa 位势高度最小值客观识别和追踪方法得到,源于 ERA-Interim、ERA40、JRA55、NCEP-CFSR 和 NASA-MERRA2 再分析产品的高原涡有非常相似的空间分布和时间变化,但其特征参数与分辨率有关;高分辨率产品可得出更多低压系统,表明虽然总数较一致,但源于高分辨率资料的高原涡一般有更长的生命史、更强和更大的尺度。

4.2.3 西南涡特征

西南低涡(简称西南涡)是青藏高原复杂地形与大气环流相互作用下,发生于我国西南地区的 α 中尺度气旋式闭合低压系统。西南涡按其主要生成源地可分为九龙涡、小金涡和盆地涡。作为重要的高原天气系统,西南涡降水也是一种富有特色、影响严重的天气现象。西南涡系统不仅造成本地和下游我国大范围地区的暴雨天气,而且引发本地和下游我国广大地区的洪涝灾害,一直是低涡降水关注的重点。

在修正西南涡传统定义不合理的基础上,研究发现,1986—2015 年西南涡之九龙涡时空分布特征和活动规律的一些重要观测事实,首次揭示了西南涡涡源的多尺度结构特征及其不同次涡源低涡的差异性。得到九龙涡涡源存在(27°~28.5°N,100°~101.5°E)、(29°~30.3°N,102°~103.5°E)和(28°~29.5°N,101.5°~103.5°E)3 个次涡源,并且,第一类(小于 18 h)和第二类(小于 30 h)短生命史的九龙涡多生成于次涡源 1,第三类(30 h 及以上且小于 42 h)较长生命史、第四类(42 h 及以上)长生命史的九龙涡分别多生成于次涡源 2、次涡源 3。30 h 及以上生命史的九龙涡主要生成于四川盆地西部、西南部与川西高原的交界处,生命史越长越易生成于四川盆地与川西高原的西南交界处;九龙涡 30 a(1986—2015 年)年际变化呈增加趋势,但近 10 a(2006—2015 年)有减少趋势,且 4 类九龙涡有一定的差异性;九龙涡生成频数 12月—次年 5 月增加、5—12 月减少,每年 5(9)月最多(少)。且春季生成最多,夏季、冬季次之,秋季最少,夏季生命史最长、最易移出源地;九龙涡具有明显的日变化特征,主要生成于 12—18 时(世界时),其次为白天后半日 06—12 时(世界时),18—00 时(世界时)较少,00—06 时(世界时)生成最少,第一类九龙涡的夜发概率相对不突出,第三、四类九龙涡的夜发概率均超过 80%,从前半夜一直到后半夜,日间明显减少,夜发性十分显著;30 a(1986—2015 年)共 753次九龙涡有 176 次移出源地,占总数 23.4%;移出源地的九龙涡频数 1—6 月增加、6—12 月减少,6—9 月移出占移出总数的 54%,第三、四类九龙涡很少稳定少动,大多数都移出了源地;九龙涡移向主要有东、东北和东南路径;第二、三、四类九龙涡以东移路径为主,其次为东北路径,第二、四类东南路径很少,而第三类无东南路径(慕丹 等,2018)。

针对 1983—2012 年 30 a 共 1382 次西南涡之盆地涡,得到西南型、东北型两大类盆地涡的季节分布、月际变化、日变化的异同,尤其是发现西南涡之九龙、小金和四川盆地三大涡源具有内在的密切联系,上游川西高原的九龙、小金涡源对下游四川盆地涡源有重要的影响,加深了对西南涡形成与演变机制的认识(图 4.8)。西南(东北)型盆地涡 14—20 时(20—02 时)

(北京时)发生频数最高,二者08—14时(北京时)发生频数均为最低。西南(东北)型盆地涡3—10月(4—9月)夜间发生概率大于白天。盆地涡,主要是东北型盆地涡有明显的夜发性特点;浅薄(深厚)盆地涡中≤24 h(>24 h)短(长)生命史的居多,对流向上发展的凝结潜热释放延长了盆地涡的生命史;每年7、8月移出的盆地涡次数最多,7月前均以东移路径为主,但7月后以东北路径为主;盆地上游川西高原南(中)部九龙(小金)涡源夏(春)季的风场扰动移出活跃,冬季移出不活跃。并且,九龙涡源风场扰动对盆地涡生成频数有重要贡献,其中,对西南型盆地涡的贡献大于东北型,小金涡源风场扰动对盆地涡生成频数的贡献相对较小,主要影响东北型盆地涡(李超 等,2015)。

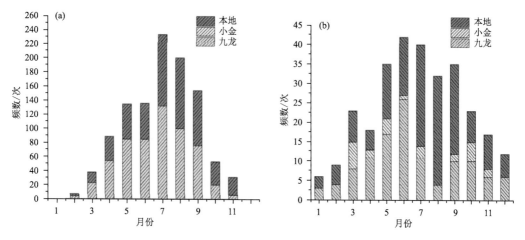

图4.8　两类西南涡之盆地涡各月频数中不同风场扰动源地所占比重(灰色代表源地分别为盆地西南部和东北部,即本地,浅黄色代表源地为小金地区,浅蓝色代表源地为九龙地区)(引自李超 等,2015)
(a)西南型;(b)东北型

1979—2010年西南涡气候学分析得出:西南涡年发生率约73个,有四川盆地和青藏高原东南缘两个主要生成区。西南涡生成表现出春夏季多发与日变化特征,平均生命史、水平尺度和移动速度分别为15.1 h、435 km和8.6 m·s^{-1}。可分为4类西南涡:第1类为冬春的盆地上空850～600 hPa之间、向东北倾斜的浅薄干涡,低层有冷中心、中高层为斜压性;第2类为暖季的盆地夜间降水低涡,气旋性涡度从地面伸展到高层,具有深厚结构,其a类非强降水涡为弱斜压性,随高度向北倾斜,但b类强降水涡垂直向上发展;第3类为南部山区边界层内形成的浅薄近地面涡,沿坡面向上倾斜,具有偏暖低湿核;第4类为处于相当正压环境的山区大雨涡,尺度大、深厚,且近乎垂直(Feng et al.,2016)。基于2012—2017年三个不同涡源西南涡活动的分析得到:西南涡以九龙涡为主,其次是盆地涡,小金涡出现次数最少,但移出涡源的概率最高。3—6月是西南涡的多发时段,也是西南涡移出涡源的多发时段;不同涡源西南涡的生成都与环境风场有关。九龙涡、小金涡的生成与偏南气流流入涡区南部开口地形有关,但小金涡流入四川南部的气流比九龙涡强,盆地涡生成与北、南两支气流在四川盆地汇合形成的切变线有关(郁淑华 等,2021)。另外,1979—2013年春季共产生262例西南涡,平均每年7.5例,春季西南涡出现次数呈明显下降趋势,1980、1982和1984年出现次数最多,都为11

次,2004 年最少,仅出现 4 次,具有明显的年际变化特征;1989 年春季西南涡出现次数发生了显著的变化,由偏多期转变为偏少期,存在明显的年代际变化特征(李黎 等,2017)。

通过 2009—2012 年(27°~33°N,105°~110°E)区域 25 个有暴雨和 25 个无暴雨西南涡系统的对比分析表明:有暴雨产生西南涡低层来自孟加拉湾和南海的水汽输送更大更偏北,低涡中心附近的东、南侧始终存在强水汽辐合和深厚垂直上升运动,西、南侧为不稳定或中性层结,北侧干冷空气气旋性侵入低涡后部,而低涡中心附近有低层正涡度、辐合与高层负涡度、辐散的一致性叠置;随着低涡的发展,其前后部冷暖空气强度减弱,水汽辐合和上升运动中心皆减小且逐渐偏离低涡中心至东侧,垂直方向涡度和散度叠置的一致性也逐渐减弱。无暴雨产生西南涡西侧低层为浅薄中性层结,低涡中心附近上升运动虽然稳定存在,但低涡东侧出现下沉运动,低涡中心附近水汽输送、辐合较小,高、低层涡度和散度不存在有暴雨产生西南涡相应的一致性配置,这些条件可能不利于降水和低涡的进一步发展(曾波 等,2017)。基于天气预报模式(Weather Research and Forecasting Model,WRF),进一步揭示了西南涡内在的复杂结构特征。得到西南涡具有两个中尺度闭合气旋式涡旋的更精细结构,不同于常规观测的西南涡,即西南涡的双中尺度涡旋结构,而准地转平衡是两个闭合中尺度低涡生成、维持的原因(Zhou et al.,2017)。另外,西南涡初生和成熟阶段都维持对流层低层正涡度和高位涡中心相耦合的动力特征,存在"暖心"和"湿心"结构;潜热释放引起的非绝热作用对西南涡的发生、发展有重要作用(刘晓冉 等,2014)。基于西南涡加密观测科学试验探空资料的分析得到:青藏高原东部川西高原南部九龙涡源的重力波源主要来自对流层上层,波能向上传播;移出型西南涡活动初期,重力波水平传播主要为东北向,上传概率远大于下传,动能和潜能较大且变化剧烈,明显不同于源地型西南涡,揭示了西南涡不同涡源及其演变的能量传播特征(陈炜 等,2019)。

1954—2014 年夏半年(5—10 月),西南涡的异常多发(少发),其低涡关键区为异常西南风(北风)且有强(弱)的辐合(辐散),低纬季风环流增强(减弱),导致正角动量输送强(弱),有(不)利于西南涡生成;同时,印度洋输送至关键区的水汽通量增加,也有利于降水发生;除地形和加热作用外,西风带及季风环流带来的水汽和角动量输送也是影响西南涡发生的重要因子(叶瑶 等,2016)。个例分析表明:西南涡强降水系统由一个主云团和多个零散云团组成;强降水系统的雨顶高度可达 16 km,最大降水率在 2~6 km,降水强度的垂直和水平分布不均匀,对流层低层云滴的碰并增长过程起主要作用(蒋璐君 等,2014)。而西南涡的发展有利于受其影响的对流云团成长为深厚对流云,对流云团的强度和尺度在西南涡成熟阶段均强于其发展阶段,低涡中心与强对流中心都不一致,强对流中心位于低涡中心东南,且在西南涡成熟阶段,对流云内部中低层存在高温高湿中心(向朔育 等,2019)。

4.2.4　高原切变线特征

高原切变线作为高原天气系统之一,对青藏高原及其下游地区的降水天气有重要影响。而关于高原切变线时空分布、结构特征和演变机制等的认识是高原切变线及其降水预报的基础。

基于1998—2013年《青藏高原低涡切变线年鉴》(李跃清 等,2009a,2009b,2009c,2010a,2010b,2010c,2010d,2010e,2011,2012a,2012b;彭广 等,2011a,2011b,2012,2014,2015),对高原切变线活动特征的分析(图4.9—4.11)表明:高原切变线主要生成于青藏高原东部,位于27°~39°N,高频中心在昌都西北部,以横切变线为主;1998—2013年高原切变线共生成571次,移出92次,其出现次数和移出次数均成增加趋势;夏半年高原切变线活动次数多于冬半年,夏(冬)半年主要在8(4)月,93.8%的高原切变线生命史在48 h内;西风槽、青藏高压、西藏高压、副热带高压是影响高原切变线移出的主要系统(王琳 等,2015)。但需要指出的是,年鉴结果主要基于天气图资料,高原西部观测数据稀少,客观上影响了判识分析,可能造成青藏高原西部切变线、低涡等偏少。一般高原竖切变线出现很少,全年只有十分之一,每年1~9次不等,冬、夏半年高原切变线主要为横切变线,是竖切变线的8倍,且又以东部切变线占绝大多数;冬(夏)半年高原切变线主要出现在3—4月(5—9月),4月(8—9月)有五分之一能移出高原;冬半年,高原竖(横)切变线一般活动时间为12 h(12~24 h),最长48(84) h;夏半年,高原竖(横)切变线,一般活动时间为12~24 h(12~24 h),最长60(120) h;一般每年有1~3次移出青藏高原,并引起下游大范围降水的横切变线(郁淑华 等,2013)。并且,平均的500 hPa横切变线处于青藏高原相对暖湿区域,其辐合上升运动与正涡度一致,但不同行星尺度环流下,其风场分布有较大差异,温度场特征也明显不同;竖切变线位于狭窄、浅薄的辐合与正涡度带上,其上升运动与湿度特征非常明显(何光碧 等,2011)。根据人工判识切变线的基本标准与计算机几何学知识,定义了高原切变线的客观识别标准,并基于《青藏高原低涡切变线年鉴》(李跃清 等,2010e,2011,2012a,2012b;彭广 等,2011a,2011b,2012,2014,2015,2016,2017)的对比验证,统计分析得到:2005—2015年近11 a,高原切变线年均生成49.4条,其中,东部型切变线年均38条,是高原切变线的基本型;东部型切变线高发区位于西藏边坝、丁青和青海玉树、石梁一带,西部型切变线高发区位于34°~36°N,85°~90°E;高原切变线维持时间多为6 h,冬季切变线上以变形风为主,夏季切变线上以旋转风和辐合风为主;散度、涡度和总变形强度与高原切变线的位置和生成时间有较密切联系,其切变线两侧的大值区均出现在94°~95°E。客观识别方法可较为高效地识别高原切变线,为高原切变线研究提供了新途径(刘自牧 等,2019)。

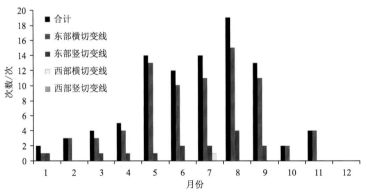

图4.9 1998—2013年高原切变线移出次数月际变化(引自王琳 等,2015)

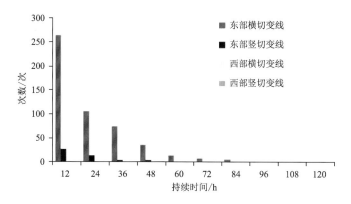

图 4.10　1998—2013 年高原切变线生命史分布(引自王琳 等,2015)

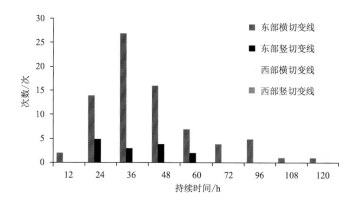

图 4.11　1998—2013 年移出青藏高原的高原切变线生命史分布(引自王琳 等,2015)

针对初夏、盛夏和夏末三次高原切变线个例不同时期、不同阶段的演变特征分析得到:切变线两侧南北风速、特别是北风风速的减弱引起切变线过程的减弱,而冷暖空气势力强弱影响切变线的位置,初夏和盛夏(夏末)切变线位置偏北(南);切变线活动伴随正涡度、辐合上升运动,其多正涡度中心和辐合中心可能与高原涡活动有关,盛夏和夏末切变线正涡度辐合中心东移明显、上升区更为偏东偏强,盛夏切变线和初期夏末切变线对流活动较旺盛;盛夏切变线附近近地层高温、高湿能量明显,初夏(盛夏和夏末)切变线具有稳定性(对流不稳定性)降水特征,降水量弱(强)、范围小(大),呈零散(带状)分布(何光碧 等,2014)。

通过一次东移高原涡减弱、高原切变线生成并东南移引发川渝地区强降水过程,分析了定量表达气流旋转和变形相对大小的 Okubo-Weiss(OW)参数 V_{OW},计算公式如下:

$$
\begin{cases}
V_{OW} = \zeta^2 - (D_s^2 + D_t^2) \\
\zeta = \dfrac{\partial v}{\partial x} - \dfrac{\partial u}{\partial y} \\
D_t = \dfrac{\partial u}{\partial x} - \dfrac{\partial v}{\partial y} \\
D_s = \dfrac{\partial v}{\partial x} + \dfrac{\partial u}{\partial y}
\end{cases}
\qquad (4.1)
$$

式中,ζ为相对涡度(矢量)的垂直分量(简称涡度),D_t为伸缩变形(简称伸缩),D_s为切变变形(简称切变)(Tory et al.,2013)。分析表明,高原切变线生成阶段,500 hPa等压面V_{OW}由正转负,V_{OW}负值带可很好地指示高原切变线的潜在生成区域,负值强度与高原切变线强度有很好的相关性;高原切变线上以V_{OW}负中心为主,但也会存在正中心,即其上也有气旋性涡度;此例高原切变线以伸缩变形为主,且沿变形场的拉伸轴分布(李山山 等,2017)。另外,高空急流强度对低层风场有重要影响,急流增强会使高原切变线上的风切变增大,切变线变长,同时也有利于高原切变线上水汽的辐合(罗雄 等,2018a)。

根据纬向风径向切变、相对涡度以及纬向风零等值线三个标准,判识了青藏高原横切变线并统计分析了其气候特征。发现高原横切变线一般为东西走向,6月发生频率最高,10月最低。横向切变线高发轴线,平行于青藏高原地形,5—8月向南移动,9—10月有所北移。切变线年均频数65.3 d,具有明显的年际和年代际变化,20世纪80年代频数的年际波动最显著,其次是21世纪前10 a(Zhang et al.,2016)。基于客观判识的33°~35°N内13个个例合成表明,高原横切变线位于青藏高原主体80°~100°E范围,500 hPa呈东西走向,水平尺度近2000 km,垂直方向厚度可达近2 km;高原横切变线出现与500 hPa高纬度两槽两脊、青藏高原两侧分别为带状西太平洋副热带高压和伊朗高压的环流形势有关;高原横切变线走向与500 hPa正涡度带轴线一致,其附近为带状涡度正值区和上升运动区,对应无辐散带,而辐散(辐合)带分布在切变线北(南)侧;其附近正涡度带可垂直伸展到350 hPa,上升运动可到200 hPa,但高原横切变线仅至480 hPa左右,为浅薄的斜压天气系统,随高度向北倾斜;高原横切变线是水汽汇聚带,附近南侧600~500 hPa为假相当位温高值中心,具有明显的高温、高湿特征;其初始产生到发展强盛再减弱的演变生命期近4 d,由于副热带高压的西移,随着附近正涡度带范围增大、强度增强,高原横切变线发展,而干冷空气的侵入导致其强度减弱甚至消亡(张硕 等,2019)。一次青藏高原水平东西向切变线过程(图4.12),其垂直厚度可达1.5 km(600~450 hPa),呈斜压性,切变线附近为弱的上升运动,并伴随比温度更明显的露点温度梯度。其形状和结构具有日变化,00时(18时)(世界时)切变线形状相对完整(破碎),垂直高度最低(最高),00—06时(世界时)顺时针(逆时针)转动。当切变线南北间隔增加时,很容易断裂;当其任一边露点梯度减小时,切变线消失。当切变线北(南)移时,其西(东)段分离,但东(西)段倾向于再生或合并(Guan et al.,2018)。而高原竖切变线转变为高原横切变线过程,高原切变线发生在西风槽、伊朗高压、西太平洋副热带高压和台风"康森"共同构成的大尺度"鞍"型背景场,以上4成员配置调控着高原切变线的演变及其结构;高原切变线前部是明显暖湿空气带,后部有冷温度槽发展,当呈南北走向时,冷暖空气的交绥使得其增强发展,当转为东西向时,其后冷平流逐渐消失使其减弱。当从高原上移出,其相对涡度增大,特别是与西南涡垂直耦合后,进一步加强发展;生成发展期,高层200 hPa为南亚高压控制,中低层相对涡度大值区范围和强度均迅速发展,垂直方向呈现"干湿相间、冷暖相间"的斜压结构特征。减弱消亡期,高层200 hPa南亚高压有所减弱,中低层相对涡度大值区发生断裂,大值区主体随西风槽和西南涡逐渐移出高原;生成发展期,高层300 hPa为明显"暖心"和"湿心"结构,伴随降水,视热源Q_1和视水汽汇Q_2在垂直方向均增强，$Q_1(Q_2)$ 大值中心上升(下降)至 300(600)hPa。减弱消亡期，高层总体偏湿偏冷，降水趋于结束时，Q_1 和 Q_2 均迅速减弱(赵大军 等，2018)。基于数值模拟的一次高原横切变线演变过程及其降水、热力、水汽和动力特征分析表明：高原切变线活动的不同阶段结构存在明显差异，切变线常对应辐射亮温 TBB＜−20 ℃ 云区，发展阶段，TBB 降低，云区内有多个 TBB＜−60 ℃ 的对流活动中心，为主要降水期；减弱阶段，TBB 升高，降水趋于结束；高原切变线存在"南暖北冷"的热力结构，维持发展阶段为高层稳定、低层不稳定的垂直分布，也是水汽的聚集带；初生阶段和维持发展阶段，垂直方向存在正涡度中心和辐合中心，呈现对流层低层正涡度和高位涡中心耦合的动力结构；其辐合带先于正涡度带减弱、其消失是高原切变线减弱的一种特征信号(罗雄 等，2018b)。

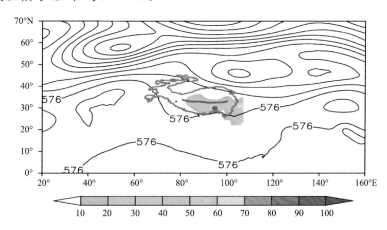

图 4.12　2015 年 8 月 15 日 12 时—19 日 08 时(世界时)平均的 500 hPa 位势高度场
(等值线；单位：dagpm)和累计降水量(阴影；单位：mm)(引自 Guan et al.，2018)
(粗红线：切变线平均位置；橘色线：海拔 3000 m 以上青藏高原)

4.3　青藏高原热力动力过程及其影响

青藏高原巨大的地形、抬高的热源，以及伴随的大气物质、能量和水汽过程，对于全球和区域环流、天气和气候都具有独特的重要作用。目前，对于青藏高原的热力、动力影响，已开展了不同热源过程、复杂地形协同作用的深入研究，在地面热源、大气热源及其热力动力耦合影响等方面取得了一些新的进展。

4.3.1　青藏高原地面热源对低涡的影响

夏季高原涡生成频数与同期高原地面感热呈高度正相关，与同期地面潜热呈一定程度负相关，但与同期地面热源呈较显著正相关。气候尺度上，青藏高原地面热源偏强，特别是地面感热偏强时期,对应高原涡的多发期,证实了青藏高原地面加热作用对触发高原涡乃至高原对流活动的重要性(李国平 等,2016)。1981—2010年,青藏高原地面感热偏强,高原涡生成频数偏多;高原地面感热偏强年,低层大气呈现气旋式环流,高层为强盛辐散气流,高原主体大部上升气流偏强,更利于高原涡生成;高原地面感热偏弱年则相反(张恬月 等,2018)。并且,1986—2015年,30 a夏季青藏高原(关键区)出现915(697)次高原涡,关键区占76.18%,且出现次数呈明显下降趋势。关键区地表感热通量总体也呈下降趋势,而潜热通量呈较弱上升趋势;高原涡生成关键区对应于地表感热(潜热)通量均值的较大(小)值区。夏季高原涡偏多和偏少年,关键区地表能量有明显的分布差异,其地表感热(潜热)通量偏强时,容易(不容易)产生高原涡(李黎 等,2019)。虽然高原地面感热对高原涡的生成和发展有重要作用,但这种作用是否有利于低涡的发展与其中心和感热加热中心的配置有关(李国平 等,2002)。2012年6月下旬青藏高原一次东移对流系统的生成发展以及与地面加热相互作用过程,高原地面感热通量对高原涡的生成、发展和东移都有十分重要的作用;高原地面潜热通量能增强中低层大气的不稳定性,为对流系统的发生发展积累能量,造成有利于对流降水的热力环境,但对高原涡则无显著影响。高原地面感热、潜热通量是青藏高原东部对流系统生成发展过程中必不可少的因子(田珊儒 等,2015)。

也有数值试验表明:绝热条件对高原涡形成、发展及结构变化的不利影响最为显著,而地表蒸发潜热对其发展有一定影响,无地表蒸发潜热使其强度略有减弱,地表感热对高原涡的影响因不同个例有所差异,且在高原涡的不同发展阶段也不尽相同,还与其发展阶段是白天还是夜晚有关(宋雯雯 等,2012)。1998—2016年,5—8月高原涡及其未移出涡生成的主要时段也是年均青藏高原地面感热、地面热源较大时段,6—7月移出涡生成的主要时段也是年均高原地面感热、地面热源高值时段和地面潜热增幅明显、达最高值时段;高原地面感热、地面潜热、地面热源都与高原涡及其未移出涡、移出涡涡源分布的季节变化特征相似。尤其是高原地面感热、地面热源由冬(秋)到春(冬)爆发增强(陡然减弱)对应未移出涡很快增加(明显减少)和移出涡个数有(无)成片区,且由春到夏地面潜热显著增强与同期移出涡生成增加最多相一致,地面加热对高原涡生成的影响大,地面潜热对移出涡生成的影响更大;未移出涡、移出涡,春、夏、秋季主要涡源区所处的地面热源大小值域不同,移出涡夏季大于未移出涡,移出涡生成比未移出涡对高原区域地面热源有更强的依赖性;夏季移出涡、未移出涡涡源区都位于与高原地面热源的正相关区,且地面潜热比地面感热正相关区大,其中移出涡在高原东部、未移出涡在东南部和南部有显著正相关,未移出涡是感热、潜热共同贡献大造成的,但潜热贡献比感热更大,移出涡主要是潜热贡献大造成的,地面潜热不仅对高原涡生成有重要作用,而且对移出涡生成影响更大(郁淑华 等,2019)。

基于WRF模拟发现夜间高原涡形成是对流合并的结果,试验对地表方案比云微物理方案更敏感,当白天地表非绝热加热活跃时,更有利于对流发展,白天地表非绝热加热对白天对流发展和夜间高原涡生成起支配作用。而且,低层大气位涡明显增加与夜间高原涡生成阶段显著增强的气旋涡度相联系,这可能是由于对流合并期间净跨界位涡通量的增强垂直分量,以及低层大气非绝热的显著正贡献;对流发展必需的强烈白天地表非绝热加热效应能提供夜间高原涡生成的有利条件,且高原涡的生成是一个复杂过程(Zhang et al.,2019)。

4.3.2 青藏高原大气热源对低涡的影响

1981—2010 年夏季,青藏高原大气热源与高原涡生成具有密切关系。高原涡高发年的大气热源强度明显强于低发年,高原南部和北部(尤其是东南部和西北部)大气热源的水平异常分布与高原涡生成频数存在显著的正相关关系;高原涡高发年,大气热源的热力作用与空间分布差异导致高原低层辐合,近地层到高空都有偏强的上升气流,低层气旋式环流加强,为高原涡生成提供了有利的环流场,而低发年,大气热源强度减弱促使青藏高原上空出现下沉气流,抑制对流活动的发生发展,不利于高原涡的生成;大气热源的垂直变化可影响低层位涡的形成,从而对高原涡生成产生作用。在此基础上,初步提出了大气热源水平分布差异与高原涡生成频数统计关系的物理解释(刘云丰 等,2016)。

东移高原涡的加强主要与青藏高原对流系统降水产生的凝结潜热释放有关,与高低空正位涡带的上下打通并无直接关系;东移高原涡与青藏高原对流之间存在一种正反馈机制,即东移高原涡触发高原对流系统的生成,而高原对流系统生成后,通过降水所释放的凝结潜热加热,又进一步加强了东移高原涡的强度(田珊儒 等,2015)。针对凝结潜热加热及其对流活动反馈在高原涡发生发展过程中的作用及影响机制的个例模拟得到:不考虑凝结潜热加热效应的敏感性试验,其模拟的高原涡移动迟滞、降水量减少,并在移动到高原中部后迅速减弱消失;而凝结潜热加热使高原涡中心附近的上升运动延伸至高层,并产生较强的对流活动,而更为深厚的上升运动又释放出较多的潜热,从而形成一种正反馈机制,有利于高原涡的形成和发展(许威杰 等,2017)。另外,在绝热条件下,高原涡不能形成闭合环流和涡眼结构,且涡度、散度强度也大大减弱,而非绝热加热对高原涡有重要的作用;凝结潜热、水汽对高原涡的形成不具有决定性影响,但对其维持以及结构特征演变起关键作用(宋雯雯 等,2012)。

冷空气活动、高空锋区对长期、短期持续高原涡具有不同的影响,长持续涡移出青藏高原后受较明显冷空气影响而加强并持续,短持续涡没有受明显冷空气影响。影响的天气系统强,槽后的冷温度槽明显,副热带高压偏南是高原涡能较长时间持续的重要环流条件;长持续涡不仅受到较强冷平流影响,还处在狭长的干冷与暖湿空气相遇地带,涡区极易产生对流不稳定和扰动,利于低涡加强并持续,短持续涡则不突出;冷空气通过加强影响低涡活动的天气系统、增强低涡斜压性与对流不稳定,对高原涡的维持加强有重要作用(郁淑华 等,2018a)。

合成对比得到不同涡源西南涡的生成与冷暖大气的影响有关。九龙涡、小金涡是受青藏高原东南侧地面加热与西南气流作用,在增强的暖区、暖平流区内正的非热成风涡度的影响下生成的,而小金涡涡区东南部的暖平流区没九龙涡大,但强度更强。盆地涡是受冷空气影响、$700 \sim 500$ hPa 有干冷空气侵入涡区,在斜压性增强下生成的;不同涡源西南涡的生成还与等温线密集带的锋生作用密切相关,都是在锋生作用加强下生成的。不同的是,小金涡生成是受非绝热变化过程影响的锋生作用,九龙涡生成是受非绝热变化过程影响的锋生作用为主,结合水平、垂直运动共同影响的锋生作用,盆地涡生成是受垂直运动为主,以及非绝热变化过程共同影响的锋生作用(郁淑华 等,2021)。

但是,大气热源强度对高原涡、西南涡生成的定量影响,不同高度层次上大气加热对低涡生成的不同影响,大气热源不同物理过程、空间分布异常对低涡源地分布以及发展东移的相对作用等问题还需深入分析研究。

4.3.3 青藏高原位涡对低涡的影响

位涡(potential vorticity,PV)是一种反映大气热力性质和动力性质的综合物理量,具有守恒性和可反演性,已广泛有效地应用于大气及其系统演变的诊断分析。青藏高原及周边地区作为重要的大气热力动力关键区,其大气位涡分布和变化与大气过程及其影响有着密切的关系,对区域环流和天气系统演变及其异常有特殊的作用。

1998—2012 年,不同类型持续强影响高原涡的生成、移出高原、持续强盛与减弱消失 4 个阶段的对流层高层共同环流特征为:存在影响高原涡活动的 500 hPa 天气系统及高原涡上空 200 hPa 有辐散区,高空辐散、高空锋区分别有利于低涡辐合加强、高位涡下传,由此起到增强高原涡涡度的作用(郁淑华 等,2016)。一次高原涡之托勒涡活动,由于受我国东北冷空气影响,有高位涡空气伸入低涡区,使冷空气迫近暖湿空气,托勒涡在斜压不稳定增强下移出青藏高原(郁淑华 等,2007)。并且,南亚高压北侧、东侧高空急流的下沉支流将高层高位涡、高动量干冷空气向下输送,促进了深厚型高原涡的初期形成,而发展至旺盛期,下沉气流持续增强以及强辐合的动力作用,两者共同维持了深厚型高原涡的垂直特征(杨颖璨 等,2018)。

青藏高原以东下游活动大于 96 h 高原涡(长持续涡)和不大于 30 h 高原涡(短持续涡)活动与位涡变化过程(图 4.13、图 4.14)相联系。主要是位涡正压项的作用,长持续涡移出青藏高原后,涡区内一般伴有两个高位涡中心区,而短持续涡只有一个高位涡中心区,且位涡值比长持续涡小。长持续涡活动过程高空急流较强,200 hPa 高空有高位涡下传到低涡,涡区内长时间维持较高的位涡,而短持续涡西风急流平直较弱,只受到 400 hPa 高位涡下传的影响;在冷空气影响下,高空有高位涡下传至低涡附近层次,造成涡区正位涡异常,诱生气旋性环流,垂直涡度发展,引起高原涡的维持加强(郁淑华 等,2018a)。严重的高原涡暴雨洪涝灾害往往与其移出青藏高原后的长久持续有密切关系,冷空气影响可形成涡区内位涡增大与斜压性增强,利于高原涡发展;高空锋区通过高空高位涡下传,可使高原涡加强,揭示了长、短持续高原涡的位涡显著差异特征(郁淑华 等,2018a)。

个例分析(图 4.15、图 4.16)得到:夏季青藏高原地表加热具有强烈的日变化,使高原近地层白天有位涡耗散,夜间有位涡制造,呈现明显的昼夜循环;当位涡制造的昼夜循环被破坏时,高原涡形成,随之出现降水;当低涡中心移动至高原东部时,中心附近伴随有强烈降水,显著的凝结潜热加热使位涡中心增强,高原涡进一步发展;随着低涡继续向东移出高原,长江中下游

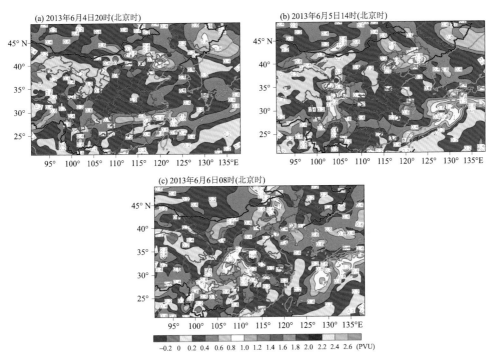

图 4.13　长持续高原涡(红色圆点)活动过程 500 hPa 位涡(等值线及阴影;单位:PVU,1 PVU=1×$10^{-6}\,\mathrm{m^2 \cdot K \cdot s^{-1} \cdot kg^{-1}}$)分布(绿色粗虚线:海拔高度≥2500 m 青藏高原)(引自郁淑华 等,2018a)
(a)形成时;(b)移出高原;(c)加强时

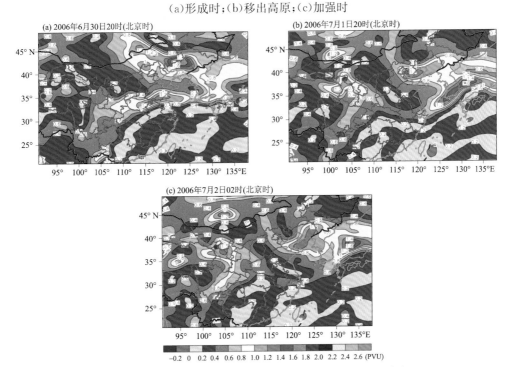

图 4.14　短持续高原涡(红色圆点)活动过程 500 hPa 位涡(等值线及阴影;单位:PVU,1 PVU=1×$10^{-6}\,\mathrm{m^2 \cdot K \cdot s^{-1} \cdot kg^{-1}}$)分布(绿色粗虚线:海拔高度≥2500 m 青藏高原)(引自郁淑华 等,2018a)
(a)形成时;(b)移出高原;(c)加强时

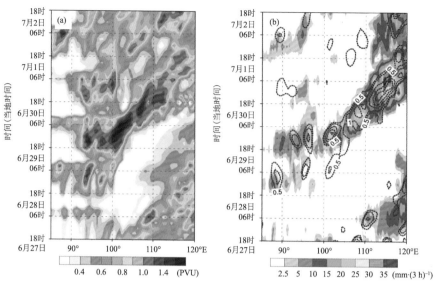

图 4.15　2016 年 6 月 27 日 18 时—7 月 2 日 18 时(当地时间)29°～33°N 平均的 500 hPa 等压面位涡
(单位:PVU,1 PVU=1×10^{-6} K·m^2·s^{-1}·kg^{-1})(a)和纬向位涡平流(等值线;单位:10^{-5} PVU·s^{-1})、
降水(阴影;单位:mm·(3 h)$^{-1}$)(b)的时间-经度剖面(引自马婷 等,2020)

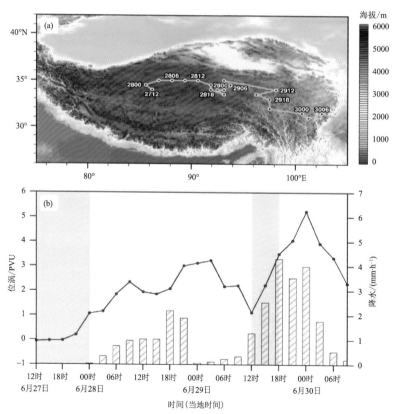

图 4.16　2016 年 6 月 27 日 12 时—30 日 09 时(当地时间)500 hPa 高原涡中心的移动路径(a)和 500 hPa 位
涡强度(折线;单位:PVU)以及中心附近 1°×1°面积平均降水量(直方图;单位:mm·h^{-1})的时间演变(b)。
(b)中两蓝色阴影区分别表示高原涡形成阶段和中心的快速发展阶段(引自马婷 等,2020)

地区中高层出现位涡平流随高度增加的大尺度动力背景,上升运动发展,最终导致强降水发生。尤其是高原涡的形成和快速发展阶段,非绝热加热项均对局地位涡的增长起主要贡献。在低涡中心的形成阶段,非绝热加热项中近地表加热的日变化对位涡的制造/耗散有重要影响。而在高原涡的快速发展阶段,由于降水凝结潜热加热随高度急剧增加造成低空位涡剧烈增长,对高原涡迅速发展有重要作用;东移出高原的位涡中心可导致降水中心附近位涡平流随高度增加,有利于垂直运动的发展(马婷 等,2020)。

位涡收支诊断分析(图4.17)表明:低层凝结潜热加热垂直梯度项产生的正位涡变化有利于高原涡的增强与东移,位涡垂直通量散度项与凝结潜热加热垂直梯度项引起的位涡变化趋势相反;在高原涡形成和发展阶段,由于凝结潜热加热与对流活动间的正反馈机制,潜热加热垂直梯度项引起的正位涡增强,凝结潜热加热对低层的位涡变化起主要作用,有利于高原涡的增强与东移;低涡进入成熟阶段后,凝结潜热的贡献减小,位涡水平通量散度项与位涡垂直通量散度项对位涡的变化起主要作用(许威杰 等,2017)。

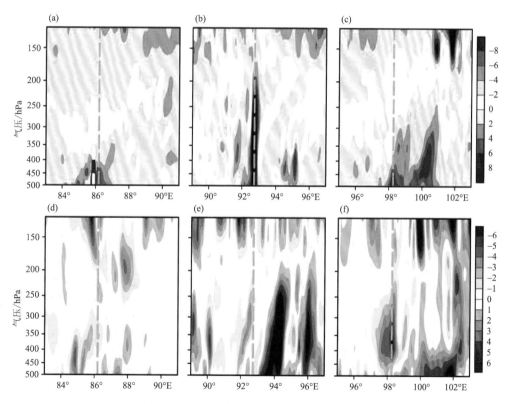

图4.17 2009年7月29日00时((a)、(d))、12时((b)、(e))和30日00时(世界时)((c)、(f))控制试验中通过高原涡中心纬向垂直剖面的位涡((a)—(c),单位:PVU)及其局地变化((d)—(f),单位:PVU·(6 h)⁻¹)分布(绿色垂直虚线表示低涡中心位置)(引自许威杰 等,2017)

一次东移型西南涡强降水过程WRF模式数值模拟表明:西南涡的初生和成熟阶段,对流层低层都维持与正涡度和高位涡中心相耦合的动力结构,并伴有上升运动;成熟阶段,上升运动、正涡度柱和高位涡柱明显加强,发展至对流层高层(300 hPa);潜热释放造成的非绝热作用利于低层位涡增长、抑制高层位涡增长，对西南涡的生成、发展有重要作用（刘晓冉 等，2014）。并且，一次高原涡与西南涡相互作用下四川盆地暴雨天气过程，在高原涡与西南涡形成阶段，位涡中心都位于高度场、风场低涡中心的西侧；位涡垂直分布不仅清晰地反映出高原涡、西南涡的移动和两低涡的相互作用过程，而且可以表示低涡中心强度的变化。等熵位涡水平面能较好地反映高原涡、西南涡的移动及其演变，显示两涡相互作用过程，对强降水中心也有指示作用（邱静雅 等，2015）。

1998—2015 年，持续高原涡影响西南涡结伴而行（两涡伴行）过程，其西南涡上空 200 hPa、500 hPa 环境场特征的差异性为：500 hPa 低槽、冷空气影响的两涡伴行之西南涡的生成是通过 500 hPa 高位涡空气伸入低涡上空，造成其上空斜压不稳定的结果；200 hPa 西南风急流影响其高原涡诱发西南涡或两涡耦合活动形式而加强西南涡，是分别在高空高位涡下传影响到高原涡与西南涡上空、西南涡自身的情况下实现的，而同一天气系统下两涡活动形式，则是高空高位涡下传只影响高原涡，而未影响西南涡的结果（郁淑华 等，2017）。

4.3.4 青藏高原地表位涡对降水的影响

位涡是一种很有特色的综合大气物理量，并不断在实际应用中得到完善和发展。一般位涡分布由低纬向高纬、低层向高层增大，因此，位涡异常的研究多集中在对流层中高层。由于青藏高原不仅是重要的地形强迫源，而且也是重要的地表位涡强迫源，如何有效综合反映青藏高原的动力和热力强迫作用具有显著的科学意义。Wu 等（2020）发现青藏高原对其地表附近的位涡具有重构作用，能够增强高原东侧地表附近位涡，这种增强的位涡在西风带中向下游输送，造成对流层中下层气旋式环流和等熵面位移引起的垂直速度发展，由此影响青藏高原下游广大地区的天气气候（图 4.18）。进一步发展了大气 PV 理论，丰富了青藏高原气象学。

马婷婷等（2018）得到了 $\sigma\text{-}p$ 坐标系下的位涡 P、位涡密度 W 及其位涡密度倾向方程，计算公式如下：

$$\begin{cases} P = -\dfrac{g}{p_s}\,\boldsymbol{\xi}_{a\sigma}\cdot\nabla_\sigma\theta = -\dfrac{g}{p_s}\left[\boldsymbol{k}\times\dfrac{\partial \boldsymbol{V}_h}{\partial\sigma}\cdot\nabla_{\sigma h}\theta + (f+\zeta_\sigma)\dfrac{\partial\theta}{\partial\sigma}\right] \\[2mm] W = -\boldsymbol{\xi}_{a\sigma}\cdot\nabla_\sigma\theta = -\left[\boldsymbol{k}\times\dfrac{\partial \boldsymbol{V}_h}{\partial\sigma}\cdot\nabla_{\sigma h}\theta + (f+\zeta_\sigma)\dfrac{\partial\theta}{\partial\sigma}\right] \\[2mm] \dfrac{\partial W}{\partial t} = \nabla_\sigma\cdot(-W\boldsymbol{V} + \theta\,\nabla\times\boldsymbol{F} + \boldsymbol{\xi}_{a\sigma}\dot{\theta}) \end{cases} \quad (4.2)$$

式中，g 为重力加速度，p_s 为地面气压，$\boldsymbol{\xi}_{a\sigma}$ 为混合 $\sigma\text{-}p$ 坐标下的三维绝对涡度，θ 为位温，∇_σ 为混合 $\sigma\text{-}p$ 坐标系下的三维梯度算子：$\nabla_\sigma = \dfrac{\partial}{\partial x}\boldsymbol{i} + \dfrac{\partial}{\partial y}\boldsymbol{j} + \dfrac{\partial}{\partial\sigma}\boldsymbol{k}$，$\nabla_{\sigma h}$ 为 ∇_σ 的水平分量，$\boldsymbol{V}_h$ 为水平风速，f 是行星涡度的垂直分量，ζ_σ 为相对涡度的垂直分量，$\boldsymbol{V}$ 是三维风速，$\boldsymbol{F}$ 为动量摩擦。

利用 MERRA-2 资料的模式层数据，通过式（4.2）直接进行计算，并通过坐标转换关系得到等熵坐标系、等压坐标系下的结果。针对 2008 年初南方低温雨雪冰冻灾害过程，基于地表位涡制造和位涡密度强迫的联系，探讨了青藏高原地表位涡密度强迫及其东传对下游对流性

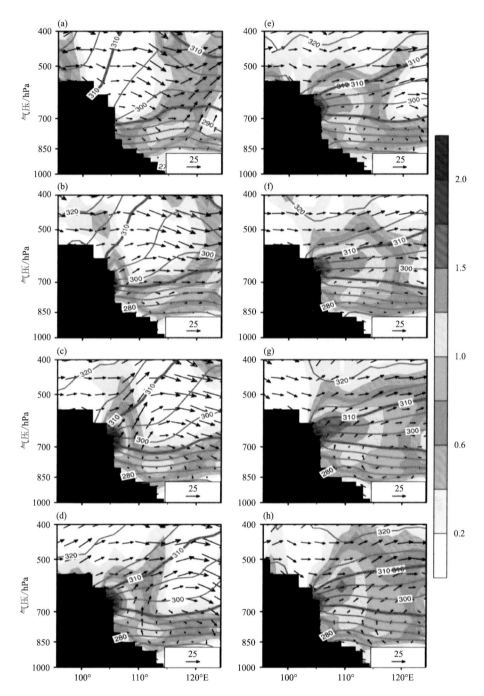

图 4.18　2008 年 1 月 17 日 00 时—18 日 18 时(世界时)间隔 6 h 位涡(阴影;单位:10^{-6} K・m^2・s^{-1}・kg^{-1})、位温(等值线;单位:K)和风场(矢量,东西风,单位:m・s^{-1};垂直速度 ω_{OB},单位:Pa・s^{-1},数值乘以 -50)沿 33°N 的垂直剖面(粗粉色等值线为 295 和 310 K 等熵温度)(引自 Wu et al.,2020)

(a)17 日 00 时;(b)17 日 06 时;(c)17 日 12 时;(d)17 日 18 时;(e)18 日 00 时;(f)18 日 06 时;

(g)18 日 12 时;(h)18 日 18 时

天气的影响,揭示了青藏高原强迫激发中国东部灾害天气的一种新机制(图 4.19—4.21)。尤其是得到:大气的辐合辐散、非绝热加热和摩擦是大气位涡密度的源和汇。青藏高原东部地表大气的辐合能够引起正位涡密度强迫的增大。由于高原地势高耸,等熵面与东侧边界相交,使得这里成为地表正位涡密度强迫的源地。正位涡密度强迫在风场的作用下容易向下游传播,影响中国东部的天气。伴随着高原东部正位涡密度强迫的东传,下游南方地区对流层中层绝对涡度增加,气旋式环流增强,有利于低空辐合和偏南风气流的发展,为降水提供了充沛的水汽条件。另外,低空偏南风气流使对流层高低空出现绝对涡度平流随高度增加的大尺度环流,有利于上升运动的发展,通过这种正向作用,上升运动不断发展增强,从而促成南方地区降水的产生(马婷婷 等,2018)。

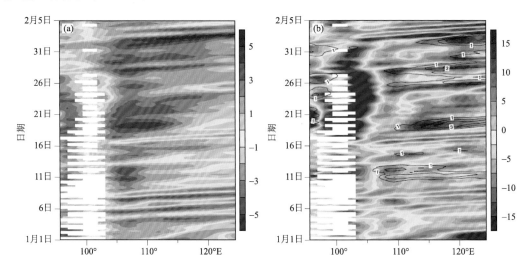

图 4.19 2008 年 1 月 1 日—2 月 5 日沿 28°~34°N 平均的 305 K 等熵面位涡密度 W(单位:$10^{-5}\,s^{-1}$)(a)、纬向位涡密度平流(阴影;单位:$10^{-10}\,s^{-2}$)和降水(等值线;单位:mm)(b)的时间-经度剖面(白色缺测区域表示该处等熵面位于地面以下)(引自马婷婷 等,2018)

于佳卉等(2018)在以上研究的基础上,进一步对 2008 年初青藏高原东部位涡强迫激发下游极端天气发展过程开展了数值模拟(图 4.22,图 4.23)。利用中国科学院大气物理研究所/大气科学和地球流体力学数值模拟国家重点实验室的全球大气环流模式(IAP/LASG FAMIL),证实了青藏高原地表位涡密度增长对 2008 年初中国华南地区冰冻雨雪灾害天气形成的重要影响。对比发现,对于参照试验,模式较合理地再现了青藏高原东部的地表位涡密度增长和 2008 年 1 月 24—27 日中国华南的大气环流场及降水场(图 4.23a—d);而基于减少青藏高原东侧近地表辐合、减弱地表位涡密度增长的敏感性试验中,高原下游区域特别是华南沿海、广西到山东一带的降水明显减小甚至消失(图 4.23e—h)。这表明青藏高原区域的地表位涡密度增长在低空能够增强中国华南沿海地区的南风和水汽输送,以及负的绝对涡度平流输送,而在高空使高原上产生的正位涡密度沿西风环流向下游输送,形成高层正的绝对涡度平流;在高原下游这种绝对涡度平流随高度增强的大尺度环流下,上升运动进一步发展。同时,高原地表位涡密度增长在低空激发的气旋式环流增加了华南的水汽输送,最终导致了华南极

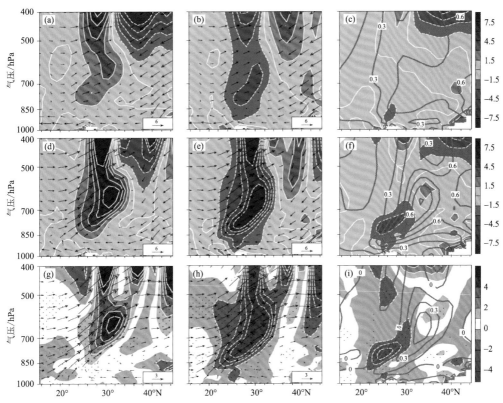

图 4.20 沿 110°～120°E 平均的纬向位涡密度平流(阴影;单位:10^{-13} K·m·kg^{-1})和风场(矢量;单位:m·s^{-1})((a)、(d)、(g))、经向位涡密度平流(阴影;单位:10^{-13} K·m·kg^{-1})和风场(矢量;单位:m·s^{-1})((b)、(e)、(h))、水平位涡密度平流(阴影;单位:10^{-13} K·m·kg^{-1})和位涡密度(等值线;单位:10^{-7} K·m·s·kg^{-1})((c)、(f)、(i))的纬度-高度剖面((a)—(c)为 1980—2017 年 1—2 月平均,(d)—(f)为 2008 年 1 月 18 日—2 月 2 日平均,(g)—(i)为两个时期的差异)(引自马婷婷 等,2018)

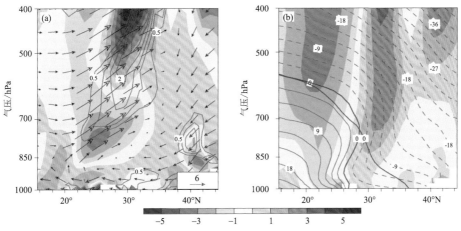

图 4.21 2008 年 1 月 18 日—2 月 2 日 110°～120°E 平均的绝对涡度平流(阴影;单位:10^{-10} s^{-2})、绝对涡度平流随高度的变化(等值线;单位:10^{-12} s^{-2}·hPa^{-1})和风场(矢量;单位:m·s^{-1})(a);相对涡度(阴影;单位:10^{-5} s^{-1})和温度(等值线;单位:℃;红色和蓝色等值线分别为雨雪期内和气候态的 0 ℃等温线)(b)的纬度-高度剖面(引自马婷婷 等,2018)

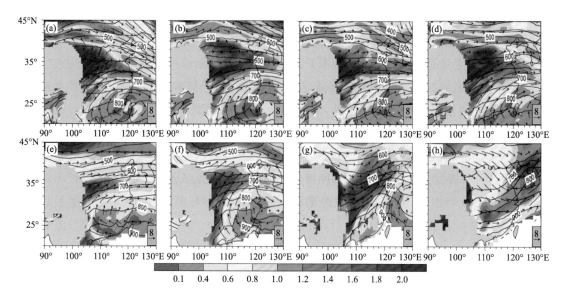

图 4.22　2008 年 1 月 24—27 日逐日等熵面位涡密度（阴影；单位：$10^{-4}\,\mathrm{s}^{-1}$）、气压（等值线；间隔：50 hPa）以及风场（矢量；单位：$\mathrm{m\cdot s}^{-1}$）的分布。（(a)—(d)为 MERRA 再分析资料 24—27 日 295 K 等熵面分布，(e)—(h)为相应时间 290 K 等熵面 FGOALS-f 的模拟结果）（引自于佳卉 等,2018）

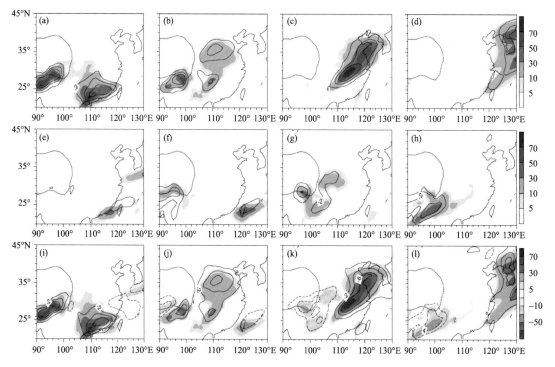

图 4.23　不同试验 2008 年 1 月 24—27 日逐日的降水（阴影；单位：$\mathrm{mm\cdot d^{-1}}$）和 500 hPa 垂直速度（等值线；间隔：2 $\mathrm{Pa\cdot s^{-1}}$）分布及其差异。（(a)—(d)为参照试验，(e)—(h)为敏感性试验，(i)—(l)为两者差异；红实线表示青藏高原 3000 m 等高线）（引自于佳卉 等,2018）

端降水天气。揭示了青藏高原东坡近地表的辐合能够增加地表的位涡密度,其增加的位涡密度是等熵面边界的位涡密度强迫源,证实了青藏高原东部的地表位涡密度强迫激发其下游极端天气发生的一种新机制。

4.4　青藏高原天气系统及其影响

　　青藏高原及周边地区是北半球低值系统、对流系统的一个活跃区。在高原热源和地形作用下,高原涡、西南涡、高原切变线作为主要的高原天气系统,不仅影响青藏高原及周边地区,而且也是我国最重要的引发大范围暴雨洪涝、冰冻雨雪等灾害的天气系统。目前,对于高原天气系统及其影响,基于观测资料的丰富、分析技术的发展,在事实、过程、成因上取得了一些更系统、更深入的认识。

4.4.1　高原涡及其天气影响

　　1998—2004 年冬、夏半年,不同生命史高原涡对我国下游和四川盆地东西部降水有显著的影响。冬半年,高原涡出现次数少,约占全年的五分之一,但也可造成青藏高原及周边地区的雨雪天气,特别是生命史超过 36 h 以上的高原涡有近半数可移出高原,先后造成高原地区暴雨雪、四川盆地中雨,半数可造成云南大雨雪或暴雨雪。夏半年,由于低涡生命史的增长,高原涡影响高原及其周边和我国其他地区的降水范围、强度增大,生命史超过 60 h 以上的高原涡可造成高原暴雨、甘肃中雨以上、四川盆地暴雨或大暴雨及云南大部分大雨以上的降水,每年都有 1~5 次可影响到华中、华东地区产生大雨以上的降水。特别是夏半年生命史 48 h(尤其是 60 h)以上的高原涡对我国降水范围和强度影响大,冬半年 4 月有四分之一的高原涡可移出青藏高原带来大范围灾害天气(郁淑华 等,2012)。并且,夏季移出青藏高原的高原涡作为影响我国夏季降水的重要系统,不同移出路径高原涡具有不同的降水分布区域特征。东移路径移出高原涡频次与长江流域上中游、黄河流域上游及江淮地区的降水有较好正相关;东北路径移出高原涡频次与长江流域上游、黄河流域以及东北的降水有较好相关;东南路径移出高原涡频次与青藏高原东南侧及长江流域降水有较好正相关;各个路径移出高原涡的降水距平异常大值区与移动路径相关分布一致,且降水异常大值中心对应正相关大值中心;不同路径移出高原涡降水的对流层中层主要表现在西风带环流分布、副热带高压状态等的一定异同性(黄楚惠 等,2015)。另外,东移过青藏高原加强的高原涡可造成四川自西向东的大暴雨天气,以及我国江淮流域、东部一些省市的强降水过程,而东移过青藏高原减弱的高原涡可带来四川中部、云南与贵州交界处的大到暴雨天气(何光碧 等,2009)。离开青藏高原的东移移出型高原涡,在移出之前就开始影响下游降水,较弱的东移移出型高原涡多引起下游主雨带强度减弱且南移(Fu et al.,2019)。

高原涡影响的持续性暴雨过程,一般发生在对流层高层南亚高压由纬向型转为经向型,对流层中层副热带高压东退又西进、热带气旋登陆西行、高原涡东移受阻、中尺度对流系统不断生消的有利条件下,高原涡是持续性暴雨的直接影响系统;高原涡较强的正涡度和辐合上升运动利于暴雨发生,最大降水对应其辐合上升运动最强时段,降水过程中对流层中低层为垂直正螺旋度,有利于高原涡系统维持和降水持续,其大值区对强降水发生及落区有指示性;从青藏高原东移和南方北上,以及局地发展的中尺度对流系统在暴雨区不断活跃,使降水得以长时间持续(何光碧 等,2019)。而且,在高原涡间接影响下,2014 年 7 月 30—31 日四川盆地西部发生了暖区强降水天气,20 站暴雨过程、12 站大暴雨过程。降水过程发生前不稳定能量特别大,地面和低层露点温度高,抬升凝结高度低,湿层非常深厚;暴雨过程无地面冷锋和明显冷平流,中低层维持偏南气流,无低涡或切变线生成;但上游高原涡的缓慢东移,低涡前的正涡度平流加强了低层大气的旋转辐合,形成垂直上升运动,在高能高湿环境下,引起强对流发展,造成了暖区暴雨天气,而对流降水的非绝热加热正反馈形成了持续性强降水(杨康权 等,2017)。

高原涡和西南涡强降水系统的微物理结构分析得到:高原涡降水过程发生于西南—东北向的水汽辐合带内,降水云系群位于低涡的东南方;强降水水平结构表现为一个主降水雨带和多个零散降水云团,高原涡的降水强度和范围都较大。以降水范围大、强度弱的层云降水为主,但对流性降水对总降水量的贡献较大;强降水的雨顶高度随地表雨强的增大而增加,最大雨顶高度近 16 km;强降水中雨滴碰并增长过程以及凝结潜热的释放主要集中在 8 km 以下(蒋璐君 等,2015)。

4.4.2 西南涡及其天气影响

1983—2012 年,四川盆地西南涡(盆地涡)天气及其降水过程特征突出,盆地涡及其降水有明显的日变化,西南(东北)型盆地涡 3—10 月(4—9 月)夜发概率均大于白天,这与盆地夜雨的发生规律密切相关;夏半年(5—10 月)西南型和东北型盆地涡日降水区域分布的月际变化特征不同,前者日降水最大值中心随月份先由盆地东北部向西南部移动,之后再由盆地西南部向东北部折回,后者日降水最大值中心会一直稳定维持在盆地的东北部达州地区。东北型盆地涡虽然出现频次低,但各月日降水强度要远大于西南型(李超 等,2015)。并且,1983—2012 年夏季,四川盆地长生命史(大于等于 24 h)西南涡(盆地涡),其长生命史西南型盆地涡出现频数远大于东北型盆地涡,年际振荡也较东北型盆地涡明显,对季节累积降水贡献较大,但长生命史东北型盆地涡产生的日降水强度较强,降水范围较广(图 4.24、图 4.25);长生命史西南型盆地涡较少移动,其主要影响初生源地附近地区的降水,而长生命史东北型盆地涡移动性较强,其主要影响位于副热带高压外围较大范围地区的降水。因此,夏季长生命史西南型和东北型盆地涡活动特征的差异,造成了不同的低涡降水时空分布(李超 等,2017)。另外,25 个有暴雨和 25 个无暴雨产生的西南涡表现出与低涡密切联系的水汽输送、涡区强水汽辐合和垂直上升运动,大气层结、干冷空气侵入,以及涡中心高低层涡度、散度垂直叠置的不同及其演变的差异,由此也造成了不同强度与时间的降水(曾波 等,2017)。

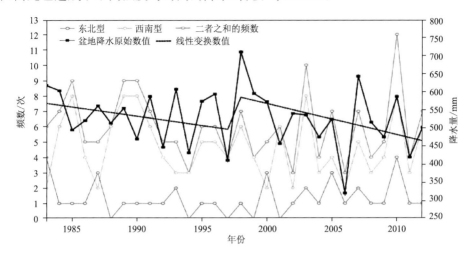

图4.24 1983—2012年夏季不同类型长生命史盆地涡的年际变化和盆地平均
季节降水的年际变化(引自李超 等,2017)

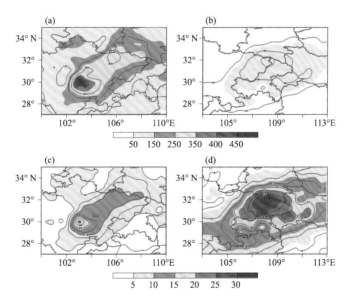

图4.25 1983—2012年夏季西南型((a)、(c))和东北型((b)、(d))长生命史盆地涡年均季节累积降水
((a)、(b),单位:mm)和日均降水强度((c)、(d),单位:mm)(引自李超 等,2017)

西南涡最主要的表现形式——川西高原南部的九龙涡具有明显的日变化特征,主要生成于12—18时(世界时),而生命史大于24 h的九龙涡其夜发概率均超过80%,从前半夜一直维持到后半夜,这种显著的夜发性与四川盆地夜雨,尤其是盆地后半夜的夜雨现象密切有关(慕丹 等,2018)。2008年6月11—14日一次西南涡远距离移动引发的华南暴雨过程,是在对流层高层急流和中层西风槽的引导下,西南涡从川西高原南部东移,经过云贵高原东部到达华南,造成了一条显著的强降水带;水汽辐合区中尺度对流系统的频繁发生和持续引起灾害性强

降水,高湿螺旋度散度区对应暴雨区,湿螺旋度散度是暴雨发生的一个好的预示指标(Chen et al.,2015)。1961—2011 年,青藏高原及其周边地区的持续性暴雨具有区域特征,高原东侧西南暴雨高频区持续性暴雨发生范围最广,一般持续性暴雨过程都伴有高原天气系统活动,其中西南涡是最主要的影响系统(何光碧 等,2016)。

2007 年 7 月 17 日四川东部和重庆西部一次西南涡强降水天气,雨强大、范围广,对流云降水样本比层云降水少,但平均降水率大,对总降水量的贡献比层云大;对流云降水的雨强主要集中在 1~50 mm·h^{-1},而 90%层云降水的雨强都在 10 mm·h^{-1} 以下;西南涡引发的强降水不管是层云降水还是对流云降水,6 km 高度以下降水量的贡献最大,不同高度降水量对总降水量贡献的大小随着高度而减小(蒋璐君 等,2014)。而一次东北移西南涡强降水过程,低涡短时间内发展旺盛有利于形成较强的短时强降水中心;低涡不同发展阶段,对流云团的发展均符合"撒播-供水"机制(向朔育 等,2019)。虽然高原涡比西南涡的降水强度和范围都要大,但西南涡降水中对流降水比例大于高原涡,对总降水率的贡献也大;西南涡强降水的雨顶高度大于高原涡,说明西南涡降水的对流旺盛程度强于高原涡;8 km 以上西南涡的降水变化大于高原涡,且 8~12 km 降水量对总降水量的贡献也大于高原涡(蒋璐君 等,2015)。另外,西南涡和非西南涡-南海西行台风影响四川南部暴雨天气的降水云团结构及风廓线变化有明显的差异,西南涡四川暴雨比南海西行台风引起的四川暴雨的降水云团更大,云顶高度更高,并存在低层辐合、高层辐散的典型垂直环流结构,降水云团活动垂直方向连续,对应的降水也具有连续性,而南海西行台风四川暴雨则是时断时续的特征(李德俊 等,2010)。

4.4.3　高原涡与西南涡耦合及其天气影响

低涡耦合降水是低涡降水的一种特殊形式,而高原涡与西南涡耦合引发的降水等天气,具有范围广、强度大、时间长、剧烈性、异常性等基本特征。目前,关于高原涡与西南涡的耦合方式、降水过程、演变机理等已开展了一些更深入的分析研究,加深了高原低涡天气系统相互作用及其对降水影响的认识。

针对 1998—2015 年持续高原涡影响西南涡结伴而行过程,提出了高原涡诱发西南涡、高原涡与西南涡耦合和同一天气系统下两低涡的三种两涡伴行活动形式,这种不同两涡伴行活动也会引发我国不同区域的强降水等灾害天气(郁淑华 等,2017)。2013 年 6 月 29 日—7 月 2 日四川盆地一次高原涡与西南涡耦合影响的持续性大暴雨天气过程,降水量大、强度强、范围广和时间长,强降水主要位于盆地中部、东北部,降水中心遂宁市日降水量达 415.9 mm,为四川省日降水量历史第二大极值,过程累积最大降水量为遂宁市船山区老池乡 623.7 mm(图4.26、图 4.27)。这次不同于传统的青藏高原东移高原涡与背风坡低层四川盆地西南涡的垂直耦合,而是深厚型高原涡与深厚型西南涡在四川盆地的横向耦合,形成的合并涡引发了历史少见的极端暴雨灾害,这种低涡横向耦合发生较少,但引发降水异常剧烈(Chen et al.,2019)。观测与模拟得到:高原涡与西南涡的耦合过程正好对应特大暴雨过程,6 月 30 日 06 时(世界时)两涡合并后,异常发展的合并涡又移至遂宁市上空并长久维持,稳定少动,造成了该地大暴雨天气(李跃清 等,2016;高笃鸣 等,2018)。并且,时空加密观测试验资料能更好地反映高原涡与西南涡的生成、移动和耦合变化及其暴雨过程;揭示了不同于传统垂直耦合的低涡横向耦合及其降水影响的新特征和新机制(Cheng et al.,2016)。

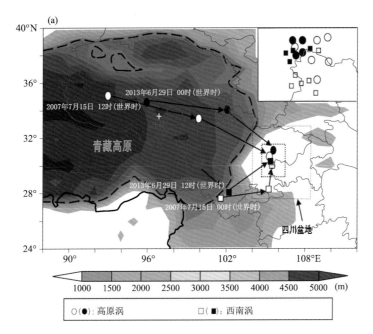

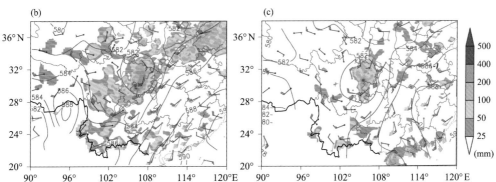

图 4.26　(a)2007 年 7 月 15—19 日高原涡(空心圆)、西南涡(空心矩形)和 2013 年 6 月 29—7 月 1 日高原涡(实心圆)、西南涡(实心矩形)每 12 h 移动路径(阴影:地形);((b)、(c))500 hPa(黑色)和 850 hPa(灰色)风场(单位:m·s^{-1})、500 hPa 位势高度(单位:dagpm)和总累计降水量(阴影;mm);(b) 2007 年 7 月 18 日 00时(世界时)850 hPa 风场、500 hPa 位势高度与风场,2007 年 7 月 16 日 00 时—19 日 00 时(世界时)72 h 累计水量;(c) 2013 年 7 月 1 日 00 时(世界时)850 hPa 风场、500 hPa 位势高度与风场, 2013 年 6 月 29 日 00 时—7 月 2 日 00 时(世界时)72 h 累计水量(引自 Chen et al.,2019)

当高原涡与西南涡处于非耦合状态时,高原涡东侧的下沉气流将抑制盆地西南涡的发展;而当高原涡东移出高原与盆地西南涡垂直耦合后可激发西南涡加强,高原涡自身也加强,两涡合并为一深厚强烈发展的低涡,引发四川盆地区域暴雨天气过程,暴雨中心对应稳定的上升气

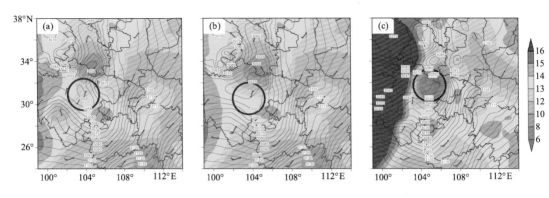

图 4.27 2013 年 6 月 30 日 700 hPa 位势高度场(等值线;单位:gpm)、温度(阴影;单位:℃)和风场(矢量;单位:m·s^{-1}):(a)30 日 08 时(北京时)西南涡与高原涡耦合前,常规探空观测加上西南涡加密探空观测;(b)30 日 08 时(北京时)西南涡与高原涡耦合前,仅有常规探空观测;(c)30 日 14 时(北京时)西南涡与高原涡耦合时,常规探空观测加上西南涡加密探空观测(引自李跃清 等,2016)

流(邱静雅 等,2015)。2009 年 7 月 30—31 日一次高原涡与西南涡相互作用下的持续性强降水天气,四川盆地内生成了 3 个中尺度对流降水系统,降水落区低层正涡度和水汽辐合上升与高层负涡度和水汽辐散相配合;第 1 个降水系统位于高原涡东南侧,随着其移动衰亡移出盆地并消散,降水系统和高原涡时间上有滞后相关,二者移动速度的突变较为一致;第 2 和第 3 个降水系统在西南涡出现时段强烈发展,且局地停留维持并打通成为一条沿山脉走向的贯穿整个盆地的混合降水回波带,在西南涡发展至成熟阶段带来盆地南部最大小时降水,降水系统和西南涡无论强度还是移速都具有显著相关;在复杂地形条件下,青藏高原与四川盆地相接处,降水云团的 0 ℃层高度未随地表发生明显变化,但进入四川盆地后,低于 0 ℃层高度的降水粒子融化变为液相,使云团从对流型降水变为分层结构的层云降水(周淼 等,2014)。并且,离开青藏高原的东移移出型高原涡对于西南涡的形成不是必要的,但能调节西南涡形成的时间、位置以及其移动,由此显著影响下游降水(Fu et al.,2019)。

4.4.4 高原切变线及其天气影响

高原切变线不同于高原涡、西南涡系统,其生成、演变和影响具有特殊性。目前,对于高原切变线及其降水影响已开展了不少观测事实及其一些演变过程和物理机理的分析研究。

冬、夏半年,高原切变线活动对中国区域降水有明显的影响。冬半年(图 4.28),高原横、竖切变线活动一般能带来降水天气,24 h 以上活动的高原横切变线与 12 h 以上活动的竖切变线可造成青藏高原中雪天气,移出的高原竖切变线造成降水的区域广,移出高原的横切变线还可影响青藏高原及其周边以外的少数省、市中雨或大雨;夏半年(图 4.29),高原切变线活动时间增长,影响青藏高原和中国其他地区的降水范围和强度也增大,36 h 以上活动的高原竖切变线大多为移出高原切变线,可造成高原暴雨及以上降水,甘肃、云南大雨以上降水,四川暴雨及以上降水,还可影响中国西南部、中部及华北大雨以上降水。48 h 以上活动的高原横切变线可造成高原暴雨及以上降水,甘肃、四川中雨以上的降水,一般每年有 1～3 次移出高原的横切变线,可影响中国西南部、中部暴雨及以上降水,有的可影响华东、华南及华北产生暴雨或大暴雨(郁淑华 等,2013)。并且,夏季高原切变线不同时期、不同发展阶段的降水影响有所不同。初夏切变线降水强度较弱,降水范围较小,呈零散分布。盛夏和夏末切变线降水强度较强,沿切变线附近呈带状分布,可达暴雨和大暴雨。切变线初生阶段,随着辐合对流加强,对应主要降水发生期,而辐合对流减弱时,降水趋于结束。盛夏和夏末切变线降水量较大,与辐合对流活动旺盛有关。盛夏和夏末切变线正涡度辐合中心东移特征明显,从而带来青藏高原以东的较强降水;初夏切变线引发的降水以稳定性降水为主,盛夏、夏末切变线所引发降水的对流不稳定特征明显(何光碧 等,2014)。

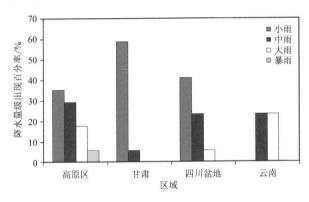

图 4.28　冬半年 24 h 活动时间的高原横切变线造成的青藏高原及其
周边区域的降水量级(引自郁淑华 等,2013)

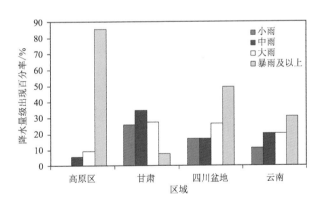

图 4.29　夏半年 48 h 活动时间的高原横切变线造成青藏高原及其
周边区域的降水量级(引自郁淑华 等,2013)

基于 1981—2013 年 5—10 月国际 ERA-Interim 再分析资料和中国 2474 站降水资料,分析了夏季高原横切变线与青藏高原及其以东地区暴雨事件的联系(图 4.30—4.32),发现青藏高原横切变线及其暴雨事件的发生频数都是平稳的,但高原横切变线引发暴雨事件的发生频数处于减少状态;50%以上的高原横切变线能引发暴雨,而 40%的青藏高原暴雨事件由高原横切变线引起;高原横切变线与青藏高原 6—8 月汛期的暴雨具有密切的关系 (Zhang et al.,2016)。

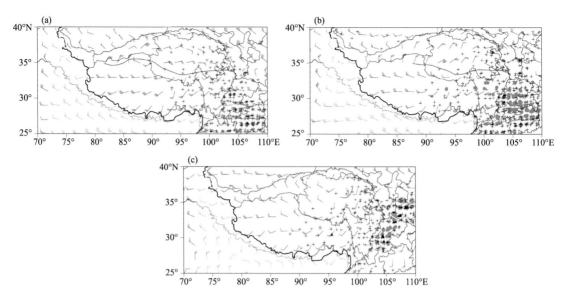

图 4.30 (a)2012 年 6 月 10 日无暴雨高原横切变线日;(b)2012 年 6 月 2 日有暴雨高原横切变线日;(c)2012 年 7 月 8 日无高原横切变线暴雨日(粗黑线:客观分析的高原横切变线;黑色边界:青藏高原主体;黑色矢量:500 hPa 风场;黑色加号:日降水<25 mm;灰色实心圆:25 mm≤日降水<50 mm;黑色实心三角:日降水≥50 mm)(引自 Zhang et al.，2016)

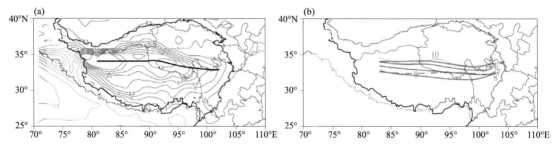

图 4.31 (a)1981—2013 年夏季高原横切变线累计频数分布(等值线:切变线频数;粗实线:平均高频轴线);(b)5—10 月高频轴线分布(粗实线:从北到南分别是 5、6、7、8 月高频轴线;点虚线:9 月;点线:10 月)

(引自 Zhang et al.，2016)

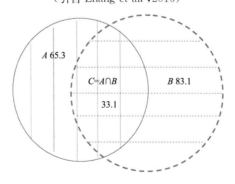

图 4.32 高原横切变线出现日数、高原暴雨日数和高原横切变线暴雨日数的关系

(A:高原横切变线出现日数 65.3 d;B:高原暴雨日数 83.1 d;C:高原横切变线暴雨日数 33.1 d)

(引自 Zhang et al.，2016)

4.5 青藏高原影响区域和下游天气的物理机制

青藏高原特殊的动力热力效应及其特殊的区域大气变化,在中国、亚洲、北半球,乃至全球的大范围和局地性天气气候变化中都具有多方面的显著作用。其中,高原地-气热源、天气系统对我国广大地区的暴雨洪涝、低温雨雪等灾害天气有着直接的影响。因此,深入认识青藏高原地-气热源、天气系统如何作用导致天气灾害的物理机理,具有重要的理论意义和应用价值。

4.5.1 青藏高原天气系统演变的机制

高原涡在东移出青藏高原增强或减弱的典型过程中,与高原涡发展密切相关的正涡度带的维持、增强或减弱的动力机制主要受控于总涡源(总涡度变率)的发生、发展与减弱。其中,辐合辐散流场的增强对低涡维持发展有重要作用;地形的动力作用有利于高原背风坡低涡发展;低涡区附近及以北盛行偏北气流有利于低涡发展;垂直涡度输送不利于对流层中低层低涡加强。并且,冷空气触发大气不稳定能量释放是低涡发展的重要机制;冷暖空气交汇导致辐合流场的维持和加强,是低涡维持和发展的重要因素(何光碧 等,2009)。2000—2010 年,对于移出青藏高原 3 d 或以上长生命史的高原涡,500 hPa 环流形势、副热带高压位置、走向分布对长生命史高原涡的移动路径有显著影响;其东移、东北移、东南移三种路径对应副热带高压强度的依次减弱,印缅地区东南移路径为季风低压,25°N 以南位势高度相对较低,而东移和东北移路径则为季风槽或印缅槽;东移、东北移、东南移三种路径对应 200 hPa 南亚高压 1252 dagpm 等值线东伸脊点的依次偏西;温度平流带随时间的变化与不同路径的移动方向有较好对应关系。移出青藏高原后的长生命史高原涡基本在平均冷平流带中移动,东南移高原涡对应相对较强的冷空气活动,能够向相对较暖的低纬移动(师锐 等,2018)。而深厚型高原涡的发生发展与对流层高层环流有密切关系,动力辐合作用不是其发展至对流层高层的原因。南亚高压北侧、东侧高空急流下沉支流将高位涡、高动量空气向下输送,促使其生成、发展;南亚高压东部脊线北抬形成东北—西南向分布,其东南侧东北气流引导深厚型低涡向西移动;深厚型高原涡的发展变化对应高层大气热力、动力过程的异常演变(杨颖璨 等,2018)。

在 1998—2004 年冷空气影响高原涡移出青藏高原观测事实的基础上,揭示了高原涡之托勒涡随横切变线活动而移出青藏高原的冷空气侵入特征和影响机理。低涡区没有冷空气或我国东北不存在冷温度槽,会使伸向高原东北部的冷空气主力偏东、减弱,对低涡影响减弱、斜压不稳定减弱,从而使高原涡移出高原的速度减慢,低涡强度减弱,尤其是我国东北没有冷温度槽时,低涡 24 h 内西退,在青藏高原边缘徘徊(郁淑华 等,2007)。1998—2015 年,对于移出青藏高原后的持续高原涡,中国大陆以东、140°E 以西洋面台风或热带低压向北活动会造成其在河套地区打转的异常路径;主要是持续高原涡处于稳定的副热带高压与青海或蒙古高压之间的切变环境场,东移受阻;数值试验证明,热带低压强度变化,通过影响副热带高压位置,从而影响低涡活动的切变环境场,造成高原涡打转位置与次数的变化(郁淑华 等,2018b)。热带低压活动可影响持续高原涡的环境风场,环境风场又改变了持续高原涡的风场结构,变为非对称特征;持续高原涡在河套打转活动的正涡度维持与发展动力机制主要取决于正的总涡度变率的发生与发展;在低槽、横向切变环境场活动的低涡,其维持与发展的动力机制主要与辐合流场对正涡度变率的贡献密切相关;在纵向切变环境场活动的低涡,其维持与发展的动力机制与环境场低涡东、西两侧分别为偏南、北气流造成的水平绝对涡度平流输送对正涡度变率的贡献密切相关;在切变环境场这一较弱天气系统中的低涡会向正的总涡度变率中心区移动(屠妮妮 等,2019)。

2010 年 7 月 22—25 日一次高原涡持续影响区域降水过程,高原涡与热带气旋相互作用,移速减缓且强度加强,加之位于青藏高压、蒙古高压和副热带高压构成的 Ω 型环流中,切变流场加强,高原涡进一步加强维持;随着热带气旋东侧偏南气流融入西太平洋副热带高压外围,利于低涡区切变辐合流场维持,导致高原涡长时间活动在陕、甘、川一带,由此造成持续性强降水(何光碧 等,2019)。对于 15 例移出青藏高原后的高原涡,500 hPa 低涡以东辐合、200 hPa 西风急流相关的辐散以及对应的上升运动提供了高原涡发展与东移的有利条件,400 hPa 主要源于凝结潜热的大气视热源 Q_1 中心有利于高原涡的东移,而 500 hPa Q_1 的水平分布则不利于东移。高原涡的发展与东移机制移出青藏高原后不同于移出之前,且前期动力作用至关重要,而后期 Q_1 作用表现为主要影响因子(Li et al.,2019)。另外,高原涡的产生表现出显著的活跃与抑制阶段特征。除 30~60 d 振荡外,1998 年夏季高原涡所有活跃时段都位于青藏高原相对涡度 10~30 d 振荡的正位相,甚至在 30~60 d 振荡负(反气旋)位相,500 hPa 正(气旋)位相的 10~30 d 振荡也能激发高原涡的群发。通过提供有利(不利)的气旋(反气旋)环境,高原大气 10~30 d 振荡更直接地调制了高原涡的活动(Zhang et al.,2014)。移出青藏高原的高原涡个数有显著的 10~20 d 准双周振荡(QBWO)特征,77% 的移出高原涡发生于高原东部 500 hPa 涡度 10~20 d 振荡的正位相,且移出高原涡与 QBWO 能量的传播密切相关。大气环流和热力场的 10~20 d 振荡对移出高原涡有显著影响,QBWO 正位相时,500 hPa 高原东部出现负位势高度距平和异常气旋式切变,高原东北部 200 hPa 异常急流和正位势高度逐渐向东扩展,有利于高层辐散和上升运动;凝结潜热释放并随 400 hPa 加热中心向东移动,降低了 500 hPa 等压面。这些条件有利于 QBWO 正位相时高原涡的维持和东移(Li et al.,2018)。

通过理想模拟研究,发现由地形诱发的两条浅薄涡度流是西南涡形成的重要贡献者,四川盆地提供了有利于两条涡度流合并的天然场所且促进西南涡的形成,但西南涡的位置和尺度主要受青藏高原和横断山脉控制;西南涡是青藏高原、横断山脉,以及四川盆地不同尺度地形特征共同作用的结果(Wang et al.,2014)。而西南涡的移动与 250 hPa 高层急流强辐散区和 500 hPa 西风槽前上升运动相联系;环境风场强风暴相对螺旋度持续输送正涡度形成更强的旋转和上升运动,使西南涡得以发展;而前部暖平流-后部冷平流的协同热力作用是西南涡移动的重要原因,并由此引发华南暴雨过程(Chen et al.,2015)。数值试验表明:在同化业务探空资料的基础上,引入西南涡加密探空资料能改善对降水天气和低涡移动路径的模拟能力;仅靠高层高位涡不足以激发和维持 700 hPa 的西南涡,需要低层水平辐合引起正涡度增加并向上输送,由此增强 700 hPa 的气旋式环流,进而促进西南涡的移动和发展,而降水的潜热释放也起到重要作用(高笃鸣 等,2018)。东移高原涡在青藏高原东部、四川盆地、与西南涡垂直耦合的不同阶段时,经历了强度加强、减弱、再加强的变化;两涡未耦合时,高原涡东侧的下沉气流会抑制低层盆地西南涡的发展;而垂直耦合后,高原涡可激发西南涡的加强发展,并合并为一深厚强涡、产生剧烈降水(邱静雅 等,2015)。对持续高原涡与西南涡共同活动过程,两涡移向较一致,多数为持续高原涡诱发西南涡过程,移向一般向东或东北;是在 500 hPa 东亚环流经向度减弱、处于切变流场的高原涡东南部西南气流下方生成的;伴行西南涡受高原涡活动影响大,高原涡对西南涡的诱发作用是高原涡移出青藏高原后伴随的正涡度向下伸展,与对流层低层四川盆地气旋性气流的正涡度叠加,增强盆地内气旋性涡度而诱发西南涡生成;而西南涡区上空正涡度平流随高度增加的强迫上升作用是高原涡诱发西南涡的又一重要因素;这种高原涡与西南涡伴行活动形式与高原涡区、西南涡区的正涡度平流和其上空正涡度平流随高度增加的强迫上升作用密切相关(高文良 等,2018)。并且,持续高原涡影响西南涡两涡伴行的活动形式主要与 500 hPa 中高纬东亚环流经纬向度、低槽、冷空气活动,200 hPa 急流强度、急流核距离、急流位置密切相关;低槽、冷空气通过引起、增强上空大气斜压不稳定并达到一定强度而引起两涡伴行之西南涡的生成、发展;而高空西南急流通过高位涡下传的不同空间分布及其与高原涡和西南涡的不同垂直关系而实现对西南涡增强的影响(郁淑华 等,2017)。离开青藏高原的东移移出型高原涡通过增强辐合驱动及其伸展有助于东移高原涡的产生,离开高原阶段,由于高原感热减弱引起的辐合迅速减弱,东移高原涡消散,极大减弱了东移移出型高原涡的强度;东移高原涡消散后,主要由于辐合驱动伸展、对流倾斜和背景场输送,四川盆地西南涡形成。东移移出型高原涡通过降低盆地一带位势高度、增强气旋式扰动,可直接有助于西南涡形成,甚至在离开高原之前,但不控制西南涡的形成(Fu et al.,2019)。另外,加密观测试验资料能更好地揭示高原涡与西南涡的生成、移动和耦合变化及其暴雨过程;横向耦合形成的深厚合成涡更接近西南涡的动力结构和高原涡的热力结构,但散度场受两涡的共同影响;位涡的正值中心对低涡系统活动有指示意义,加深了对低涡相互作用及其暴雨机制的认识(Cheng et al.,2016)。

冷暖气流势力的强弱影响高原切变线的位置、移动和强弱,切变线两侧的风速强度大小、强弱对比与切变线的演变密切联系;切变线的形成、发展、减弱都伴有正涡度带和辐合带的相应变化,盛夏切变线的辐合区和正涡度伸展高度深厚;切变线附近多正涡度中心和辐合对流中心,可能与低涡活动有关;切变线多对应水汽辐合带,附近地面及上空水汽和能量聚集明显,易引发强降水。500 hPa 切变线也是水汽聚集带,切变线附近上空的水汽和不稳定能量聚集,正涡度东传和对流发展是切变线引发强降水的重要机制(何光碧 等,2014)。描写热带气旋的 Okubo-Weiss(OW)参数 V_{OW},即式(4.1)可定量表达低涡、切变气流中旋转和变形的相对大小;涡度及变形的扭转项对高原切变线的生成贡献最大,其次为水平气压梯度项,散度项最小;

主要由于散度项的影响,强气旋性涡度的高原涡演变为强辐合性的高原切变线;当高原切变线以拉伸变形为主时,不利于其上高原涡的发展,切变线可能是影响低涡发展的背景流场(李山山 等,2017)。2015年8月15—19日青藏高原水平东西向切变线过程,随着涡度显著增加,切变线往往向正涡度区域移动,当正涡度中心下降,切变线高度降低;且通过非绝热加热的局地变化、水平平流和垂直平流对不同高度切变线的不同贡献,青藏高原地面加热主导高原切变线及其移动的涡度属性(图4.33,Guan et al.,2018)。并且,高空急流可通过影响高层辐散、低层辐合的散度场垂直配置对高原切变线上的正涡度厚度与辐合上升运动产生作用;温度平流项对高原切变线上的垂直上升运动起主导作用,低层暖平流有利于切变线上产生上升运动,但高空急流强度的增强会放大差动涡度平流项和温度平流项的正贡献,从而更加有利于上升运动及高原切变线的维持(罗雄 等,2018a)。

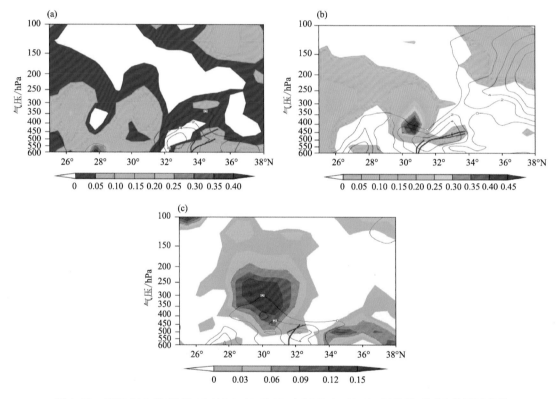

图4.33 2015年8月17日06时(a)、18日18时(b)和16日12时(世界时)(c)高原切变线非绝热加热(阴影;单位:K·s^{-1})和涡度(等值线;单位:10^{-3}s^{-1})的90°E经向垂直剖面(红线:切变线;蓝线:6 h后的切变线)(引自Guan et al.,2018)

4.5.2 青藏高原热源影响天气的机制

青藏高原热源与东亚夏季风环流有着密切的相关,且东亚夏季风的减弱与青藏高原热源的降低趋势密切相联系。1950—2010年,中国降雨型的变化和高原热源影响下东亚夏季风的减弱是一致的(Xu et al.,2013)。夏季青藏高原及周边地区热源空间分布复杂,局地特征突出,不同区域热源异常具有显著的差异性,与降水的关系同样也具有显著的区域差异。但存在5 个与东亚降水密切相关的关键热源区:当青藏高原南侧热源强时,高原主体及印度北部降水增多;高原东北侧热源强时,华北及邻近地区降水增多;高原主体东部热源强时,江淮流域降水增多;高原东南侧热源强时,长江流域降水增多;高原主体西部热源强时,华南降水增多。青藏高原及周边地区不同关键区热源异常,通过引起东亚不同区域的异常水汽输送,对东亚地区降水产生重要的影响(敖婷 等,2015)。1980—2008 年,青藏高原春季感热对中国夏季降水时空演变有显著贡献,华南降水的增强对应暴雨、降水强度与频次的增加,而华北和东北降水的减少主要是降水事件频次的减少。青藏高原感热的减小削弱了东亚季风环流并延迟了海陆热力差异的季节转换,但由于非绝热加热和局地环流之间的正反馈,正的春季感热异常可产生更强的高原夏季大气热源(Duan et al.,2013)。且青藏高原春季感热与中国东部降水关系密切,高原春季感热异常增强伴随长江流域中下游同期降水增多,后期夏季长江全流域降水也持续偏多,华南东部降水偏少。高原春季感热异常分别通过罗斯贝波列传播及环流和水汽影响、南亚高压与西太平洋副热带高压异常及水汽影响,对华南和长江流域春夏季降水产生重要作用,可提高华南、长江流域降水的预报能力(李秀珍 等,2018)。由于青藏高原地面气温上升超前于中国东南部极端持续降水,通过典型个例数值模拟,不同青藏高原初始土壤湿度条件产生了不同的高原地面感热通量强度和大气边界层结构,由此通过调制大尺度大气环流、改变华南水汽输送而影响下游降水。增加的高原地表加热加强了长江平原的高压系统,阻挡了降水北移,同样也增强了中国南海到华南的水汽输送,这一共同作用持续增加了中国东南部的降水(Wan et al.,2017)。对华南、中国西部、长江中下游的暴雨事件,青藏高原东部和孟加拉湾的大气加热表现为相反的趋势;青藏高原东部与孟加拉湾海陆热力差异可能是引起中国东部强降水事件发生的关键因子之一(Shi et al.,2019)。基于青藏高原热力强迫对中国东部降水和水汽输送的调制作用,青藏高原热源异常影响低纬度海洋向陆地的水汽传输路径和强度,进而影响中国东部降水的时空演变;青藏高原热源强(弱)年,分别对应"北涝南旱"和"南涝北旱"的中国降水变率空间分布;青藏高原热源强(弱)异常变化"强信号",对于东亚和南亚区域的季风水汽输送结构,以及夏季风降水时空分布变异有"前兆性"指示意义(徐祥德 等,2015)。青藏高原前期的大气热源偏弱(强),将导致东亚夏季风偏弱(强),西南水汽输送偏弱(强),并聚集于中国南(北)方,最终使得夏季中国持续性暴雨事件偏多(少),青藏高原大气热源对于中国持续性暴雨事件有明显影响(施晓辉 等,2015)。另外,青藏高原和伊朗高原的感热对其他地区的影响不仅有叠加效应,而且会相互抵消。但对亚洲副热带季风区水汽输送辐合的贡献,青藏高原比伊朗高原大两倍多,青藏高原和伊朗高原感热的联合影响代表了对该区域水汽输送辐合的主要贡献;结合欧亚大陆大尺度热力强迫,青藏-伊朗高原耦合系统产生了一强大反气旋环流和南亚高压,加热了对流层上部,冷却了平流层下部,由此影响区域和全球天气气候(Liu et al.,2017)。

青藏高原感热加热异常会导致下游川渝地区降水发生改变。当高原感热加热减弱时,四川中部及东部与重庆交界处降水增加,而川渝其他地区降水明显减少;而高原感热加热增强时,降水增加主要是四川西北部和重庆地区,大值中心在重庆南部,四川西南部和东北部降水减少。青藏高原感热加热异常,通过影响对流层不同层次的温度场和高度场变化,引起青藏高原及其周边对流层中低层大气环流和水汽输送的变化,最终引发川渝地区降水变化(梁玲 等,2013)。青藏高原及其周围地区大气热源异常变化对川渝盆地夏季区域旱涝有不同的影响。青藏高原东部经长江流域到渤海以及孟加拉湾到中南半岛附近地区大气热源减弱时,引起高纬冷空气和低纬暖湿气流向川渝盆地西部汇合,大量水汽辐合上升形成西部降水,而不利于东部水汽辐合,导致西涝东旱(图 4.34a,图 4.35a);青藏高原东部经长江流域到渤海、中南半岛经中国南海到菲律宾和中国西北部及蒙古国附近地区的热源加强时,引起高纬冷空气及低纬暖湿气流向川渝盆地东部汇合,大量水汽辐合上升形成东部降水,而不利于西部水汽辐合,造成东涝西旱(图 4.34b,图 4.35b,岑思弦 等,2014)。青藏高原春季地表加热场异常与同期中国西北地区东部降水变率有密切关系。青藏高原春季地表加热主要是感热加热,春季高原地表感热与同期中国西北东部降水存在负相关关系(图 4.36);春季高原地表感热的年际异常增强(减弱)会引起青藏高原周边地区垂直环流场上升气流的减弱(增强);春季高原地表感热偏强,中国西北东部对流层高层以正涡度和气流辐合运动异常为主,中低层以负涡度和辐散下沉运动异常为主,由此中国西北东部春季水汽辐合由低层向高层逐渐减弱,不利于春季降水的发生(周俊前 等,2016)。

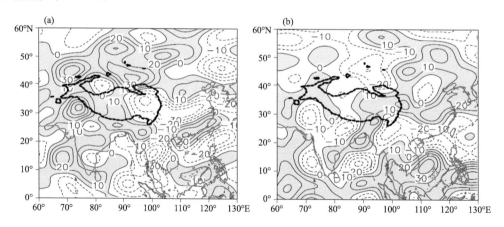

图 4.34 川渝盆地夏季西涝东旱年(a)和东涝西旱年(b)大气热源的距平合成分布(单位:W·m^{-2})

(粗虚线为 3000 m 地形等高线,阴影区代表热源)(引自岑思弦 等,2014)

基于热力动力诊断分析并结合数值模拟(图 4.37)得到:青藏高原中西部地面感热加热影响高原涡的生成、发展和东移,而东移高原涡又进一步触发高原东部对流系统的生成发展,同时,高原对流系统降水凝结潜热释放也加强了东移高原涡,这种地面加热与高原涡和对流系统之间的正反馈机制,促进了强降水的发生发展;并且,青藏高原地面潜热通量能够增强中低层大气的不稳定性,为对流系统的发生发展积累能量,造成有利于对流降水的热力环境(田珊儒 等,2015)。

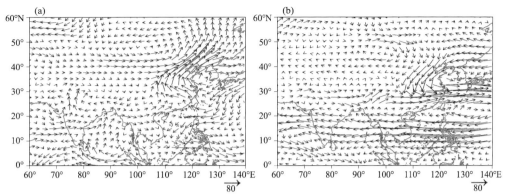

图 4.35　川渝盆地西涝东旱年(a)和东涝西旱年(b)整层水汽输送距平合成分布
(单位：g • s^{-1} • cm^{-1})(引自岑思弦 等,2014)

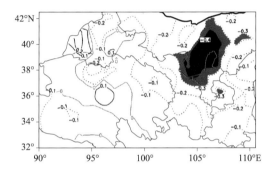

图 4.36　青藏高原春季感热年际异常与同期西北东部降水距平的相关关系(引自周俊前 等,2016)

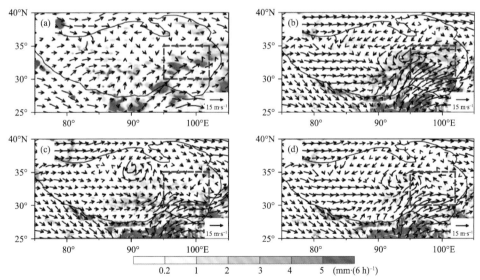

图 4.37　2012 年 6 月 24 日 12 时(世界时)500 hPa 风场(单位：m • s^{-1})。(a)NCEP-FNL 数据；(b)参考试验(Ctl)；(c)敏感性试验一(NoHFX,去掉高原地面感热通量)；(d)敏感性试验二(NoQFX,去掉高原地面潜热通量)。(a)中阴影表示卫星反演降水(CMORPH)累积降水量(单位：mm • (6 h)$^{-1}$)；(b)—(d)中阴影表示 WRF 模拟累积对流降水量(单位：mm • (6 h)$^{-1}$)；等值线为高原 3000 m 地形等高线；紫色虚线框表示高原对流系统位置(引自田珊儒 等,2015)

2010年6月14—24日中国南方连续出现4次持续性强降水过程,通过显式对流集合模拟试验(图4.38)对比表明:青藏高原的地表感热加热作用引起高原及周边大气温度发生变化,相应热成风平衡调整使得对流层低层至高层大气环流和天气系统特征发生显著变化。200 hPa高原西部(东部)形成异常反气旋(气旋)性环流,高原东部南下冷空气加强,中国南方高层辐散增强;500 hPa高原北部脊加强,中国东部槽加深,西太平洋副热带高压西北侧西南风明显增强,青藏高原向下游传播的正涡度也显著加强;850 hPa西南涡强烈发展并逐步东移,华南沿海的西南低空急流更为强盛,水汽辐合、上升运动都增强,最终导致了中国南方的持续性强降水天气。并且,青藏高原地表感热加热有利于西南涡等系统的生成、发展、移动,以及下游持续性区域强降水天气的发生、维持、增强,青藏高原热力作用是我国暴雨等灾害天气的重要影响原因(李雪松 等,2014)。

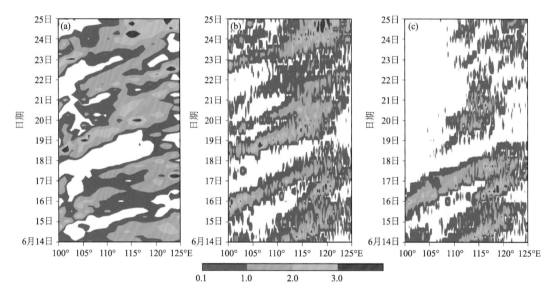

图4.38　25°~35°N纬向平均的500 hPa相对涡度(单位:10^{-5} s^{-1})时间-经度分布(引自李雪松 等,2014)
(a)ERA-interim再分析资料;(b)控制试验;(c)敏感性试验

2008年1月我国华南发生严重低温冰雪天气事件,青藏高原地面热源相对于气候态表现出极端波动和显著的加热作用,三个加热峰值期与雪灾高发时段一致;高原加热有利于西伯利亚高压的形成与持续、干冷气流从高原边缘侵入华中和华南,加强了850 hPa及以上偏南气流和水汽向华南输送,但也更可能加强了近地层925 hPa偏北气流和干冷空气的向南侵入,这种"上暖下冷"配置有利于形成华南热力逆温;受高原地面热汇变为热源的异常加热影响,500 hPa、300 hPa中纬度的两支罗斯贝波列从大气中上层由青藏高原向下游传播到华南地区,为低温冰雪灾害提供能量(图4.39)。因此,高原加热异常可影响中纬度罗斯贝波列的激发和传播,并造成华南地区异常低温冰雪天气事件(Fan et al.,2015)。

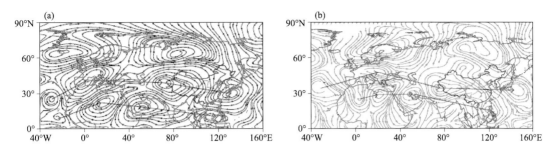

图 4.39　2008 年 1 月 11—30 日 500 hPa 流场距平(a)及其与青藏高原地面
加热异常的相关分布(b)(引自 Fan et al.,2015)

4.5.3　青藏高原影响天气的 PV-Q 理论

青藏高原及其周边地区的大气变化及其热力和动力影响具有复杂性、特殊性和综合性。Wu 等(1997)提出了倾斜涡度发展(SVD)理论,用于解释拉格朗日质点沿着倾斜等熵面下滑时垂直涡度的发展,并得到广泛有效应用。郑永骏等(2013)基于垂直涡度发展,从三维埃尔特尔位涡(PV$_e$)方程推导出如下的垂直涡度 η_z 拉格朗日变化方程:

$$\frac{\mathrm{d}\eta_z}{\mathrm{d}t} = \frac{\mathrm{d}}{\mathrm{d}t}\left(\frac{\mathrm{PV}_e - \mathrm{PV}_2}{\theta_z}\right)$$
$$= \frac{1}{\theta_z}\frac{\mathrm{dPV}_e}{\mathrm{d}t} - \frac{1}{\theta_z}\frac{\mathrm{dPV}_2}{\mathrm{d}t} - \frac{\eta_z}{\theta_z}\frac{\mathrm{d}\theta_z}{\mathrm{d}t} \qquad (4.3)$$

式中,PV$_e$ 为埃尔特尔位涡,PV$_2$ 为 PV$_e$ 的水平分量,θ 为位温,$\theta_z = \partial\theta/\partial z$ 为静力稳定度。

根据式(4.3),从更广的层面研究涡旋的发展和移动,阐明了涡旋中非均匀非绝热加热在垂直和水平方向的非对称分布对涡旋发展和移动的影响,提出了新的位涡和非绝热加热(PV-Q)观点。并应用理论结果分析了 2008 年 7 月下旬的一次生成于青藏高原中西部,东移出高原后给四川盆地和长江中下游带来强降水的高原涡暴雨过程(图 4.40—4.42)。针对引起低涡垂直涡度发展的非绝热加热、位涡水平分量(PV$_2$)和静力稳定度(θ_z)的分析表明:在大多数情形下,非绝热加热对垂直涡度发展起着主导作用;其次是位涡水平分量(PV$_2$)变化的作用;当稳定大气变得更稳定时 θ_z 变化起负作用,当大气趋向中性层结时 θ_z 变化则起正作用。2008 年 7 月 22 日 06—12 时(世界时),当高原涡沿着四川盆地东北斜坡爬升时,低涡加强主要是由位于涡旋东边的强降水凝结潜热加热引起。非绝热加热的垂直梯度在非绝热加热最大中心的下(上)层产生正(负)PV$_e$ 制造,正的 PV$_e$ 制造不仅加强低层涡旋的发展,而且增大涡旋的垂直范围。非绝热加热的水平梯度对位涡变化的影响取决于加热中心处的水平风的垂直切变,其在该水平风垂直切变的右(左)边产生了正(负)的 PV$_e$ 制造。水平风垂直切变右边的正 PV$_e$ 制造不仅加强了该处的垂直涡度,而且影响着低涡的移动方向。这些证实了 PV-Q 观点的理论结果。

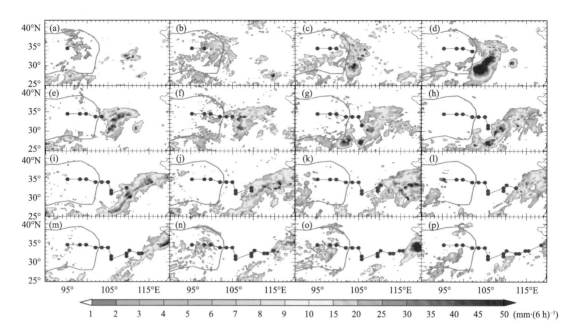

图 4.40　2008 年 7 月 20 日 00 时—23 日 18 时(世界时)高原涡移动路径和 6 h 降水分布的演变
(阴影为 TRMM 3B42 降水,圆点及蓝色实线为低涡移动路径。灰色粗实线是 3 km 地形等高线,
表示青藏高原主体)(引自郑永骏 等,2013)
(a)20 日 00 时;(b)20 日 06 时;(c)20 日 12 时;(d)20 日 18 时;(e)21 日 00 时;(f)21 日 06 时;(g)21 日
12 时;(h)21 日 18 时;(i)22 日 00 时;(j)22 日 06 时;(k)22 日 12 时;(l)22 日 18 时;(m)23 日 00 时;
(n)23 日 06 时;(o)23 日 12 时;(p)23 日 18 时

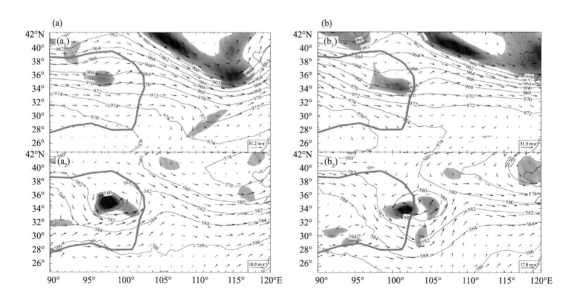

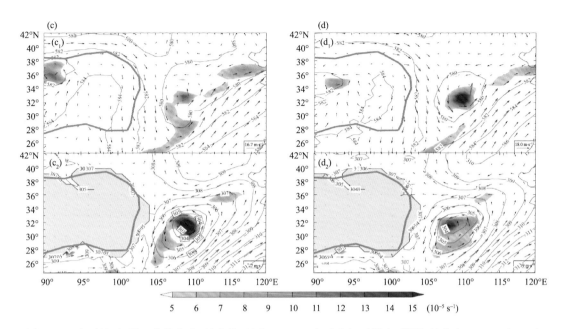

图 4.41　水平风(矢量)、位势高度(等值线;单位:dagpm)和垂直相对涡度(阴影)的分布((a)20 日 06 时(世界时)300、500 hPa;(b)20 日 18 时(世界时)300、500 hPa;(c)22 日 06 时(世界时)500、700 hPa;(d)22 日 12 时(世界时)500、700 hPa。黄色区域表示位于地表下面)(引自郑永骏 等,2013)

　　吴国雄等(2013)从 PV-Q 观点和拉格朗日观点探讨了非绝热加热对涡旋发展和移动的影响,指出非绝热加热在垂直和水平方向的非均匀分布对涡旋的发展和移动起主要作用(郑永骏 等,2013)。在此基础上,进一步通过修改倾斜涡度发展理论(Wu et al.,1997),着重从位涡-位温(PV-θ)观点以及拉格朗日观点,引入广义倾斜涡度发展的概念,研究绝热条件下的垂直涡度发展。广义倾斜涡度发展是一个与涡度发展坐标无关的概念框架,该框架包括倾斜涡度发展。而倾斜涡度发展研究当大气处于稳定或不稳定层结情形,空气质点沿上凸陡峭等熵面下滑或下凹陡峭等熵面上滑过程的垂直涡度的激烈发展。因此,倾斜涡度发展适合于强烈天气过程下涡度非常剧烈发展的研究。此外,广义倾斜涡度发展概念澄清了涡度发展和倾斜涡度发展的区别,其判别标准表明,倾斜涡度发展的要求比涡度发展的要求严格很多。对于空气质点沿上凸陡峭等熵面下滑或下凹陡峭等熵面上滑过程,当在稳定大气中静力稳定度(θ_z)迅速减小或在不稳定大气中静力稳定度(θ_z)迅速增大,即静力稳定度(θ_z)趋于 0 时,如果倾斜涡度发展指数(C_D)<0,那么垂直涡度将急速发展。应用理论结果分析了一次高原涡强降水过程(图 4.43),2008 年 7 月 22 日 00—06 时(世界时),高原涡沿着四川盆地东北边的斜坡爬升时低涡加强发展,PV_2变化对低涡加强发展有贡献,因为,此时的水平涡度(η_s)变化和斜压度(θ_s)变化都对垂直涡度发展起正贡献。而且,22 日 06 时 330 K 等熵面的倾斜涡度发展判据满足,表明倾斜涡度发展并对垂直涡度发展起重要贡献。围绕低涡中心较强的涡度发展和倾斜涡度发展信号表明,广义倾斜涡度发展概念框架可以作为诊断天气过程的一个有用工具。

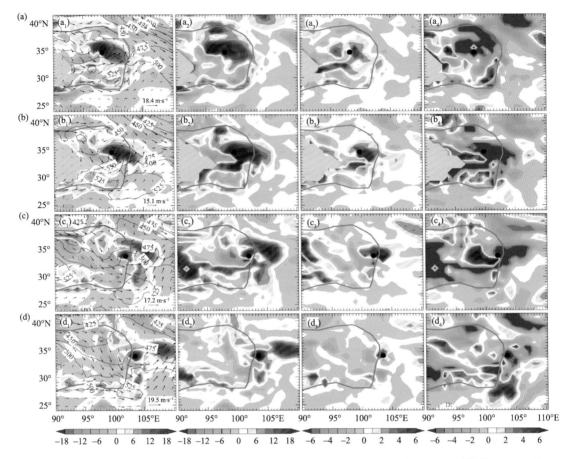

图 4.42 2008 年 7 月 20 日 06 时(a)、12 时(b)、18 时(c)、21 日 00 时(世界时)(d)330 K 等熵面 PV_c(第 2 列)、位涡水平分量 PV_2(第 3 列)和静力稳定度 θ_z 变化(第 4 列)对垂直涡度 η_k 发展(第 1 列)的相对贡献(等值线为气压,单位:hPa;矢量是水平风;阴影的单位为 $10^{-5}\,m^3 \cdot kg^{-1} \cdot s^{-1} \cdot (6\,h)^{-1}$;黑色实心圆表示高原涡的中心位置)(引自郑永骏 等,2013)

4.6 本章小结

从青藏高原天气学概况、青藏高原热源与天气系统特征、青藏高原热力动力过程及其影响、青藏高原天气系统及其影响、青藏高原影响区域和下游天气的物理机制 5 个方面 18 个重点,本章介绍了 21 世纪以来关于青藏高原对灾害天气影响研究取得的有关重要成果,如垂直涡度发展理论,从新的视角更全面理解认识非绝热加热是如何影响垂直涡度的发展、非绝热加热的三维非均匀分布是如何影响低涡的发展和移动,以及低涡系统演变过程中非绝热加热与环流配置的相互关系等。这些成果丰富了基于青藏高原影响的灾害天气预报理论,发展了基于青藏高原影响的灾害天气分析诊断预报技术,具有重要意义和价值。

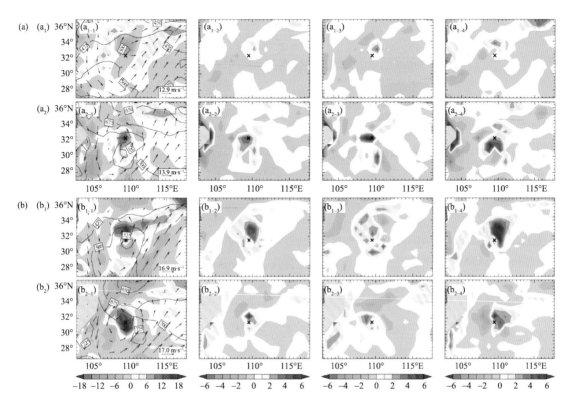

图 4.43　2008 年 7 月 22 日 330 K（(a₁)、(b₁)）、315 K（(a₂)、(b₂)）的垂直涡度 η 发展（第 1 列，阴影，单位：$10^{-5}\ \mathrm{m^3 \cdot kg^{-1} \cdot s^{-1} \cdot (6\ h)^{-1}}$；等值线为气压，单位：hPa；矢量为水平风），以及相应的位涡水平分量变化（第 2 列）、水平涡度变化（第 3 列）、斜压度变化（第 4 列）对垂直涡度发展的贡献（阴影；单位：$5 \times 10^{-6}\ \mathrm{m^3 \cdot kg^{-1} \cdot s^{-1} \cdot (6\ h)^{-1}}$）（引自吴国雄 等，2013）

(a)00 时；(b)06 时（世界时）

　　不过，面对青藏高原气象学的发展、我国灾害天气预报的需求，青藏高原天气学相对滞后于青藏高原气候学的现状，以及高原气象观测能力不强、中小尺度系统观测薄弱、时空精细化资料缺乏、预测基础理论急需完善、分析预报技术也有待研发等限制，青藏高原天气学，尤其是高原热源和环流系统影响我国灾害天气的研究还存在一些突出问题，如青藏高原地-气过程对我国灾害天气的具体影响、青藏高原及其周边地区对流和低涡等系统活动中心分布、青藏高原热源与环流系统影响我国灾害天气的物理机制、青藏高原及其周边地区综合气象观测站网的设计与布局等，都必须在青藏高原气象学大框架下，通过创新发展具有高原特色的天气观测系统、基础理论、分析技术和预报方法等，由此逐步加以解决。

　　目前，以青藏高原动力、热力作用为核心的高原气象学已进入了涉及大气圈、水圈、冰冻圈、岩石圈和生物圈之多圈层相互作用的新阶段（李跃清，2011）。推进青藏高原及周边地区观测布局、外场试验，强化青藏高原地-气耦合系统变化及其全球大气影响研究，发展具有高原特色的灾害天气气候预测理论与关键技术，已成为国际山地气象学发展的主要趋势。其中，开展青藏高原影响天气气候关键区的系统化、精细化和协同化的观测、试验、研究和应用则是一个重要的方向。因此,未来集中围绕青藏高原影响中国重大天气灾害的区域、过程、因子和机理核心科学问题,通过分析青藏高原影响我国灾害天气的特征、机理和预测,辨析高原影响我国灾害天气的关键区,认识高原地-气过程影响灾害天气的时空图像,揭示高原天气系统对下游地区的影响机理,发展基于高原影响的灾害天气预测理论与技术,包括具有高原山地特色的数值预报理论与技术,尤其是在全球变暖下,全面、系统、深入地开展青藏高原地-气过程对我国及更大范围灾害天气影响的理论和应用研究是高原天气学的主要发展趋势。

参考文献

敖婷,李跃清,2015. 夏季青藏高原及周边热力特征与东亚降水的区域关系[J]. 高原气象,34(5):1204-1216.

岑思弦,巩远发,赖欣,2014. 青藏高原及其周围地区大气热源对川渝盆地夏季降水的影响[J]. 高原气象,33(5):1182-1189.

陈炜,李跃清,2019. 青藏高原东部重力波过程与西南涡活动的统计关系[J]. 大气科学,43(4):774-783.

董元昌,李国平,2015. 大气能量学揭示的高原低涡个例结构及降水特征[J]. 大气科学,39(6):1136-1148.

高笃鸣,李跃清,程晓龙,2018. 基于西南涡加密探空资料同化的一次奇异路径耦合低涡大暴雨数值模拟研究[J]. 气象学报,76(3):343-360.

高守亭,陈辉,2000. 大地形背风坡的转槽实验研究[J]. 气象学报,58(6):653-664.

高文良,郁淑华,2018. 高原涡诱发西南涡个例的环境场与成因分析[J]. 高原气象,37(1):54-67.

何光碧,高文良,屠妮妮,2009. 两次高原低涡东移特征及发展机制动力诊断[J]. 气象学报,67(4):599-612.

何光碧,师锐,2011. 夏季青藏高原不同类型切变线的动力、热力特征分析[J]. 高原气象,30(3):568-575.

何光碧,师锐,2014. 三次高原切变线过程演变特征及其对降水的影响[J]. 高原气象,33(3):615-625.

何光碧,曾波,郁淑华,等,2016. 青藏高原周边地区持续性暴雨特征分析[J]. 高原气象,35(4):865-874.

何光碧,肖玉华,师锐,2019. 一次伴有高原低涡和热带气旋活动的持续性暴雨过程分析[J]. 高原气象,38(5):1004-1016.

黄楚惠,李国平,牛金龙,等,2015. 近30年夏季移出型高原低涡的气候特征及其对我国降雨的影响[J]. 热带气象学报,31(6):827-838.

蒋璐君,李国平,母灵,等,2014. 基于TRMM资料的西南涡强降水结构分析[J]. 高原气象,33(3):607-614.

蒋璐君,李国平,王兴涛,2015. 基于TRMM资料的高原涡与西南涡引发强降水的对比研究[J]. 大气科学,39(2):249-259.

李超,李跃清,蒋兴文,2015. 四川盆地低涡的月际变化及其日降水分布统计特征[J]. 大气科学,39(6):1191-1203.

李超,李跃清,蒋兴文,2017. 夏季长生命史盆地低涡活动对川渝地区季节降水的影响[J]. 高原气象,36(3):685-696.

李德俊,李跃清,柳草,等,2010. 基于TRMM卫星探测对宜宾夏季两次暴雨过程的比较分析[J]. 气象学报,68(4):559-568.

李国平,赵邦杰,杨锦青,2002. 地面感热对青藏高原低涡流场结构及发展的作用[J]. 大气科学,26(4):519-525.

李国平,赵福虎,黄楚惠,等,2014. 基于NCEP资料的近30年夏季青藏高原低涡的气候特征[J]. 大气科学,38(4):756-769.

李国平,卢会国,黄楚惠,等,2016. 青藏高原夏季地面热源的气候特征及其对高原低涡生成的影响[J]. 大气科学,40(1):131-141.

李黎,刘海文,吕世华,2017. 春季西南低涡年际和年代际变化特征分析[J]. 高原气象,36(15):1512-1520.

李黎,吕世华,范广洲,2019. 夏季青藏高原地表能量变化对高原低涡生成的影响分析[J]. 高原气象,38(6):1172-1180.

李山山,李国平,2017. 一次高原低涡与高原切变线演变过程与机理分析[J]. 大气科学,41(4):713-726.

李秀珍,唐旭紫,李施华,等,2018. 春季青藏高原感热对中国东部夏季降水的影响和预测作用[J]. 气象学报,76(6):930-943.

李雪松,罗亚丽,管兆勇,2014. 2010 年 6 月中国南方持续性强降水过程:天气系统演变和青藏高原热力作用的影响[J]. 气象学报,72(3):428-446.

李跃清,2011. 第三次青藏高原大气科学试验的观测基础[J]. 高原山地气象研究,31(3):77-82.

李跃清,郁淑华,彭俊,等,2009a. 青藏高原低涡切变线年鉴(2002)[M]. 北京:科学出版社:1-189.

李跃清,郁淑华,彭俊,等,2009b. 青藏高原低涡切变线年鉴(2003)[M]. 北京:科学出版社:1-215.

李跃清,郁淑华,彭俊,等,2009c. 青藏高原低涡切变线年鉴(2004)[M]. 北京:科学出版社:1-248.

李跃清,郁淑华,彭俊,等,2010a. 青藏高原低涡切变线年鉴(1998)[M]. 北京:科学出版社:1-234.

李跃清,郁淑华,彭俊,等,2010b. 青藏高原低涡切变线年鉴(1999)[M]. 北京:科学出版社:1-202.

李跃清,郁淑华,彭俊,等,2010c. 青藏高原低涡切变线年鉴(2000)[M]. 北京:科学出版社:1-166.

李跃清,郁淑华,彭俊,等,2010d. 青藏高原低涡切变线年鉴(2001)[M]. 北京:科学出版社:1-195.

李跃清,郁淑华,彭俊,等,2010e. 青藏高原低涡切变线年鉴(2007)[M]. 北京:科学出版社:1-278.

李跃清,郁淑华,彭俊,等,2011. 青藏高原低涡切变线年鉴(2008)[M]. 北京:科学出版社:1-271.

李跃清,郁淑华,彭俊,等,2012a. 青藏高原低涡切变线年鉴(2005)[M]. 北京:科学出版社:1-265.

李跃清,郁淑华,彭俊,等,2012b. 青藏高原低涡切变线年鉴(2006)[M]. 北京:科学出版社:1-253.

李跃清,徐祥德,2016. 西南涡研究和观测试验回顾及进展[J]. 气象科技进展,6(3):134-140.

梁玲,李跃清,胡豪然,等,2013. 青藏高原夏季感热异常与川渝地区降水关系的数值模拟[J]. 高原气象,32(6):1538-1545.

刘晓冉,李国平,2014. 一次东移型西南低涡的数值模拟及位涡诊断[J]. 高原气象,33(5):1204-1216.

刘新,李伟平,许晃雄,等,2007. 青藏高原加热对东亚地区夏季降水的影响[J]. 高原气象,26(6):1287-1292.

刘云丰,李国平,2016. 夏季高原大气热源的气候特征以及与高原低涡生成的关系[J]. 大气科学,40(4):864-876.

刘自牧,李国平,2019. 高原切变线的客观识别与时空分布的统计分析[J]. 大气科学,43(1):13-26.

卢敬华,1986. 西南低涡概论[M]. 北京:气象出版社:1-276.

罗四维,等,1992. 青藏高原及其邻近地区几类天气系统的研究[M]. 北京:气象出版社:1-205.

罗四维,何梅兰,刘晓东,1993. 关于夏季青藏高原低涡的研究[J]. 中国科学 B 辑:化学,生命科学,地学,23(7):778-784.

罗雄,李国平,2018a. 高空急流对高原切变线影响的数值试验与动力诊断[J]. 气象学报,76(3):361-378.

罗雄,李国平,2018b. 一次高原切变线过程的数值模拟与阶段性结构特征[J]. 高原气象,37(2):406-419.

马婷,刘屹岷,吴国雄,等,2020. 青藏高原低涡形成、发展和东移影响下游暴雨天气个例的位涡分析[J]. 大气科学,44(3):472-486.

马婷婷,吴国雄,刘屹岷,等,2018. 青藏高原地表位涡密度强迫对2008 年 1 月中国南方降水过程的影响 I:

资料分析[J]. 气象学报，76(6)：870-886.

慕丹，李跃清，2018. 基于 ERA-interim 再分析资料的近 30 年九龙低涡气候特征[J]. 气象学报，76(1)：15-31.

彭广，李跃清，郁淑华，等，2011a. 青藏高原低涡切变线年鉴(2009)[M]. 北京：科学出版社：1-350.

彭广，李跃清，郁淑华，等，2011b. 青藏高原低涡切变线年鉴(2010)[M]. 北京：科学出版社：1-244.

彭广，李跃清，郁淑华，等，2012. 青藏高原低涡切变线年鉴(2011)[M]. 北京：科学出版社：1-306.

彭广，李跃清，郁淑华，等，2014. 青藏高原低涡切变线年鉴(2012)[M]. 北京：科学出版社：1-273.

彭广，李跃清，郁淑华，等，2015. 青藏高原低涡切变线年鉴(2013)[M]. 北京：科学出版社：1-328.

彭广，李跃清，郁淑华，等，2016. 青藏高原低涡切变线年鉴(2014)[M]. 北京：科学出版社：1-282.

彭广，李跃清，郁淑华，等，2017. 青藏高原低涡切变线年鉴(2015)[M]. 北京：科学出版社：1-255.

钱正安，吴统文，梁潇云，2001. 青藏高原及周边地区的平均垂直环流特征[J]. 大气科学，25(4)：444-454.

邱静雅，李国平，郝丽萍，2015. 高原涡与西南涡相互作用引发四川暴雨的位涡诊断[J]. 高原气象，34(6)：1556-1565.

师锐，何光碧，2018. 移出高原后长生命史高原低涡在不同移动路径下的大尺度环流特征及差异[J]. 气象，44(2)：213-221.

施晓辉，温敏，2015. 中国持续性暴雨特征及青藏高原热源的影响[J]. 高原气象，34(3)：611-620.

宋敏红，钱正安，2002. 高原及冷空气对 1998 和 1991 年夏季西太副高及雨带的影响[J]. 高原气象，21(6)：556-564.

宋雯雯，李国平，唐钱奎，2012. 加热和水汽对两例高原低涡影响的数值试验[J]. 大气科学，36(1)：117-129.

陶诗言，等，1980. 中国之暴雨[M]. 北京：科学出版社：1-225.

陶诗言，陈联寿，徐祥德，等，1999. 第二次青藏高原大气科学试验理论研究进展(一)[M]. 北京：气象出版社：1-348.

陶诗言，张小玲，张顺利，2004. 长江流域梅雨锋暴雨灾害研究[M]. 北京：气象出版社：1-192.

田珊儒，段安民，王子谦，等，2015. 地面加热与高原低涡和对流系统相互作用的一次个例研究[J]. 大气科学，39(1)：125-136.

屠妮妮，郁淑华，高文良，2019. 风场对高原涡在河套地区打转影响的初步分析[J]. 高原气象，38(1)：66-77.

王琳，肖天贵，张凯荣，2015. 1998—2013 年青藏高原切变线活动特征统计分析[J]. 气候变化研究快报，4(4)：206-219.

王鑫，李跃清，郁淑华，等，2009. 青藏高原低涡活动的统计研究[J]. 高原气象，28(1)：64-71.

王学佳，杨梅学，万国宁，2013. 近 60 年青藏高原地区地面感热通量的时空演变特征[J]. 高原气象，32(6)：1557-1567.

吴国雄，孙菽芬，陈文，等，2003. 青藏高原与西北干旱区对气候灾害的影响[M]. 北京：气象出版社：1-207.

吴国雄，郑永骏，刘屹岷，2013. 涡旋发展和移动的动力和热力问题Ⅱ：广义倾斜涡度发展[J]. 气象学报，71(2)：198-208.

向朔育，李跃清，闵文彬，等，2019. 基于 CloudSat 探测的西南低涡对流云垂直结构特征[J]. 高原山地气象研究，39(3)：1-6.

徐祥德，2009. 青藏高原"敏感区"对我国灾害天气气候的影响及其监测[J]. 中国工程科学，11(10)：96-107.

徐祥德，赵天良，施晓辉，等，2015. 青藏高原热力强迫对中国东部降水和水汽输送的调制作用[J]. 气象学报，73(1)：20-35.

许威杰，张耀存，2017. 凝结潜热加热与对流反馈对一次高原低涡过程影响的数值模拟[J]. 高原气象，36(3)：

763-775.

杨康权,卢萍,张琳,2017. 高原低涡影响下的一次暖区强降水特征分析[J]. 热带气象学报,33(3):415-425.

杨颖璨,李跃清,陈永仁,2018. 高原低涡东移加深过程的结构分析[J]. 高原气象,37(3):702-720.

叶笃正,高由禧,等,1979. 青藏高原气象学[M]. 北京:科学出版社:1-278.

叶瑶,李国平,2016. 近61年夏半年西南低涡的统计特征与异常发生的流型分析[J]. 高原气象,35(4):946-954.

于佳卉,刘屹岷,马婷婷,等,2018. 青藏高原地表位涡密度强迫对2008年1月中国南方降水过程的影响Ⅱ:数值模拟[J]. 气象学报,76(6):887-903.

郁淑华,肖玉华,高文良,2007. 冷空气对高原低涡移出高原影响的研究[J]. 应用气象学报,18(6):737-747.

郁淑华,高文良,彭骏,2012. 青藏高原低涡活动对降水影响的统计分析[J]. 高原气象,31(3):592-604.

郁淑华,高文良,彭骏,2013. 近13年青藏高原切变线活动及其对中国降水影响的若干统计[J]. 高原气象,32(6):1527-1537.

郁淑华,高文良,2016. 高原低涡移出高原后持续的对流层高层环流特征[J]. 高原气象,35(6):1441-1455.

郁淑华,高文良,2017. 高原低涡与西南涡结伴而行的不同活动形式个例的环境场和位涡分析[J]. 大气科学,41(4):831-856.

郁淑华,高文良,2018a. 冷空气对夏季高原涡移出高原后长久与短期活动影响的对比分析[J]. 大气科学,42(6):1297-1326.

郁淑华,屠妮妮,高文良,2018b. 一类青藏高原低涡异常路径的环境场分析[J]. 高原气象,37(3):686-701.

郁淑华,高文良,2019. 移出与未移出青藏高原的高原低涡涡源区域的地面加热特征分析[J]. 高原气象,38(2):299-313.

郁淑华,高文良,彭骏,2021. 2012—2017年不同涡源西南低涡多发的影响因素分析[J]. 暴雨灾害,40(6):577-588.

曾波,何光碧,余莲,2017. 川渝地区两类西南涡物理量场诊断分析[J]. 成都信息工程大学学报,32(2):157-164.

章基嘉,朱抱真,朱福康,等,1988. 青藏高原气象学进展[M]. 北京:科学出版社:1-268.

张凯荣,肖天贵,魏海宁,等,2015. 2003—2012年高原低涡活动特征统计分析[J]. 气候变化研究快报,4(2):106-115.

张顺利,陶诗言,张庆云,等,2002. 长江中下游致洪暴雨的多尺度特征[J]. 科学通报,47(6):467-473.

张硕,姚秀萍,巩远发,2019. 基于客观判识的青藏高原横切变线结构及演变特征合成研究[J]. 气象学报,77(6):1086-1106.

张恬月,李国平,2016. 夏季青藏高原地面热源和高原低涡生成频数的日变化[J]. 沙漠与绿洲气象,10(2):70-76.

张恬月,李国平,2018. 青藏高原夏季地面感热通量与高原低涡生成的可能联系[J]. 沙漠与绿洲气象,12(2):1-6.

赵大军,姚秀萍,2018. 高原切变线形态演变过程中的个例研究:结构特征[J]. 高原气象,37(2):420-431.

赵平,陈隆勋,2001. 35年来青藏高原大气热源气候特征及其与中国降水的关系[J]. 中国科学D辑:地球科学,31(4):327-332.

郑永骏,吴国雄,刘屹岷,2013. 涡旋发展和移动的动力和热力问题Ⅰ:PV-Q观点[J]. 气象学报,71(2):185-197.

钟珊珊,何金海,管兆勇,等,2009. 1961—2001 年青藏高原大气热源的气候特征[J]. 气象学报,67(3):
407-416.

周俊前,刘新,李伟平,等,2016. 青藏高原春季地表感热异常对西北地区东部降水变化的影响[J]. 高原气象,
35(4):845-853.

周淼,刘黎平,王红艳,2014. 一次高原涡和西南涡作用下强降水的回波结构和演变分析[J]. 气象学报,72
(3):554-569.

CHEN Y R,LI Y Q,ZHAO T L,2015. Cause analysis on eastward movement of southwest China vortex and
its induced heavy rainfall in South China[J]. Advances in Meteorology,2015:1-22.

CHEN Y R,LI Y Q,KANG L,2019. An index reflecting mesoscale vortex-vortex interaction and its diagnostic
applications for rainstorm area [J]. Atmospheric Science Letters,20(6): e902.

CHENG X L,LI Y Q,XU L,2016. An analysis of an extreme rainstorm caused by the interaction of the Ti-
betan Plateau vortex and the southwest China vortex from an intensive observation[J]. Meteorology and At-
mospheric Physic,128(3):373-399.

CURIO J,SCHIEMANN R,HODGES K I,et al,2019. Climatology of Tibetan Plateau vortices in reanalysis
data and a high-resolution global climate model [J]. Journal of Climate,32(6):1933-1950.

DUAN A M,WANG M R,LEI Y H,et al,2013. Trends in summer rainfall over China associated with the
Tibetan Plateau sensible heat source during 1980—2008[J]. Journal of Climate,26(1):261-275.

DUAN A M,WANG M R,XIAO Z X,2014. Uncertainties in quantitatively estimating the atmospheric heat
source over the Tibetan Plateau [J]. Atmospheric and Oceanic Science Letters,7(1):28-33.

FAN Y Y,LI G P,LU H G,2015. Impacts of abnormal heating of Tibetan Plateau on Rossby wave activity
and hazards related to snow and ice in South China [J]. Advances in Meteorology,2015:1-9.

FENG X Y,LIU C H,FAN G Z,et al,2016. Climatology and structures of southwest vortices in the NCEP
climate forecast system reanalysis[J]. Journal of Climate,29(21): 7675-7701.

FENG X Y,LIU C H,FAN G Z,et al,2017. Analysis of the structure of different Tibetan Plateau vortex
types [J]. Journal of Meteorological Research,31(3): 514-529.

FU S M,MAI Z,SUN J H,et al,2019. Impacts of convective activity over the Tibetan Plateau on plateau
vortex,southwest vortex,and downstream precipitation[J]. Journal of the Atmospheric Sciences,76(12):
3803-3830.

FUJINANMI H,YASUNARI T,2009. The effects of midlatitude waves over and around the Tibetan Plateau
on submonthly variability of the East Asian summer monsoon[J]. Monthly Weather Review,137(7):
2286-2304.

GUAN Q,YAO X P,LI Q P,et al,2018. Study of a horizontal shear line over the Qinghai-Tibetan Plateau
and the impact of diabatic heating on its evolution[J]. Journal of Meteorological Research,32(4):612-626.

HSU H H,LIU X,2003. Relationship between the Tibetan Plateau heating and East Asian summer monsoon
rainfall[J]. Geophysical Research Letters,30(20): 2066.

KUO Y H,CHENG L,BAO J W,1988. Numerical simulation of the 1981 Sichuan flood,Part I: Evolution of
a mesoscale southwest vortex[J]. Monthly Weather Review,116:2481-2504.

LI L,ZHANG R H,WEN M,et al,2018. Effect of the atmospheric quasi-biweekly oscillation on the vortices
moving off the Tibetan Plateau [J]. Climate Dynamics,50(3-4):1193-1207.

LI L, ZHANG R H, WEN M, et al, 2019. Development and eastward movement mechanisms of the Tibetan Plateau vortices moving off the Tibetan Plateau [J]. Climate Dynamics, 52(7-8): 4849-4859.

LI Y D, WANG Y, YANG S, et al, 2008. Characteristics of summer convective systems initiated over the Tibetan Plateau. Part I: Origin, track, development, and precipitation[J]. Journal of Applied Meteorology and Climatology, 47(10):2679-2695.

LI Y Q, GAO W L, 2007. Atmospheric boundary layer circulation on the eastern edge of the Tibetan Plateau, China, in summer[J]. Arctic, Antarctic, and Alpine Research, 39(4):708-713.

LIN Z Q, GUO W D, JIA L, et al, 2020. Climatology of Tibetan Plateau vortices derived from multiple reanalysis datasets [J]. Climate Dynamics, 55(7-8): 2237-2252.

LIU Y M, WANG Z Q, ZHUO H F, et al, 2017. Two types of summertime heating over Asian large-scale orography and excitation of potential-vorticity forcing Ⅱ: Sensible heating over Tibetan-Iranian Plateau[J]. Science China: Earth Sciences, 60(4):733-744.

SHI X H, CHEN J Q, WEN M, 2019. The relationship between heavy precipitation in the eastern region of China and atmospheric heating anomalies over the Tibetan Plateau and its surrounding areas[J]. Theoretical and Applied Climatology, 137(3-4): 2335-2349.

SUGIMOTO S, UENO K, 2010. Formation of mesoscale convective systems over the eastern Tibetan Plateau affected by plateau-scale heating contrasts [J]. Journal of Geophysical Research: Atmospheres, 115: D16105.

TORY K J, DARE R A, DAVIDSON N E, et al, 2013. The importance of low-deformation vorticity in tropical cyclone formation [J]. Atmospheric Chemistry and Physics, 13(4): 2115-2132.

WAN B C, GAO Z Q, CHEN F, et al, 2017. Impact of Tibetan Plateau surface heating on persistent extreme precipitation events in southeastern China [J]. Monthly Weather Review, 145(9):3485-3505.

WANG Q W, TAN Z M, 2014. Multi-scale topographic control of southwest vortex formation in Tibetan Plateau region in an idealized simulation [J]. Journal of Geophysical Research: Atmospheres, 119(20): 11543-11561.

WU G, MA T, LIU Y, et al, 2020. PV-Q perspective of cyclogenesis and vertical velocity development downstream of the Tibetan Plateau [J]. Journal of Geophysical Research: Atmospheres, 125(16):e2019JD030912.

WU G X, LIU H Z, 1997. Vertical vorticity development owing to down-sliding at slantwise isentropic surface [J]. Dynamics of Atmospheres and Oceans, 27(14):715-743.

XIANG S Y, LI Y Q, LI D, et al, 2013. An analysis of heavy precipitation caused by a retracing plateau vortex based on TRMM data[J]. Meteorology and Atmospheric Physics, 122:33-45.

XU X D, LU C G, DING Y H, et al, 2013. What is the relationship between China summer precipitation and the change of apparent heat source over the Tibetan Plateau? [J]. Atmospheric Science Letters, 14(4):227-234.

ZHANG F M, WANG C H, PU Z X, 2019. Genesis of Tibetan Plateau vortex: Roles of surface diabatic and atmospheric condensational latent heating [J]. Journal of Applied Meteorology and Climatology, 58(12): 2633-2651.

ZHANG P F, LI G P, FU X H, et al, 2014. Clustering of Tibetan Plateau vortices by 10—30-day intraseasonal oscillation [J]. Monthly Weather Review, 142(1): 290-300.

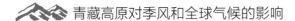

ZHANG X，YAO X P，MA J L，et al，2016. Climatology of transverse shear lines related to heavy rainfall over the Tibetan Plateau during boreal summer[J]. Journal of Meteorological Research，30(6)：915-926.

ZHOU K，LIU H W，ZHAO L，et al，2017. Binary mesovortex structure associated with southwest vortex [J]. Atmospheric Science Letters，18(6)：246-252.

ZHOU Y S，DENG G，GAO S T，et al，2002. The wave train characteristics of teleconnection caused by the thermal anomaly of the underlying surface of the Tibetan Plateau. Part I：Data analysis[J]. Advances in Atmospheric Sciences，19(4)：583-593.

ZHU G F，CHEN S J，2003. Analysis and comparison of mesoscale convective systems over the Qinghai-Xizang (Tibetan) Plateau[J]. Advances in Atmospheric Sciences，20(3)：311-322.

第5章
青藏高原对海洋环流的影响及其气候效应

5.1 引言

印度板块与欧亚板块的碰撞形成了世界上规模最大、最典型的喜马拉雅山造山带。喜马拉雅山造山带进一步演化形成了现在的青藏高原。青藏高原的抬升始于约 5000 万年前的新生代时期(An et al.,2001),而显著抬升可以追溯到 1000 万年前左右(Mercier et al.,1987;Maluski et al.,1988;Harrison et al.,1992;Molnar et al.,1993)。许多学者利用青藏高原附近的代用资料发现高原附近的气候在青藏高原快速抬升时期也发生了巨大的变化。如 850 万年前印度季风的建立;恒河河水在 900 万年前向喜马拉雅山-青藏高原造山带流入增加;800 万~700 万年前亚洲内陆沙漠向北太平洋沙尘输送量的增加;巴基斯坦的植被于 800 万年前从森林到草原的转变;以及同期青藏高原东北缘的针叶林和阔叶林向草地植被转变等。这些结果都暗示了青藏高原抬升对亚洲生态环境的巨大影响。An 等(2001)的工作则更具有总结性,其中包括 900 万~800 万年前,亚洲内部干旱加剧,印度季风和东亚季风建立;360 万~260 万年前东亚夏季和冬季风持续加剧,向北太平洋输送的沙尘增加;260 万年以来,印度季风和东亚夏季风变率增强,并且之后东亚冬季风继续增强。这些结论也被数值模式的结果所证实,即亚洲季风的演化历史与青藏高原隆升密切相关。

青藏高原隆升至今,其总面积达到 250 万 km²,平均海拔超过 4000 m,被称为世界第三极。青藏高原巨大的动力和热力作用对全球气候有重大影响。青藏高原在隆升的过程中,也伴随着全球海洋热盐环流的巨大调整。全球海洋热盐环流是全球海洋大输送带的一个重要组成。全球海洋大输送带指的是海洋中存在一支缓慢的、强大的、连绵不断生生不息的海洋环流,将南北两半球、不同大洋、不同深度的海水联系起来,与大气环流一起,维系着整个星球的能量与淡水平衡(图 5.1)。这个大输送带主要依靠海水的密度差异来驱动,故又可称为热盐环流。风和潮汐导致的海水水平与垂直混合,以及南大洋海面风导致的埃克曼(Ekman)抽吸对海洋大输送带平衡态的维持起到至关重要的作用。

全球海洋热盐环流经历了漫长的演化历史。大约在 3500 万年前,南极洲首次形成半永久性冰盖,南大洋的德雷克海峡打开,大西洋深水开始形成,大西洋经圈翻转流开始建立。大约在中新世晚期(1200 万~900 万年前),大西洋经圈翻转流逐渐加强。这种增强的趋势一直持续到上新世—早更新世(400 万~300 万年前),并最终增强到现代气候的水平。很多研究证据

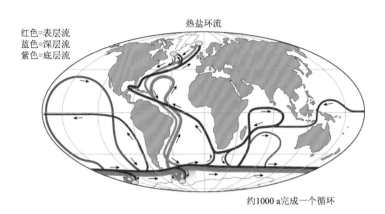

图 5.1 全球海洋翻转流示意图。在大西洋,温暖而高盐的表层海水从南大洋一直流到拉布拉多海和北海,然后在那里冷却下沉到 2000～4000 m 深度。作为对比,在北太平洋没有深水形成,表层水盐度较低。形成于南大洋的深水密度最大,下沉深度最深,扩张范围最广。深水形成位置和范围均十分有限,而混合驱动的上升区则范围非常宽广(引自 Rahmstorf,2002)

表明,大西洋经圈翻转流的建立与增强的过程伴随着太平洋经圈翻转流的减弱与崩溃,大西洋与太平洋之间存在着一个"跷跷板"现象,即大西洋经圈翻转流强则对应着太平洋经圈翻转流弱,反之亦然。现代地球气候表现为强的大西洋经圈翻转流和弱的太平洋经圈翻转流。详细信息请参考 Ferreira 等(2018)。

大西洋经圈翻转流是全球海洋大输送带最重要的组成,它的强度决定了全球大输送带的强度,因而对全球海洋大输送带的研究主要集中在大西洋。科学家们对青藏高原与全球大气环流遥相关的研究也非常多,但是对青藏高原与大西洋之间联系的研究还非常少。中外科学家已经注意到这个薄弱环节,最近几年正在加强这方面的研究。事实上,中国科学家发现全新世以来中国溶洞钟乳石与格陵兰冰芯氧同位素的记录有非常好的一致性,代用气候资料表明格陵兰岛升温(变冷)可能与强(弱)东亚季风有联系。8200 年前的中国区域的干冷气候可能与北大西洋突然变冷有关,后者又可能是大西洋经圈翻转流突然减弱造成的。通过大气桥梁,青藏高原与北大西洋海-气相互作用的联系可以建立起来。最重要的一点是,现代大西洋经圈翻转流最初建立的阶段(1200 万～900 万年前)与青藏高原快速抬升的阶段在时间上符合得非常好,因此,不能排除青藏高原抬升可能对全球海洋热盐环流的建立有重大影响。

伴随海-气耦合模式的巨大发展,近年来越来越多的研究开始关注地形对海洋环流的作用。许多模式结果表明,现今世界各大山脉的配置塑造了现代海洋热盐环流的基本状态,即深水形成发生在大西洋而不是太平洋。陆地山脉对全球大气环流及水文循环有重大的影响,特别是对大气中水汽的调节可以间接影响到海洋上层海水的盐度,从而影响海洋热盐环流。有些研究表明,更高的山脉将会减弱水汽从太平洋-印度洋到大西洋的输送,从而使得北大西洋海水更咸,深水形成更强,有利于大西洋经圈翻转流的维持。当地形逐渐降低时,由太平洋-印度洋向大西洋的水汽输送会加强,北大西洋海水变淡,而北太平洋海水变咸,太平洋深水形成变强,从而导致热盐环流从大西洋迁移到太平洋。仅仅因为陆地地形高度的变化,大西洋与太平洋之间的环流可以呈现"跷跷板"现象!

关于青藏高原与北大西洋海-气相互作用之间联系的研究目前非常缺乏。原因在于传统上中国科学家不太关心大西洋,而西方科学家也不太关心青藏高原。既然青藏高原对全球大气环流有显著的影响,自然也应在大西洋海-气相互作用中扮演角色。青藏高原与大西洋经圈翻转流之间也可能存在着联系。由于传统上物理海洋学界与大气科学学界及地理地质学界的事实上的分割状态,陆地地形对海洋大输送带影响的研究非常少,特别是青藏高原大地形在现代海洋环流形成中的作用几乎是研究空白。从地球板块演化的角度,海陆分布及陆地地形隆升对地球气候态及其时间演化具有至关重要的作用。青藏高原大地形隆升如何塑造全球海洋热盐环流是一个非常有意思的问题。对这一问题的回答将使人们从一个全新视角来认识青藏高原在这个星球上的地位。

5.2 模式与方法

利用耦合气候系统模式,Yang 等(2020a,2020b)和 Wen 等(2020)系统地研究了青藏高原大地形对全球大气温度和水汽分布的影响,以及对全球海洋热盐环流的影响。通过对比采用真实地形的参考试验和去掉青藏高原的敏感性试验,可以定量认识青藏高原在地球气候系统中的角色。同时也可以比较青藏高原、北美落基山脉、南美安第斯山脉在地球气候系统中的相对地位(图 5.2)。

这些工作中使用的耦合模式是美国国家大气研究中心(NCAR)开发的地球气候系统模式CESM,版本是 2012 年发布的 CESM1.0.5。它的前身是气候系统模式 CCSM4.0。CESM 考虑碳循环过程,是一个完全耦合的全球气候模式,能够较好地模拟地球的过去、现在以及未来气候状态。CESM 包含大气模块(CAM5)、陆面模块(CLM4)、海冰模块(CICE4)、海洋模块(POP2)、陆地冰川模块(Glimmer-CISM)和耦合器(CPL7)。CAM5 是一个全新的大气模式,它加入了真实的辐射过程、边界层和气溶胶公式。本节采用 5 个模块全耦合的模式,用来模拟整个气候系统。

CESM 可以根据运行需求选择不同的分辨率。这里采用的是低分辨率模式网格 T31_gx3v7。大气模式 CAM5 垂直方向有 26 层,采用混合坐标,水平方向采用 T31 波截断(分辨率约为 $3.75° \times 3.75°$)。陆地模式的水平分辨率与大气模式一致。海洋模式 POP2 使用的网格是 gx3v7,差分格点采用 B 网格。垂直方向有 60 层,水平网格在纬向是统一的 $3.6°$,但是在经向上分布不均一:在赤道附近,经向分辨率为 $0.6°$,随纬度增加,分辨率变粗,在南北纬 $35°$ 左右达到最粗分辨率 $3.4°$,然后随着纬度增加,分辨率再次变细。海冰模式 CICE4 水平网格与POP2 一致。CESM1.0 没有采用通量调整,模式能够稳定运行。

共设计了两组有/无青藏高原的试验(表 5.1)。第一组试验为全耦合试验(图 5.2a),其中

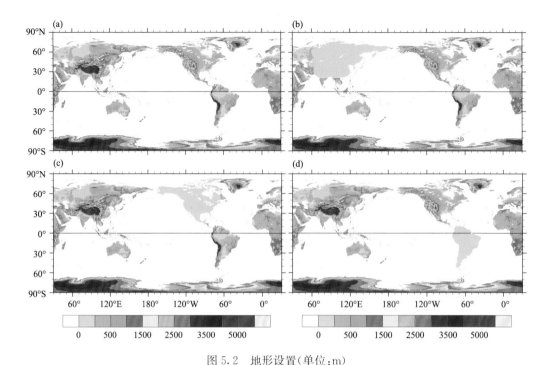

图 5.2　地形设置（单位：m）

（a）控制试验（Real）；（b）去掉青藏高原试验（NoTibet）；（c）去掉落基山脉试验（NoRocky）；

（d）去掉安第斯山脉试验（NoAndes）

有青藏高原试验，即本节的 Real 试验，地形设置采用现代地形高度和海陆分布，其他初始条件采用工业前文件标准编译以后得到的重启文件，CO_2 浓度是 285 ppm[①]。Real 试验积分 1500 a 到达平衡态，继续积分 400 a 作为本节研究对象；无青藏高原试验（NoTibet）是在 Real 试验积分 1500 a 达到平衡态的基础上将青藏高原主体（20°～80°N，60°～110°E）大于 50 m 的高度统一降低为 50 m 高度（图 5.2b），积分 400 a。第二组试验为平板海洋的试验（slab ocean，SOM），这组试验不考虑海洋的动力过程，仅考虑海水混合层热力过程。第二组试验的参考试验称之为 Real_SOM，这个试验和 Real 设置类似，只不过海洋采用平板海洋。由于没有海洋动力过程的调整，Real_SOM 积分 200 a 即可达到平衡态，再积分 200 a 用作本节研究对象。敏感性试验称之为 NoTibet_SOM，除了海洋采用平板海洋，其他设置和 NoTibet 试验类似，在 Real_SOM 积分 200 a 后开始积分 200 a。需要说明的是，为了防止在亚洲地区形成凹槽导致模式积分不稳定，这些试验中实际是将整个亚洲板块的地形移除了，这和 Su 等（2018）类似。在试验里，青藏高原主体实际上包含了部分伊朗高原、喜马拉雅山脉和蒙古高原地形，简化起见，本章均称之为"青藏高原"。仅移除青藏高原局地地形试验的积分结果和 NoTibet 类似。为了突出青藏高原的作用，除了修改地形高度外，其他边界条件，例如植被、冰雪反照率等均采用 Real 试验的设置。平衡态的分析基于全耦合试验的最后 100 a 和平板海洋试验的最后

---

① 1 ppm＝1×10^{-6}，余同。

30 a。通过对比有/无青藏高原的试验,可以推测出青藏高原在地-气系统中扮演的角色。通过对比 SOM 试验和全耦合试验,可以区分出海洋动力过程和大气过程的相对贡献。

另外,为了更清楚地认识青藏高原在行星地球上的地位,也基于全耦合试验做了移除落基山脉(Rocky Mountains)(图 5.2c)和安第斯山脉(Andes Mountains)(图 5.2d)的试验(表 5.1),通过这些对比能够深刻理解不同地形在地球气候系统形成中的角色。

表 5.1　试验名称、边界条件和所对应的模拟时间长度

试验名称	全耦合试验				平板海洋试验	
	Real	NoTibet	NoRocky	NoAndes	Real_SOM	NoTibet_SOM
地形	有	无青藏高原	无落基山	无安第斯山	有	无
积分时间/a	1900	400	400	400	400	200
海洋动力	有				无	
初始条件	B1850					

5.3　青藏高原对北半球宜居气候的重大贡献

通过对比采用真实地形 Real 和去掉青藏高原的 NoTibet 发现,去掉青藏高原会使北半球大气变冷、变干,对南半球的影响不明显。北半球中高纬度从地表至平流层均有强烈降温,地表的降温中心在北大西洋,年平均降温幅度可达 5 ℃,高空的降温中心在 100 hPa 的平流层,年平均降温幅度达 2 ℃。北大西洋和南亚地区湿度减少,南大西洋和东非地区湿度增加。北半球变冷主要是海洋向北经向热量输送减少的结果,一方面,增强了北半球的经向温度梯度,导致哈得来环流增强,加强了中低纬地区向北的大气热量输送,部分补偿了海洋向北减少的热量输送,维持了北半球中低纬度的能量平衡;另一方面,使得北半球中高纬度蒸发作用减弱,大气中水汽含量减少,北半球变得寒冷干燥。研究表明,青藏高原的存在促进了跨赤道的向北的海洋热量输送和大气水汽输送,从而对北半球宜居的现代气候做出了巨大贡献。

没有了青藏高原,大气环流大范围的调整表现为行星尺度的定常波被激发。从 500 hPa 位势高度异常可以清楚地看到扰动青藏高原后激发出了"负—正—负"的行星波,从青藏高原地区一直向东传播到北大西洋(图 5.3):异常低压系统出现在高原北部,其下游地区产生异常高压系统和异常低压系统分别位于副极地太平洋和副极地大西洋。这一行星波动建立了青藏高原与大西洋之间的遥相关关系。在真实世界里,北半球对流层中层是一个"高—低—高—低"的波动状态,换句话说,高压系统位于欧亚大陆东北部,阿留申低压位于副极地太平洋,紧接着是北美高压和冰岛低压,分别位于北美大陆和副极地北大西洋。在这样一个气候平均态背景下,青藏高原移除所激发出来的"负—正—负"的行星波动异常使西伯利亚高压和阿留申低压均减弱,冰岛低压增强。整个北半球中纬度西风带变得更加平直,纬向西风增强,经向风减弱。南半球也激发出一系列的波列(图 5.3a),从而可以将青藏高原的影响远远投射到南极

青藏高原对季风和全球气候的影响

地区。高大地形强迫的行星波动是经典的大气动力学研究的主要内容之一。SOM 试验里北半球的"负—正—负"的波动异常和南半球的"正—负—正—负"的波动异常结构和全耦合试验类似,但是 SOM 试验里副极地北大西洋的异常低压系统和南半球的波列较全耦合试验更弱,这说明海洋动力过程反馈给大气,使移除青藏高原产生的波动异常被放大。

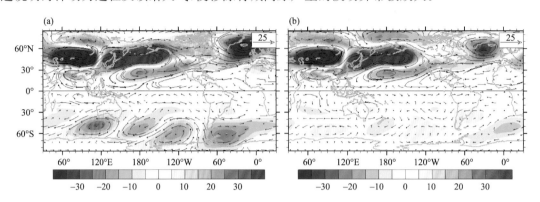

图 5.3　去掉青藏高原后大气 500 hPa 位势高度异常(减掉了纬向平均)(填色;单位:10 m)

及风场变化(单位:m·s⁻¹)

(a)全耦合试验;(b)SOM 试验

大气环流调整可以使地-气系统的水汽重新分布,整个北半球大气将变得更干燥,特别是亚洲大陆降水将大大减少,大量水汽将从热带太平洋输送到北大西洋,触发北大西洋深水形成危机(图 5.4)。事实上,整层积分的水汽输送与大气环流的响应很相似。在没有青藏高原的情景下,亚洲东南部地区到整个西太平洋水汽辐散增多,赤道中太平洋和印度洋水汽辐合增多。太平洋的水汽沿着美洲中部向北大西洋输送,并在北大西洋辐合。这些特征在全耦合试验和 SOM 试验均有体现,只是 SOM 试验的响应较全耦合试验更弱(图 5.4b)。从水汽平衡方程可以知道,在气候达到平衡态的背景下,水汽的辐合辐散等于降水与蒸发的差值,因此,水

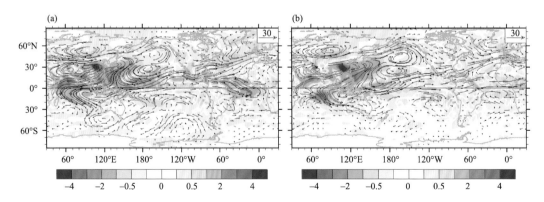

图 5.4　移除青藏高原后的整层水汽输送(矢量;$\rho_a vq$ (ρ_a 为大气密度,v 为大气运动速度,q 为大气比湿);

单位:kg·m⁻¹·s⁻¹)及其辐合辐散(填色;$\rho_a \nabla(vq)$;单位:10^{-5} kg·m⁻²·s⁻¹)。正值代表水汽辐合,

负值代表水汽辐散

(a)全耦合试验;(b)SOM 试验

226

汽辐合的亚洲北部、印度洋、赤道中太平洋和北大西洋的降水也是增多的,而在亚洲大陆的大部分区域(图5.4:蓝色区域)降水大为减少。当青藏高原升高到现代高度60％的时候,东亚季风的空间形态才与现在气候类似,随后伴随青藏高原高度进一步抬升,东亚季风降水强度增加,亚洲大陆才不会干旱。

去掉青藏高原,全耦合试验里全球表面平均温度较Real试验先升高再降低(图5.5a)。前200 a升温主要发生在北半球,这是由青藏高原移除局地温度升高导致的。到最后100 a平衡态,全球整体降温约0.3 ℃。海面温度的变化和地面气温变化的趋势是一致的,但是幅度更小,这是由于大气和海洋的热容不同。值得注意的是,这里的全球温度变化包括青藏高原地区。由温度垂直递减率可知,平均每升高100 m降温0.3～0.6 ℃。青藏高原地区平均海拔4000 m,通过温度垂直递减率计算得到青藏高原被夷平的升温是20 ℃。事实上由于大气环流的调整,模式积分得到的青藏高原地区升温达21 ℃(Yang et al.,2020b),与预估相符。如果去掉青藏高原附近的极端升温,全球降温将高达4 ℃,这是由于海洋环流的调整。因此,地形降低的大气过程贡献了前200 a的升温,而海洋的动力过程贡献了300～400 a的降温。这一结论也可以从SOM试验和全耦合试验结果对比得到:因为SOM试验没有考虑海洋的动力过程,它的结果只能反映大气过程,所以在SOM试验积分的200 a里地面气温升温稳定在0.3 ℃。可以认为SOM试验的结果反映了全耦合试验积分的早期情况。

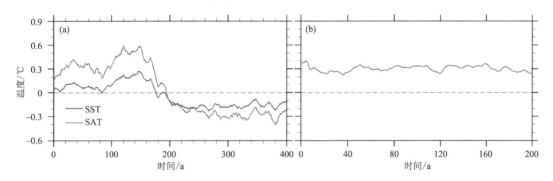

图5.5　移除青藏高原后全耦合试验地面气温(SAT,红线)和海面温度(SST,蓝线)
变化的时间序列(a)、SOM试验地面气温变化的时间序列(b)

对平衡态温度变化的纬向分布进一步分析发现,地面降温过程主要发生在北半球:北半球中高纬度降温甚至达到4 ℃,南半球有小幅度升温,约0.5 ℃(图5.6)。这是由于大西洋经圈翻转流崩溃所致,后面将会详述。海洋的动力过程最终决定了全球气温的变化。这一结论也可以从SOM试验和全耦合试验结果对比得到:因为平板海洋试验没有考虑海洋的动力过程,它的结果只能反映大气过程。移除青藏高原显然可以改变全球温度分布格局。

移除青藏高原导致南北半球温度的"跷跷板"变化在许多大西洋经圈翻转流崩溃的情景下都会出现:这个崩溃导致海洋向北的热量输送减少,更多的热量在南半球堆积使其升温。温度变化的纬向分布可以清晰地看到这一点(图5.6)。在全耦合试验里,北半球中高纬度的降温可以到达对流层顶,并且对流层顶的降温中心与地面降温中心是分离的,对流层降温比地面降温更强。因此,对流层顶降温和表面降温是不同机制导致的:表面降温是海洋动力调整作用,这一作用仅表现在全耦合试验里(图5.6a、c),而在平板海洋试验里没有体现(图5.6b、d)。对流层顶降温是大气环流的作用,因为全耦合试验和平板海洋试验均有体现。这里对流层顶降温与极涡增强有关:去掉青藏高原使中高纬度西风增强,向极地热量输送减弱,导致极涡变深,后文将有详述。

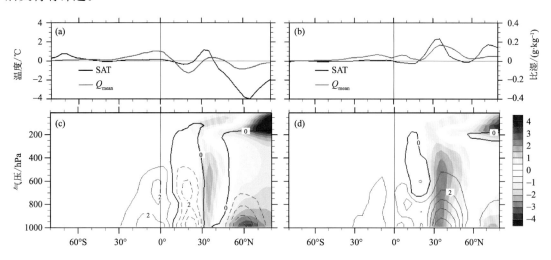

图5.6　移除青藏高原后平衡态下纬向平均的地面气温(SAT,黑线;单位:℃)和整层积分比湿(Q_{mean},红线;单位:g·kg^{-1})的变化(a);平衡态下气温(填色;单位:℃)和比湿(等值线;单位:g·kg^{-1})变化的经向分布(c);(b)和(d)是平板海洋试验结果

　　没有青藏高原,北半球将变得更加干燥,这是由海洋动力过程降温所导致的:海表温度越高,越有利于蒸发产生更多的水汽,同时大气的储水能力也会增强。对整个北半球而言,北半球变干是地面温度控制的(图5.6)。但是亚洲大陆变干、北美地区变湿则是大尺度环流导致水汽输送的变化引起的(图5.4)。

　　全球地面气温的空间分布表明,去掉青藏高原后最大降温中心位于北大西洋,降温达8℃以上(图5.7)。除了青藏高原附近巨大的升温外,其他区域温度的变化与北大西洋降温幅度相比可以忽略不计。北大西洋降温是由大气过程和海洋动力过程共同完成的:去掉青藏高原,

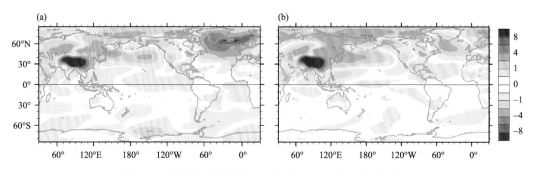

图5.7　移除青藏高原后地面气温(SAT)响应(单位:℃)

(a)全耦合试验;(b)平板海洋试验

北半球中纬度西风增强,导致北大西洋失去更多的感热通量,这是促使北大西洋降温的第一步,紧接着由于大西洋经圈翻转流的减弱导致向北大西洋输送热量减少,这是导致北大西洋显著降温的关键一步。图 5.7 表明青藏高原与北大西洋之间存在很强的遥相关关系,这是通过大气和海洋共同完成的。海洋环流的响应最终决定了北半球气候的变化。

大气经圈环流受纬度温度梯度影响,北半球高纬度地区温度降低,增加了大气经向温度梯度,加强了北半球哈得来环流(图 5.8)。因此,增强了低纬度的大气经向热量输送(图 5.9b:红线)。另外,低纬度的水汽输送受哈得来环流的影响,哈得来环流加强会导致向低纬度输送更多的水汽(图 5.9d:蓝线);同时,哈得来环流上升支的南移使得南半球热带区域更多的水汽辐合上升,湿度增大(图 5.6b)。

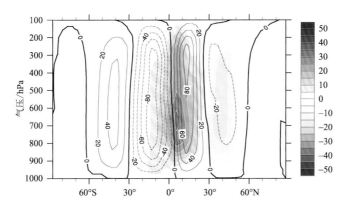

图 5.8　大气平均经圈环流及其在 NoTibet 试验中的变化。等值线表示 Real 试验中的年平均经圈环流,彩色阴影表示 NoTibet 试验中平均经圈环流的变化(单位:10^9 kg·s^{-1})

经向热量输送(meridional heat transport,MHT)在地-气系统能量平衡中扮演重要角色。与 Real 试验相比,NoTibet 总的经向热量输送(total heat transport,THT)及其大气和海洋分量的格局没有太大的变化,MHT 在 35°N 和 35°S 附近达到峰值(图 5.9a)。与海洋经向热量输送(ocean heat transport,OHT)相比,大气经向热量输送(atmosphere heat transport,AHT)在绝大多数纬度占主导地位。移除青藏高原后,总体上北半球 MHT 的变化比南半球更明显。图 5.9b 显示,OHT 在北半球始终减弱,在 30°N 减弱了 0.4 PW 左右,这是导致北半球温度降低的主要原因。与 OHT 的变化不同,AHT 在不同纬度的变化也不同。在中低纬度地区,哈得来环流的增强导致 AHT 增加,部分补偿了 OHT 的减少,维持了能量的平衡;40°N 以北 AHT 减少,与 OHT 共同作用,导致高纬度地区获得的能量减少,温度显著降低。AHT 可以进一步分解为干静力能(AHT$_{DSE}$)以及湿静力能(AHT$_{LE}$)(图 5.9c)。在热带地区,AHT$_{LE}$ 和 AHT$_{DSE}$ 反向变化,AHT$_{LE}$ 部分抵消了 AHT$_{DSE}$ 向极地的能量输送;在热带以外地区,两者同向变化,共同向极地输送热量。去除青藏高原后,AHT$_{LE}$ 和 AHT$_{DSE}$ 的变化集中在低纬度地区(图 5.9d)。哈得来环流增强有利于增加 AHT$_{DSE}$ 向极地的输送,但同时向低纬度地区输送更多的水汽,导致 AHT$_{LE}$ 向南输送也增多。AHT$_{DSE}$ 在 5°N 增加了 1.0 PW,AHT$_{LE}$ 补偿了 0.8 PW 的变化,最终 AHT 只向北输送了 0.2 PW 的热量。在北半球中高纬度地区,

青藏高原对季风和全球气候的影响

AHT_{LE}增加,部分抵消了AHT_{DSE}的减小。

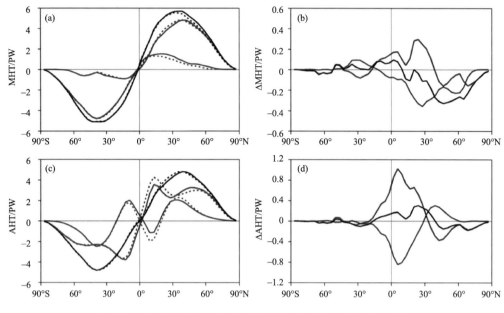

图 5.9　大气-海洋经向热量输送及其在 NoTibet 试验中的变化

(a)年平均经向热量输送(MHT),黑线、红线和蓝线分别表示总的输送(THT)、大气输送(AHT)和海洋输送(OHT),实线和虚线分别代表 Real 试验和 NoTibet 试验;(b)NoTibet 试验中经向热量输送的变化(ΔMHT),黑线、红线和蓝线分别表示 THT、AHT 和 OHT 的变化;(c)大气热量输送(AHT)及其分解,黑线、红线和蓝线分别表示总大气热量输送、干空气热量输送和水汽热量输送,实线和虚线分别代表 Real 试验和 NoTibet 试验;(d)大气热量输送及其分量的变化(ΔAHT),黑线、红线和蓝线分别表示总大气、干空气和水汽热量输送的变化

　　图 5.10 展示了降水减去蒸发(PmE)与水汽输送的经向分布。在 SOM 试验里气候平均态下(图 5.10a),降水在热带地区和中高纬度地区大于蒸发,而在副热带地区是蒸发占主导。移除青藏高原之后,PmE 在 15°S~15°N 的热带地区和中高纬度地区均增大,而在副热带地区减少,表现出"湿更湿,干更干"的特征。在全耦合试验里,这样的特征则更加明显,特别是在 15°S~15°N 的热带地区(图 5.10c)。进一步分析降水和蒸发的响应可以看到,PmE 的特征主要取决于降水的变化,在 15°S~15°N 的热带地区和 30°~60°N 的中纬度地区,降水增多,而在 15°~30°N 的副热带地区,降水减少。由水汽平衡方程可知,降水与蒸发的差值很大程度上取决于水汽的输送。图 5.10e 展示了经向的水汽输送,在 0°~30°N 区域向南的水汽输送增加,而在 30°N 以北,水汽输送异常向北,这导致了更多的水汽在深赤道和中高纬度聚集,产生更多的降水。

　　PmE 响应的空间分布如图 5.11 所示。深赤道地区 PmE 的增多主要发生在印度洋、赤道中太平洋和赤道南大西洋,这是由于移除青藏高原环流调整导致的。然而,全耦合试验相比于 SOM 试验,在赤道中太平洋地区降水更多,这是海水动力学的作用。青藏高原的移除使赤道太平洋信风减弱,西风异常带动海水流场异常,西太平洋暖水向东流入,使中太平洋地区海温

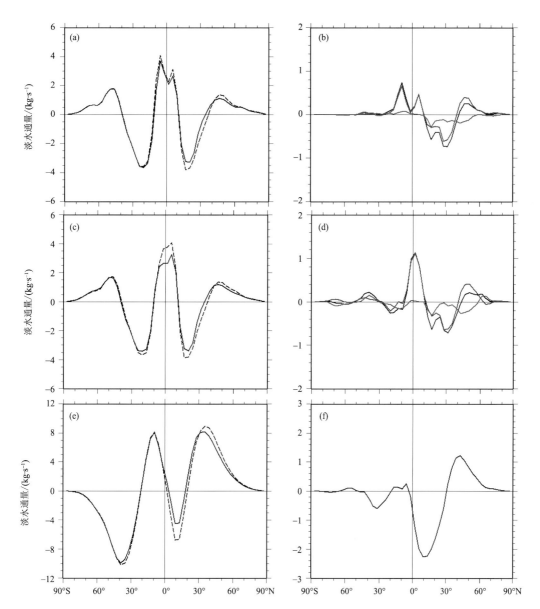

图5.10 （a）SOM配置下Real试验（实线）和NoTibet试验（虚线）降水减去蒸发（PmE）的经向分
布；（b）NoTibet与Real试验的差值，黑线代表PmE，红线代表蒸发，蓝线代表降水；（c）、（d）和（a）、
（b）类似，但为全耦合试验的结果；（e）Real试验（实线）和NoTibet试验（虚线）水汽输送的经向分
布；（f）NoTibet与Real试验的差值

升高，产生深对流异常，有利于更多的降水生成。同样的原理也适用于赤道南大西洋海域，该
地区由于AMOC"关闭"同样造成了异常的暖水，有利于降水的生成。印度洋降水的增多主要
是青藏高原移除后季风降水崩溃，向北的水汽输送转为向南的水汽输送异常，有利于降水的生
成。而在副热带地区降水的减少主要来自于西太平洋降水减少，这是由水汽异常辐散导致的
（图5.4）。在中高纬度地区，降水的增多发生在亚洲内陆地区和北大西洋区域。Su等（2018）

研究了青藏高原对亚洲内陆干旱的影响,他们的结果表明:随着高原高度的增加,近地层气温下降,进而大气含水量减小;同时,地形的阻挡效应导致纬向和经向的环流减弱,这两个因素综合导致内陆地区水汽输送的减弱是中亚干旱区范围增加的主要动力学机制。反过来说,移除青藏高原亚洲内陆区域近地面升温,同时地形的阻挡消失,更多的水汽可以向北输送至亚洲内陆地区使其降水增多。图 5.11 展示了亚洲内陆区域不同边界的水汽输送,结合图 5.4 可以看到,青藏高原的移除使高原南部的水汽更容易向北输送至亚洲内陆地区(0.29 亿 kg·s^{-1}),这部分水汽可以抵消掉西风带增强从亚洲内陆东边界带出的水汽,从而在该地区产生更多的降水。此外,高原的移除可以使赤道中太平洋的水汽沿着美洲中部向北大西洋输送,这部分水汽高达 0.98 亿 kg·s^{-1},是造成北大西洋海水变淡的关键因素。高原的移除使整个北半球向南半球输送了 0.8 亿 kg·s^{-1} 的水汽,北半球大气变得更加干燥!

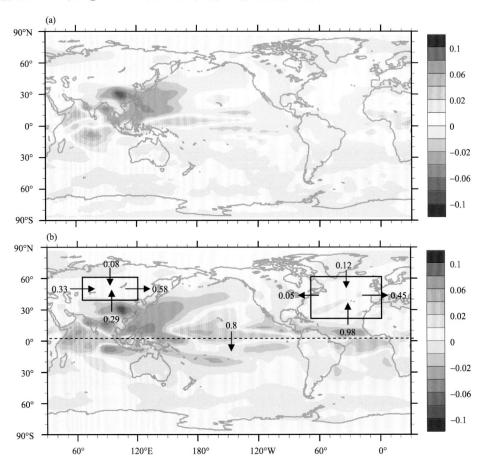

图 5.11　(a)SOM 配置下 PmE 的空间分布;(b)全耦合试验的结果。(b)中黑色方框分别代表亚洲内陆和北大西洋,箭头代表水汽输送,数字代表水汽输送的量(单位:10^8 kg·s^{-1})

　　总而言之,研究表明,青藏高原的存在促进了跨赤道的向北的海洋热量输送和大气水汽输送,从而对北半球宜居的现代气候做出了巨大贡献。没有青藏高原的存在,北半球地面气温整体而言将比现在的平均温度低 3～4 ℃,北半球的大气将比现在干燥 10%。更多的细节可以参考孙瑜等(2015)、Yang 等(2020b)和温琴(2020)。到底为什么会出现这种情况呢?其中最重要的原因是没有青藏高原,图 5.2a 中的大西洋经圈翻转流就会崩溃,从而严重削弱南半球向北半球的热量输送,南北半球的气候将与现在气候截然不同。下面将详述这一过程。

5.4 青藏高原塑造了全球海洋热盐环流

青藏高原将在多大程度上影响全球海洋大输送带?这里关心的海洋大输送带包括大西洋经圈翻转流(AMOC)、太平洋经圈翻转流(PMOC)和南极底层水(AABW)。如果没有青藏高原,海洋输送带将如何变化?要回答全球海洋大输送带是否依然存在这个根本性问题,就需要对比研究有无青藏高原情况下输送带结构与强度的气候态,从而弄清青藏高原影响全球海洋热盐环流的机制。

AMOC、PMOC 及 AABW 对移除青藏高原的响应如图 5.12 所示。试验中把 NoTibet 积分了将近 1500 a,以充分认识热盐环流的长期演变过程。现代气候背景下,AMOC 平均强度约为 18 Sv(1 Sv=10^6 m^3·s^{-1}),PMOC 几乎不存在(图 5.12)。去掉青藏高原之后,AMOC 在前 50 a 增强,随后迅速减弱,到 300 a 之后达到平衡,AMOC 几乎完全崩溃,大西洋深水形成处于关闭状态。PMOC 一开始逐渐增强,到 150 a 左右 PMOC 增强到 18 Sv,接近 AMOC 在现代气候中的强度,随后逐渐减弱到 10 Sv,维持到 600 a 之后突然增强到 19 Sv 并稳定在这个强度。虽然 PMOC 的变化经过增强、减弱和增强三个阶段,400 a 的时间尺度已经足以表明 PMOC 建立起来了。南大洋的海洋环流在海洋大输送带中具有连接大西洋和其他大洋的作用,它的响应时间更长;南极底层水变化非常缓慢,去除青藏高原 800 a 之后才逐渐增强了

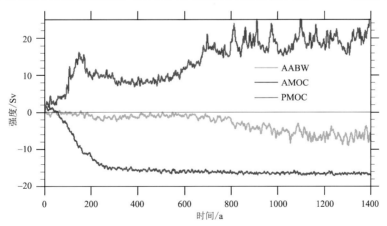

图 5.12 大西洋经圈翻转流(AMOC)(蓝色)、太平洋经圈翻转流(PMOC)(红色)和南极底层水(AABW)(黄色)指数的时间演变(单位:Sv)。横坐标为时间,单位:a。AMOC 指数定义为大西洋 20°~70°N、500 m 以下经圈流函数最大值;PMOC 指数定义为太平洋 20°~70°N、500 m 以下经圈流函数最大值;AABW 指数定义为南大洋 60°S 以南经圈流函数最小值

5 Sv。AABW 到达平衡态的速度明显慢于 AMOC 和 PMOC 的速度。

全球热盐环流响应的空间分布表明,去除青藏高原之后,尽管全球总的经圈翻转流变化不多,但是主要的热盐环流将从大西洋转移到太平洋,即出现了大西洋-太平洋之间的"跷跷板"效应(图 5.13)。这就带来了截然不同的东西半球、南北半球的气候态。换而言之,青藏高原的存在对现代全球热盐环流的空间结构至关重要。那到底是什么机制导致这样的变化呢? 后文将做详细阐述。

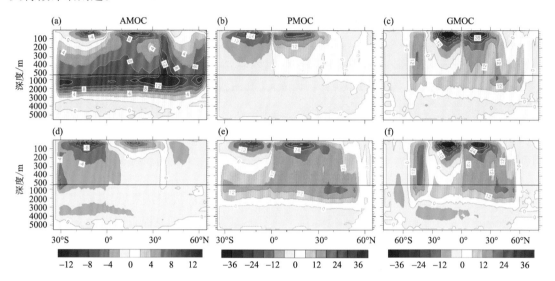

图 5.13 大西洋经圈翻转流(AMOC,左列)、太平洋经圈翻转流(PMOC,中间列)和全球总经圈翻转流(GMOC,右列)(单位:Sv)

(a)—(c)是 Real 情形;(d)—(f)是 NoTibet 情形

5.4.1 青藏高原加强了北大西洋深水形成

北大西洋深水(NADW)形成是维持 AMOC 的一个至关重要的过程。NADW 主要形成于格陵兰-冰岛-挪威(GIN)海域以及拉布拉多海域。高密度的表层海水一方面缓慢下沉,经格陵兰-冰岛-苏格兰洋脊溢流到北大西洋形成深水,另一方面在拉布拉多海通过剧烈的快速深对流过程形成深水。高密度的表层海水可以通过海表热通量和淡水通量强迫产生。淡水通量包括蒸发和降水、海冰和冰川融化以及河流径流的贡献,热通量包括感热通量、潜热通量以及辐射通量的贡献。拉布拉多海的深水形成,海表热通量影响要强于淡水通量影响。GIN 海域深层水形成的短期变化受到淡水通量和热通量显著影响,局地风应力对 NADW 的影响尚不明确,但风应力旋度的变化对深水形成会产生一定影响,因为由风应力旋度而导致埃克曼抽吸的上涌或者下沉运动可以引起海水层结变化,从而对海水的下沉运动产生影响。

评估深水形成速率是一项具有挑战性的任务。与深水形成有关的水团垂直运动非常缓慢,即使使用现代测流仪也无法很好探测,因此,没有直接的方法来量化高纬度地区的向下水量。在研究 NADW 区域深水形成速率时,有学者利用氯氟烃化合物在低温海水中有较高溶解度的特性,估算了拉布拉多海域深水形成速率,并发现该海域的深水形成存在着比较强的年际变化。大多数研究者通过计算混合层潜沉速率来估算深水形成速率。很多研究也发现 NADW 形成的强度和位置对所用资料或模式的分辨率比较敏感。在观测资料不充足的情况下,研究人员开始在模式试验当中使用越来越高的分辨率,以获得对研究对象更精细的表达。海洋模式分辨率的提高,可以改善对狭窄边界流以及北大西洋与极地海盆之间的连通性的描述,从而更好地反映溢流的性质和位置,更真实地模拟从北极输出的淡水。大气模式分辨率的提高也可以使区域气候和小尺度风场结构的模拟更加真实。

NADW 形成发生的位置和强度会因模式分辨率的不同而存在着很大差异。研究表明,拉布拉多海的深水形成对模式海洋分辨率有很强的依赖性,海洋分辨率提高导致深水形成增强;格陵兰海的深水形成对海洋分辨率的依赖性并没有拉布拉多海强,海洋分辨率的提高可能会导致该海域深水形成减弱。最近的实际观测(Lozier et al.,2019)发现,对 AMOC 形成有重要贡献的 NADW 形成区域不在拉布拉多海,而在伊尔明厄海和冰岛海。

NADW 形成对维持 AMOC 发挥着重要的作用,AMOC 强度对确定未来气候强迫的大规模气候响应至关重要。目前的困境之一是,模式分辨率提高导致的变化在不同研究中展现出不同甚至完全相反的响应。Small 等(2014)认为,同时提高模式的大气和海洋分辨率并不会显著改变 AMOC 的平均状态,但会影响其年际变化;Winton 等(2014)发现在保持大气分辨率不变的情况下,提高海洋分辨率会导致 AMOC 强度减小;Hewitt 等(2016)研究表明同时增加大气和海洋的分辨率,将会增加向极地的经向热量输送,并使 AMOC 增强。Sein 等(2018)利用四组不同的大气和海洋分辨率组合研究指出,海洋和大气分辨率的变化以不同的和基本上独立的方式影响 AMOC,而且这种影响具有模式独立性,不同的模型之间可能存在不同的结论。

本节详细阐述青藏高原如何影响 NADW 形成,并揭示不同分辨率下,青藏高原对 NADW 形成的影响不同。低分辨率试验 NADW 形成区域主要位于格陵兰海-冰岛海-挪威海(GIN 海域),而高分辨率主要形成于拉布拉多海;移除 TP 后,高、低分辨率试验 NADW 形成均减弱,但低分辨率试验减弱幅度大于高分辨率试验,高分辨率中位于拉布拉多海的 NADW 形成减弱最明显,而低分辨率试验所有海域 NADW 形成均减弱,GIN 海域尤其明显。移除 TP 后,NADW 形成在不同分辨率耦合模式中变化不一致导致 AMOC 变化不一致:低分辨率下移除 TP 地形,AMOC 强度减少约 90%,几乎崩溃,而高分辨率试验仅减少约 15%。

低分辨率的模式及其试验在第 5.2 节已做详细介绍。CESM 高分辨率模式采用使用 f19_gx1v6 格点,大气模块 CAM5 垂直分为 26 层,水平分辨率为 $1.9° \times 2.5°$;海洋模块 POP2 垂直分为 60 层,水平格点纬向分布均匀,间隔为 1.125°,经向分布不均匀,在赤道附近间隔为 0.27°,向两极逐渐增加,在 60°N/S 处达到最大值 0.65°,然后向两极高纬地区逐渐减小。高低分辨率模式试验设计完全一样,也包括一个 2400 a 的真实地形试验(Real)和一个 400 a 去掉青藏高原的敏感性试验(NoTibet)。去掉 TP 地形,积分 300 a 后,高、低分辨率 NoTibet 试验均达到准平衡态,两组试验均取最后 100 a 的月数据进行分析。后文用 LR 表示低分辨率试验,HR 表示高分辨率试验。

上层海水潜沉过程发生的区域可以近似认为是在 NADW 形成中发挥着重要的作用,所以潜沉过程发生的区域即可粗略地认为是 NADW 的形成区。潜沉过程决定于混合层深度(mixed layer depth,MLD),北大西洋最深的混合层发生在 3 月。3 月表层海水的潜沉即表征全年 NADW 形成。MLD 的计算方法采用 Large 等(1997)文章中的方法,分布情况如图 5.14 所示。对比图 5.14a 和图 5.14b 可以看出,高低分辨率的 Real 试验中 MLD 极大值的分布存在着显著不同:LR 试验 MLD 极大值主要位于在 GIN 海域,而 HR 试验 MLD 极大值比 LR 试验分布范围广,主要分布在 GIN 海域和拉布拉多海,而且 MLD 更深。去掉青藏高原地形后,LR 试验中 MLD 变浅(图 5.14c、e),而 HR 试验中 MLD 变浅区域主要集中在拉布拉多海(图 5.14d、f)。

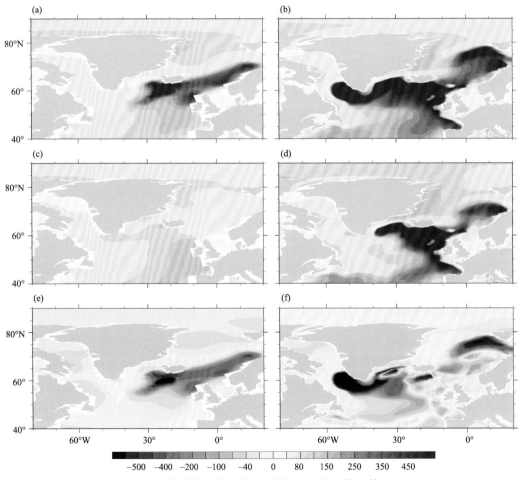

图 5.14 3 月混合层深度分布(单位:m)(引自邵星 等,2021)

(a)LR_Real 试验;(b)HR_Real 试验;(c)LR_NoTibet 试验;(d)HR_NoTibet 试验;
(e)LR_NoTibet 试验相对于 LR_Real 试验的变化;(f)HR_NoTibet 试验相对于 HR_Real 试验的变化

混合层的潜沉速率可以根据下式计算(Marshall et al.,1993):

$$S = -\frac{\partial h}{\partial t} - \boldsymbol{u}_b \cdot \nabla h - w_b \qquad (5.1)$$

式中,h 为混合层深度,$\boldsymbol{u}_b$ 和w_b 分别为混合层底的水平速度分量和垂直速度分量。潜沉速率应为正值且方向向下。为了更清楚地展现潜沉的空间分布,图 5.15a—d 将所有计算出的负值区域设为 0。对比图 5.14 和图 5.15 可以看出,3 月潜沉速率极大值区域与 MLD 极大值区域基本一致。具体来讲,LR 试验的 Real 中,北大西洋潜沉过程主要发生在 GIN 海域,极大值出现在冰岛西南部海域和挪威海,均超过了 300 m·月$^{-1}$;40°～60°N 的大西洋,潜沉速率相对较小(图 5.15a)。

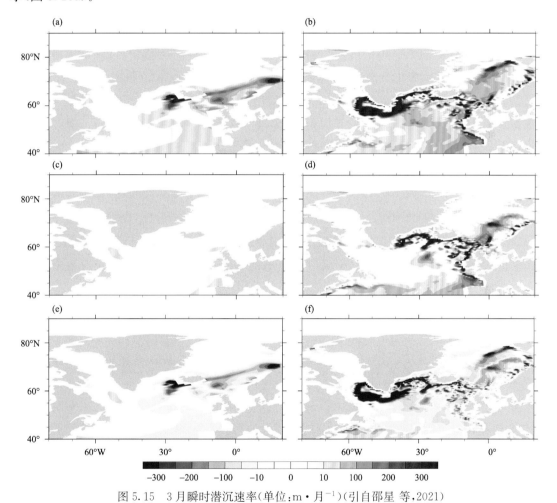

图 5.15　3 月瞬时潜沉速率(单位:m·月$^{-1}$)(引自邵星 等,2021)

(a)LR_Real;(b)HR_Real;(c) LR_NoTibet;(d)HR_NoTibet;(e)LR_NoTibet 相对于 LR_Real 的变化;
(f) HR_NoTibet 相对于 HR_Real 的变化

由公式(5.1)计算的混合层潜沉速率可以理解为 NADW 瞬时形成速率。NADW 形成区域分别为 LR 试验和 HR 试验中 3 月 Real 中瞬时潜沉速率大于 0 的海域(图 5.15a、b)。可以看出,LR 试验中 NADW 形成区域主要位于 GIN 海域,HR 试验中主要位于副极地环流区内、

GIN 海域和拉布拉多海。移除青藏高原后,LR_NoTibet 试验中,40°N 以北的大西洋海域,潜沉速率均有一定程度的减小,原有潜沉过程最强烈区域减弱程度最强,GIN 海域较 Real 试验中每月减少 100 m 以上,挪威海和冰岛西南部部分海域减弱超过 300 m·月$^{-1}$(图 5.15c、e)。因此,没有青藏高原的存在,LR 试验中北大西洋潜沉几乎全部减弱,从而导致 NADW 形成减弱。HR 试验的 Real 中相较于 LR 试验,潜沉过程空间分布范围更广,潜沉速率更大(图 5.15b),分辨率提高导致了潜沉过程增强,与 Liu 等(2016)文中结论相似。HR 试验的 Real 中潜沉主要分布在 40°N 以北的大西洋、拉布拉多海、丹麦海峡、GIN 海域,其中极大值出现在拉布拉多海,超过了 300 m·月$^{-1}$;HR_NoTibet 试验中(图 5.15d),变化最明显的是拉布拉多海。移除青藏高原导致拉布拉多海潜沉过程急剧减小,但是挪威海、丹麦海峡和冰岛西南部部分海域出现了新的潜沉区域,这种变化在图 5.15f 中更明显。

总体来看,移除青藏高原后,HR 试验中北大西洋潜沉过程的响应小于 LR 试验潜沉过程的响应,主要减小海域为拉布拉多海,从而 HR 试验中 NADW 形成减弱也要弱于 LR 试验。对图 5.15a—d 中北大西洋(40°~80°N,60°W~20°E)范围内的潜沉海域进行区域求和,移除青藏高原后,HR 试验和 LR 试验的潜沉强度(总向下体积通量)均有明显减弱。相对于 Real 试验,HR 试验潜沉强度减弱了 33%,而 LR 试验减弱了 93%。

对式(5.1)各个分量的分析揭示,Real 试验中混合层深度变化项($\partial h/\partial t$)为潜沉速率主要贡献项,LR 和 HR 试验中,潜沉过程主要是由瞬时混合层深度变化控制的,移除青藏高原后 $\partial h/\partial t$ 仍处于主导地位(图略)。对于 3 月该海域潜沉过程,HR_Real 中,混合层底水平通量项($u_b · \nabla h$,又叫侧向诱导项)的贡献仅次于混合层深度变化项,NoTibet 中其占比减少,但混合层底垂直运动项(w_b)的贡献略有增加。LR 试验的 Real 中混合层底 w_b 占次要地位,NoTibet 中其占比减少,混合层底 $u_b · \nabla h$ 占次要地位。

以往的研究表明,在高纬地区对潜沉影响较大的是混合层底水平通量项(Marshall et al.,1993),前人研究主要针对年潜沉速率,忽略了混合层深度变化项的作用,而上文仅是粗略计算了北大西洋 3 月潜沉速率,潜沉极大值在北大西洋主要发生在 3—4 月很短的时间内(Marshall et al.,1993;Thomas et al.,2015),不仅瞬时混合层深度变化项占主导地位,3 月潜沉速率较前人研究的年潜沉速率明显要大。这与 Thomas 等(2015)在计算月潜沉速率时结论相似,该文还指出潜沉的强度取决于 MLD,有着强烈的季节差异,年潜沉强度较月潜沉强度明显要小。同时,对于公式(5.1)右边三项,数据的选取范围以及时间不同也会导致该三项的主次地位不同(Liu et al.,2016)。

总体而言,移除青藏高原后,LR 和 HR 试验 3 月潜沉减弱的主要因素是瞬时混合层深度变化项的减弱。换而言之,移除青藏高原使 MLD 变浅主导了潜沉速率减弱,从而导致了 NADW 形成减弱。TP 在低分辨率耦合模式中对 NADW 形成的影响更显著。

由于 AMOC 主要是由 NADW 形成维持的,移除青藏高原后 NADW 形成在 LR 试验中的减弱程度强于 HR 试验中的程度,这就导致了 AMOC 在不同分辨率耦合模式中对 TP 移除的响应不一致。图 5.16 显示移除青藏高原后,AMOC 指数由初始强迫响应一直达到准平衡

态的演变过程。LR_NoTibet 试验中,AMOC 在最初几十年内逐渐增强,随后逐渐减弱,一直
到最后 100 a 几乎崩溃。HR_NoTibet 试验中,AMOC 也是在最初几十年内逐渐增强,然后逐
渐减弱到 100 a 就停止了。这种瞬态变化的差异也是值得关注的,但是目前来讲研究相对较
少。Yang 等(2020a)研究了在低分辨率耦合模式中 AMOC 在最初几十年增强的原因。移除
青藏高原会使东亚上空经向风减弱,导致中纬度地区有更强的西风带。较强的西风增强了副
极地北大西洋向南的埃克曼流动和表层潜热及感热损失,使表层海洋降温。大气过程及海洋
表面变化导致移除青藏高原后前几十年 NADW 形成增强,AMOC 增强。后文还将进行详细
阐述。

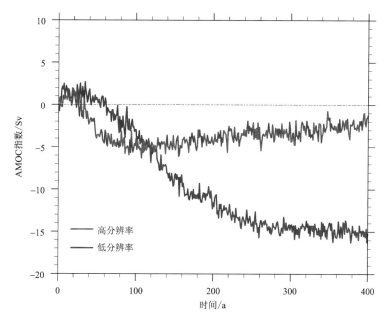

图 5.16　AMOC 指数时间序列。AMOC 指数定义为大西洋 20°～70°N,深度 300～2000 m
范围内流函数的最大值(单位:Sv),蓝色实线为 LR 试验,红色实线为 HR 试验,两条实线均
为 NoTibet 试验减去相应 Real 试验平衡态平均值所得(NoTibet－Real)

　　同一个 CESM 模式不同分辨率的地形敏感性试验中海洋热盐环流有不同的响应,这种情
况有点出乎意料。有很多研究专门探讨了这个问题,Li 等(2021)深入研究了同一个 CESM 模
式 1. x 版本不同分辨率情况下 AMOC 对同样外部强迫具有不同响应的问题,发现低分辨率
CESM 模式对外强迫更敏感。当北极海冰减少时,低分辨率模式的 AMOC 可以减弱 30% 以
上,并且在百年时间尺度内到达一个新的平衡态;而高分辨率模式的 AMOC 在最开始 20～30 a
间仅减弱 10% 左右,随后其强度会逐渐恢复。通过全方面对比高低分辨率模拟的气候态与观
测的气候态,Li 等(2021)认为低分辨率给出的气候态与现实情况更为一致。这与本节的研究
也是一致的。另外,Lozier 等(2019)的观测研究也发现伊尔明厄海和冰岛海的深水形成对
AMOC 有重要贡献。这也与低分辨率模式给出的结果一致(图 5.14a—5.16)。

5.4.2 青藏高原促进了大西洋经圈环流的建立

AMOC 强度在很大程度上决定于 NADW 形成。深水形成区表层海水温度越低、盐度越大,越有利于深水形成。因此,需要从深水形成区海水性质出发研究 AMOC 变化的机制。去掉青藏高原之后北大西洋表层海水的密度降低了很多。海水密度是由海水温度和盐度决定的,密度的变化可以分解成海表温度的分量和海表盐度的分量。移除青藏高原后,北大西洋深水形成区变得更冷,有利于海表密度增加而不是降低。而表层海水盐度变淡,这是决定海水变轻,深水形成减弱的最关键因素。混合层的深度也是反映深水形成的一个非常重要的指标。在去除青藏高原后,由于表层海水变淡,北大西洋拉布拉多海、冰岛以南海域以及挪威北海以西的大片海域的混合层深度变得很浅(图 5.14),大大减弱了该海域的深水形成速度(图 5.15),导致 AMOC 无法维持。因此,归根结底,AMOC 的减弱来源于北大西洋深水形成区海水变淡。

移除青藏高原后 AMOC 瞬变结果显示:AMOC 在前 50 a 增强,30 a 左右增强 15%,达到峰值(图 5.12)。由于这一阶段 AMOC 响应的时间尺度太短,AMOC 增强有可能是模式不确定性导致的。因此,本节做了 5 个不同初始条件和 5 个不同边界条件的小扰动集合试验来确保 AMOC 在前 50 a 的增强是稳健的气候响应而不是地-气系统内部变率的影响。事实证明,所有扰动试验的响应都一致表明 AMOC 有个初始增强的过程(Yang et al.,2020a)。50 a 之后,AMOC 呈线性减弱,最终在 300 a 的时候达到平衡态,减弱 80%。由于 AMOC 呈现出先增强后减弱的变化,两个阶段的机制可能不同,因此,将移除青藏高原前 50 a 定义为第一阶段(stage-Ⅰ),最后 100 a 定义为第二阶段(stage-Ⅱ),两个阶段分开讨论。

在 NoTibet 试验里,MLD 在第一阶段变深(图略,Yang et al.,2020a),第二阶段变浅(图5.14e),代表着 NADW 和 AMOC 的增强及减弱。图 5.17 展示北大西洋表层海水浮力变化的空间分布。第一阶段,SST 的变化呈现出“三极子”结构:中纬度 $40°\sim60°N$ 显著降温(超过2 ℃),南部和北部均升温。SSS 的变化呈现出东西向“偶极子”结构:拉布拉多海和格陵兰岛南部盐度增大,东部盐度减小。盐度和温度共同作用导致 NADW 区域 SSD 增加,海水对流增强,MLD 加深,深水形成增加,进而导致 AMOC 增强。第二阶段,SST、SSS 和 SSD 变化的空间结构类似,整个北大西洋降温、海水变得淡而轻,暗示着 AMOC“关闭”。该阶段密度的变化来源于盐度的贡献。

第一阶段海表降温主要是两个过程的结果,其一是增强的感热和潜热损失,超过了 $3 ℃ \cdot a^{-1}$的降温倾向;其二,副极地区域冷水被增强的东格陵兰岛海流和拉布拉多海流带到 NADW 区域,也造成该地区约 $3 ℃ \cdot a^{-1}$的降温倾向。这两个过程又是北大西洋西风增强的结果。北大西洋增强的西风具有三大作用:第一,它可以直接使海洋向大气输送更多的感热和潜热,从而使海洋损失感热和潜热直至降温;第二,它可以产生更多的蒸发从而使海洋失去潜热;第三,它可以增强海水向南的埃克曼流动将副极地冷水往南平移到低纬度地区。因此,大气的动力过

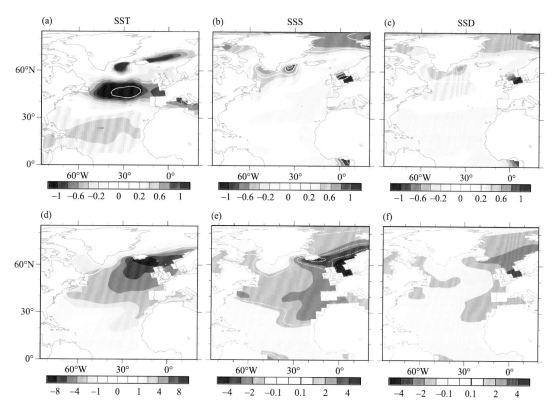

图 5.17　移除青藏高原后不同阶段 SST(单位:℃,左列)、SSS(单位:psu,中间列)和 SSD(单位:kg·m^{-3}, 右列)的变化。(a)—(c)为第一阶段,指移除青藏高原后 50 a;(d)—(f)为第二阶段,指最后 100 a 的平衡阶段。(a)和(d)中的白色等值线表示 SST 造成的 SSD 的变化,(b)和(e)的白色等值线表示 SSS 造成的 SSD 变化。虚线代表负异常,实线代表正异常

程在北大西洋第一阶段的降温中扮演着重要作用。

　　第二阶段北大西洋的降温原因之一是短波辐射减少。去掉青藏高原后,一方面,极地海冰大面积向南扩张、直到 50°N,增加了北大西洋表面反照率从而减少海洋对短波辐射的吸收;另一方面,在海冰南部的开阔水域,短波辐射摄入的减少是由于低云增加,低云增加反过来又是由海表降温导致的。总的来说,整个 NADW 区域短波辐射一共减少 21 W·m^{-2},这其中 6 W·m^{-2} 来源于海冰南部增加的低云,剩下的 15 W·m^{-2} 来源于增加的海冰反照率。降温另一个重要的过程来源于异常的温度平流。这一阶段平流降温机制和第一阶段是不一样的。这一阶段的平流降温主要是由于 AMOC 减弱导致向北大西洋输送的暖水减少。特别是在墨西哥湾流及其延伸区,AMOC 的表层支减弱。因此,海洋的动力过程以及海冰的作用在第二阶段的降温中扮演着重要作用。从第一阶段到第二阶段,温度和海冰的变化是 AMOC 逐渐减弱的结果。

　　海面盐度在海水密度和 AMOC 的响应中扮演着更为重要的角色。第一阶段 SSS 增加主要是西风增强促使海水垂直盐度混合引起的。盐度垂直混合在青藏高原移除后响应非常快,在积分初期贡献 0.3 psu·a^{-1} 盐度倾向的增加。水平盐度扩散和海表蒸发降水引起的淡水通

量的变化导致 SSS 减小，海冰融化和盐度平流的作用也非常小。第一阶段之后，SSS 开始减少，垂直盐度混合对 SSS 的贡献逐渐变为负，200 a 后海冰融化的作用主导了 SSS 的减少，水平扩散和盐度平流开始转为有利于 SSS 增加。垂直混合、蒸发降水和海冰融化过程在 AMOC 演变的不同阶段对 SSS 都起着决定性的作用。

NADW 区域盐度垂直混合从一开始有利于 SSS 增加到后来导致 SSS 减少，这一角色的转变和北大西洋表层风场以及表面的淡水通量是密切相关的。移除青藏高原之后，增强的西风使 NADW 区域垂直扩散系数迅速增大，导致垂直盐度混合增加，次表层高盐度海水向上输送是第一阶段 SSS 增加的重要原因。随后，尽管西风并没有太多变化，但是大气向海洋降水量的增加超过了西风的效应，使垂直扩散系数减弱，表层海水盐度降低，触发 AMOC 在 50 a 之后开始减弱。来自热带太平洋向北大西洋的大气淡水输送增加（图 5.4），空气中大量的水汽在北大西洋上空辐合，增加局地降水的同时也减弱了局地海水的蒸发（图 5.11），从而触发了 AMOC 的衰减。一旦 AMOC 开始减弱，副极地大西洋区域的海冰就会向南扩张，给北大西洋深水形成区提供更多的淡水来源，这将导致 AMOC 的进一步衰减。垂直盐度混合也因此显著减弱。图 5.18a 展示了北大西洋海冰覆盖面积的时间序列，海冰在移除青藏高原的第 150 a 到第 250 a 之间明显向南扩张，这和海洋得到大量海冰融化的淡水一致。图 5.18b 和图 5.18c 进一步展示了海冰速度、海冰生成以及海冰边界的变化。蓝色阴影代表负的海冰生成，也就是海冰融化。图 5.18b 和图 5.18c 中的曲线代表海冰边界。在开始阶段，海冰边界在格陵兰-冰岛-挪威海域有轻微的北退，在拉布拉多海海域有轻微的东进（图 5.18b 中红色虚线）。前者是由于 AMOC 增强导致向北的热量输送增加；后者是因为增强的西风驱动海冰向东南方向移动，这从海冰速度场上看得很清楚。在随后阶段，海冰边界向东南方向朝着墨西哥湾流延伸区扩展，大概在 300 a 左右达到平衡（图 5.18c 中的红色虚线）。在这一阶段，海冰向南覆盖更多海域，夏季融化产生更多的淡水（图 5.18c 中的蓝色阴影）。混合层变得更浅，标志着海水垂直和对流减弱，AMOC 进一步衰减。AMOC 减弱—海冰向南扩张—AMOC 进一步减弱这个正反馈过程最终导致了 AMOC 的崩溃。

这里再来阐述移除青藏高原后中纬度西风增强的原因。早期很多研究已经发现，降低北半球大地形的高度可以减少地形的拖曳作用，从而使中纬度西风变得平直。移除青藏高原试验后的情况确实如此（图 5.19），大气环流对移除青藏高原的响应非常迅速，很快达到平衡，海洋的平衡响应对大气环流反馈可以忽略。增强的西风对 AMOC 在第一阶段增强非常重要。它不仅可以使海洋失去更多的感热潜热使 SST 降温，还能通过搅拌海水增加海水垂直扩散进而增加 SSS。西风增强导致总风速也相应增强（图 5.19b）。按照 Takaya 等（2001）的方法（TN 方法），可以计算大气环流水平波作用通量。TN 行星波通量可以用来研究行星波水平能量的转播，波通量方向可以看作罗斯贝波能量传播的方向。波通量的辐散（辐合）代表扰动能量的减少（增强）。波作用通量及其辐合辐散如图 5.19c 所示。可以清楚地看到波通量起源于青藏高原向东传播，表明能量从亚洲地区传向北大西洋。北大西洋波通量辐散（正值）代表扰动能量向平均动能转换，即增强了纬向西风。

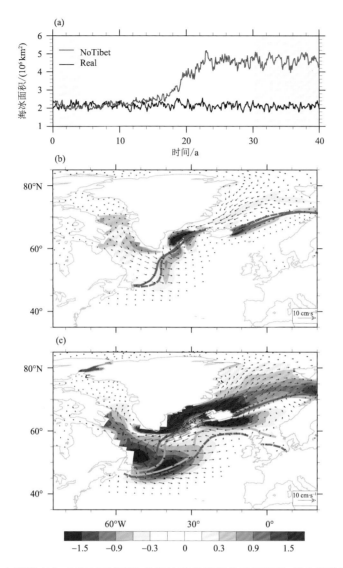

图 5.18 (a)北大西洋 40°~80°N 区域平均的海冰覆盖面积的时间序列,其中黑线代表现代地形的
真实试验(Real),蓝线代表没有青藏高原的试验(NoTibet)。(b)移除青藏高原后开始阶段的海冰生
成速率(填色;单位:psu・a^{-2})和海冰速度的变化。正(负)值代表海冰的生成(融化)。红色实线和
虚线代表真实地形试验和没有青藏高原的试验的海冰边界。(c)和(b)类似,不过代表平衡态阶段的
变化。(c)中橘线、绿线和红色虚线分别代表移除青藏高原后积分第 100 a、200 a 和 300 a 的海冰边
界,红色实线代表真实地形试验中的海冰边界

移除青藏高原之后 AMOC 随时间演变的过程以及机制总结在图 5.20。AMOC 的响应
可以分为两个阶段:快响应阶段受大气风速主导、慢响应阶段受海表淡水通量控制。去掉青藏
高原,行星波列在北半球中纬度地区快速被激发,在副极地北大西洋地区产生一个低压系统,
西风增强。在快响应阶段,海洋的响应包括:感热潜热流失、异常向南的冷水平流、海水搅拌增
强。这些过程导致 NADW 区域 SST 降温和 SSS 增加,从而使 NADW 增加,AMOC 增强。与

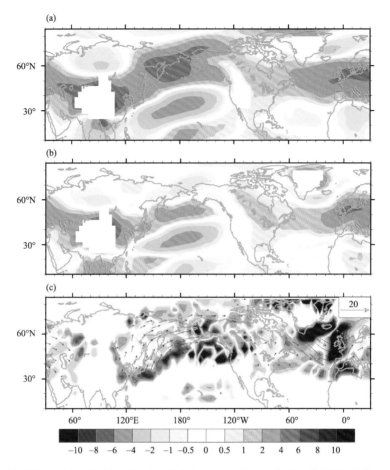

图 5.19　移除青藏高原之后 850 hPa 纬向风速(单位:m·s⁻¹)的变化(a)、总风速(单位:m·s⁻¹)的变化(b)、T-N(Takaya-Nokamura)波作用通量(矢量;单位:m²·s⁻²)及散度变化(填色;单位:10⁻⁶m·s⁻²)(c)。正值代表辐散,负值代表辐合

此同时,由于存在从热带太平洋向北大西洋源源不断的水汽输送,北大西洋辐合降水增多。累积的降水导致 MLD 变浅,海表盐度降低,触发 AMOC 减弱。在慢响应阶段,减弱的 AMOC 导致北大西洋向北的热量输送减弱,北大西洋急剧降温。降温导致海冰向南扩展,越过海水凝结点产生海冰融化,融化的淡水注入到北大西洋,这进一步减弱 AMOC 并最终导致 AMOC "关闭"。

移除青藏高原导致 AMOC 关闭的研究还有很多(Fallah et al. ,2016;Maffre et al. ,2018;Su et al. ,2018)。AMOC 关闭的具体机制在不同研究中有所不同。Fallah 等(2016)强调北大西洋向北的热量输送减少是 AMOC 减弱的原因。Maffre 等(2018)认为,穿越非洲向西的淡水输送是导致北大西洋海水变淡并最终导致 AMOC 关闭的原因。Su 等(2018)强调向北的水汽输送。然而,这些工作都没有考虑 AMOC 的瞬变机制。Yang 等(2020a)上述的研究发现 AMOC 在快响应阶段增强、慢响应阶段减弱;而且强调赤道太平洋向北大西洋的水汽输送是触发 AMOC 减弱的原因,而 AMOC 和海冰之间的正反馈才是 AMOC 关闭的根本因素。这

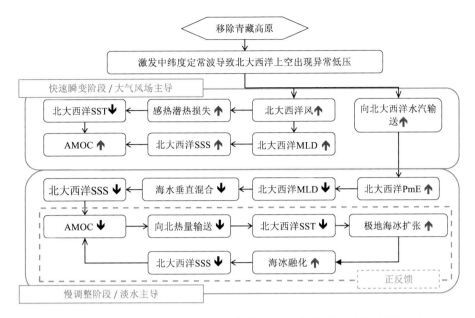

图 5.20　移除青藏高原之后主要过程示意图。向上(向下)的箭头代表增加(减少)。
NA:北大西洋;SST 和 SSS:海表温度和盐度;LH 和 SH:潜热和感热;AMOC:大西洋
经圈翻转流;MLD:混合层深度;HT:热量输送;PmE:降水减去蒸发

些机制与前人的研究不同,也说明青藏高原在影响全球海洋环流中的复杂性。

　　尽管上述的研究基于理想地形试验,但是结果可以帮助人们理解青藏高原在整个地-气系统中的角色;模拟的结果也可以用于古气候的研究。模拟结果表明在印度洋和西太平洋地区存在一个穿越赤道的异常北风以及向南的水汽输送,这正好支持了 1000 万～800 万年前青藏高原抬升推动了东南亚季风系统的建立这一观点。此外,地质证据表明,北大西洋深水在过去1000 万年左右建立,大致和青藏高原快速抬升的时期相符。模拟结果还表明,青藏高原的存在使北大西洋水汽向热带太平洋地区输送,这维持了北大西洋的高盐度进而促进北大西洋深水的生成和 AMOC 的存在。

5.4.3　青藏高原抑制了太平洋经圈环流的建立

　　前文已经指出,青藏高原的移除将使太平洋经圈翻转流 PMOC 得以建立起来(图 5.12)。这里讨论 PMOC 的建立机制。前人研究指出,落基山脉是 AMOC 和 PMOC 产生"跷跷板"效应的原因,这一节也将讨论落基山脉在其中的作用。移除青藏高原试验和移除落基山脉试验中 PMOC 和 AMOC 响应的时间序列如图 5.21 所示。从中可以清楚地看到在移除青藏高原试验里 PMOC(黑色实线)在前 150 a 缓慢增强到最大值 15 Sv,随后轻微减弱到平衡态 10 Sv。前 100 a PMOC 的增强已经被 10 个集合试验所验证,说明 PMOC 增强是移除青藏高原一个强健的响应。AMOC 和 PMOC 在青藏高原移除后出现了"跷跷板"效应。与此相反,在去掉落基山脉的试验中(图 5.21 中蓝线),PMOC 基本保持不变;AMOC 在前 100 a 轻微减弱随后恢复到真实地形试验的强度。落基山脉的移除并没有产生类似的"跷跷板"结果。这与Schmittner 等(2011)的结论不同,他认为落基山脉可以阻挡水汽从太平洋向大西洋输送,所以落基山脉的消失可以使北大西洋水汽增多,AMOC 消失,PMOC 建立。

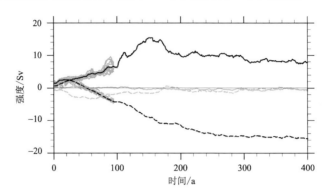

图 5.21 AMOC 和 PMOC 在 NoTibet 试验(黑色)和 NoRocky 试验(蓝色)中的响应。
实线代表 PMOC,虚线代表 AMOC。单位:Sv

由于 AMOC 和 PMOC 的"跷跷板"效应,全球总的经圈翻转流变化很小(图 5.13)。移除青藏高原之后,南大洋持久稳定的埃克曼抽吸为 PMOC 的建立提供了必要的背景条件。然而,要想触发 PMOC 的建立,北太平洋局地的浮力变化才是关键(图 5.22)。

移除青藏高原,北太平洋显著升温(图略),这使表面海水密度减小,抑制深水形成不利于 PMOC 的建立。因此,应该关注该区域海水盐度和密度的演变。在移除青藏高原的初期,北太平洋的西部和东部就出现了海水盐度增加(图 5.22a$_1$、b$_1$),这是由于大气环流调整使这两个区域水汽辐散,降水减少。这也说明大气降水的变化可以很快地反映到海表的盐度上。西太平洋异常的高盐度海水逐渐沿着黑潮及其延伸体向北向东流动,造成北太平洋北部和东北部盐度升高(图 5.22a$_2$、b$_2$)。紧接着,高盐度的海水继续沿着阿拉斯加沿岸流以及加利福尼亚洋流向北和向南流动,进一步造成副极地北太平洋和副热带东太平洋盐度升高(图 5.22a$_3$、b$_3$)。海表盐度的增加在 150 a 左右达到平衡态(图 5.22a$_4$、b$_4$)。高盐度的表层海水最终占据北太平洋大部分海域,为表层海水密度增加提供了决定性条件。尽管北太平洋表层海水温度升高抵消了部分盐度增加,海水密度随时间的演变和盐度依然非常类似。北太平洋表层海水密度的增加为北太平洋深水形成提供了有利条件。

表层海水如何下沉以及在哪里下沉这取决于海洋动力过程。移除青藏高原之后,在太平洋西部、黑潮延伸体区域以及东北部区域 MLD 显著加深(图 5.23),这些区域的海水俯冲下沉、垂直混合增强。更多咸的、密度大的表层海水能够俯冲到深海,在埃克曼下沉运动的帮助下甚至可以到达更深。相反,北大西洋深水形成区 3 月混合层深度明显变浅,这和 AMOC 的关闭紧密联系。

在真实世界里,北太平洋海域是埃克曼上升流主导,而副热带海域是埃克曼下沉主导(图 5.24:填色)。副热带地区平均的埃克曼下沉强度为 30 m·a^{-1}。移除青藏高原后,北太平洋副极地海域、西部和东部沿岸均出现异常强的埃克曼下沉(图 5.24:黑点区域),强度在 10 m·a^{-1}

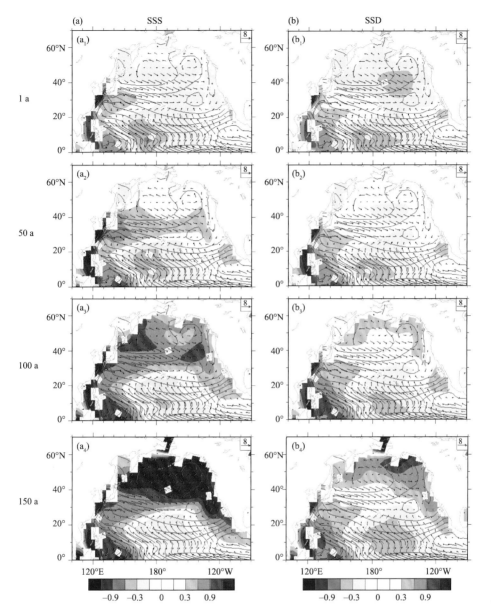

图 5.22　海表盐度(SSS;填色,psu,(a))和海表密度(SSD;填色,单位:kg·m⁻³,(b))在 NoTibet 试验积
分 1、50、100 和 150 a 前后 15 a 平均的变化(第 1 a 实际上是第 1~20 a 的平均)。Real 试验平均的海
表流场和 SSD 以矢量(单位:m·s⁻¹)和紫色等值线(单位:kg·m⁻³)叠加在图上

左右。这些异常的下沉区域是由大气的异常高压导致的。图 5.23 中的太平洋上空的高低压
系统和埃克曼抽吸异常对应一致。

北太平洋表层的高盐高密度的海水沿着等位涡线的运动,下潜进入海洋内区。图 5.24 中
的紫色虚线是表层海水向下进入海洋内区的"通风窗口"。沿着 26~27 σ_θ 等密度间的海水运
动路径是北太平洋表层高密度海水的下潜路径。在副热带地区,表层高密度海水沿西太平洋
26 σ_θ 等密度向东向下潜沉,到东太平洋,海水进一步向下向南潜沉。从北太平洋海水的三维

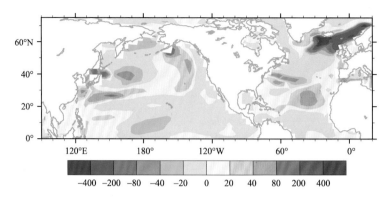

图 5.23　NoTibet 试验 300～400 年 3 月混合层深度(MLD,单位:m)的变化

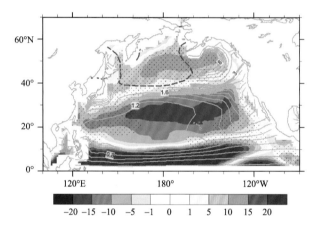

图 5.24　真实地形试验气候平均的埃克曼抽吸(填色,单位:cm·d^{-1};正值代表上升,负值代表下沉)和
26～27 σ_θ(σ_θ 是根据位温 θ 计算出来的位势密度)等密度面间的位涡(PV,灰色等值线)。黑点区域代表
移除青藏高原试验异常的埃克曼下沉。紫色虚线代表 26 σ_θ 露头线

盐度结构上可以清晰地看到海水的下沉路径(图 5.25)。沿 40°～45°N 的盐度异常清楚地展现了高盐度表层海水向东向下运动,高盐度海水在东太平洋可以到达 1000 m 深度(图 5.25a)。沿西太平洋(135°～150°E)盐度的经向剖面展现了西太平洋向下的高盐度海水通过跨密度面混合扩散影响深层海水(图 5.25b),由大气异常高压引起的埃克曼下沉进一步助长了该地区的下沉运动。沿东太平洋(170°E～120°W)的海水下沉主要是沿着 26～27 σ_θ 等密度线运动,比西太平洋下沉的强度更强,达到的深度更深(图 5.25c)。西太平洋和东太平洋下沉的海水都可以流向赤道。更多细节可以参考 Yang 等(2020a)和 Wen 等(2020)。

　　前面的分析表明,PMOC 的建立除了依赖表层高盐水下沉以外,还需要借助于风的埃克曼抽吸作用将上层高盐水进一步往下压。Schneider 等(1999)研究了年代际北太平洋海温异常的下潜动力过程,表明异常暖信号从北太平洋中部产生,沿着 25～26 σ_θ 向西南方向传播到 15°N 大约需要 20 a 到达 500 m 左右的深度。在这些工作中,海水的下潜过程开始于太平洋西边界,沿着 40°～50°N 向东向下传播至东太平洋,并且沿着更深的等密度面 26～27 σ_θ 向西南方向传播。整个过程可以到达 1500 m 的深度。时间尺度可以通过 26～27 σ_θ 的平流速度来

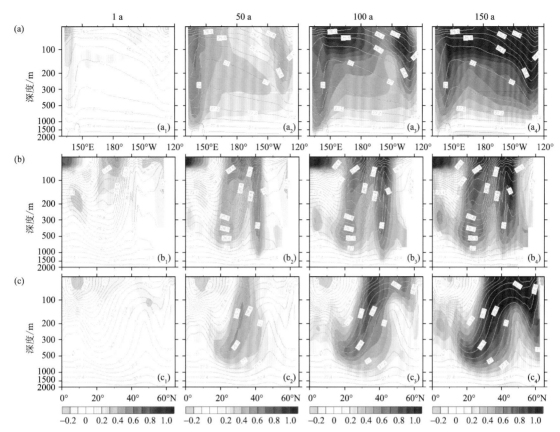

图 5.25　NoTibet 试验里北太平洋海水盐度在 1、50、100 和 150 a 相对于 Real 试验的响应（填色；单位：psu）。Real 试验里海水平均的密度（单位：kg·m^{-3}）以灰色实线的形式叠加在图上。(a) 为 40°～45°N 深度-经度剖面；(b) 和 (c) 为西太平洋(135°～150°E)和东太平洋(170°E～120°W)深度-纬度剖面

估计。图 5.26a 表明，西太平洋高盐度海水经过 10～20 a 可以到达东太平洋地区。高盐度海水持续向东的流动使东太平洋盐度在 150 a 达到最大。图 5.26b 表明，东太平洋高盐度的表层海水在 150～200 a 左右可以到达 2000 m 深度。而图 5.26c 说明，咸水到达东太平洋深层海洋(500～1000 m 平均)后，需要 200 a 才能到达赤道地区。因此，即使只考虑 PMOC 建立的初始阶段，整个海水下潜的时间尺度也超过 100 a，比传统的通风温跃层理论需要的时间尺度更长。

　　图 5.27 总结了 PMOC 的建立过程。当青藏高原移除之后，在北半球中高纬度立即激发出行星波动，副极地北太平洋有异常高压系统。这个高压系统伴随着北太平洋西边和副极地区域的西风增强，同时也造成从热带西太平洋向北太平洋的水汽输送减弱，以及北太平洋增强的埃克曼下沉运动。在这些大气环流变化的调动下，西太平洋海水变得更咸、更密。高密度表层海水一方面下沉，另一方面沿着黑潮延伸体向东平流，随着等密度面向下向南下潜。这些高密度海水的下潜过程进一步被异常的埃克曼下沉运动增强，而且可以到达 1500 m 深度。这一深水形成过程最终导致了 PMOC 的建立。黑潮及其延伸体，向北向东的高密度海水平流，和表层高密度海水下潜之间的正反馈过程在其中扮演了重要的作用。需要强调的是，北太平洋

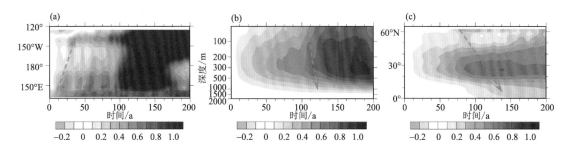

图 5.26　(a)40°～45°N 纬度带表层 100 m 平均的高盐度海水的经度-时间分布图；(b)区域平均的东太平洋 (170°E～120°W,20°～40°N)海水盐度的深度-时间分布图；(c)东太平洋(170°E～120°W)次表层海水(500～ 1000 m平均)的纬度-时间分布图。绿色虚线箭头代表向东(a)、向下(b)和向南(c)传播。单位:psu

深水形成也涉及风生动力过程,这一点和北大西洋深水形成不同。在北大西洋,NADW 的形成是由热盐过程完全支配的。由于风生动力过程的时间尺度更短,也正是由于风生过程的参与,PMOC 建立的时间尺度才比 AMOC 减弱的时间尺度更快。图 5.12 表明,PMOC 在积分 150 a 的时候已经达到峰值,而这时 AMOC 仅减弱 50%。

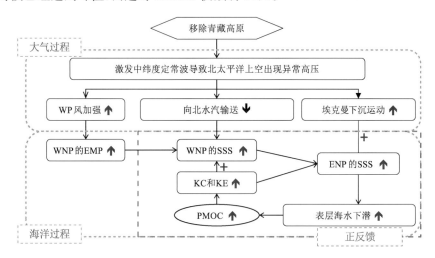

图 5.27　青藏高原移除后 PMOC 建立涉及的主要过程示意图。向上(向下)的箭头代表增加(减少)。
WP:西太平洋;NP:北太平洋;WNP:西北太平洋;ENP:东北太平洋;KC:黑潮;
KE:黑潮延伸体;EMP:蒸发减去降水;SSS:海表盐度

　　落基山脉对全球热盐环流的影响可以忽略(图 5.28)。落基山脉位于美洲西部,从加拿大一直延伸到美国西南部,南北纵贯 4800 多千米,平均海拔 2000～3000 m。落基山脉早在 4500 万年前就已经抬升到现在的高度。其特殊的地理位置被认为是阻挡太平洋水汽向大西洋输送的天然屏障。Schmittner 等(2011)在全球平板试验里将 AMOC 的减弱归结为落基山脉的消失使更多的水汽从太平洋地区输送到北大西洋。他从全球平板试验里将机制归结为某一条山脉没有说服力。通过上述移除落基山脉(NoRocky)的试验可以否定 Schmittner 等(2011)的结论,并且通过和青藏高原试验结果的对比,进一步说明了青藏高原在全球海洋环流中的重要地位(Jiang et al.,2021)。

去掉落基山脉之后,从北太平洋向北大西洋的水汽输送确实会增加,将使北大西洋海水变淡,这点与Schmittner等(2011)结论一样。但是,没有落基山脉,从热带东太平洋向北大西洋的水汽输送将大为减少,这个因素将使北大西洋海水变咸,Schmittner等(2011)没有发现这个水汽输送的贡献。因此,总体来说,移除落基山脉对北大西洋海表面的淡水收支没有明显影响。在没有落基山脉的世界里,AMOC不会有太大的改变,PMOC也不会建立。换句话说,上述的试验表明,落基山脉的存在并不是现今深水形成发生在大西洋而不是太平洋的原因。事实也确实如此,因为落基山脉早在4500万年前就已经抬升完成,这个时间点附近没有发生北大西洋深水或北太平洋深水的"打开"或"关闭"(Ferreira et al.,2018)。

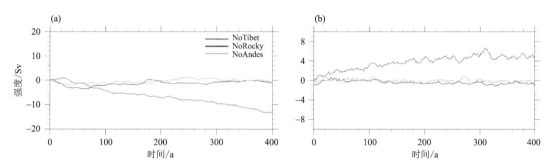

图5.28 AMOC和PMOC在NoTibet(移除青藏高原试验)(红色)、NoRocky(移除落基山脉试验)(蓝色)和NoAndes(移除安第斯山脉试验)(绿色)中的响应(单位:Sv)

(a)AMOC;(b)PMOC

同样,南美洲的安第斯山脉对全球热盐环流的影响也可以忽略(图5.28)。安第斯山脉从北至南全长约8900多千米,是世界上最长的山脉,也是除青藏高原外最高的山脉,平均海拔3600 m。安第斯山脉的抬升始于6500万年前,1000万～600万年间快速抬升,并在中新世后期(1200万年)和上新世初期(450万年)到达其峰值高度。动力学研究已表明安第斯山脉的高度可以影响热带太平洋气候。安第斯山脉的存在足以使南美西海岸通过蒸发降温,产生南北温度的不对称性,由此导致太平洋热带辐合带出现在赤道以北。安第斯山脉抬升能够增强赤道太平洋东西向温度梯度和沃克(Walker)环流,抑制热带厄尔尼诺(El Nino)发生的频率。在移除安第斯山脉的试验中,两个重要的输送带几乎没有受到影响。从大气环流的调整来看,移除安第斯山脉在山脉东侧导致水汽异常辐散,西侧水汽异常辐合。说明安第斯山脉的存在使其东侧降水增多。安第斯山脉的移除在热带太平洋的东南部产生异常下沉流,说明安第斯山脉的存在有利于在该地区产生上升流,这可以解释1300万年来该地区放射虫物种丰富性增加。总之,所有的变化都集中于安第斯山脉附近,对北大西洋和北太平洋的影响非常微弱。针对落基山脉和安第斯山脉研究的更多细节可以参考温琴的博士论文(温琴,2020)。

5.4.4 青藏高原减弱了南极深水形成

南极底层水(AABW)是全球热盐环流密度最大的水团。AABW的形成往往是由于绕极深水从南极绕极流的地方向南夹卷的同时，与南极大陆架冷而密的海水接触。两个水团相互作用产生对流沿着南极大陆斜坡下沉形成 AABW。恩德比陆地、南大洋的罗斯海以及威德尔海的西部是形成 AABW 两个重要的区域。许多研究表明，威德尔海附近 AABW 的形成占总 AABW 超过一半的比例(Carmack,1977;Orsi et al.,2002)。很多学者研究了北大西洋深水形成和南大洋底层水的关系。有学者认为，一个半球深水形成减弱必然伴随另一个半球深水形成增加，这就是两极海洋的"跷跷板"效应(bipolar ocean seesaw, BOS)。Toggweiler 等(1995)通过改变南大洋德雷克海峡所在纬度带表面风应力的强度，认为 NADW 的速率受南大洋德雷克海峡带风场的控制。德雷克海峡所在的纬度盛行西风，海表产生向北的埃克曼输送。为了保持海水质量连续，表面埃克曼输送需要和 2300 m 以下深层海洋的地转流平衡，也就是 NADW 向南大洋的输出量。然而，Rahmstorf 等(1997)对该观点持怀疑态度，他们认为德雷克海峡纬度带的埃克曼输送不一定和深层向南输送的海水平衡，埃克曼输送的海水本身就可以在局部循环。另一部分科学家也对 BOS 表示质疑。Seidov 等(2005)利用大气-海洋耦合模式向 60°S 以南的南大洋注入 1 Sv 的淡水，发现 AABW 减弱的同时 AMOC 并没有增强，BOS 没有出现。究其原因，他们认为这是由于南大洋的淡水通过南极绕急流可以输送到各个大洋产生盐度异常。Menviel 等(2014)通过向北大西洋注入淡水模拟 Henrich 事件，发现北大西洋海水变淡，AMOC 减弱;太平洋盐度升高，PMOC 和 AABW 均增强。BOS 在他们的工作中有所体现，但是具体机制没有解释。并且增强的 AABW 通过向极地输送更多的热量导致南半球中高纬度温度升高。Zhang 等(2017)利用耦合模式研究了 AMOC 对 AABW 的影响机制，他们认为，增强的 AMOC 通过大气过程可以使南大洋西风急流南移，减弱了威德尔(Weddell)海上的盛行东风，进而使海表向大气输送的热通量减少。Weddell 海表升温，密度减小，AABW 减弱。在 Zhang 等(2017)的工作中 BOS 的存在依赖于大气过程。到目前为止，BOS 现象是否存在仍然不得而知，就算 BOS 存在，海洋通过哪一种机制来实现 BOS 也没有定论(Seidov et al.,2005;Stouffer et al.,2007)。事实上，某一个半球深水形成减弱可以引起很多气候因素的改变，例如风场和海水的温盐性质。因此，即使 BOS 存在，由一个半球深水形成的变化去影响另一个半球的变化，机制也是非常复杂的。Swingedouw 等(2009)利用耦合模式向南大洋注入淡水，AABW 减弱，但是 NADW 的变化不是单向的，主要分为三个过程:在南大洋注入淡水初期，由于海洋等密度面深度调整，NADW 增强;随后，南大洋异常低盐度海水向北半球扩散，NADW 减弱;最后，南大洋注入淡水会导致西风增强，风的增强有利于 NADW 增强。并且，NADW 的变化和南大洋注入淡水的量也是相关的，不同淡水所引起的以上三个过程相对重要性不同，由此导致 NADW 变化的方向也会有所改变(Wen et al.,2021)。AABW 和 AMOC 之间是否会出现 BOS 现象也是人们非常关注的问题。

图 5.12 已经显示 AABW 调整的时间远长于 PMOC 和 AMOC 的调整时间。因此，用模式积分 1400 a 的数据来研究 AABW 的响应机制。AABW 的强度定义为 60°S 以南经圈流函数的最小值。在 Real 试验里，AABW 强度为 5.3 Sv，这和氟氯化碳(CFC)观测得到的 8.1 Sv 相当(Orsi et al.,2002)。移除青藏高原之后，AABW 强度在积分 200 a 后轻微增强(2 Sv)，接

着在积分 800 a 后开始显著增强,到 1200 a 达到平衡(增强 6 Sv 左右,图 5.29a)。混合层深度可以用来表征海水垂直对流和混合的强度。图 5.29b 是模式积分 1301~1400 a 平均混合层深度的响应。移除青藏高原之后,北大西洋 MLD 显著变浅,北太平洋 MLD 显著加深,分别对应 AMOC"关闭"和 PMOC 建立,这在前文中已经详细解释。而在南半球的罗斯海到别林斯高晋海区域也出现了混合层深度的正异常信号,这和 AABW 增强对应。图 5.29b 中绿色虚线框代表罗斯海到别林斯高晋海区域,黑色实线框代表威德尔海区域。后文将着重对这两个区域做层结变化的分析。

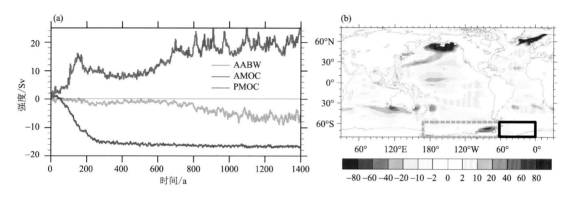

图 5.29　(a)同图 5.12。单位:Sv。(b)模式积分 1301~1400 a 平均混合层深度的响应(单位:m)。绿色虚线框代表罗斯海到别林斯高晋海区域,黑色实线框代表威德尔海区域

图 5.30 显示了印度洋-太平洋经圈流函数和大西洋海盆经圈流函数,都包括了整个南大洋的经圈流函数(约 30°S 以南)。60°S 以南流函数的最小值自 200 a 后开始逐渐变小(即负值变得更负),并且 3000 m 以下的南极底层水逐渐向北大西洋和北太平洋延伸(图 5.30a$_1$—a$_3$、b$_1$—b$_3$),对应 AABW 增强。AABW 强度到平衡态的时候达到 12 Sv,向北可以延伸到 30°N,在太平洋的强度较大西洋更强。在这些工作中,BOS 表现为 AMOC 减弱,PMOC 和 AABW 增强。

与 NADW 形成一样,AABW 的形成主要发生在南半球冬季,海洋向大气释放热量导致表面海水降温,或者海水结冰析出盐分,这两个过程使海表密度很大。图 5.31 展示了模式积分 101~200 a、301~400 a 以及 801~900 a 三个时期海表温度、盐度和密度的响应。移除青藏高原之后,伴随 AMOC 从 100 a 左右开始减弱,南半球开始升温,并且随着积分时间的延长升温越来越显著(图 5.31a$_1$—a$_3$)。南半球升温有两个原因:第一是由于 AMOC 减弱导致海洋向北热量输送减弱,更多的热量在南半球堆积导致,这就是所谓的南北半球气候的"跷跷板"效应(Levermann et al.,2007;Yang et al.,2017)。这一过程发生在前 400 a;第二是 AABW 增强导致次表层暖的海水上翻,这一过程发生在 400 a 之后。南极附近升温的直接作用是使南半球高低纬度温差减小,西风减弱。

移除青藏高原后,南半球中高纬度的盐度先减少再增加。南半球中高纬度的盐度在模式积分前 300 a 减少可以用海表淡水通量增加来解释:一是南印度洋水汽辐合降水增多,海水盐度低,低盐度海水伴随南极绕极流(ACC)向东流动;二是 AMOC 减弱后,南半球升温,大气对

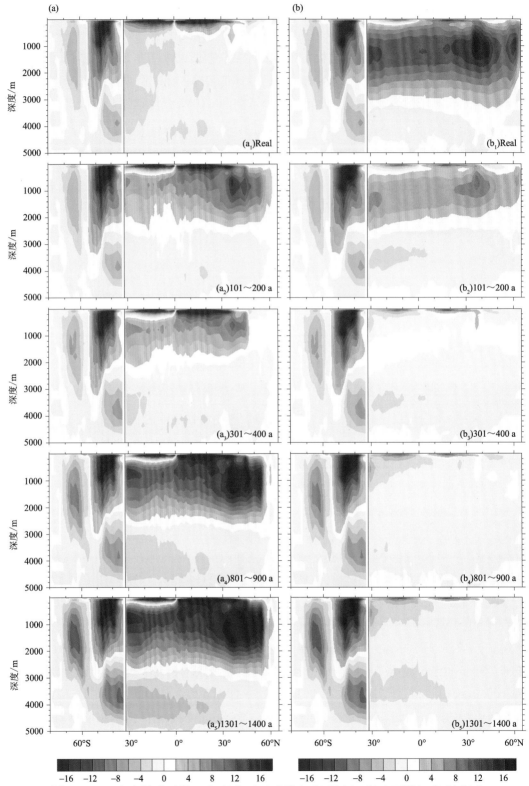

图 5.30 （a）印度洋-太平洋（32°S 以北）和南大洋（32°S 以南）；（b）大西洋（32°S 以北）和
南大洋（32°S 以南）经圈流函数的纬度-深度剖面。填色间隔为 2 Sv

流活动活跃,产生更多的降水,使盐度降低。在南半球热带地区,南大西洋和南太平洋盐度均升高。热带南大西洋 20°～30°S 盐度增加,一方面是因为环流调整导致水汽辐散,降水减少使该区域盐度增加,另一方面是由于 AMOC 减弱后向北的盐度输送减少,有利于盐度在该区域的堆积增加。热带南太平洋盐度升高是由于水汽在太平洋西部和南部辐散,局部盐度增加在平均流和水平扩散的作用下扩展到整个南太平洋。然后,伴随南大洋西风的减弱,南大西洋和南太平洋的咸水更容易向南漂流到别林斯高晋海区域,并在此处堆积(图 5.31b$_3$)。在盐度和温度的共同作用下,除了别林斯高晋海区域,南大洋高纬度其他区域海表密度降低。

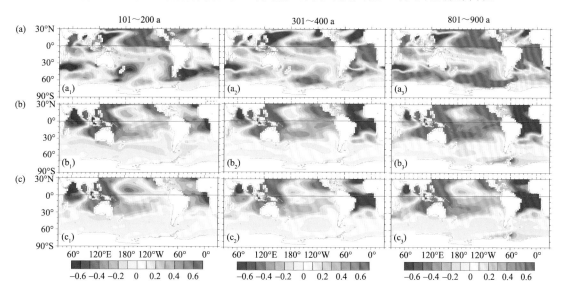

图 5.31　SST(单位:℃,(a))、SSS(单位:psu,(b))和 SSD(单位:kg・m^{-3},(c))在模式积分 101～200 a
(左列)、301～400 a(中间列)和 801～900 a(右列)的响应

前文指出,罗斯海和威德尔海是形成 AABW 的关键区域(Swingedouw et al.,2009)。从表层海水的性质可见,罗斯海和威德尔海表层密度在 AABW 开始增强的时期变化符号不稳定,并且强度很小,别林斯高晋海密度逐渐增加。从图 5.29b 混合层深度的响应可见,罗斯海到别林斯高晋海的对流增强,威德尔海的对流有轻微的减弱。因此,可以认为罗斯海到别林斯高晋海是造成 AABW 增强的关键区域。

图 5.32 展示了罗斯海到别林斯高晋海区域(170°E～60°W,60°～90°S,图 5.29b 中的绿色虚线框)表层和次表层 1000 m 平均温度、盐度和密度随时间的演变。如上文所述,该区域温度在积分 1400 a 持续升高,尽管 AMOC 已经在 300 a 处于"关闭"状态。区域平均的盐度在积分 100 a 后轻微增加,到积分 600 a 后明显增加。密度的演变和盐度非常相似,并且可以用于解释 AABW 的演变。即表层密度为正对应 AABW 增强。而对于次表层海水,盐度和密度在积分 100 a 后均开始减少。次表层与表层海水性质的反位相变化说明次表层海水由非局地过程引起。南大洋这种由次表层海水密度减少造成的层结不稳定结构也是 AABW 增强的另一个原因。

170°E～60°W(太平洋区域)和 0°～60°W(大西洋区域)经度范围盐度、温度和密度随纬度-

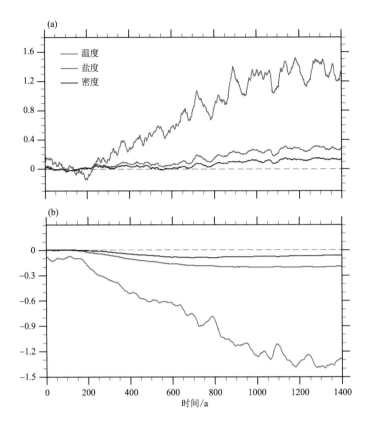

图 5.32 罗斯海-别林斯高晋海区域(170°E～60°W,60°～90°S)平均的表层(a)和次表层 1000 m 深度(b)的温度(单位:℃,红线)、盐度(单位:psu,蓝线)和密度(单位:kg·m⁻³,黑线)随时间的演变

深度的分布可以进一步用来解释海水性质变化的成因和过程(图 5.33)。对于温度而言(图 5.33a₁—a₃),由于移除青藏高原北太平洋接收到的短波辐射增多,温度在北太平洋升高(Wen et al.,2020)。伴随 PMOC 的建立,北太平洋表层海水向下对流增强,异常暖的表层海水向下可以扩展到 3000 m,并且逐渐向南延伸(图 5.33a),到达南大洋表面。在 30°S 以南的南大洋区域,异常冷信号中心首先出现在次表层 1000 m 深度(图 5.33a₁)。这与 PMOC 增强有关:PMOC 建立,导致 170°E～60°W 经度范围内海洋向北热量输送增加,南半球降温。到积分 800 a 后,次表层海水冷异常中心变得更加明显,这与 AABW 的进一步增强密切关联。对于盐度而言,在北太平洋地区,由于水汽辐散使得降水减少,表层盐度升高(图 5.22)。伴随 PMOC 的建立,表层咸水向下向南扩展(图 5.33b₁—b₃),抵达南大洋区域沿着 27.4～27.5 σ₀ 到达南大洋海表。值得注意的是,PMOC 升高的阶段对应着 AABW 的增强(图 5.12)。Trevena 等(2008)指出,北半球形成的高盐度深水到南大洋会转换成绕极深水,而南大洋西风会使高盐度绕极深水上翻(Toggweiler et al.,1993)。这也是造成别林斯高晋海区域盐度在 800 a 快速增大的重要原因。然而,南大洋盐度负异常中心首先出现在 1000 m 深度(图 5.33b₂)。负异常中心逐渐增强,并且逐渐向太平洋地区扩展(图 5.33b₃)。温度和盐度的共同作用使南大洋密度的最大负异常的深度位于 1000 m 以下。这种不稳定层结结构有利于 AABW 增强。

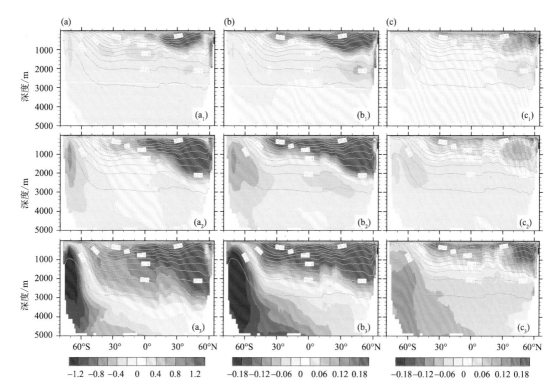

图 5.33 (a)位势温度(单位:℃)响应的深度-纬度分布((a$_1$)101~200 a;(a$_2$)301~400 a;(a$_3$)801~900 a)。
(b)和(c)与(a)类似,只不过分别是盐度(单位:psu)和密度(单位:kg·m^{-3})的响应。所有图的经度范围是
170°E~60°W。图中灰色等值线为 Real 试验的等密度线

在 0°~60°W 的大西洋海域,AMOC 的减弱导致海水向北热量输送减弱,北大西洋温度显著降低,南大西洋和南大洋温度升高(图 5.34a$_1$)。北大西洋异常冷信号逐渐向下向南传播,到 800 a 传播到南大洋海域,使南大洋次表层温度显著降低(图 5.34a$_3$)。对于盐度而言,AMOC 减弱使北大西洋表层盐度降低,南大西洋盐度升高(图 5.34b$_1$)。AMOC 到 300 a 进入"关闭"状态,北大西洋表层低盐度海水沿着 27.7σ$_\theta$ 等密度面向下向南扩张,使南大洋盐度也降低。温度和盐度的共同作用使 0°~60°W 的南大洋密度最小值出现于表层,不利于该地区 AABW 的形成。

总而言之,从南大洋海水层结来看,南大洋 0°~60°W 区域稳定的海水层结结构不利于 AABW 的增强,而 170°E~60°W 区域海水的不稳定结构有利于 AABW 增强。需要指出的是,170°E~60°W 南大洋区域次表层海水盐度和密度的负异常中心不是局地表面淡水强迫引起的,而是来自其他区域的海水沿等密度面的平流造成的。因为表面淡水强迫首先影响的是局地表面海水的性质,例如北大西洋的淡化和北太平洋的盐化。由于南大洋密度负异常中心基本位于 27.7σ$_\theta$ 等密度面附近,因此,可以选择 27.7σ$_\theta$ 等密度面上盐度的演变来分析 170°E ~60°W 次表层海水盐度和密度减少的原因(图 5.35)。

图 5.35 展示了 27.7σ$_\theta$ 等密度面上盐度响应随时间的演变。前面已经指出,移除青藏高原后,水汽从中东太平洋向北大西洋输送,使北大西洋表层海水变淡。积分 101~200 a,

青藏高原对季风和全球气候的影响

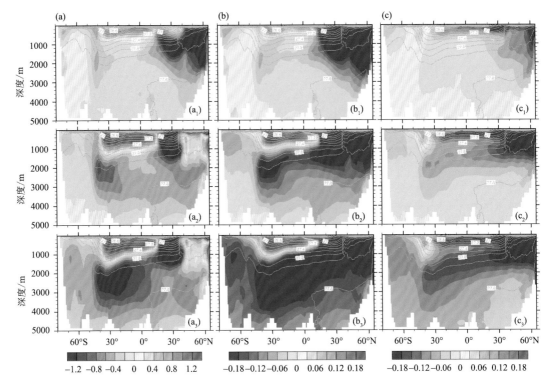

图 5.34 和图 5.33 类似,只不过经度范围是 0°~60°W

AMOC 进入线性减弱阶段。盐度负异常可向下扩展到 4000 m 深度(图 5.34b_1)。在 27.7 σ_θ 等密度面上表现为整个北大西洋盐度呈负异常状态,并且这个负异常信号沿着美洲东岸向南流动,到达大西洋南边界后向东,这一过程在图 5.35a 表现得非常清楚。接着,负异常盐度加入 ACC 向东传播,扩展到整个南极洲附近(图 5.35b、c、d)。与此同时,南极洲附近的负异常逐渐流入印度洋和太平洋(图 5.35e、f)。整个过程与大西洋深水流动路径非常一致。北大西洋盐度负异常海水沿着 27.7 σ_θ 等密度面向南向东扩散到 170°E~60°W 区域,这是导致该区域海水盐度负异常首先出现在次表层的关键原因。次表层海水密度降低,而表层密度改变很小,直接导致了该地区海水垂直层结减弱,增强 AABW。

前人的研究表明,AMOC 减弱之后会形成北半球冷、南半球暖的"跷跷板"效应。这一现象在模式积分前 400 a 可以清楚地看到。然而,当 AMOC 已经处于"关闭"状态,即模式积分 300 a 后,南极洲附近依然处于升温阶段,南极洲的升温在 AABW 增强达到平衡态时,也就是积分 1000 a 以后才开始趋于平衡(图 5.32)。逐渐增强的 AABW 延缓了南极洲的升温过程。AABW 的增强,会导致 70°S 以南下沉和对流运动增强,以及 60°~70°S 之间上升运动增强。然而,由于极地深水较表层水更暖,南大洋增强的对流活动导致 60°S 以南表层海水增暖,次表层海水变冷(图 5.32)。此外,AABW 的增强使向极地热量输送增加,这将进一步解释南极洲附近的升温。极地升温后,会导致高低纬度热力差异减弱,南大洋上空西风应力也随之减弱。AABW 增强到平衡态后,西风减弱 15%,是模式积分 300~400 a(AMOC"关闭")西风变化幅度的 3 倍。过去许多研究均关注南大洋上空西风强度对 NADW 的影响,例如,Toggweiler 等

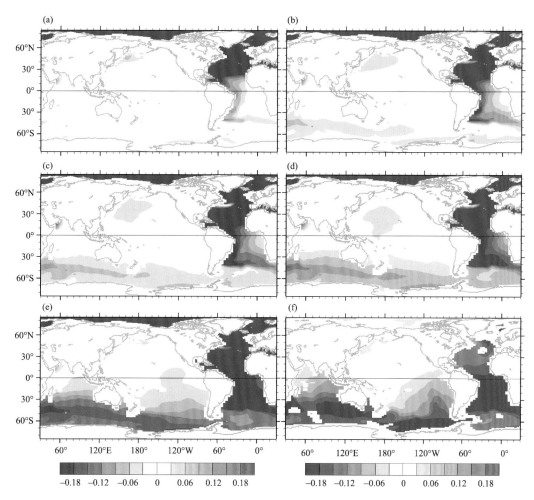

图 5.35　27.7 σ_0 等密度面上盐度响应随时间的演变(单位:psu)
(a)101~200 a 平均;(b)201~250 a 平均;(c)251~300 a 平均;(d)301~400 a 平均;
(e)501~600 a 平均;(f)801~900 a 平均

(1995)通过改变南大洋上空西风强度,发现西风增强会导致 NADW 生成速率增强。Delworth 等(2008)也证实了这一结论。Zhang 等(2017)通过周期强迫 AMOC 的试验发现,AMOC 增强有利于南极西风向极地移动增强,增强的西风通过减弱威德尔海上空盛行的东风,使该地区升温,减弱 AABW。这种南大洋西风、AABW 和 NADW 的关系在许多研究中都是对应的,即强 NADW 对应强的南大洋西风和弱的 AABW。这个关系在这里也是成立的。但是 NADW、南大洋西风和 AABW 之间响应的因果关系和前人的研究不同:第一,NADW 减弱,北大西洋表层淡水扩展到深层,并沿着美洲大陆东岸向南传播到南大西洋边界后混入 ACC 向东流动,减少别林斯高晋海次表层盐度;第二,热带南太平洋盐度升高,高盐度表层海水可以漂流至别林斯高晋海;第三,PMOC 的建立也会使高盐度绕极深水上翻到南大洋表面。这三个过程使别林斯高晋海垂直层结减弱,AABW 增强。

　　此外,AABW 增强可以使海水的通风性增强,海洋深层的碳更容易被带到海表,进而进入大气。这也是冰期-间冰期大气中CO_2浓度变化的重要原因。Menviel 等(2014)利用模式研究了丹斯伽阿德-厄施格尔(Dansgaard-Oeschger)时期(5 万～3.4 万年前)AMOC 减弱，南极洲升温的现象。代用资料表明,在这一阶段南极洲升温可达 3 ℃。他们的结果表明,AMOC 减弱不足以使南极洲产生如此剧烈的升温,必须要考虑 AABW 增强的因素。因为,AABW 和PMOC 的增强可以使太平洋通风性增强,海水深层更多的碳(C)通过南大洋进入大气。这可以解释该时期大气 CO_2 增多的现象。

地质时期代用资料(包括δ^{18}O 和δ^{13}C)表明地球气候由暖期(中新世中期,1700 万～1500万年前)向冷期(中新世晚期,1160 万～530 万年前)转变(Huang et al.,2017)。许多研究将这种变化与板块构造通道的改变(Woodruff et al.,1989,1991;Raymo,1994)以及大气 CO_2浓度的降低(Dutton et al.,1997)联系起来。需要指出的是,青藏高原在中新世晚期开始迅速抬升,青藏高原的抬升促使 AABW 减弱,AABW 减弱有利于南极洲降温,并且可以使海水的通风性减弱,有利于更多的碳存储在海洋深处,这也可以部分解释这个时期大气降温和 CO_2浓度降低的现象。

5.5　青藏高原对非洲北部降水的影响

鉴于青藏高原在地球系统中的重要作用,青藏高原地-气耦合系统变化及其全球气候效应越来越成为地学界的研究热点之一。非洲北部(以下简称北非)位于北半球热带和副热带,是全球著名的干旱区域之一,大部分面积属于撒哈拉沙漠。撒哈拉沙漠是全世界最大的沙质荒漠,面积 900 万 km^2,以极端干旱和高温气候著称,年平均降水量不足 100 mm,部分区域甚至不足 5 mm(Faure et al.,1998)。撒哈拉沙漠的成因也是地学研究的热门话题之一,极端干旱气候导致的粮食危机也是当前非洲各国正在面临的严峻问题。研究青藏高原对非洲降水的影响,不仅有助于推进青藏高原气候效应和撒哈拉沙漠成因的进一步探究,具有很高的科学价值,而且对于指导解决当前非洲面临的干旱问题也具有很重要的现实意义和经济价值。

北非撒哈拉沙漠的形成一直备受关注。有研究认为,形成于 300 万～200 万年前(de Menocal,1995;Schuster,2006;Swezey,2006),或 700 万年前(Schuster,2006),或 1100 万～700 万年前(Zhang et al.,2014),后者认为古特提斯海的收缩导致非洲季风改变以及季风对太阳轨道参数的敏感性增强是北非和亚洲大范围干旱化的原因。这一阶段非洲的气候及生态系统的变化也与人类的演化有紧密的联系。青藏高原隆升和非洲沙漠化发生的时期比较接近,可以假设二者之间存在某种关联。有研究表明,青藏高原对非洲干旱气候有一定的贡献,如Rodwell 等(1996)提供理想化的大气模拟试验提出了一个"季风-沙漠机制",认为亚洲季风区降水的潜热释放能够在西侧激发吉尔(Gill)型罗斯贝波,与西风带相互作用,在北非及地中海区域引起下沉运动,导致该区域干旱,而亚洲季风及季风区降水强度又与青藏高原热动力作用紧密相关。Ruddiman 等(1997)指出,青藏高原隆升能够引起高原西侧和北侧的干旱,干空气进一步被输送到里海、阿拉伯半岛以及北非,造成这些区域的干旱。刘晓东等(2001)也概括性地指出青藏高原西侧的下沉气流加剧了北非的干旱。

上述研究虽然部分揭示了青藏高原地形对北非干旱气候的影响,但是只关注了大气过程的影响,忽略了海洋环流的贡献。已有的研究表明,AMOC 的强度变化能够引起北非降水的变化。Mulitza 等(2008)发现海因里希事件时期,AMOC 减弱,北大西洋降温,伴随着西非萨赫勒地区干旱。Stuut 等(2008)认为,末次间冰期西北非千年尺度的干旱事件与 AMOC 的减弱有关。前面已经详细阐述了青藏高原对 AMOC 形成的重要贡献,去掉青藏高原地形将会引起 AMOC 的崩溃。Chen 等(2021)进一步研了究青藏高原对北非降水的影响,提出不但要考虑大气过程的影响,还要考虑海洋环流的影响。

这里分析所用到的数据来自于 Real 和 NoTibet 试验,以及一个平板地球试验 Flat 和一个只保留青藏高原的试验青藏高原隆升(OnlyTibet)(图 5.36)。OnlyTibet 试验结果减去 Flat 试验的结果,代表高原隆升所造成的气候态变化。青藏高原移除和隆升导致的气候变化基本上是同振幅反位相的。另外,为了消除模式依赖,可以利用 CESM1.0 设计另外一组高分辨率的平板海洋试验(Slab Ocean Model,SOM)来验证试验结果是否可信。试验包括一个控制试验和一个敏感性试验。控制试验采用真实地形,记为"Real_SOM",积分了 100 a。敏感试验是在控制试验积分到 100 a 时去掉青藏高原地形继续积分 60 a,记为"NoTibet_SOM"。用最后 30 a 的数据进行对比分析。需要说明的是,在模式中改变像青藏高原这样的大地形对

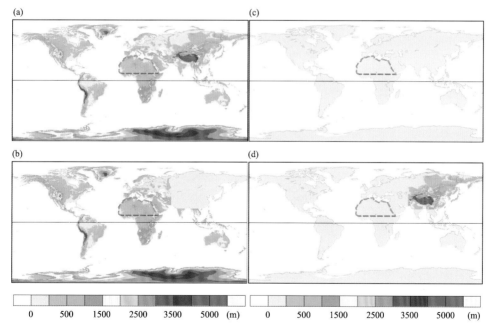

图 5.36　模式地形设置

(a)控制试验中采用的真实地形 Real;(b)敏感性试验中去掉青藏高原地形 NoTibet;(c)敏感性试验中去掉全球地形 Flat;(d)敏感性试验中仅保留青藏高原地形 OnlyTibet。红色虚线表示北非区域,南边界线取 10°N

气候系统来说是一个很大的外强迫,因此,引起的气候变化信号非常显著。这些变化都能很好地通过置信度为95%的曼-肯德尔(Mann-Kendall)显著性检验,为了图形美观,只在部分图中给出了显著性检验结果。

北非是全球最著名的副热带干旱区之一。无论是模拟还是观测结果,北非冬、夏季降水都明显小于周边其他区域,尤其是远小于同纬度的亚洲。从季节特征来看,北半球冬季,大部分区域降水量甚至不足3 mm;夏季降水多于冬季。观测数据来自于 NOAA 气候预测中心的合并分析降水数据(CMAP,Xie et al. ,1997)。全耦合试验和平板海洋试验模拟出的降水季节变化都与观测结果基本一致,说明 CESM 模式模拟北非降水相对较准确,本次研究可行性较强。

从图 5.37 可以看出,观测、Real、Flat 以及 Real_SOM 试验中北非区域平均的降水存在明显的季节循环:12月降水最少(10 mm 以下),之后逐渐增加,8月达到峰值(60～100 mm),之后再逐渐降低。这样的降水季节循环与非洲 ITCZ 随季节南北移动紧密相关。Real_SOM 的结果与观测最接近(绿色实线和灰色粗实线所示),也说明高分辨率的模拟比低分辨率模拟的准确性相对要高。这可能是因为高分辨率模式能够识别东非地形,这对非洲降水也有一定的影响。NoTibet、OnlyTibet 以及 NoTibet_SOM 也呈现相似的季节循环特征,只是振幅有所改变(虚线所示)。其中,北非区域如图 5.36 中红色虚线所示,南边界取 10°N。根据降水变化特征可以将北非季节划分为湿季(5—10月)和干季(11月—次年4月),而不是春夏秋冬四季。

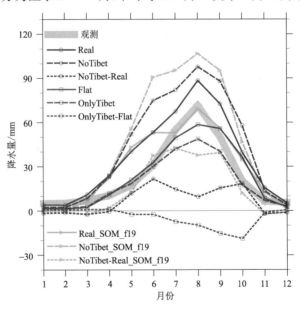

图 5.37　所有试验中北非降水(单位:mm)的季节循环气候态。蓝色曲线代表 Real(实线)、NoTibet(虚线)以及 NoTibet 相对于 Real 降水的变化(点线)。红色曲线代表 Flat(实线)、OnlyTibet(虚线)以及 OnlyTibet 相对于 Flat 的变化(点线)。绿色曲线代表 Real_SOM_f19(实线)、NoTibet_SOM_f19(虚线)以及 NoTibet_SOM_f19 相对于 Real_SOM_f19 的变化(点线)。灰色曲线代表观测降水(来自 CMAP 资料)。模拟试验的气候态季节循环来自于准平衡态降水结果(即 Stage-Ⅱ),并且在图 5.36 红色虚线所示的北非范围内做了区域平均

　　造成北非干旱气候特征的原因很多,以往的研究已经从多个方面进行了阐述(Rodwell et al.,1996)。其中一个很重要的原因是北非位于北半球副热带,受哈得来环流下沉支影响,地面以东北信风为主。一方面是下沉增温,另一方面是东北信风携带上游内陆地区的干空气,导致该区域无法得到足够的水汽和形成有效降水。由于哈得来环流和 ITCZ 随季节的南北移动,北非的气候态也呈现明显的季节变化。冬季 ITCZ 位置偏南靠近赤道,非洲和亚洲冬季风盛行,增强了北非区域的东北信风,赤道以及南半球的水汽无法到达北非陆地,整个北非以下沉运动为主,抑制了对流活动,因此,冬季水汽和降水偏少。夏季 ITCZ 偏向北半球,亚洲和非洲夏季偏南风盛行,存在明显的来自印度洋和南半球热带大西洋的跨赤道气流。此时,北非区域 13°N 以北虽然还受东北信风控制,但是相比冬季弱了很多,13°N 以南受夏季西南风影响,使得来自赤道和南半球的水汽更容易进入北非陆地。另外,夏季北非区域的下沉运动也比干季弱,因此,北非区域夏季比冬季更容易产生降水,但与同纬度的东亚相比的话北非降水还是很少。另外,前面已经提到,Rodwell 等(1996)曾经提出青藏高原区域的季风非绝热加热会通过吉尔型罗斯贝波引起北非的下沉运动,这个遥相关模型也可以在这些试验中 500 hPa 垂直运动速度图上看到(陈志宏 等,2020)。另外,青藏高原区域夏季会产生明显不同于冬季的垂直环流结构。夏季青藏高原底层是气旋性低压,高空是反气旋性高压即南亚高压,高原上大气以上升运动为主,这种耦合结构能够使得亚洲夏季风增强,将印度洋的水汽抽吸到青藏高原区域,使其无法进入非洲大陆。而冬季这种高低空环流结构不明显。

　　从空间分布来看,NoTibet 北非降水在干季几乎没有变化(图 5.38a—c),而湿季除了 8 月西南部降水减少以外,大部分区域降水都增加(图 5.38d—f)。需要注意的是,从降水变化绝对值上来看,北非的降水变化没有其他区域明显,但是如果考虑变化百分比的话,北非区域的变化远大于周边其他区域(图 5.38g—i)。这也说明了北非降水对大地形改变的响应比其他区域更加敏感。平板试验 NoTibet_SOM 中的北非区域的降水变化与 NoTibet 基本一致,但是在大西洋上有所不同。青藏高原隆升(OnlyTibet)后,北非降水在干季基本不变,在湿季除 8 月西南角以外大部分区域都增加(图略),与 NoTibet 基本上是反相的变化。

　　根据区域平均降水变化和月降水变化空间分布特征,可以发现去掉(增加)青藏高原会使得北非降水在湿季显著增加(减少),而在干季几乎不变。后续分析中分别将 12 月、次年 1 月和 2 月作为干季的代表,8 月、9 月和 10 月作为湿季的代表。并且通过进一步分析改变高原地形后北非气候态变化的时间演变序列和不同时间段各变量的空间分布特征来探究引起降水改变的物理机制。

　　图 5.39 展示湿季(ASO)北非降水、湿度和温度变化的时间演变。从图 5.39a 可以看出,NoTibet 中北非降水在迅速响应阶段(Stage-Ⅰ,左侧灰色区域)先增加,然后逐渐回落,准平衡态时(Stage-Ⅱ,右侧灰色区域)降水变化远小于 Stage-Ⅰ,但是依然比控制试验多。最终北非降水比 Real 试验增加了 10~20 mm(图 5.39:绿线)。北非地表大气比湿先增加 1.0 g·kg^{-1}(Stage-Ⅰ),到 150 a 左右逐渐减少,300 a 以后达到一个相对稳定值 0.3 g·kg^{-1}(图 5.39:蓝线);地面气温(SAT)先降低 0.6 ℃,150 a 左右进一步降低,300 a 后达到一个相对稳定值 1.0 ℃。

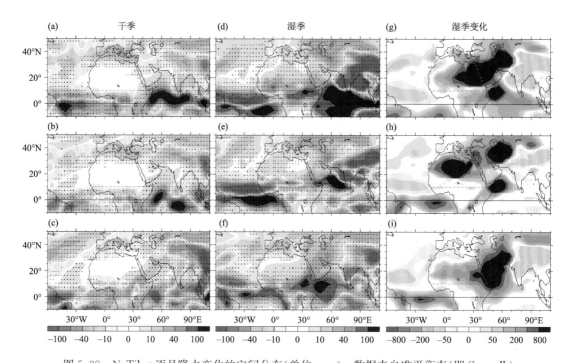

图 5.38　NoTibet 逐月降水变化的空间分布(单位:mm)。数据来自准平衡态(即 Stage-Ⅱ)
((a)、(b)、(c))12 月,次年 2、4 月(干季)降水的变化;((d)、(e)、(f))6、8、10 月(湿季)降水的变化;
((g)、(h)、(i))6、8、10 月降水变化的百分比(%)。黑点表示通过置信度为 95% 的 Mann-Kendall 显著性检验

可以看出,北非降水、地表大气比湿和 SAT 的时间演化序列基本一致。去掉青藏高原后,先经历一个瞬时响应阶段,150 a 左右开始一个迅速降低过程,最后达到一个相对稳定的状态。降水、地表大气湿度和 SAT 变化在 Stage-Ⅰ 和 Stage-Ⅱ 明显不同,说明两个阶段也对应着不同的物理过程。在 OnlyTibet 中,北非降水、地表大气湿度和 SAT 变化的时间演变与 NoTibet 正好相反,代表青藏高原隆升和移除造成北非气候改变的物理过程正好相反(图 5.39b)。

干季降水变化与湿季正好相反,量级远远小于湿季,但是也呈现出与湿季相似的时间演变特征(图略)。这也说明在干季也存在类似湿季中的海洋环流的反馈过程。

总之,无论湿季还是干季,北非降水在 Stage-Ⅰ 和 Stage-Ⅱ 的变化都明显处于不同的水平,中间还存在一个快速调整过程。平板海洋试验的结果有助于人们理解耦合模式中两个阶段明显不同的物理机制。从图 5.37(绿色点线)和图 5.39a(绿色虚线)可以看出,平板试验中去掉青藏高原引起的降水变化远远大于耦合模拟中的去掉青藏高原引起的变化。全耦合试验降水变化空间分布(图 5.38)和平板试验也略有差异。事实上,NoTibet 在 Stage-Ⅰ 引起降水的变化要比平衡态时强 40% 左右,在这一阶段降水改变与 NoTibet_SOM 的结果也是比较一致的,因为在 Stage-Ⅰ 海洋环流还没有参与进来。这说明海洋环流反馈过程对北非降水有重大影响,海洋环流对于大气环流引起的北非降水改变有一个抵消作用。后文主要通过分析两个阶段气候态变化的空间分布以及 Stage-Ⅱ 相对于 Stage-Ⅰ 的变化,来探究去掉青藏高原后北非气候态变化的物理机制。Stage-Ⅰ 中的改变是去掉青藏高原地形后大气环流的直接响应,Stage-

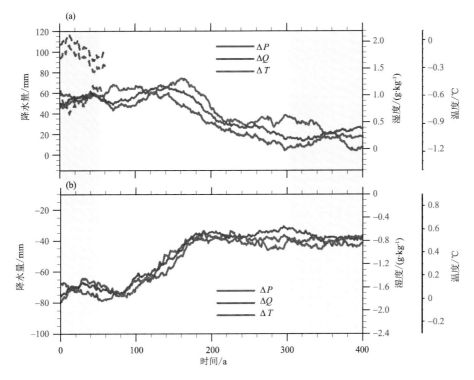

图 5.39　湿季(ASO)降水(单位:mm,深绿色实线)、地表大气湿度(单位:g·kg⁻¹,蓝色实线)和
地表大气温度(SAT,单位:℃,红色实线)演变序列
(a)NoTibet 相对于 Real 的变化;(b)OnlyTibet 相对于 Flat 的变化。
左右两个灰色区域分别代表 Stage-Ⅰ 和 Stage-Ⅱ

Ⅱ的改变则来源于北大西洋气候态的改变。与此同时,北大西洋气候态的改变又是去掉青藏高原地形后的响应(Yang et al.,2020a)。至此,已经基本认识到去掉高原后北非气候态的响应分大气快速响应和最后的海洋调整两个阶段,下一步将通过分析两个阶段降水、湿度和温度以及大气环流的空间分布来弄清其中的具体过程。

　　图 5.40 展示 NoTibet 北非湿季两个阶段降水、比湿和温度变化的空间分布。在 Stage-Ⅰ,8—10 月(ASO)总降水量在整个区域降水都增加,北部增加 3~30 mm,而南部区域能够增加 100 mm 以上(图 5.40a)。在 Stage-Ⅱ,北非降水少于 Stage-Ⅰ,但是除西南部小部分区域外,其他区域降水仍然比 Real 试验多(图 5.40d)。大气比湿的变化与降水变化一致,在整个大气柱内都是增加的,Stage-Ⅱ的变化小于 Stage-Ⅰ,垂直分布变化主要集中在 700 hPa 以下,并且越靠近地面比湿越大(图 5.40g:蓝线)。地表大气比湿的水平分布特征跟降水一致(图 5.40b、e)。尽管沙漠腹地降水绝对值变化不到 10 mm,比周边区域小,但是变化百分比能够达到 600%~800%,甚至更大,这种成倍的变化已经能够显著影响沙漠植被的生长。换言之,青藏高原的隆升能够导致北非沙漠化。

　　NoTibet 试验中北非上空大气在 700 hPa 以下降温,而在 700 hPa 以上升温,且 Stage-Ⅱ中的温度低于 Stage-Ⅰ(图 5.40g)。由于底层大气温度对蒸发和水汽输送影响较大,因此,主

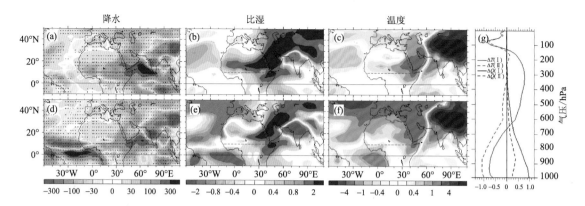

图 5.40 NoTibet 湿季(ASO)降水(单位:mm,第 1 列)、比湿(单位:g·kg^{-1},第 2 列)和
温度(单位:℃,第 3 列)变化的空间分布

(a)—(c)Stage-Ⅰ;(d)—(f)Stage-Ⅱ;(g)区域平均的大气比湿(蓝色曲线)和温度(红色曲线),
实线代表 Stage-Ⅰ,虚线代表 Stage-Ⅱ

要关注 SAT。在 Stage-Ⅰ,大西洋区域的 SAT 在北大西洋中纬度区域降低、低纬度区域升高。北非陆地上在撒哈拉沙漠腹地升温、南部降温。到 Stage-Ⅱ,SAT 变化明显不同于 Stage-Ⅰ。大西洋 SAT 变化表现为南北半球偶极子结构:北半球降温超过 4 ℃,而南半球升温超过 1 ℃(图 5.40c、f)。受北大西洋降温影响,北非陆地上 SAT 也降低。Stage-Ⅱ中的 SAT 变化来源于去掉青藏高原地形导致的 AMOC 崩溃,具体过程已经在第 5.4 节中详细阐述。正是 Stage-Ⅱ中大西洋 SAT 变化导致了热带大西洋大气环流以及水汽输送的变化,进而导致 Stage-Ⅱ水汽和降水的改变。平板海洋试验 NoTibet_SOM 中,降水、比湿和温度变化与 NoTibet 试验 Stage-Ⅰ基本一致(图略)。由于平板试验中关闭了海洋动力过程,只代表了大气过程导致的气候态改变,降水、比湿和温度变化都与全耦合试验 Stage-Ⅰ吻合。在 OnlyTibet 中,降水、比湿和温度变化与 NoTibet 恰好相反(图略),这里不再赘述。

去掉青藏高原后,大气环流的变化如图 5.41 所示。在 Stage-Ⅰ(图 5.41a₁—d₁),青藏高原区域高层出现气旋性低压异常,底层出现反气旋性高压异常,伴随着异常的下沉运动。位于高压南侧的印度洋上出现东风异常,能够将印度洋的水汽往北非输送。另一方面,赤道大西洋(0°~20°N)出现西风异常,对应自西向东的水汽输送,能够将热带大西洋水汽输送到北非。这里的西风异常来自于北半球热带大西洋的暖异常。在暖中心的抽吸作用下热带大西洋出现越赤道向北的气流,该气流在科氏力影响下向东偏转进入北非。在来自印度洋向西和大西洋向东的水汽输送的共同作用下,北非水汽增加,水汽辐合增强,降水增加(图 5.41d₁)。在 Stage-Ⅱ(图 5.41a₂—d₂ 和 a₃—d₃),尽管来自印度洋的水汽输送依然存在,但是来自大西洋的水汽输送却停止。原因在于 Stage-Ⅱ时 AMOC 已经崩溃,海洋向北的热量输送减弱,导致整个北大西洋出现明显的降温而赤道大西洋和南大西洋升温。这种温度梯度导致大西洋 ITCZ 南移,热带大西洋出现越赤道向南半球的经向风异常(图 5.41b₂、b₃),伴随着北半球热带大西洋上空大气的下沉运动和赤道大西洋上空大气的上升运动(图 5.41c₂、c₃)。大西洋上原本向北非的水汽输送转向南大西洋,相应地,在 5°~20°N 之间水汽辐散增强,赤道附近水汽辐合增强

（图 5.41d$_2$、d$_3$），因此，Stage-Ⅱ时北非降水比 Stage-Ⅰ少，尤其是西南部。但是此时青藏高原区域的环流结构没有改变，印度洋上依然存在向西的水汽输送，所以 Stage-Ⅱ中北非降水依然比 Real 试验中多。

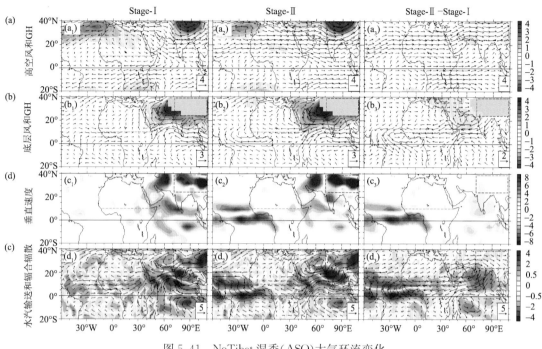

图 5.41 NoTibet 湿季（ASO）大气环流变化

(a)100～500 hPa 垂直平均的风场（单位：m·s^{-1}）和位势高度场（GH，10 m）；(b)850 hPa 的风场（单位：m·s^{-1}）和位势高度场（GH，10 m）；(c)500 hPa 大气垂直运动速度（单位：m·s^{-1}），正值表示上升运动，负值表示下沉运动；(d)垂直积分的水汽输送（矢量；$\rho \cdot \langle vq \rangle$；单位：10^{-1} kg·m^{-1}·s）和水汽辐合辐散（阴影；$\rho \nabla \cdot \langle vq \rangle$；单位：10^{-5} kg·m^{-2}·s；正值表示辐散，负值表示辐合）。左列：Stage-Ⅰ；中间列：Stage-Ⅱ；右列：Stage-Ⅱ和 Stage-Ⅰ的差异

　　平板海洋试验中的大气环流变化以及水汽输送和辐合辐散变化与全耦合试验 Stage-Ⅰ基本一致，这进一步证实了大气环流在青藏高原影响北非降水过程中的重要作用。青藏高原隆升(OnlyTibet)导致的大气与海洋环流过程改变与 NoTibet 正好相反。如果说去掉青藏高原是利用反证法来证明高原的气候效应，那么在平板上增加青藏高原地形则更符合现实世界中的变化顺序，从逻辑上也更容易理解高原隆升后周边环流的变化过程。具体来讲，高原隆升后，印度洋上出现西南风异常，亚洲季风增强，能够将北非和印度洋上的水汽抽送到青藏高原区域和东南亚。另一方面，北半球热带大西洋的冷中心导致东风异常，出现由北非指向大西洋的水汽输送。这两支向外的水汽输送导致北非降水减少。另外，高原西侧的中亚地区有明显补偿下沉气流，该气流造成的东北信风增强也是出现自北非向大西洋水汽输送的一个原因。刘晓东等(2001)关于高原引起中亚及北非的研究也提到了这一点。到 Stage-Ⅱ时，AMOC 建立，海洋向北的热量输送增加，导致整个北大西洋升温而南大西洋降温。热带大西洋上会由此产生跨赤道指向北非的水汽输送，给北非增加部分降水。由于 Stage-Ⅱ印度洋上指向东北方

向的水汽输送依然存在甚至略有增强,所以北非降水依然比 Flat 少。青藏高原对北非降水改变确实存在单独贡献。

湿季去掉青藏高原后,高原以西的中亚、阿拉伯半岛以及北非地区低云增多,低云变化进一步导致了地面净短波辐射的减少(图 5.42a—d)。增加的低云和减少的净短波辐射分别对应更多的降水和更少的地面蒸发,有利于缓解北非干旱气候。而高原隆升后,高原以西的中亚、阿拉伯半岛以及北非地区低云减少,减少的低云进一步导致了地表净短波辐射的增加(图5.42e、f)。减少的低云和增加的净短波辐射分别对应更少的降水和更多的地表蒸发,在一定程度上会加剧北非干旱。这里的低云定义为 680 hPa 以下的总云量。

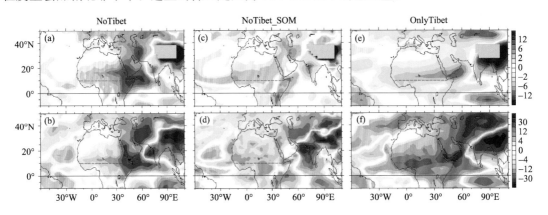

图 5.42　((a)、(c)、(e))湿季(ASO)低云变化百分比(%);((d)、(d)、(f))地面净短波辐射量(W·m^{-2})变化。((a)、(b))NoTibet-Real,Stage-Ⅰ;((c)、(d))NoTibet_SOM-Real_SOM;((e)、(f))OnlyTibet-Flat,Stage-Ⅰ

考虑到 SAT 与陆面生态系统和人类活动关系密切,这里对北非区域的 SAT 变化也做一个简要讨论。湿季去掉青藏高原后,Stage-Ⅰ北非 SAT 在东部和南部降温,这是由低云增加引起的地表净短波辐射减少导致的(图 5.42);而 Stage-Ⅱ北非大范围的降温是由 AMOC 崩溃引起的北大西洋降温导致的。湿季高原隆升后,Stage-Ⅰ时从青藏高原到北非中部有一个东西向的冷舌,这是由高原隆升后东北信风将高原上的冷空气平流到北非所致(图略);Stage-Ⅱ的变化是受北大西洋升温的影响。

图 5.43 总结了青藏高原对北非降水的影响过程。首先,去掉高原地形后大气环流迅速调整,印度洋和热带大西洋分别会出现向西和向东往北非的水汽输送,导致北非大气中水汽含量增加,水汽辐合增强,降水增加。但是,当海洋环流达到准平衡态时,大西洋对去掉高原地形的响应将会反馈于大气过程,抵消部分降水增加。具体来讲,由于移除青藏高原导致 AMOC 崩溃,进一步导致北大西洋降温而南大西洋升温,这种温度梯度导致原本由北半球热带大西洋往北非的水汽输送转向南半球,从而使得北非降水回落。而此时由印度洋往北非的水汽输送依然存在,所以北非的降水依然比 Real 试验中多。简单来讲,青藏高原影响北非降水主要分为两个途径:一是直接调控印度洋和大西洋往北非的水汽输送;二是通过调控 AMOC 强度间接影响北大西洋往北非的水汽输送。

通过定量研究青藏高原地形对北非降水的影响,人们能够进一步认识青藏高原在全球水

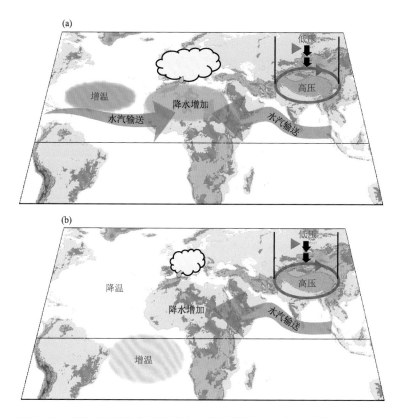

图 5.43　移除 TP 后北非湿季降水改变示意图。(a)大气过程(Stage-Ⅰ);
(b)海洋环流对大气环流的反馈(Stage-Ⅱ)。向下的箭头代表空气下沉运动

文循环中的作用。这也对探究北非沙漠成因提供了一个新的角度。本节认为青藏高原在
1000 万～800 万年前的快速隆升对于北非降水的减少以及接下来的沙漠化有一定的贡献。本
节的模拟也验证了亚洲内陆的干旱以及印度和东亚季风的建立与青藏高原的隆升有关
(Copeland,1997；An et al.,2001)。另外,AMOC 越强,北非的降水越多。因此,可以认为未
来 AMOC 强度减弱,将可能进一步减少北非降水。

　　在现实世界中,除了青藏高原地形以外,还有很多因素也可能影响北非降水。比如非洲地
形的隆升对于北非干旱也可能是有贡献的(Chakraborty et al.,2002；Jung et al.,2015)。本
节也设计了一组非洲地形隆升的试验,结果发现非洲地形对于北非干旱气候的影响没有青藏
高原的影响显著。还有研究认为中新世特提斯海收缩和青藏高原隆升都对欧亚气候有重要的
影响(Ramstein et al.,1997；Zhang et al.,2007)。Zhang 等(2014)的研究指出,晚中新世特提
斯海的收缩导致非洲季风改变以及非洲季风对轨道强迫的敏感度改变,最终造成了北非的干
旱。但严格来讲,他们的研究也只是说明了特提斯海的单独贡献,无法确定地说青藏高原就没
有贡献。也有模拟结果指出,非洲季风对于入射太阳辐射的改变非常敏感(Noblet et al.,
1996),所以轨道强迫的改变也会对北非气候产生非常大的影响。Wang 等(2002)的研究认
为,大气 CO_2 含量对于非洲降水也有潜在的影响。这些的试验中 CO_2 含量设置为工业革命前

的值(285 ppm),但是晚中新世 CO_2 含量还是存在争议的。还有一些强迫因子如植被类型、地表径流、冰架等也可能对北非气候产生影响。这里需要强调的是,青藏高原单独可以对北非干旱形成有贡献,未来还需要通过获取更多的地质资料和设计更加合理的模拟试验来进行更详尽更深入的研究。

5.6 本章小结

本章介绍了利用最新的耦合气候系统模式深入研究青藏高原在全球气候系统中的地位的成果,指出青藏高原在北半球宜居气候中扮演了一个重要角色。没有青藏高原,全球海洋热盐环流将与现今状态完全不同(图 5.44)。这些结果极大深化了对青藏高原在地球行星中的地位的认识。尽管这些结果是基于理想化地形试验,可能和观测到的结果存在差异,但是这些理想试验能够提供对青藏高原影响全球的具体过程的了解。利用观测资料来研究青藏高原抬升对全球海洋环流的影响是不可能实现的,尽管已经有一些试验表明中新世时期地质变化与全球海洋大尺度环流的变化有关。海洋环流的变化可以通过表面风场和淡水来改变,这两个因素均会随着青藏高原的抬升而改变。通过极端的地形试验,可以更清楚地看到局地和非局地的信号,从而能够把握最根本的机制。

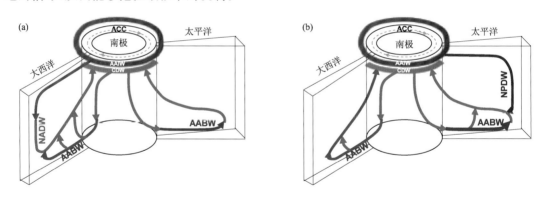

图 5.44 全球大洋环流极简示意图
(a)真实地形情形;(b)移除青藏高原的情形
蓝色顺时针虚线代表南极绕极流 ACC。AABW:南极底层水;AAIW:南极中层水,CDW:绕极深层水;
NADW:北大西洋深水;NPDW:北太平洋深水

在这些工作中,青藏高原的移除可以使 AMOC 关闭,PMOC 建立(图 5.12)。这样的"跷跷板"现象在古气候资料里早有记载(Ferreira et al.,2018),大概发生在 3000 万~1000 万年以前。然而,对这种"跷跷板"效应的机制却众说纷纭,包括 2100 万年前德雷克海峡的打开、白令海峡打开、落基山脉的抬升等。本章认为,青藏高原的隆升在这种"跷跷板"效应中扮演了不可忽视的角色。青藏高原快速抬升的时间与北大西洋深水形成的时间是非常吻合的,均在

1000 万年前。相反,落基山脉在 4500 万年前就已经到达其现代高度。尽管落基山脉可以阻挡从北太平洋向北大西洋输送的部分水汽,但同时也增强了热带太平洋向北大西洋输送的水汽。古气候资料到目前为止并没有发现 4500 万年前北大西洋深水形成的证据。本章同样也做了全球平板地形试验,在此基础上随着青藏高原抬升,AMOC 逐渐建立起来,PMOC 逐渐消失。青藏高原的存在是 AMOC 存在的必要条件,但不是充分条件。许多理想试验结果表明,北大西洋深水形成是因为大西洋海盆窄(Ferreira et al.,2010;Nilsson et al.,2013),无论使用哪种地形配置均是如此。Ferreira 等(2010)通过在水球上加一个非常窄的经向陆地,小的海盆和大的海盆分别对应大西洋和太平洋的特征。小海盆比大海盆更暖、更咸、密度更大,伴随深水形成和强的向北的海洋热量输送。Nilsson 等(2013)进一步指出陆地的南部边界可以影响深水的形成,因为陆地的经向长度控制了风驱动的斯维尔德鲁普(Sverdrup)环流,以及海盆间的盐度输送。这些理想水球试验揭示了海盆几何分布对世界海洋环流的根本作用。本章的工作想要表明的是,在现代海陆地形分布下,青藏高原的抬升会影响 AMOC 和 PMOC 的形成。

在青藏高原抬升阶段,大气 CO_2 浓度是非常高的。始新世晚期大气 CO_2 浓度可以高达 1000 ppm(Lowenstein et al.,2006),这将极大地影响海冰边界的范围。海冰边界的范围对深水形成有显著影响。应该注意的是,模式里由于青藏高原的突然消失所产生的气候变化不一定和古气候里青藏高原的逐渐抬升一致。高度理想化的试验可以探索青藏高原影响海洋环流的机制,但无法量化古气候里海洋环流的演变,因为各种复杂的边界条件是很难去重建的。换句话说,这些工作利用一个有趣的方法揭示了青藏高原在 AMOC 和 PMOC 形成中的重要作用。至于全球海洋环流在地质时期到底如何演变,特别是在青藏高原缓慢抬升时期的演变过程,仍然具有相当大的不确定,需要更多的模式和更多的观测资料来回答这个问题。

注:依托项目:①探究青藏高原在全球海洋经圈环流形成中的角色,91737204;项目类型:重点;执行年限:2018 年 1 月—2021 年 12 月;②青藏高原对热带辐合带影响的耦合模式研究,91337106;项目类型:培育;执行年限:2014 年 1 月—2016 年 12 月。

参考文献

陈志宏,杨海军,2020.青藏高原对非洲北部降水影响的模拟研究[J].北京大学学报(自然科学版),56(5):835-843.

刘晓东,李力,安芷生,2001.青藏高原隆升与欧亚内陆及北非的干旱化[J].第四纪研究,21(2):114-122.

邵星,杨海军,李洋,等,2021.不同分辨率下青藏高原对大西洋经圈翻转流影响的耦合模式研究[J].北京大学学报(自然科学版),57(1):121-131.

孙瑜,杨海军,2015.全球地形影响大气和海洋经圈环流的耦合模式研究[J].北京大学学报(自然科学版),51(4):735-744.

温琴,2020.探究青藏高原对全球海洋环流的影响[D].北京:北京大学:1-115.

AN Z,KUTZBACH J,PRELL M,et al,2001. Evolution of Asian monsoons and phased uplift of the Himalaya-Tibetan Plateau since Late Miocene times[J]. Nature, 411(6833): 62-66.

CARMACK E C, 1977. Water Characteristics of the Southern Ocean South of the Polar Front[M]. Oxford: Pergamon Press: 15-41.

CHAKRABORTY A, NANJUNDIAH R S, SRINIVASAN J, 2002. Role of Asian and African orography in Indian summer monsoon[J]. Geophysical Research Letters, 29: 33-39.

CHEN Z, WEN Q, YANG H, 2021. Impact of the Tibetan Plateau on North African precipitation[J]. Climate Dynamics, 57: 2767-2777.

COPELAND P, 1997. The When and Where of the Growth of the Himalaya and the Tibetan Plateau[M]. Ruddiman W F. Tectonic Uplift and Climate Change. New York: Springer: 20-36.

DE MENOCAL P B, 1995. Plio-Pleistocene African climate[J]. Science, 270(5233): 53-59.

DELWORTH T L, ZENG F, 2008. Simulated impact of altered Southern Hemisphere winds on the Atlantic meridional overturning circulation[J]. Geophysical Research Letters, 35: L20708.

DUTTON J F, BARRON E J, 1997. Miocene to present vegetation changes: A possible piece of the Cenozoic cooling puzzle[J]. Geology, 25: 39-41.

FALLAH B, CUBASCH U, PRÖMMEL K, et al, 2016. A numerical model study on the behaviour of Asian summer monsoon and AMOC due to orographic forcing of Tibetan Plateau[J]. Climate Dynamics, 47: 1485-1495.

FAURE H, DENARD L F, 1998. Sahara Environmental Changes during the Quaternary and Their Possible Effect on Carbon Storage[M]//ISSAR A S, BROWN N. Water, Environment and Society in Times of Climatic Change. Dordrecht: Springer: 319-322.

FERREIRA D, MARSHALL J, CAMPIN J, 2010. Localization of deep water formation: Role of atmospheric moisture transport and geometrical constraints on ocean circulation[J]. Journal of Climate, 23: 1456-1476.

FERREIRA D, CESSI P, COXALL H, et al, 2018. Atlantic-Pacific asymmetry in deep water formation[J]. Annual Review of Earth and Planetary Sciences, 46: 327-352.

HARRISON T M, COPELAND P, KIDD W, et al, 1992. Raising Tibet[J]. Science, 255: 1663-1670.

HEWITT H T, ROBERTS M J, HYDER P, et al, 2016. The impact of resolving the Rossby radius at mid-latitudes in the ocean: Results from a high-resolution version of the Met Office GC2 coupled model[J]. Geoscientific Model Development Discussion, 9(10): 1-35.

HUANG X, STÄRZ M, GOHL K, et al, 2017. Impact of Weddell Sea shelf progradation on Antarctic bottom water formation during the Miocene[J]. Paleoceanography, 32: 304-317.

JIANG R, YANG H, 2021. Investigating the role of the Rocky Mountains in the Atlantic and Pacific meridional overturning circulations[J]. Journal of Climate, 34: 6691-6703.

JUNG G, PRANGE M, SCHULZ M, 2015. Influence of topography on tropical African vegetation coverage [J]. Climate Dynamics, 46: 1-15.

LARGE W G, DANABASOGLU G, DONEY S C, et al, 1997. Sensitivity to surface forcing and boundary layer mixing in a global ocean model: Annual-mean climatology[J]. Journal of Physical Oceanography, 27: 2418-2447.

LEVERMANN A, SCHEWE J, MONTOYA M, 2007. Lack of bipolar see-saw in response to Southern Ocean wind reduction[J]. Geophysical Research Letters, 34: L22012.

LI H，FEDOROV A，LIU W，2021．AMOC stability and diverging response to Arctic sea ice decline in two climate models[J]．Journal of Climate，34：5443-5460．

LIU L L，HUANG R X，WANG F，2016．Subduction/obduction rate in the North Pacific diagnosed by an eddy-resolving model[J]．Chinese Journal of Oceanology and Limnology，34：835-846．

LOWENSTEIN T，DEMICCO R，2006．Elevated eocene atmospheric CO_2 and its subsequent decline[J]．Science，313：1928．

LOZIER M S，LI F，BACON S，et al，2019．A sea change in our view of overturning in the subpolar North Atlantic[J]．Science，363：516-521．

MAFFRE P，LADANT J B，DONNADIEU Y，et al，2018．The influence of orography on modern ocean circulation[J]．Climate Dynamics，50：1-13．

MALUSKI H，MATTE P，BRUNEL M，et al，1988．Argon 39-argon 40 dating of metamorphic and plutonic events in the north and high Himalaya belts (southern Tibet-China)[J]．Tectonics，7：299-326．

MARSHALL J，WILLIAMS R G，NURSER A J，et al，1993．Inferring the subduction rate and period over the North Atlantic[J]．Journal of Physical Oceanography，23：1315-1329．

MENVIEL L，ENGLAND M H，MEISSNER K J，et al，2014．Atlantic-Pacific seesaw and its role in outgassing CO_2 during Heinrich events[J]．Paleoceanography，29(1)：58-70．

MERCIER J，ARMIJO R，TAPPONNIER P，et al,1987．Change from late Tertiary compression to quaternary extension in southern Tibet during the India-Asia collision[J]．Tectonics，6：275-304．

MOLNAR P，ENGLAND P，MARTINOD J，1993．Mantle dynamics，uplift of the Tibetan Plateau，and the Indian monsoon[J]．Reviews of Geophysics，31：357-396．

MULITZA S，PRANGE M，STUUT J B，et al，2008．Sahel megadroughts triggered by glacial slowdowns of Atlantic meridional overturning[J]．Paleoceanography，23(4)：456-467．

NILSSON J，LANGEN P，FERREIRA D，et al，2013．Ocean basin geometry and the salinification of the Atlantic Ocean[J]．Journal of Climate，26(16)：6163-6184．

NOBLET N D，BRACONNOT P，JOUSSAUME S，et al，1996．Sensitivity of simulated Asian and African summer monsoons to orbitally induced variations in insolation 126，115 and 6 kBP[J]．Climate Dynamics，12：589-603．

ORSI A H，SMETHIE J R W M，BULLISTER J R，2002．On the total input of Antarctic waters to the deep ocean：A preliminary estimate from chlorofluorocarbon measurements[J]．Journal of Geophysical Research：Oceans，107(C8)：31-1-31-14．

RAHMSTORF S，2002．Ocean circulation and climate during the past 120000 years[J]．Nature，419(6903)：207-214．

RAHMSTORF S，ENGLAND M H，1997．Influence of Southern Hemisphere winds on North Atlantic deep water flow[J]．Journal of Physical Oceanography，27：2040-2054．

RAMSTEIN G，FLUTEAU F，BESSE J，et al，1997．Effect of orogeny，plate motion and land-sea distribution on Eurasian climate change over the past 30 million years[J]．Nature，386：788-795．

RAYMO M E，1994．The initiation of Northern Hemisphere glaciation[J]．Annual Review of Earth Planet Science，22：353-383．

RODWELL M J，HOSKINS B J，1996．Monsoons and the dynamics of deserts[J]．Quarterly Journal of the

Royal Meteorological Society, 122: 1385-1404.

RUDDIMAN W F, RAYMO M E, PRELL W L, et al, 1997. The Uplift-Climate Connection: A Synthesis [M]. Ruddiman W F. Tectonic Uplift and Climate Change. New York: Springer: 471-515.

SCHMITTNER A, SILVA T A M, FRAEDRICH K, et al, 2011. Effects of mountains and ice sheets on global ocean circulation[J]. Journal of Climate, 24(11): 2814-2829.

SCHNEIDER N, MILLER A J, ALEXANDER M A, et al, 1999. Subduction of decadal North Pacific temperature anomalies: Observations and dynamics[J]. Journal of Physical Oceanography, 29: 1056-1070.

SCHUSTER M, 2006. The age of the Sahara Desert[J]. Science, 311(5762): 821.

SEIDOV D, STOUFFER R J, HAUPT B J, 2005. Is there a simple bi-polar ocean seesaw? [J]. Global and Planetary Change, 49: 19-27.

SEIN D V, KOLDUNOV N V, DANILOV S, et al, 2018. The relative influence of atmospheric and oceanic model resolution on the circulation of the North Atlantic Ocean in a coupled climate model[J]. Journal of Advances in Modeling Earth Systems, 10: 2026-2041.

SMALL R J, BACMEISTER J, BAILEY D, et al, 2014. A new synoptic scale resolving global climate simulation using the Community Earth System Model[J]. Journal of Advances in Modeling Earth Systems, 6: 1065-1094.

STOUFFER R J, SEIDOV D, HAUPT B J, 2007. Climate response to external sources of freshwater: North Atlantic versus the Southern Ocean[J]. Journal of Climate, 20: 436-448.

STUUT J B W, FOHLMEISTER J, JAHN A, et al, 2008. Coherent high-and low-latitude control of the northwest African hydrological balance[J]. Nature Geoscience, 1: 670-675.

SU B, JIANG D, ZHANG R, et al, 2018. Difference between the North Atlantic and Pacific meridional overturning circulation in response to the uplift of the Tibetan Plateau[J]. Climate of the Past, 14: 751-762.

SWEZEY C S, 2006. Revisiting the age of the Sahara Desert[J]. Science, 312: 1138-1139.

SWINGEDOUW D, FICHEFET T, GOOSSE H, et al, 2009. Impact of transient freshwater releases in the Southern Ocean on the AMOC and climate[J]. Climate Dynamics, 33: 365-381.

TAKAYA K, NAKAMURA H, 2001. A formulation of a phase-independent wave-activity flux for stationary and migratory quasigeostrophic eddies on a zonally varying basic flow[J]. Journal of Atmospheric Sciences, 58: 608-627.

THOMAS M D, TREGUIER A, BLANKE B, et al, 2015. A Lagrangian method to isolate the impacts of mixed layer subduction on the meridional overturning circulation in a numerical model[J]. Journal of Climate, 28: 7503-7517.

TOGGWEILER J R, SAMUELS B, 1993. Is the Magnitude of the Deep Outflow from the Atlantic Ocean Actually Governed by Southern Hemisphere Winds? [M]. Berlin, Heidelberg: Springer-Verlag: 303-331.

TOGGWEILER J R, SAMUELS B, 1995. Effect of Drake Passage on the global thermohaline circulation[J]. Deep Sea Research Part I: Oceanographic Research Papers, 42: 477-500.

TREVENA J, SIJP W, ENGLAND M, 2008. Stability of Antarctic Bottom Water formation to freshwater fluxes and implications for global climate[J]. Journal of Climate, 21: 3310-3326.

WANG G, ELTAHIR E A B, 2002. Impact of CO_2 concentration changes on the biosphere atmosphere system of West Africa[J]. Global Change Biology, 8: 1169-1182.

WEN Q，YANG H，2020. Investigating the role of the Tibetan Plateau in the formation of Pacific meridional overturning circulation[J]. Journal of Climate，33：3603-3617.

WEN Q，ZHU C，HAN Z，et al，2021. Can the Tibetan Plateau affect the Antarctic Bottom Water? [J]. Geophysical Research Letters，48：e2021GL092448.

WINTON M，ANDERSON W G，DELWORTH T L，et al，2014. Has coarse ocean resolution biased simulations of transient climate sensitivity? [J]. Geophysical Research Letters，41(23)：8522-8529.

WOODRUFF F，SAVIN S M，1989. Miocene deepwater oceanography[J]. Paleoceanography，4：87-140.

WOODRUFF F，SAVIN S M，1991. Mid-Miocene isotope stratigraphy in the deep sea：High resolution correlations，paleoclimatic cycles，and sediment preservation[J]. Paleoceanography，6：755-806.

XIE P，ARKIN P A，1997. Global precipitation：A 17-year monthly analysis based on gauge observations，satellite estimates，and numerical model outputs[J]. Bulletin of the American Meteorological Society，78：2539-2558.

YANG H，WEN Q，YAO J，et al，2017. Bjerknes compensation in meridional heat transport under freshwater forcing and the role of climate feedback[J]. Journal of Climate，30(14)：5167-5185.

YANG H，WEN Q，2020a. Investigating the role of the Tibetan Plateau in the formation of Atlantic meridional overturning circulation[J]. Journal of Climate，33：3585-3601.

YANG H，SHEN X，YAO J，et al，2020b. Portraying the impact of the Tibetan Plateau on global climate [J]. Journal of Climate，33：3565-3583.

ZHANG L P，DELWORTH T L，ZENG F R，2017. The impact of multidecadal Atlantic meridional overturning circulation variations on the Southern Ocean[J]. Climate Dynamics，48：2065-2085.

ZHANG Z S，WANG H，GUO Z T，et al，2007. What triggers the transition of palaeoenvironmental patterns in China，the Tibetan Plateau uplift or the Paratethys Sea retreat? [J]. Palaeogeography, Palaeoclimatology，Palaeoecology，245(3-4)：317-331.

ZHANG Z S，RAMSTEIN G，SCHUSTER M，et al，2014. Aridification of the Sahara desert caused by Tethys Sea shrinkage during the Late Miocene[J]. Nature，513：401-404.

第 6 章
青藏高原对区域和全球气候的影响

青藏高原加热影响大气环流的最重要的原因在于青藏高原的表面加热是抬升加热。自 1997 年青藏高原感热气泵(TP-SHAP)的概念被提出至今已有 25 a。随着近年来有关青藏高原的天气气候影响研究的迅速发展,TP-SHAP 影响亚洲夏季风的机制也逐渐明晰。本章第 6.1 节阐述青藏高原对欧亚环流热力结构的影响,包括青藏高原与伊朗高原的能量耦合和平衡,青藏高原与伊朗高原对亚洲夏季风系统的影响。第 6.2 节描述青藏高原环流特别是南亚高压的低频变化及其影响。第 6.3 节是青藏高原和海-气相互作用对环流和东亚季风变化的影响,包括高原积雪的变化及其影响,高原土壤湿度异常对我国夏季降水的影响和高原对东亚气候影响的新进展。第 6.4 节主要讨论青藏高原对南亚季风和中亚气候的影响。最后的第 6.5 节研究青藏高原对北半球环流和气候的影响,探讨了其全球气候效应。

6.1　青藏高原对欧亚环流热力结构的影响

6.1.1　青藏高原与伊朗高原的能量耦合和平衡

欧亚地区副热带大地形包括了青藏高原(TP)和伊朗高原(IP),其上空热力结构存在显著的差异,从而导致夏季南亚高压中心总是维持在青藏高原上空或伊朗高原上空(Zhang et al.,2002)。另一方面,陆地上降水导致地面土壤湿度增大、地表温度下降,降水的凝结潜热与局地感热加热常常呈现负相关。分析发现,无论春夏,伊朗高原上都维持大的鲍恩比,说明其主导加热是边界层的感热加热,与青藏高原夏季为西部感热-东南潜热的热源结构不同。由春到夏亚洲大地形区域地表热状况的季节演变存在明显差异。青藏高原东南部低空气旋生成,增多局地降水,减弱地表西风,增加潜热释放,减弱感热上传,即减小鲍恩比;这些过程同时加强了伊朗高原的东北风,抑制当地降水,增加感热上传,即增大鲍恩比,从而形成青藏-伊朗高原感热通量季节演变的纬向非对称分布(刘超 等,2015,图 6.1)。

为了深入理解青藏高原热源的主要控制因子以及伊朗高原热力结构与青藏高原热源之间的相互作用,Wu G X 等(2016)和 Liu Y M 等(2017)基于区域气候系统模式 WRF 开展青藏

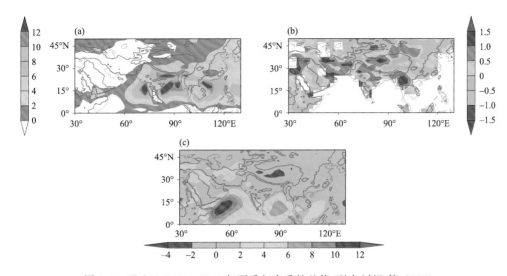

图 6.1　JRA25 1979—2008 年夏季与春季的差值(引自刘超 等,2015)
(a)降水(单位:mm・d^{-1});(b)地-气温差(单位:℃);(c)10 m 全风速(单位: m・s^{-1})

高原感热和潜热的敏感性试验,研究夏季青藏高原主体上的表面感热加热和潜热加热的特征及其相互作用,以及青藏-伊朗高原感热加热的相互作用。

在热带地区,行星涡度很小,罗斯贝变形半径很大。大气对轴对称强迫的响应通常呈现为角动量守恒的模态(AMC;Plumb et al.,1992)。这种 AMC 模态可以分为两种类型(Wu G X et al.,2016):一种是 ITCZ 诱导的哈得来型经圈环流(H-AMC),其上升/下沉支位于赤道/副热带地区(图 6.2a);另一种是季风型经圈环流(M-AMC),其上升支位于副热带地区,下沉支位于南半球(图 6.2b)。由于大气垂直速度 w 与位涡 q 平流的垂直差分成正比($w \propto f\frac{\partial}{\partial z}(-\boldsymbol{V} \cdot \nabla q)$)(Hoskins et al.,1985,2003),其中 f 是科氏参数,$\boldsymbol{V}$ 是水平风速矢量,还由于

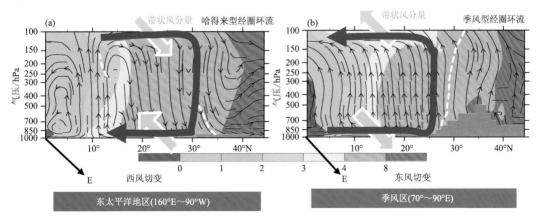

图 6.2　7 月气候平均(1979—1998 年)的经圈环流(带箭头的流线)、绝对涡度(填色;单位:10^{-5} s^{-1}),以及纬向风(u,蓝色箭头)的剖面图,其中白色虚线表示 $u=0$。(a)东太平洋(160°E～90°W)区域平均值;(b)亚洲季风区(70°～90°E)区域平均值。灰色阴影表示地形,红色粗曲线表示主要经圈环流,蓝色箭头表示 fv 引起的纬向(带状)风分量(改自吴国雄 等,2016)

沿 H-AMC 经圈环流的 PV 平流随高度减少,因此,H-AMC 伴随着下沉运动和垂直西风切变;反之,沿 M-AMC 经圈环流的 PV 平流随高度而增加,M-AMC 则伴随着空气的上升运动和垂直的东风切变。因此,ASM 地区上升运动的大尺度背景必然与季风型经圈环流 M-AMC 有关。

为了揭示产生 M-AMC 型经圈环流的原因,使用具有 45 km 水平分辨率的 WRF 开展夏季有(CTL)无(TP_NS)青藏高原感热的对比试验(Wu G X et al.,2016),即在敏感性试验中,TP 区域(23°~40°N,70°~105°E)上高度高于海拔 2 km 的地形的表面 SH 不允许加热大气。结果表明在 300 hPa 处,TP 表面 SH 在 TP 上产生显著的反气旋环流和暖中心(图 6.3b),且在 100 hPa 处产生更强的反气旋环流但为冷温度中心(图 6.3a)。因此,在反气旋中心处的静力稳定度是最小的(图 6.3c)。

Liu Y M 等(2017)进一步设计了伊朗高原主体无感热加热试验(IP_NS)和青藏-伊朗高原主体无感热加热试验(TIP_NS),并与 TP_NS 比较,得到的结果是 TIP 主体加热在对流层顶附近能够产生上冷下暖的强大的反气旋。其形成原因是大地形感热加热导致其上空大气热力层结发生变化所致。大地形的加热使对流层变暖的同时,也使平流层变冷。这种现象在青藏-伊朗高原共同加热时最强烈(图 6.4),在近地表增暖超过 6 K。其中青藏高原地表加热的贡献最大。究其原因,是由于在 TIP 和 TP 存在表面加热的情况下,温度垂直递减率在近地层及对流层上层显著增大,对流层顶明显抬升所致。

Wu G X 等(2016)证明在 100 hPa 和 300 hPa 之间存在一个临界气压层 $p_c(x,y)$,该层是温度 T 和密度水平均匀分布的等温层和等密度层,即

$$\nabla_p T \equiv 0, \nabla_p \alpha \equiv 0, p = p_c$$

式中,α 是比容。可以证明在该层上,切向速度(v_s)的一阶导数为零:

$$\frac{\partial v_s}{\partial p} = -\frac{R}{fp_c} \cdot \frac{\partial T}{\partial r} \equiv 0 \quad p = p_c$$

R 是气体常数,而且其二阶导数大于零:

$$\frac{\partial^2 v_s}{\partial p^2} = -\frac{R}{fp_c} \cdot \frac{\partial}{\partial r}\left(\frac{\partial T}{\partial p}\right) > 0 \quad p = p_c$$

式中,r 为原点在反气旋中心的矢径坐标。这就是说,在该等温层 $p_c(x,y)$ 上的反气旋环流($v_s < 0$)就是对流层顶附近最强的反气旋环流。用 ζ 表示相对涡度,θ 表示位温,TP 的表面加热在夏季能够在其上空形成最小的绝对涡度:

$$绝对涡度 (f+\zeta) = 最小值 \quad p = p_c$$

还由于静力稳定度($\partial\theta/\partial z$)在该反气旋中心处最小,因此,在该处垂直位涡也为最小:

$$垂直位涡 \left[\alpha(f+\zeta)\frac{\partial\theta}{\partial z}\right] = 最小值 \quad p = p_c$$

这意味着 TIP 加热改变了高空的大气热结构,在对流层顶附近的副热带中形成最小的绝对涡度和位涡(图 6.5)。

Plumb 等(1992)给出的动力判据表明,当副热带高层的绝对涡度出现小值甚至为负时,大气对纬向对称加热将呈现角动量守恒(AMC)式的经圈环流型,在 ASM 地区产生季风型的经

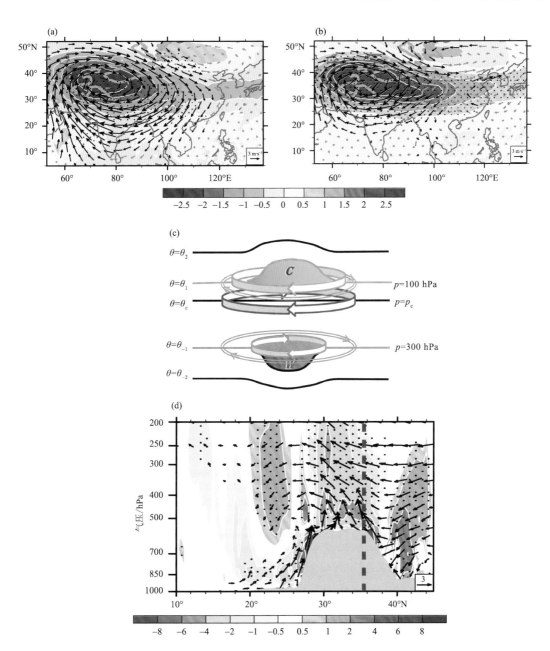

图 6.3   CTL 和 TP_NS 试验中 85°～95°E 区域夏季平均要素的差值分布（CTL 减去 TP_NS）。100 hPa(a)和 300 hPa(b)处的气温（阴影；单位：K）和风场（矢量；单位：m·s⁻¹）。垂直环流（矢量；v（单位：m·s⁻¹）和 $-50\ \omega$（单位：Pa·s⁻¹））和垂直速度（阴影；单位：0.02 Pa·s⁻¹）的气压-纬度剖面(d)。加点区域表示差异的统计置信度高于 95%。仅绘制统计通过置信度为 95% 的显著性检验的垂直环流差值。(c)示意图表示由于主体 TP 上的热强迫而在对流顶附近形成最小 PV 强迫的区域，矢量表示反气旋环流；"C"和蓝色表示低温，"W"和粉红色表示暖温，p_c 代表对流层顶气压（改自 Wu G X et al.，2016）

圈环流，其上升支位于副热带（图 6.2、图 6.3d）。由于在这种季风型经圈环流中，位涡平流和绝对涡度平流随高度的增加而增加，因此，大规模的空气上升在广阔的亚洲季风区域占据主导

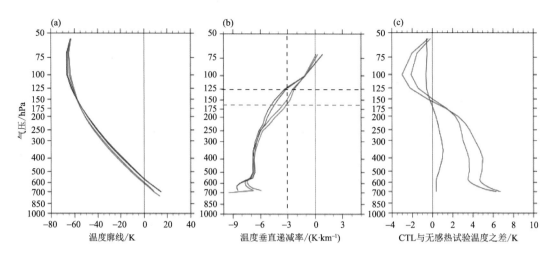

图6.4 模式模拟的在青藏高原上空(37°N,95°E)处的温度廓线(a)、温度垂直递减率(b)和背景试验
CTL与高原无表面感热加热试验的温度差异廓线(c)。(a)、(b)中红色是 TIP_NS,紫色是 TP_NS,蓝
色是 IP_NS,黑色是 CTL。(c)中红色是 CTL—TIP_NS,紫色是 CTL—TP_NS,蓝色是 CTL—IP_NS
(引自 Liu Y M et al.,2017)

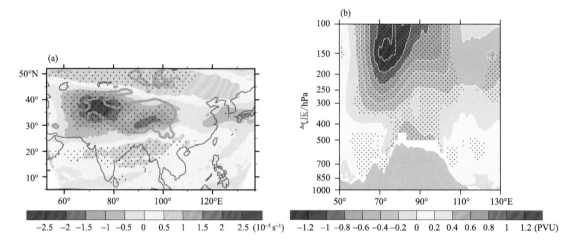

图6.5 基于WRF模拟的夏季CTL和TP_NS两组试验的差异场(CTL—TP_NS)分布。(a)150 hPa绝
对涡度(单位:$10^{-5}\,s^{-1}$);(b)沿35°N的垂直位涡(单位:PVU,1 PVU=1×10^{-6} K・m^2・s^{-1}・kg^{-1})。
图中打点区表示差异通过置信度为95%的显著性检验(改自 Wu G X et al.,2016)

地位,为季风的发展提供了有利的背景。

两组试验的对比表明,夏季青藏高原和伊朗高原感热加热存在相互影响和反馈,形成了观测到的伊朗高原感热加热-青藏高原感热加热和凝结潜热释放-大气垂直环流之间的准平衡耦合系统(TIPS,图6.6),影响大气环流。青藏高原上的感热-潜热相互反馈在这个 TIPS 耦合系统中起主要作用。两大高原的感热加热对其他地区的影响有相互加强也有相互抵消,伊朗高原和青藏高原的感热加热的共同作用对亚洲副热带季风区的水汽辐合作出最主要的贡献。

Wu G X 等(2016)和 Liu Y M 等(2017)的上述工作表明,正是由于夏季青藏-伊朗高原感

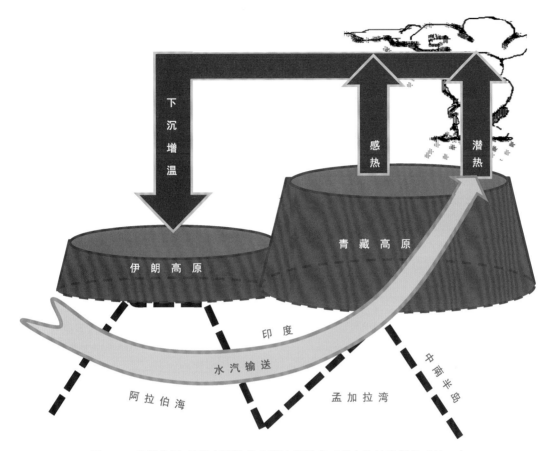

图 6.6　青藏高原、伊朗高原的热力强迫以及南亚的水汽输送所构成的一个
相互反馈的耦合系统(TIPS)示意图(改自 Liu Y M et al.,2017)

热气泵(TIP-SHAP)的影响,改变了其上空的温度和环流结构,有利于副热带季风型经圈环流的发展,从而给亚洲副热带季风提供了大范围上升运动的背景条件(Liu Y M et al.,2020)。

6.1.2　青藏高原与伊朗高原影响亚洲夏季风的机理

Boos 等(2010)提出关于喜马拉雅山"热隔离体"阻止来自中纬度的寒冷和干燥的北风空气入侵而贡献于南亚夏季风形成的假设。He 等(2015)考查了多种再分析资料和数值模拟的逐日结果,表明在夏季并不存在这种偏北的干冷空气侵入,不需要"热隔离体",并从辐射收支的角度提供了如下的理论支撑。

在北半球夏至,正午时分的太阳天顶角沿纬度 $\phi = 23.5°N$ 为零(图 6.7a)。此时在大气层的顶部,副热带纬度 A(30°N,上海所在的位置)所到达大气层顶的太阳辐射(SR)与热带的纬度 B(海得拉巴所在的 17°N)的大气层顶太阳辐射相同。然而由于地轴的倾斜,北半球夏季的昼长(LOD)随着纬度的增加而增加。因此,在 30°N 处的每日太阳辐射(DSR)为 476 W·m⁻²,比 17°N 处的高出约 6%。日太阳辐射 DSR JJA 在 30°N 处均值为 458 W·m⁻²,但在 17°N 处为

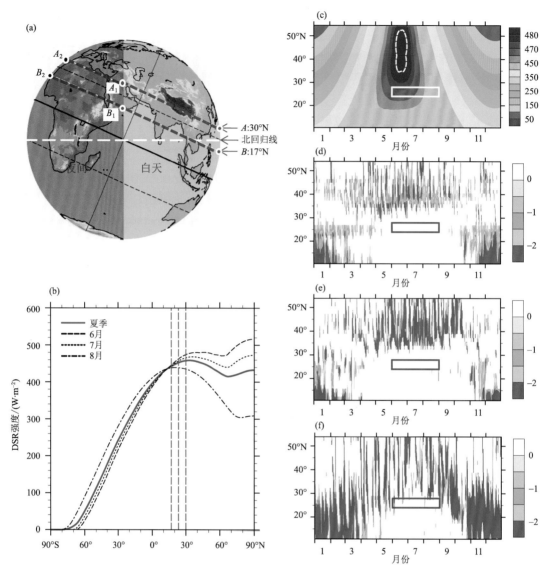

图 6.7 (a)在夏至和大气层顶部(TOA),副热带纬度 A 处(30°N)的太阳辐射(SR)强度与热带纬度 B (17°N)的太阳辐射强度相同。然而,A 处的日长(LOD)(AA_1/AA_2)比 B 处的日长(BB_1/BB_2)长约一小时。因此,30°N 的日太阳辐射(DSR)大于 17°N 时的日太阳辐射(DSR)。(b)夏季逐月气候平均 DSR 的纬度分布。(c)跨越经度域 75°~100°E 平均的日太阳辐射 DSR 的逐日演变,白色虚曲线表示 480 W·m^{-2}等值线;以及在 ERA-interim(d)、试验 CON(e)和 NoTIP(f)中的地表附近(垂直混合坐标 $\sigma=$ 0.99)偏北风的出现频次。(c)—(f)中的方块表示 24°N 和 28°N 之间以及 6—8 月期间的南亚夏季季风区域。在(b)和(c)中的单位是 W·m^{-2},在(d)—(f)中的单位是 m·s^{-1}(引自 He et al.,2015)

442 W·m^{-2}。这表明,在北半球夏季,副热带地区比热带地区接收更多的太阳辐射。还由于与印度相比,夏季青藏高原以北地区云层覆盖更少,那里到达地表面的短波辐射要比印度强得多,导致青藏高原以北表面热低压的发展,亚洲夏季风区域南风盛行。在印度 75°~100°E 的季风区域中,尽管存在青藏-伊朗高原的屏障,但冬季半年从副热带到热带地区仍存在冷/干北风平流事件(图 6.7d),意味着青藏-伊朗高原在冬季无法保护印度免受北风入侵。相反,在夏季,这个 SASM 地区没有偏北风的现象。这是由于夏季 DSR 在热带外地区高于热带地区,如图 6.7c 所示。

移除了青藏-伊朗高原的试验显示出与观察到的现象相似的特征:尽管在冬季,热带地区有很强的偏北平流,但在夏季,即使移除了青藏-伊朗高原,也几乎没有任何干冷北风从副热带向南侵入热带季风区域(图 6.7d、e、f)。

更需要强调的是,在夏季大陆尺度的陆地加热背景下,表面气旋式环流环绕着欧亚大陆(Wu et al.,2009)。因此,亚洲季风区对流层下部盛行偏南风,其向陆地和青藏高原辐合上升,从而对亚洲陆地夏季风的形成做出贡献。上述讨论并不意味着 TIP 的机械强迫可以忽略不计,而是意味着在分析地形的机械强迫作用时应当注意来风的方向:夏季亚洲季风区低空盛行偏南风,大地形对来自南方的水汽输送的抬升和阻挡对降水的分布起着非常重要的作用。

6.1.3　南亚高压和对流层上层温度暖中心的形成和变化

(1)青藏高原在高低对流层环流耦合中的作用及温度与加热垂直梯度 (T-Q_z)的关系

第 6.1.1 节指出,如果把高原感热加热看作为第一级的初步加热,那么其所激发的第二级潜热加热释放的能量更大(Wu G X et al.,2016)。更为重要的是,表面感热加热只发生在近地层 2 km 左右,而季风对流加热发生在整个对流层,从而影响着整个对流层的环流变化。Wu 等(2015)的研究表明,高原东南侧和我国华南夏季的降水及其异常与 SAH 和对流层上层温度暖中心(UTTM)区域的形成和变异密切相关。他们从下面的热成风平衡和斯维尔德鲁普位涡平衡出发:

$$\frac{\partial \phi}{\partial \ln p} = -RT \tag{6.1}$$

$$\frac{\partial v}{\partial \ln p} = -\frac{R}{f}\left(\frac{\partial T}{\partial x}\right) \tag{6.2}$$

$$\beta v \approx (f+\zeta)\theta_z^{-1}\left(\frac{\partial Q}{\partial z}\right) \quad \theta_z \neq 0 \ \text{并且} \ \boldsymbol{V}\cdot\nabla\zeta \to 0 \tag{6.3}$$

导出副热带地区加热垂直梯度(Q_z)和温度 T 分布之间(T-Q_z)的因果关系,进一步解出了副高脊线附近对流层中高层温度分布与加热场之间的位相关系(推导详见 Wu et al.,2015):

$$\begin{cases} T(x) \approx \gamma L^2 H_Q^{-2}\frac{\partial Q(x)}{\partial x} = \lambda\frac{\partial Q(x)}{\partial x} & \boldsymbol{V}\cdot\nabla\zeta \to 0 \\ \lambda = \gamma L^2 H_Q^{-2} \\ \gamma = \frac{f(f+\zeta)H}{R\beta\theta_z} & \theta_z \neq 0 \end{cases} \tag{6.4}$$

式中,$Q(x)$ 和 $T(x)$ 分别为 Q 和 T 的纬向分布,H_Q 是非绝对加热的特征垂直尺度,H 为大气的标高,ϕ 为位势高度,p 为气压,v 为经向风,ζ 为相对涡度,$\boldsymbol{V}$ 是水平风矢量,β 为科氏参数导数,$\theta_z = \partial\theta/\partial z$,为静力稳定度,$L$ 为凝结潜热系数,λ 和 γ 为加热项系数。假设加热率 Q 和温度

T 的正则模的解为

$$\begin{cases} Q = Q(x)\cos\left(\dfrac{\pi z}{H_Q}\right) \\[2mm] T = T(x)\cos\left(\dfrac{\pi z}{H_Q}\right) \\[2mm] T(x) = T_0\cos\left(\dfrac{\pi x}{L}\right) \end{cases} \tag{6.5}$$

式中,L 是温度距平中心的特征水平尺度。式(6.4)表明,沿着副热带,温度分布超前于加热分布 1/4 位相:暖(冷)温度中心的上游是冷源(热源),其下游是热源(冷源)。这个关系被定义为 T-Q_z 关系。图 6.8 给出了观测的 1979—1998 年气候态 7 月副热带对流层上层的气温和加热分布,它和式(6.4)所表明的 T-Q_z 关系是一致的。其动力原因可由图 6.9 说明:在对流层上层,主要的加热是深对流加热,那里有 $\partial Q/\partial z < 0$;主要的冷却为辐射冷却,那里有 $\partial Q/\partial z > 0$。由涡度平衡式(6.3)可见,加热区出现北风型垂直切变,冷却区出现南风型垂直切变。再由热成风平衡式(6.2)可见,暖(冷)中心必须位于加热区的西(东)侧和冷却区的东(西)侧。简而言之,亚洲季风区的深对流加热(蓝色上升箭头)形成垂直北风切变(黑箭头);内陆地区强烈的表面感热和高层长波辐射冷却形成垂直南风切变(黑箭头)。根据热成风平衡约束,UTTM 和其上的南亚高压形成于辐射冷却区的东端和对流加热区的西边。

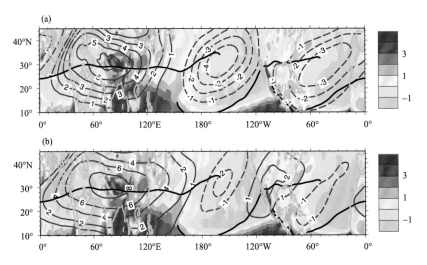

图 6.8　(a)7 月(1979—1998 年)平均的 200~400 hPa 高度上平均的非绝热加热分布(阴影;单位:K·d^{-1})以及温度对全球纬向平均温度的偏差(紫线;单位:K)(黑色粗实线为副高轴线);(b)同(a),但等值线为温度对(0°~180°W)纬向平均温度的偏差分布(引自 Wu et al.,2015)

(2)UTTM 与南亚高压的形成

早期的研究认为南亚高压是高原直接加热或孟加拉湾北部的对流加热所致(叶笃正 等,1979;Li et al.,1996)。Liu 等(2001)基于数值模拟阐述了高原表面感热加热和亚洲季风区的凝结潜热共同形成了对流层上层的南亚高压。Wu 等(2009)利用更新的再分析资料从位涡理论出发,证明 SAH 的形成与夏季沿副热带的大陆尺度热力强迫、局地海陆风强迫和大地形的

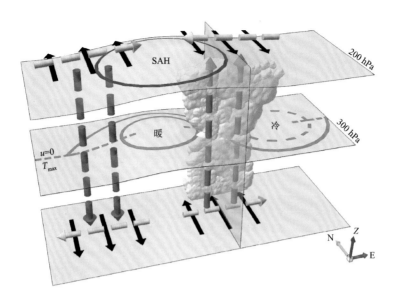

图 6.9　对流层上层温度暖中心(UTTM)形成的温度-加热垂直梯度(T-Q_c)机制示意图

(引自 Wu et al.,2015)

区域尺度强迫有关。Boos 等(2010,2013)则认为,印度大陆表面的高湿位能(用 θ_{se} 表示)的热力强迫对 UTTM 的位置和强度的形成更为重要。为了探究原因,我们必须回答的问题是:θ_{se} 和 UTTM 以及 SAH 的相对分布如何? 为什么 UTTM 和 SAH 出现在季风区的副热带?

　　气候平均的 1 月(4 月、10 月与之类似)两半球的副高脊线在地面位于副热带,随高度向赤道倾斜。在热带 0°～30°N 区域,与哈得来环流对应存在南风型垂直切变。7 月,北半球副高脊线位于 30°N 附近,随高度不再往赤道倾斜,在 300 hPa 以上甚至向北倾斜,对应着对流层中上部北暖南冷的气温分布(图 6.10)。与此对应,热带地区 15°N 以南出现北风型垂直切变,与冬季正好相反。这种特征主要与季风区对流加热有关(图 6.10d)。7 月东太平洋地区(图 6.10c)局地哈得来型经圈环流位于 10°～35°N,在 10°N 以南为北风型垂直切变,以北为南风型垂直切变。这与该处赤道辐合带在夏季向北移动有关;脊线出现高低层分离,主要是东北太平洋上空夏季受大洋高空低槽控制所致。而 7 月在亚洲季风区脊线随高度向北倾(吴国雄等,2016)。那么为何 SAH 和 UTTM 发生在副热带呢?

　　已有的研究(如 Schneider et al.,1977;Held et al.,1980)指出,大气对于轴对称加热的响应存在角动量守恒(angular momentum conservation,AMC)和热力平衡(thermal equilibrium,TE)两种状态:中高纬地区行星涡度大,罗斯贝波变形半径小,盛行 TE 型,温度随纬度增加而减少;另一方面,热带行星涡度小,罗斯贝波变形半径大,扰动容易发展并诱发经圈环流,盛行 AMC 型。Plumb 等(1992)指出,副热带的对流强迫形成的 AMC 型环流是一种热力强迫的热带季风环流。值得注意的是,在这种季风经圈环流背景下,热带的纬向气流在垂直方向出现东风型切变。高层的东风气流意味着温度应当随纬度增加。于是最高温度以及高度应当发生在 AMC 型和 TE 型交界的副热带地区。

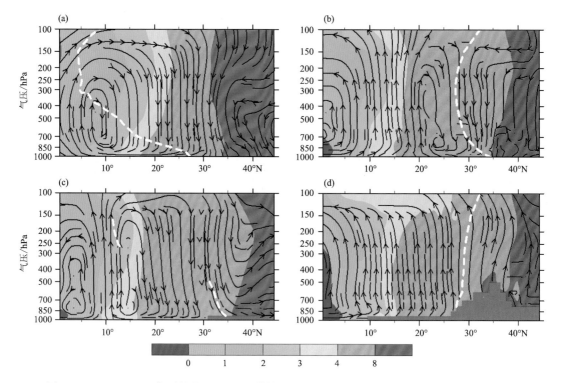

图 6.10　1979—1998 年平均的经圈环流（带箭头的线）、绝对涡度（彩色阴影；单位：10^{-5} s^{-1}）和纬向风零线（白断线）的气压-纬度分布（灰色阴影为地形）。(a)1 月纬向平均；(b)7 月纬向平均；(c)7 月东太平洋(160°E～90°W)平均；(d)7 月亚洲季风区(70°～90°E)平均（引自吴国雄 等，2016）

　　1 月（图 6.11a）全球平均的中高层暖中心和表面最高能量 θ_{se} 均出现在赤道附近，与高层高压脊线（图 6.10a）和赤道辐合带（ITCZ，图 6.8）大致重合；200 hPa 热带受西风控制，西风最大值位于副热带。这是典型的哈得来型（Held et al.，1980），对应着热带高层的南风垂直切变（图 6.10a），因此，高层暖中心出现在西风带的南缘近赤道处，对应着近地层 ITCZ 处强大的湿位能和对流活动。这时最大的西风急流中心出现在 AMC 和 TE 转化的副热带地区，因为那里的南北温度梯度（红线）最大。7 月全球平均的 θ_{se} 大值区出现在热带（图 6.11b），对应高空的东风垂直切变，上层温度的南北梯度不显著。在东太平洋区域的剖面分布特征（图 6.11c）与 1 月的纬向平均略为相似，但是整个分布向北移动超过 10°，因为在该经度范围内活跃的 ITCZ 带向北移，局地哈得来型经圈环流显著发展（图 6.10c）。夏季亚洲季风区域的曲线（图 6.10d）与其他区域或其他季节显著不同：上层暖中心位于副热带，与 200 hPa 等压面上的高压脊线（$u=0$）基本重叠；表面最高能量 θ_{se} 具有显著的峰值，它位于热带的东风型垂直切变区，在暖中心的南面靠近 UTTM 处，这在动力上与图 6.10d 所示的在亚洲季风区存在独特的、与哈得来环流反向的季风环流是一致的。这是因为低空跨赤道向北及高空跨赤道向南的经向环流产生了东风垂直切变。根据热成风关系，上对流层的暖中心应该在该东风切变北边的副热带。该季风经圈环流还在热带低纬度提供了绝对涡度平流随高度增加的环流，因此，对流运动易于发生 $w \propto \dfrac{\partial}{\partial z}[-\boldsymbol{V}\cdot\nabla(f+\zeta)] > 0$，其中 w 为垂直速度，表面 θ_{se} 也就出现在低纬度的东风垂直切变区。这就是说,对流层上层暖中心 UTTM 出现在副热带是季风区的一个重要特征。上述分析表明,在 AMC 型盛行的热带地区,对流层上层最高温度的分布还取决于纬向风的垂直切变:对应于局地哈得来型经圈环流的西风垂直切变,最高温度出现在近赤道;对应于局地季风型经圈环流的东风垂直切变,最高温度出现在副热带,强上升运动和对流降水出现在南亚高压南面的垂直东风切变区。

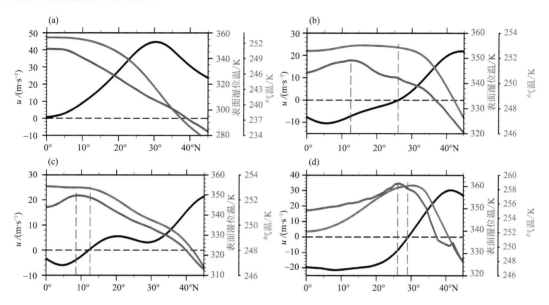

图 6.11　表面湿位温 θ_{se}（单位:K,蓝线）、200～400 hPa 平均温度（单位:K,红线）以及 200 hPa 纬向风 u（单位:m·s^{-1},黑线）的经向分布。(a)1 月纬向平均;(b)7 月纬向平均;(c)7 月东太平洋(160°E～90°W)平均;(d)7 月亚洲季风区(70°～90°E)平均(引自吴国雄 等,2016)

那么,沿着副热带,为什么该暖中心 UTTM 位于季风加热区的西部和大陆冷却区的东部呢? 也就是说,上述的 $T\text{-}Q_z$ 平衡的物理本质是什么? 根据夏季副热带四叶型加热理论(Wu G X et al.,2003;Wu et al.,2009),亚洲大陆的东部以潜热加热为主要特征,在中高空大气穿越等熵面上升;而西部以强烈的表面感热加热和自由大气的辐射冷却为主要特征,在中高空大气穿越等熵面下沉(Wu et al.,2009)。因此,东部为北风型垂直切变而西部为南风型的垂直切变(式(6.3))。正如图 6.9 所示,在热成风平衡式(6.2)约束下 UTTM 出现在加热区的西部和冷却区的东部,伴有 SAH 在其上方发展。这就是说 $T\text{-}Q_z$ 所表述的关于夏季副热带对流层上层暖中心形成的本质是在位涡平衡和热成风平衡约束下,大气环流对大气加热垂直分布的响应。

(3)南亚高压和对流层暖中心季节和年际变化

春夏季青藏高原和伊朗高原的地表热通量存在相互联系并影响春夏南亚高压和亚洲季风。基于 ERA-interim 月平均再分析,Zhang 等(2019)的研究结果表明,春夏季青藏高原与伊朗高原地表热通量在季节、年际和年代际尺度上具有不同的时空分布特征。两个高原地表热通量的春季同期变化上,伊朗高原地表感热与青藏高原西部地表感热具有同位相变化关系,与青藏高原东部地表感热具有反相变化关系;在非同期变化上,春季伊朗高原地表感热与夏季青藏高原东部地表感热存在反相变化关系。还发现5月伊朗高原和青藏高原地表感热通量的年际异常通常呈现出反位相变化,春末两个高原地区这种反相的地表感热通量异常可以持续到初夏,它们的共同作用会导致6月南亚高压位置的西北—东南向移动,并影响到后期的亚洲季风。

年际尺度上,南亚高压强度异常表现为其西、东部的位势高度(温度)异常在欧亚大陆上空呈现符号基本一致的变化模态(图6.12),与高原东部到长江中下游一带的季风潜热释放的异常关系密切(Zhang et al.,2016)。诊断及数值试验揭示该潜热加热影响南亚高压的机理为,潜热的垂直分布在对流层上层是随高度递减的,使得东亚副热带地区上层出现反气旋性环流异常,南亚高压东部加强、东伸;还会激发一西传罗斯贝波,在中亚地区形成反气旋性异常,造成地中海东岸高层大气的南风暖平流和伊朗高原上空的下沉增温等绝热加热,进而出现局地降水负异常和近地面感热作用的非绝热加热增强(图略),它们共同使得南亚高压西部的位势高度升高(图6.13)。在20世纪后半期,中国南部地区降水出现增加趋势,伴随着高空北风切变的增强和其西侧南亚高压和对流层上层暖中心的增强(图6.14)。结果表明,大气环流对降水异常的反馈是区域气候空间分布型变化的一个重要贡献因素。

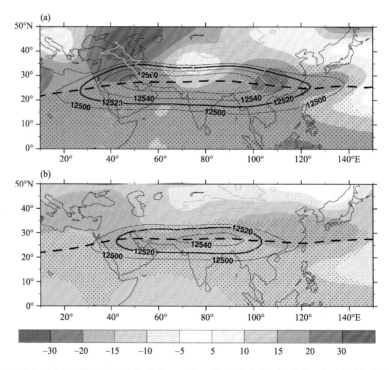

图6.12 根据南亚高压指数SAHI合成的200 hPa位势高度场(等值线)和对气候平均的偏差(填色)。(a)SAHI正异常年;(b)SAHI负异常年。单位为gpm。打点区域表示位势高度异常通过置信度为95%的显著性检验。加粗的黑色等值线为12520 gpm。黑色粗断线表示南亚高压强、弱年的脊线。灰色等值线是地形1500 m等高线(引自Zhang et al.,2016)

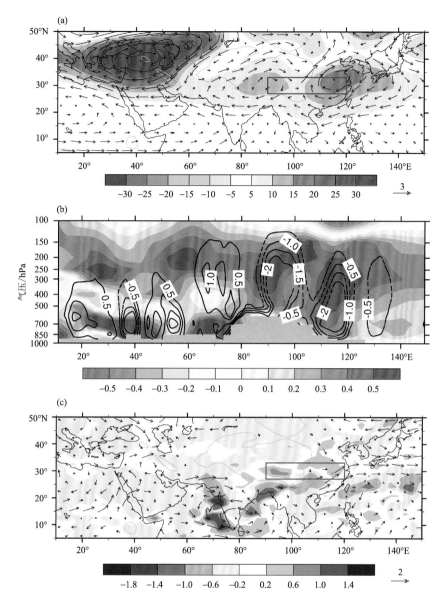

图 6.13 大气环流模式中环流对高原东部到长江中下游地区异常非绝热加热的响应(敏感性试验与对照试验之差)。填色分别为位势高度((a),单位:gpm)、温度((b),单位:K)和降水((c),单位:mm·d⁻¹);矢量为风场(单位:m·s⁻¹),垂直速度单位是 0.01 Pa·s⁻¹(引自 Zhang et al.,2016)

(a)200 hPa 位势高度和风场;(b)温度和气压坐标垂直速度;(c)850 hPa 风场和降水

6.1.4 青藏高原与伊朗高原上空对流层顶的变化和影响

与同纬度的落基山和太平洋地区相比,青藏高原及伊朗高原区域对流层顶高度的冬夏变化幅度更大(任荣彩 等,2014;夏昕 等,2016)。夏季高原对流层顶的剧烈抬高,伴随着位势涡度(PV)值的明显降低(图 6.15)。因此,在青藏与伊朗两个高原区域,由春至夏等熵面强烈下

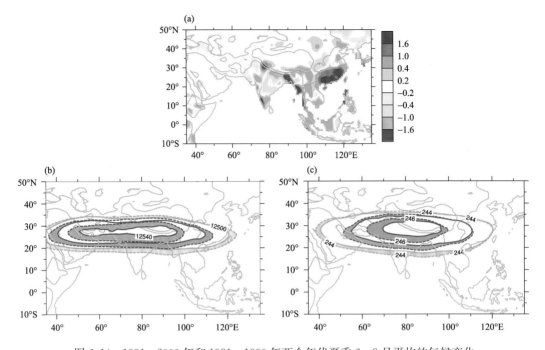

图 6.14　1991—2000 年和 1981—1990 年两个年代夏季 6—8 月平均的气候变化
(a)降水(单位:mm·d^{-1});(b)200 hPa 位势高度(单位:gpm);(c)200～400 hPa 平均温度(单位:K);(b)
和(c)中的实线和虚线分别代表 1981—1990 年及 1991—2000 年平均。降水资料源于 PREC/L;湿度和
高度资料源于 ERA40(引自 Wu et al.,2015)

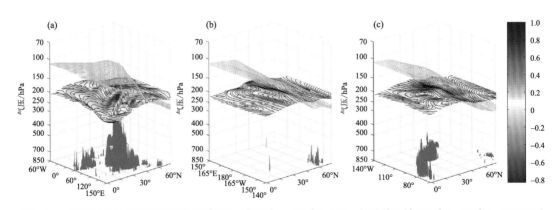

图 6.15　气候态 7 月青藏高原和伊朗高原区域(60°～150°E,(a))、太平洋区域(150°E～140°W,(b))以及
落基山区域(140°～60°W,(c))对流层顶(黄色网格面)、350 K 等熵面(填色面)以及等熵面上环流场(流线)
和经向位涡输送(填色;单位:PVU·s^{-1})的三维空间分布(灰色表示三维地形)(引自夏昕 等,2016)

凹,同时等位涡面剧烈抬升;夏季时等位涡面及对流层顶断裂带在青藏高原北部成近乎上下垂
直分布,与南北倾斜分布的等位温面接近正交分布。这种特征与夏季同纬度其他地区相对平
缓的对流层顶断裂带、等位涡面以及等熵面的经向分布形成强烈对比。此外,由春季至夏季,
随着青藏高原地区对流层顶与等熵面剧烈相交分布的形成,南亚高压也逐步控制青藏高原上
空,在南亚高压东缘盛行的偏北气流作用下,中高纬度平流层的高位涡空气得以在青藏高原东

缘及东亚地区沿剧烈倾斜的等熵面被输送到较低纬度的对流层,由此发生的经向位涡输送与东亚季风降水的发生、发展和削弱密切相关(夏昕 等,2016)。

6.2　青藏高原环流低频变化及其影响

　　持续性强降水的发生依赖于持续性的大范围大气环流异常(陶诗言 等,1962;吴国雄 等,2002)。本节将探讨青藏高原大气热源的准双周变化及其与南亚高压"双模态"的耦合,并以1998 年为典型个例探讨青藏高原附近 25～60 d 环流季节内振荡(ISO)的活动特征,揭示其影响中国东部夏季持续性强降水异常的物理过程;在此基础上,通过多年个例合成探讨青藏高原地区 25～60 d 大气 ISO 的普适性和来源。

6.2.1　青藏高原大气热源的准双周变化及其与南亚高压"双模态"的耦合

　　(1)盛夏高原大气热源的准双周主导变化

　　北半球盛夏(JA)的青藏高原大气热源由高空大气热源(TPUHS)所主导,且日平均 TPU-HS 的主导变化周期接近准双周尺度(图 6.16 和图 6.17,Zhu et al.,2018)。在 TPUHS 的加强和衰减阶段,其还可以通过激发不同的罗斯贝波列,影响中高纬以及北半球其他地区的天气异常(Zhu et al.,2018,2019)。值得注意的是,Zhu 等(2018)的结果还指出,TPUHS 异常峰值

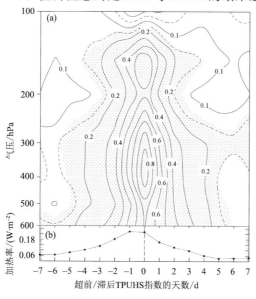

图 6.16　基于 1970—2016 年盛夏 TPUHS 指数超前/滞后回归的青藏高原上空区域平均逐层(a)和地面加热率异常(b)(单位:W·m⁻²)。(a)中的打点区域以及(b)中的打点廓线表示回归场通过置信度为 90%的显著性检验。横坐标代表 TPUHS 指数超前的天数(引自 Zhu et al.,2018)

时,青藏高原上空在垂直方向上可出现两个显著的异常热源中心,亦即在 300～400 hPa 异常热源中心之上,在 150 hPa 左右还会出现一个异常热源中心并可向上延伸至近 100 hPa 高度(图 6.16a)。在下面一节我们将说明,这决定了 TPUHS 与南亚高压的耦合变化特征。

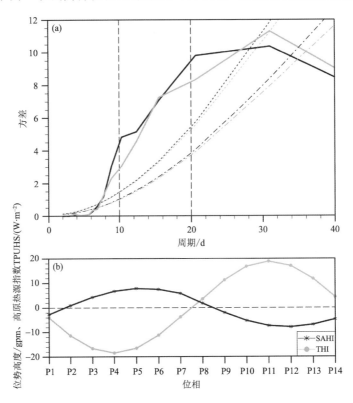

图 6.17　1970—2016 年盛夏标准化后的 TPUHS 指数(灰实线)以及南亚高压双模态指数(黑实线)的功率谱分布(a),以及两个指数的准双周尺度合成演变(b)。(a)横坐标代表以天数表示的周期长短,短虚线代表对应指数 95％的显著性水平,长短虚线代表对应指数的红噪声;(b)横坐标代表准双周尺度的 TPUHS 的位相,SAHI 是南亚高压指数,THI 是高原加热指数(引自 Ren et al.,2019)

(2)高原高空大气热源与南亚高压"双模态"的准双周耦合变化

前人的研究已经说明,异常偏强的青藏高原热源应该对应着异常偏强的南亚高压中心。Ren 等(2019)最新的研究结果指出,对于月以下的短时间尺度,TPUHS 异常与南亚高压之间有不同的对应关系,发现在青藏高原热源异常偏强位相(如 P11),南亚高压中心多离开青藏高原而在伊朗高原上空(即呈南亚高压的伊朗高原模态);反之,在青藏高原热源异常偏弱位相(如 P4),南亚高压中心则反而多位于青藏高原上空(即呈南亚高压的青藏高原模态)(图6.18)。以 TPUHS 异常强峰值位相为例,南亚高压的伊朗高原模态,对应着异常偏强的青藏高原地面气压负异常,与此相联系的是异常偏强的青藏高原低空辐合、上升运动和高空辐散,以及伊朗高原上空异常偏强的高空辐合和补偿性下沉运动。这种动力下沉造成的异常强的绝热加热效应,从而可加强伊朗高原上空的南亚高压中心。同时,青藏高原上异常偏强的地面低压异常和对流层上升运动,以及发生在更高层次(约 150 hPa)的非绝热加热异常中心(图

6.16a),使得在南亚高压所在高度(约 200 hPa)出现低压异常,而在更高的平流层出现高压异常,从而南亚高压多呈伊朗高原模态(图 6.18b)。在 TPUHS 异常弱位相(P4)时情形相反,从而南亚高压多呈青藏高原模态(图 6.18a)。由此表明,与高压中心位置东—西振荡相联系的南亚高压双模态,是南亚高压与青藏高原热源异常变化在准双周时间尺度上密切耦合的结果。

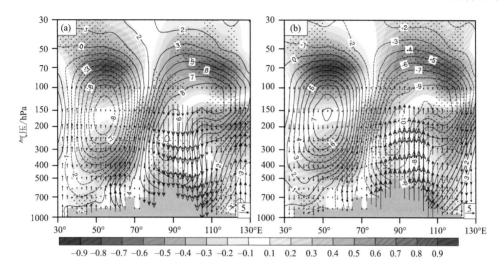

图 6.18　基于 TPUHS 异常偏弱(P4,(a))和偏强(P11,(b))峰值位相合成的南亚高压所在纬度
(27.5～37.5°N)位势高度(单位:gpm,等值线)、位温(单位:K,阴影)以及垂直运动(单位:10^{-3} Pa·s^{-1},
矢量)的经度-高度分布(引自 Ren et al.,2019)

此外,上述南亚高压中心的东—西双模态振荡在与 TPUHS 耦合变化过程中,南亚高压所在纬度带的位势高度异常,还表现有在准双周尺度上的系统性向西传播特征,正、负异常中心向西传播的范围东起东亚东部、西至地中海区域(图 6.19)。上述结果与第 1 章第 1.3.2 节所

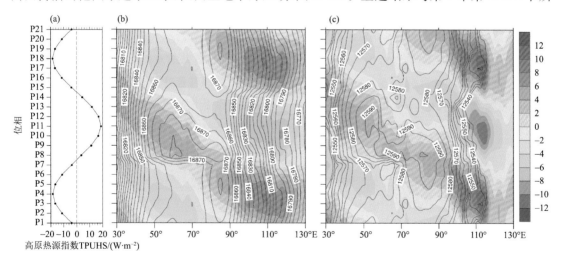

图 6.19　基于 TPUHS 指数合成的 TPUHS 本身的准双周变化(a),以及 100 hPa(b)和 200 hPa(c)
南亚高压纬度带(27.5～37.5°N)位势高度(单位:gpm,等值线)及其异常(阴影)的经度-位相演变图。
其中位相 15—21 是位相 1—7 的重复(引自 Ren et al.,2019)

描述的数值试验中(Liu et al.,2007)关于青藏高原夏季加热激发南亚高压准双周振荡的结果(图1.23和图1.24)十分相似。关于这种向西传播出现的原因以及传播出现的范围,值得进一步深入研究。

6.2.2 1998年夏季高原大气环流ISO对长江中下游降水的影响

1998年长江中下游夏季降水总量异常偏多,且与季节内降水大值中心重合,说明该地区的严重洪涝与季节内降水异常密切相关。长江中下游区域平均降水序列分析表明,1998年夏季长江中下游出现了典型的"二度梅",主梅雨阶段出现在6月中旬至6月底(6月11—25日),这一次降水持续时间较长,降水量较大,出现了一次持续性极端降水事件。7月1—15日为梅雨间歇期,7月21日—8月4日为第二次梅雨降水阶段。与第一阶段相比,第二阶段降水的持续时间短,降水量少,只出现了一次间歇性极端降水事件。小波分析进一步证实1998年夏季长江中下游降水的主要振荡周期为25~60 d(Li et al.,2018),显著的小波谱正位相恰好与两次梅雨强降水时段相对应,小波谱的强度也清楚地表明第一阶段降水比较强,说明1998年长江中下游"二度梅"的发生发展取决于25~60 d大气季节内振荡。

过去大量的研究结果指出,热带洋面上空的大气ISO是造成中国东部夏季季节内降水异常的重要来源,该影响过程在1998年夏季也得到了显著的体现。在6月11—15日,东亚/西北太平洋区域受到三极型对流结构控制,被强烈抑制的对流伴随反气旋性环流控制着中南半岛至热带西太平洋区域,而活跃对流出现在赤道西太平洋和中国长江中下游至日本南部。这种环流异常会激发出一个经向垂直环流圈,其下沉支位于南海-热带西太平洋,对应着该处显著的抑制对流。与南海-热带西太平洋下沉支有关的高层辐散和低层辐合在长江中下游激发出补偿性高层辐散和低层辐合,进而造成该处显著的上升运动,形成经向垂直环流圈的上升支,为长江中下游降水的发生提供了重要的动力条件。控制南海-西北太平洋的反气旋性环流西北侧的西南气流将大量水汽输送至长江中下游南部,引起该处的水汽累积,为降水提供有利的水汽条件。该环流形势在6月16—20日维持并加强,造成长江中下游的降水达到峰值。随着位相的演变,6月21—25日,南海的抑制对流减弱,向东北方向撤出,长江中下游的降水异常减弱,预示第一阶段梅雨的结束。在梅雨降水第二阶段,热带ISO对降水的影响与第一阶段类似,但有利于降水的季节内环流结构稳定性较差。南海地区的抑制对流仅在7月21—25日维持,在7月26日—8月4日,逐步被活跃对流取代。因此,长江中下游的高层辐散显著减弱,异常上升运动基本消失。

在1998年夏季,青藏高原附近环流也存在显著的25~60 d ISO(Li et al.,2018),并与热带ISO共同调制长江中下游的降水。涡度是表征对流层高层中纬度ISO的重要变量,25~60 d滤波的涡度标准差场表明,在1998年夏季对流层高层的中纬度ISO存在三个振荡中心,分别位于里海至青藏高原西部、高原中部以及朝鲜半岛。相关分析发现长江中下游的25~60 d降水异常与这三个区域的涡度异常存在显著的相关,暗示了中纬度ISO确实对1998年夏季长江中下游的季节内降水存在显著的影响(图 6.20)。

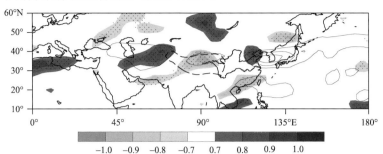

图 6.20　1998 年夏季长江中下游地区(26.5°～30°N,113.5°～122°E)区域平均的 25～60 d 降水异常序列与 25～60 d 150 hPa 涡度异常的同期相关系数(阴影),打点区域表示相关系数通过置信度为 95% 的显著性检验。等值线表示 25～60 d 150 hPa 涡度异常的标准差(单位:$10^{-5}\,s^{-1}$),粗虚线为青藏高原地形高度大于 3000 m 的区域(引自 Li et al.,2018)

在 6 月 11—15 日,对流层高层中纬度地区存在显著的"气旋-反气旋-气旋"波列状结构,江淮流域位于青藏高原上空的反气旋与朝鲜半岛-日本上空的气旋之间,反气旋东北侧的西北气流将负涡度输送至江淮流域上空(图 6.21a),造成该处反气旋性环流显著增强,在科氏力的作用下,高层出现异常辐合。根据准地转奥米伽(omega)方程,江淮流域的负涡度平流随着高度增加,造成的高层异常辐合强度强于低层,进而引起异常下沉运动。江淮流域的高层异常辐合以及下沉运动均有利于长江中下游的异常上升运动加强,与长江中下游形成一个反向的次级垂直环流圈,有利于 6 月 11—15 日长江中下游的降水正异常。6 月 16—20 日,中纬度的"气旋-反气旋-气旋"的波列位置与上一时次基本一致(图 6.21b)。因此,江淮流域仍然受到高层异常辐合和下沉运动的控制,继续加强长江中下游的异常上升运动,使得该处的降水达到峰值。6 月 21—25日,原控制朝鲜半岛-日本上空的气旋性环流减弱向西移动至江淮流域,此时日本上空转为受反气旋性环流控制。控制青藏高原的反气旋性环流强度也显著减弱,中心位置向西移动约 5 个经度。位于青藏高原西侧的异常气旋位置未发生显著变化,但强度显著减弱(图 6.21c)。伴随着上述中纬度环流的显著调整,江淮流域大部分区域受到朝鲜半岛-日本西移来的气旋性环流控制,高层辐合以及异常下沉运动显著减弱,造成长江中下游南部的垂直运动以及降水减弱。

7 月 21—25 日(图 6.21d)对流层高层的中纬度波列状环流与 6 月 11—15 日类似(图6.21a)。然而,在 7 月 26—30 日(图 6.21e),朝鲜半岛-日本的气旋性环流向西扩展至江淮流域,而青藏高原的异常反气旋显著减弱。因此,负涡度平流区以及强迫出的异常下沉区从江淮流域扩展至长江中下游地区,进一步削弱了南海区域较弱的抑制对流激发出来的异常上升运动,造成该区域的降水正异常显著减弱。7 月 31 日—8 月 4 日(图 6.21f),中纬度 ISO 波列继续向西移动,此时,江淮流域下游处于气旋性环流东南部,在正涡度平流作用下,高层出现异常辐散,不再支持长江中下游的异常上升运动,长江中下游的正降水异常消失。由此可见,青藏高原附近 25～60 d ISO 是决定 1998 年夏季两次梅雨阶段的降水强度以及持续时间的重要因素。

比较 1998 年的两次梅雨降水阶段中纬度 ISO 波列的稳定性,发现青藏高原异常反气旋的稳定性对于长江中下游南部降水的持续性具有至关重要的影响。第一阶段,中纬度 ISO 波

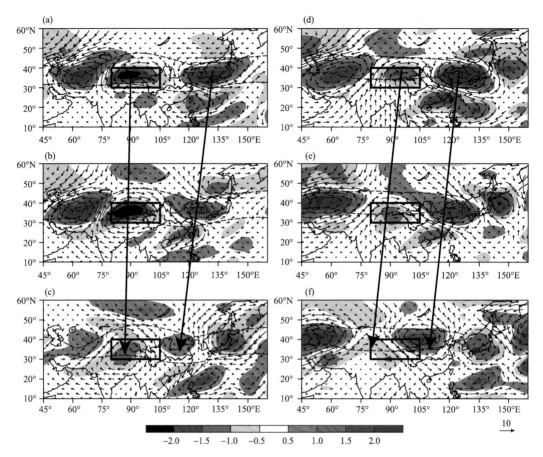

图 6.21　1998 年夏季第一梅雨阶段(6 月 11—25 日,(a)—(c))和第二梅雨阶段(7 月 21 日—8 月 4 日,
(d)—(f))每 5 d 平均的 150 hPa 25～60 d 低频涡度(阴影;单位:$10^{-5}\,\mathrm{s}^{-1}$)和风场(矢量;单位:$\mathrm{m\cdot s}^{-1}$)异常
的演变。黑色粗虚线表示夏季平均 200 hPa 副热带西风急流区域(纬向风大于 20 $\mathrm{m\cdot s}^{-1}$)(引自 Li et al.,2018)
(a)6 月 11—15 日;(b)6 月 16—20 日;(c)6 月 21—25 日;(d)7 月 21—25 日;(e)7 月 26—30 日;
(f)7 月 31 日—8 月 4 日

列稳定少动,青藏高原反气旋的持续性较强,长江中下游的正降水异常持续时间较长;第二阶
段,中纬度 ISO 波列稳定性较差,青藏高原反气旋的持续性较弱,长江中下游的异常降水持续
时间较短。

　　为什么青藏高原的反气旋性环流在 6 月 11—25 日能够稳定维持,而 7 月 21—30 日却不能
呢? 这两个时段内青藏高原涡度收支倾向的分析结果表明,青藏高原的涡度变化主要来源于地
转涡度平流项和散度项的平衡。6 月 11—20 日,散度项造成的正涡度倾向显著小于地转风涡度
平流项造成的负涡度倾向,青藏高原上空的总体涡度倾向为负值,因此,该处的反气旋性环流得
以维持并加强。然而,在 7 月 21—30 日,散度项造成的正涡度倾向大于地转涡度平流项造成的
负涡度倾向,造成青藏高原上空的正涡度倾向,不利反气旋性环流的稳定存在。两个阶段涡度倾
向的差值场进一步说明青藏高原反气旋性环流稳定性的差异主要来源于局地的辐散环流。

　　在两次梅雨阶段,长江中下游的显著正降水异常均伴随着显著的高层辐散,由于大气质量

的连续性,在青藏高原引起了异常的补偿性辐合。值得注意的是,第一阶段,来自赤道印度洋
的活跃对流显著北传至印度次大陆以及孟加拉湾地区,其伴随着的显著高层辐散环流造成青
藏高原西部上空的显著辐散,削弱了来自长江中下游的辐合气流,因此,辐散环流造成的正涡
度倾向较弱,青藏高原的异常反气旋性环流得以维持(图6.22a)。相反地,第二阶段,赤道印
度洋的对流异常只可北传至孟加拉湾中部地区,印度次大陆至高原西南部地区受到抑制对流
控制,其对应着的高层辐合加强了青藏高原上空的辐合环流。因此,第二阶段辐散环流的作用
超过了地转涡度平流的作用,使得青藏高原反气旋快速减弱西移(图6.22b)。

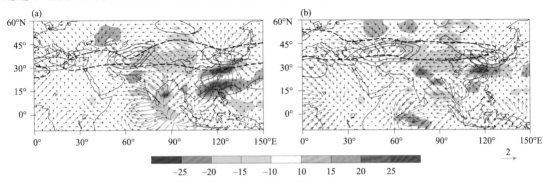

图6.22 1998年夏季25～60 d滤波的向外长波辐射(OLR)(填色;单位:W·m⁻²)以及150 hPa风场
(矢量;单位:m·s⁻¹)和涡度(等值线,间隔为5×10⁻⁶ s⁻¹,红色实线(蓝色虚线)表示异常气旋(反气旋))
在第一梅雨阶段(6月11—25日)(a)和第二梅雨阶段(7月21日—8月4日)(b)的平均。黑色粗虚线表
示200 hPa副热带西风急流区域(纬向风大于20 m·s⁻¹),灰色阴影表示地形高度大于1500 m的高原区
域(引自Li et al.,2018)

6.2.3 青藏高原大气环流25～60 d季节内振荡的普适性和来源

1979—2020年逐年夏季长江中下游降水的小波分析结果表明,尽管在大多数年的夏季长
江中下游降水存在显著的准双周振荡,但是,在以下8 a:1983、1995、1996、1998、2011、2016、
2017和2020年,还存在显著的独立的25～60 d振荡特征。在这8 a中,降水的25～60 d振荡
分量对总体的季节内振荡分量具有重要的贡献(Li et al.,2021),其解释方差均大于30%。其
中,1998年夏季25～60 d分量的解释方差达到了78.6%。

青藏高原附近的25～60 d大气季节内振荡是长江中下游降水25～60 d振荡的重要来源
(Li et al.,2021)。在长江中下游降水25～60 d振荡湿位相,对流层高层中纬度地区普遍存在
显著的"气旋-反气旋-气旋"波列状结构,类似于"丝绸之路"波列。黄河下游位于青藏高原上
空的反气旋与朝鲜半岛-日本上空的气旋之间,反气旋东北侧的西北气流将负涡度输送至黄河
下游上空,造成该处反气旋性环流显著增强,在科氏力的作用下,高层出现异常辐合。根据准
地转奥米伽方程,黄河下游的负涡度平流随着高度增加,造成的高层异常辐合强度强于低层,
进而引起异常下沉运动。黄河下游的高层异常辐合以及下沉运动均有利于长江中下游的异常
上升运动加强,与长江中下游形成一个次级垂直环流圈,有利长江中下游的降水湿位相发生。超

前-滞后合成分析指出,25～60 d的"丝绸之路"波列可进一步向上游追踪至北大西洋的急流轴出口区。该区域背景气流存在较强的纬向梯度,具有显著的正压不稳定性,有利于能量从背景气流传递至25～60 d频段。通过下游能量频散,北大西洋的25～60 d大气季节内振荡引起下游的25～60 d"丝绸之路"波列。在这8 a中,由于北大西洋区域的能量转换较强。因此,形成了显著的25～60 d"丝绸之路"波列,进而造成了长江中下游显著的25～60 d振荡(Li et al.,2021)。

6.2.4 青藏高原通过调制赤道季节内振荡(MJO)对流强度影响东亚冬季风

青藏高原热力异常的年际变化可以调制赤道MJO对流强度,进而影响我国"冷涌"(Lyu et al.,2018)。在高原少(多)雪年,MJO在印度洋-海洋性大陆(位相2—3)的对流活动明显增强(减弱)(图6.23)。这主要是由于少(多)雪年,高原热力异常在对流层高层激发出反气旋

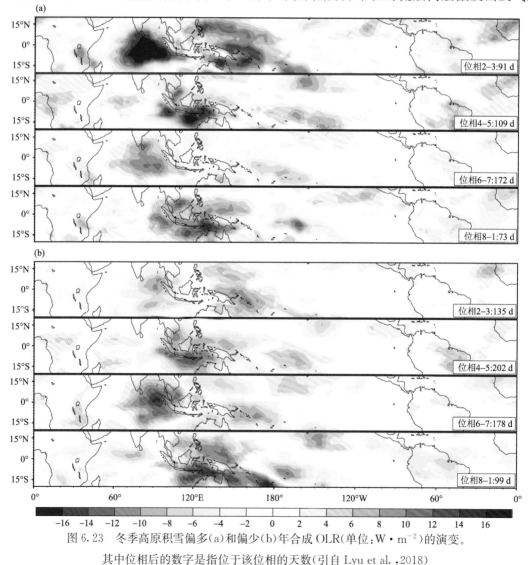

图6.23 冬季高原积雪偏多(a)和偏少(b)年合成OLR(单位:W·m⁻²)的演变。

其中位相后的数字是指位于该位相的天数(引自Lyu et al.,2018)

(气旋)性环流异常,有利于位于赤道太平洋上空的反气旋高压的增强西伸(减弱东退)(图 6.24),使得印度洋-海洋性大陆低层产生异常的上升(下沉)运动,进而增强(减弱)东亚冬季风经圈环流。当 MJO 的对流中心位于海洋性大陆之上时,它可以引发青藏高原及其邻近地区的下沉运动,使地表变暖,从而减弱东亚冬季风。随着 MJO 的向东传播,MJO 对流移至西太平洋,情况往往是相反的。最终影响到我国冬季"冷涌"活动。

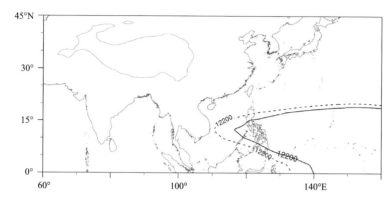

图 6.24 青藏高原冬季积雪异常年 200 hPa 反气旋 12200 gpm 特征线的分布,
虚线(实线)代表高原积雪面积偏少年(偏多年)(引自 Lyu et al.,2018)

6.3 青藏高原和海-气相互作用对环流和东亚季风变化的影响

东亚季风是一个海-陆-气相互作用的耦合系统,其年际变率在很大程度上受到来自青藏高原热力动力作用和全球海洋异常信号的共同调控,具有很显著且复杂的年际变率。热带海洋和青藏高原对东亚夏季风的相对贡献和协同影响是迫切需要回答的科学问题。本节首先给出影响冬、夏季高原降水(积雪)变化的主要物理过程,然后主要研究包括高原积雪和土壤湿度的高原热力作用和热带海洋年际变率的主要模态,其影响东亚季风年际变率的相对重要性和相互作用。

6.3.1 冬季青藏高原降水及其变化的大尺度动力学

第 1 章中谈到冬季青藏高原西部的凝结潜热释放主导了年际变化的第一模态,因此,与该潜热相关联的降水变率的特征和相关大气动力过程是一个重要的研究课题。冬季还是青藏高原西部水资源存储的关键时间。本节聚焦亚洲冬季最大降水区之一的青藏高原西部地区,定量给出各水汽源地的贡献率和影响其年际变化的热带和热带外因子。

(1)青藏高原降水水汽输送

气象界普遍认为,冬季青藏高原水汽来源主要为西风带的水汽输送(Curio et al.,2015;刘恒,2019)。近期 Liu X L 等(2020)研究指出,气候态上高原西部降水存在 2 支水汽输送通道,即中纬度西风带带来的水汽输送和阿拉伯半岛的副热带反气旋西北侧西南风带来的水汽输送。与水汽输送通道相对应的,高原西部受低层中纬度西风带、阿拉伯半岛的副热带反气旋影响(图 6.25)。高原位于高层中东急流出口区左侧,在急流引起的次级环流影响和大地形的机械强迫抬升作用下,青藏高原西部拥有天然有利的垂直上升条件。

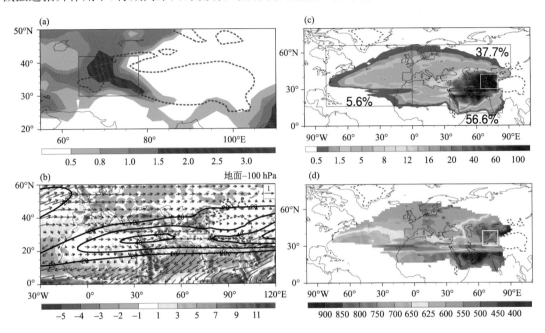

图 6.25 (a)冬季气候态降水(单位:mm·d^{-1});(b)垂直积分的水汽通量(矢量;单位:10^2 kg·m^{-1}·s^{-1})及其散度(阴影;单位:10^{-4} kg·m^{-2}·s^{-1});(c)后向追踪 10 d 到达高原西部的气块数(以比湿为权重;单位:10^3 g·kg^{-1});(d)同(c)但为气块所在气压层(单位:hPa)(引自 Liu X L et al.,2020)

高原西部多雨年与少雨年水汽供应之差占该地区气候态水汽供应的百分比显示,南亚-北印度洋、欧亚大陆中部-北非地区和中高纬度大西洋上空的水汽供应分别贡献了 27.1%、2.9% 和 0.7% 的气候态水汽(图 6.26),青藏高原西部的水汽供应超过 30.7%,其中主要来自于北印度洋地区。这与 Filippi 等(2014)认为的多雨年更多的水汽由西风带输送的观点有所不同。青藏高原西部降水异常偏多年对应着孟加拉湾、阿拉伯海西部、阿拉伯半岛和非洲东部地区水汽辐散异常,从风场上看,存在于北印度洋低层的反气旋环流将水汽从北印度洋输送至高原西部地区,与拉格朗日水汽追踪的结果吻合。

(2)青藏高原西部降水年际变率机理

Liu X L 等(2020)将 2~9 a 滤波后的高原西部降水分为两部分,与 ENSO 有关部分(图 6.27)和与 ENSO 无关部分(图 6.28)。其中,与 ENSO 有关部分(R_p)是将 ENSO 有关的指数回归到高原西部降水上,其余为与 ENSO 无关的部分(U_p)。与 ENSO 有关降水与高原西部降水序列的相关系数为 0.62,方差贡献为 38.1%;热带外因子能够解释原始降水序列方差的 38.8%,与 ENSO 贡献(38.1%)相当。

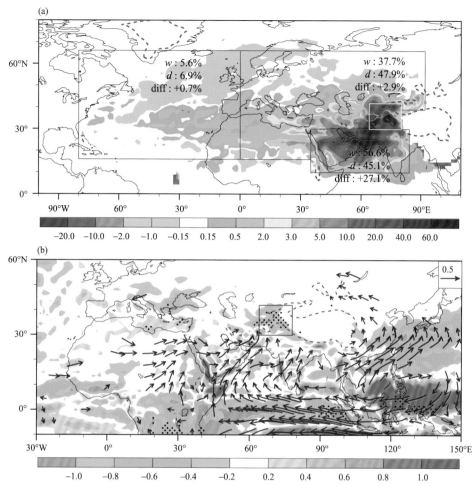

图 6.26　(a)后向追踪 10 天以比湿为权重到达高原西部的水汽的合成场(阴影;单位:$10^3 \text{g} \cdot \text{kg}^{-1}$),$w$($d$)
表示多雨年(少雨年)该地区水汽供应量占比,diff 表示该地区多雨年与少雨年水汽供应的差占该地区气候
态水汽供应的百分比;(b)高原西部降水序列回归的 850 hPa 风场(矢量;单位:$\text{m} \cdot \text{s}^{-1}$)和垂直积分的水汽
通量散度(阴影;单位:$10^{-4} \text{kg} \cdot \text{m}^{-2} \cdot \text{s}^{-1}$)。矢量和打点区域均为通过置信度为 90% 的显著性检验
(引自 Liu X L et al.,2020)

　　图 6.27 是 R_p 回归的环流场,呈现与前人研究 ENSO 冬季影响相似的环流场(如 Xie et al.,2017)。在对流层低层赤道印度洋南北两侧分别出现一个反气旋性的环流异常,增强了从阿拉伯海、印度洋至高原西部的水汽输送;ENSO 正位相对应着欧亚大陆副热带西风急流的南移(刘屹岷 等,2016;胡雅君 等,2017),为高原西部降水提供了有利的上升运动条件;在天气尺度瞬变波(图 6.27f)上可以看出,ENSO 正位相对应着副热带西风急流中天气尺度扰动的频繁发生。综上,热带因子 ENSO 影响高原西部降水主要通过 2 个途径:其一是印度洋地区低层反气旋的水汽输送,其二是引起高层副热带西风急流的增强和南移,从而形成有利于垂直运动的散度场配置和天气尺度扰动的增加、中纬度槽脊活动的南移。

　　与 ENSO 无关部分 U_p 回归得到的环流场表示了热带外因素的影响。从北大西洋—地中海地区—北非—高原西部存在正—负—正—负的位势高度异常,高原西部位于气旋前侧受偏

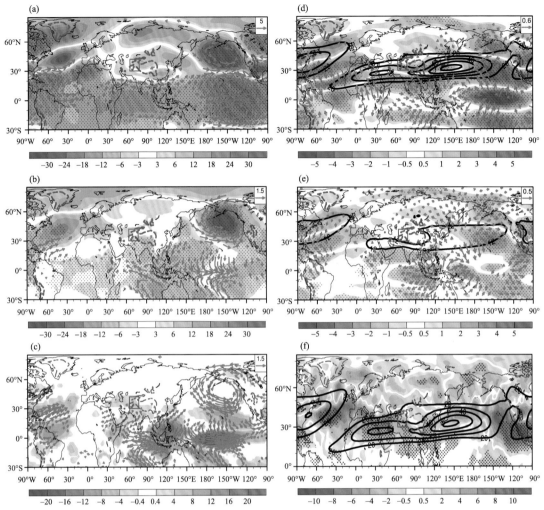

图 6.27　与 ENSO 有关的降水 R_p 对应的环流。(a) R_p 回归的 300 hPa 位势高度场(阴影;单位:gpm)和
风场(矢量;单位:m·s^{-1});(b)同(a),但为 1000 hPa;(c)向外长波辐射 OLR(阴影;单位:W·m^{-2})和
850 hPa 风场(矢量;单位:m·s^{-1});(d)300 hPa 纬向风(阴影;单位:m·s^{-1})和辐散风(矢量;单位:m·
s^{-1});(e)同(d),但为 600 hPa;(f)300 hPa 瞬变波活动(阴影;单位:m^2·s^{-2})。打点和矢量表示均通过置
信度为 95% 的显著性检验。(d)—(f)中黑色等值线表示副热带西风急流,其中(d)和(f)中表示风速大于
20 m·s^{-1},(e)中表示风速大于 12 m·s^{-1}(引自 Liu X L et al.,2020)

南风控制,伴随着垂直运动的发生,有利于高原西部降水的形成(图 6.28a),这与 ENSO 相关
降水回归的纬向风差别较大(图 6.27d)。径向风呈现出正负交替的形式(图 6.28c),与图
6.28a 中正—负—正—负的位势高度异常中心吻合,计算的定常波数 K_s(Hoskins et al.,
1981)证明了西风急流波导的存在(图 6.28c)。

　　这主要是因为副热带急流轴附近的绝对涡度的经向梯度很大,能将准静止罗斯贝波的能
量捕获并限制它在经向上的传播(Hoskins et al.,1993)。西风急流波导将大西洋产生的扰动
异常延续到高原西部,形成新的环流异常响应,这种在下游产生环流异常的现象称为"下游发

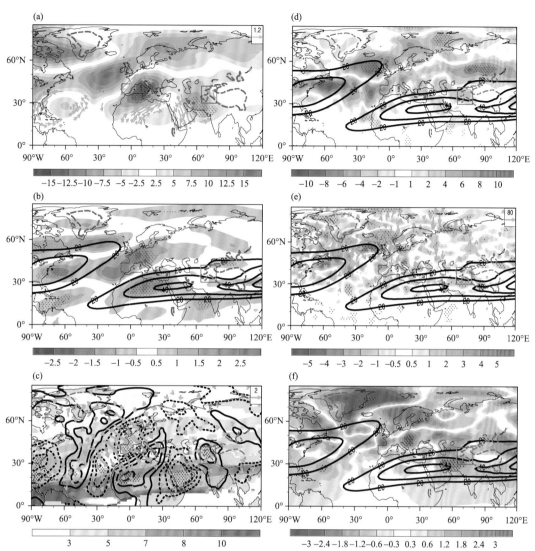

图 6.28　与 ENSO 无关降水 U_p 对应的环流场。(a) U_p 回归的 300 hPa 位势高度场(阴影;单位:gpm)
和风场(矢量;单位:m·s^{-1});(b)300 hPa 纬向风(阴影;单位:m·s^{-1});(c)波数 K_s(阴影)、径向风(等
值线;单位:m·s^{-1})和波活动通量(矢量;单位:m^2·s^{-2});(d)300 hPa 瞬变波(阴影;单位:m^2·s^{-2});
(e)涡动引起的涡动位势高度平流(阴影;单位:10^{-5} gpm·s^{-1})和非地转位势高度通量(矢量;单位:
gpm·m·s^{-1});(f)瞬变(eddy)引起的 300 hPa 位势高度倾向(阴影;单位:gpm)
(引自 Liu X L et al.,2020)

展(downstream develop)"(Ambrizzi et al.,1995)。进一步分析了天气尺度扰动(2.5~6 d 带
通滤波的径向风的平方 v'^2)对平均流的反馈作用(图 6.28d),指出在北大西洋风暴轴末端存
在显著的正瞬变波异常。该处瞬变波的生成主要是瞬变位势高度的瞬变平流 $-(V'·\nabla\phi')$ 的
作用(图 6.28e:阴影)。而瞬变位势高度的瞬变平流 $-(V'·\nabla\phi')$ 的增加是由于其中非地转
通量的辐射所致。从图 6.28f 阴影上可以看出,瞬变活动在北大西洋至西欧地区激发出显著
的位势高度正异常,且位置与图 6.8d 中的位势高度正异常接近,为从大西洋至高原西部的定

常波列源头位置。另外,在图6.28f低层矢量场上可以看出,热带外因子引起的水汽输送变化主要是该气旋前侧西南风异常将水汽从阿拉伯海西部、阿拉伯半岛输送至高原西部。

综上所述,影响高原西部降水的热带外因子是一支北大西洋—地中海地区—北非—高原西部的定常波,扰动传入副热带西风急流后在急流波导的作用下引起高原西部产生气旋性环流响应,从而将水汽从阿拉伯海西部、阿拉伯半岛输送至高原西部。同时,北大西洋风暴轴末端的天气尺度瞬变对定常波的维持起到了正反馈的作用。

6.3.2 青藏高原积雪与大气环流和降水异常的关系

陈烈庭等(1981)以及Wu T W等(2003)通过资料分析研究了青藏高原冬春季积雪与亚洲夏季季风和降雨的关系。近期研究进一步阐述了高原积雪对东亚环流的影响。

(1)青藏高原积雪对ENSO信号的电容器效应

以往研究表明,ENSO通过改变菲律宾低层环流场的变化影响东亚夏季风降水变率。黄河流域位于中国中北部地区,处于季风与干旱区的交界处,其受ENSO影响的程度及方式尚不明确。Jin等(2018)的研究发现,ENSO发展年夏季,ENSO信号通过青藏高原西部雪盖的"桥梁"作用与黄河流域夏季降水异常相联系。这类似于电容器的充电和放电效应。充电过程:在厄尔尼诺(拉尼娜)发展年春季,伴随着热带太平洋海温异常的大气非绝热加热异常,在青藏高原上空强迫出异常气旋性(反气旋性)环流(图6.29a),使得青藏高原西部产生异常的

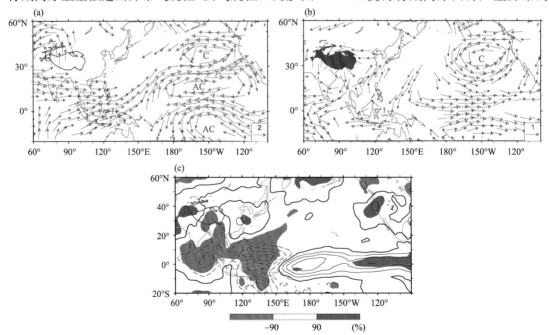

图6.29 与夏季青藏高原积雪指数回归的200 hPa异常风场(矢量;单位:m·s⁻¹)(a)和
850 hPa异常风场(矢量;单位:m·s⁻¹)(b)、降水异常场(等值线;单位:mm·d⁻¹)(c),
阴影区通过了置信度为90%的显著性检验(引自Jin et al.,2018)

上升(下沉)运动,进而高原西部积雪增多(减少);放电过程:在积雪反照率正反馈作用下,高原西部的积雪偏多(偏少)异常信号维持到夏季,青藏高原西部雪盖的异常分别在高低层激发两个异常波列向东北方向传播至黄河流域。该波列于中国东北部表现为异常低压,其西南侧的异常北风控制黄河流域,不利于水汽输送,导致黄河流域异常偏旱(图 6.29b、c)。拉尼娜发展年的情况则与之相反,呈现异常偏涝。上述物理过程将发展期的 ENSO 信号与黄河流域夏季降水异常紧密联系,并且突出了青藏高原雪盖异常的重要"桥梁"作用(Jin et al.,2018,图 6.30和图 6.31)。

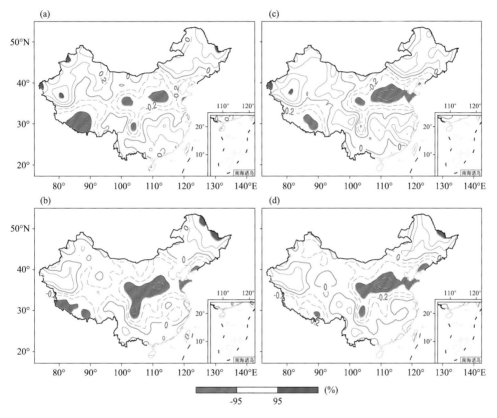

图 6.30　不同季节 Nino 3.4((a)、(b))、Nino 3((c)、(d)) 指数与中国夏季(JJAS)降水的相关系数分布。((a)、(c))AMJ;((b)、(d))JJAS。蓝(红)色阴影为通过置信度为 95%的显著性检验的区域
(引自 Jin et al.,2018)

(2)青藏高原冬春积雪的时空分布异常与中国东部夏季降水雨带位置

利用 1980—2009 年的卫星遥感积雪深度日资料的奇异值分解(SVD)分析,Wang 等(2017)发现青藏高原冬春积雪时空异常引起的非绝热加热效应可持续到夏季,表现为青藏高原冬春积雪时空异常与中国东部夏季降水之间存在三对时空异常"型"。通过地球系统模式(CESM)设计的四组数值模拟试验,进一步验证和再现了上述"型"的存在与高原持续非绝热加热异常的关联:通过改变高原南北两侧的温度梯度,导致西风带上定常波的异常;当高原南部多雪时,高原对其北侧的热力强迫作用减弱,西风减弱,定常波的动能减小,通过对定常行星

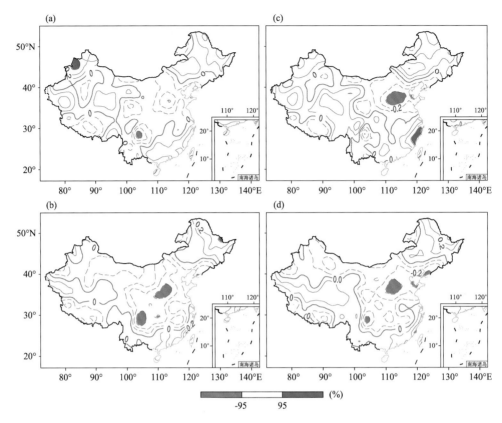

图 6.31　排除夏季青藏高原西部雪盖(WTPSI)的影响后,不同季节 Nino 3.4 ((a)、(b))、Nino 3 ((c)、(d))
指数与中国夏季(JJAS)降水的偏相关系数分布。((a)、(c)) AMJ;((b)、(d)) JJAS。蓝（红）色阴影为通过
置信度为 95％的显著性检验的区域(引自 Jin et al.,2018)

波的影响,急流出口区西风加强且位置偏南,低层风场的异常使华北地区的水汽输送减少,长江流域的水汽输送增多。反之当高原北部多雪时,高原北侧的热力强迫加强,定常波的动能增大,急流出口区的西风减弱且位置偏北,低层风场的异常使水汽向华北地区输送增多,北部多雪相比南部多雪会使得水汽辐合更偏北,导致中国夏季雨带北移(图 6.32,Wang et al.,2017)。

6.3.3　春季高原热状况的变化及其影响

（1）北大西洋海温异常对高原春季热源的影响

当晚冬和初春(JFM)北大西洋涛动(NAO)正位相时,北大西洋地区会形成三极子海温正异常,其暖中心能激发出定常罗斯贝波向下游传播,使得春季高原西风急流加强,进而造成高原大部分地区的地表感热加热出现正异常。而在春季,高原地表感热为大气热源的主导因子,因此,三极子海温正异常使得春季高原热源总体增强(图 6.33,Cui et al.,2015)

近期 Yu 等(2021)进一步发现高原热力环流异常主导模态、风场和感热偶极型模态与北大西洋三极子 SSTA 强迫密切相关。如第 1 章介绍的于威等(2018)的研究,春季高原表面感

第 6 章
青藏高原对区域和全球气候的影响

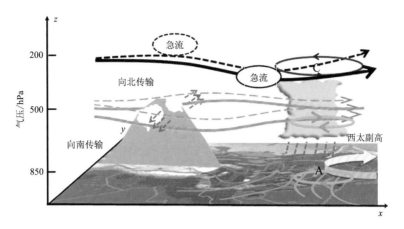

图 6.32 TP 不同区域的积雪对 EC 夏季降水的影响机制示意图。黑线代表 200 hPa 的西风急流;蓝线代表 TP 北侧和南侧 500 hPa 西风带的两个分支;实线和虚线分别表示 TP 南部和北部积雪较多的环流型。字母 A 和 C 分别表示反气旋和气旋环流(引自 Wang et al.,2017)

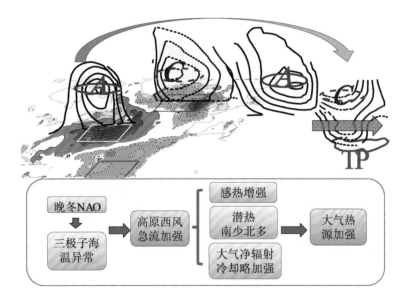

图 6.33 晚冬—初春北大西洋三极子海温影响春季青藏高原热源变化机制示意图。其中 A 是反气旋,C 是气旋(改自 Cui et al.,2015)

热主导模态呈现出南北反向的偶极型,是由风速的变化主导。多套再分析资料的对比分析表明,MERRA-2 再分析资料的表面风主导模态和台站观测最为一致。Yu 等(2021)基于 MER-RA-2 再分析资料,进一步分析了高原春季地表 10 m 西风(V10)的全区一致模态、南北偶极子模态与前期北大西洋冬春海温的联系,发现风速南北偶极子模态(感热偶极型模态)与年际尺度上北大西洋海温的主导模态"三极子 SSTA"空间分布型在 1—6 月均相关,以 3 月最显著。海温异常等敏感性试验证明了春季高原感热年际变化的偶极型主模态是北大西洋三极子海温异常所导致的(Yu et al.,2021)。

(2)高原影响东亚夏季风年际变率途径和过程的认知

高原春季感热异常可通过高原非绝热加热与局地环流之间的正反馈机制持续到夏季,使得高原西部感热和东部潜热释放同时偏强,并激发大尺度环流波动响应,使异常暖平流向东输送,天气尺度扰动东传加强,进而造成中国东部江淮流域的降水偏多(Wang et al.,2014)。通过建立统计预测模型发现,高原春季感热异常信号能对东亚夏季降水有较好的预测效果(刘森峰 等,2017)。Xiao 等 (2016)基于多源观测数据和数值模拟的研究发现,高原西部帕米尔高原和南部边缘喜马拉雅山脉地区的积雪可从 5 月稳定维持到夏季,通过积雪融水蒸发效应和反照率效应,使局地夏季蒸发加强,触发低涡扰动和水汽向下游移动,从而使长江-黄河流域夏季降水频率增加、降水强度增强,对东亚季风年际变率产生显著影响(图 6.34)。此外,偏强的夏季高原中东部的大气热源能导致四川盆地至日本一线的东亚夏季降水的主雨带显著的降水正异常(Hu et al.,2015)。

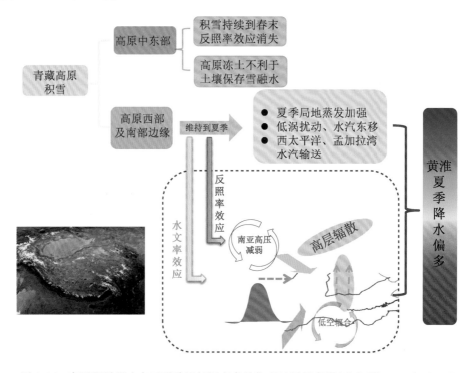

图 6.34　高原积雪影响东亚夏季风年际变率的物理过程示意图(改自 Xiao et al.,2016)

(3)高原春、夏土壤湿度异常对我国夏季降水的影响

土壤湿度作为陆面过程的重要因子,对局地及邻近地区的大气环流和天气气候有重要影响。但是青藏高原的土壤湿度观测站点稀少,时间较短,相关研究多利用卫星资料和陆面同化的再分析资料。李登宣等(2016)基于 GLDAS 土壤湿度再分析资料开展研究,结果指出青藏高原不同地区、不同深度的土壤湿度与中国东部夏季降水的相关特征不同。王静等(2016)使用经过部分观测站点检验的卫星反演数据,研究了春季高原土壤湿度的年际变化与后期夏季我国东部降水的联系和可能机理。结果表明:在全球变暖的背景下,高原土壤湿度总体呈现出

显著增加的趋势。去除线性趋势后的结果表明:表层、中层、深层的土壤湿度年际变率趋于一致,且春季土壤湿度与夏季土壤湿度显著相关(相关系数可达 0.56)。高原东部土壤湿度与西部呈反相关。高原东西部土壤湿度之差(定义为 TPSMI)的年际异常可以激发出对流层中高层从高原西部经我国大陆直至东北地区的气旋-反气旋-气旋波列。该波列呈相当正压结构,有利于东北冷涡的加强及冷空气向南爆发;与此同时,南亚高压加强东伸,西太副高西伸加强,低空南方暖湿气流与北方干冷气流在长江流域汇合,伴随着上升运动加强,从而有利于夏季长江流域降水增多(图 6.35、6.36)。

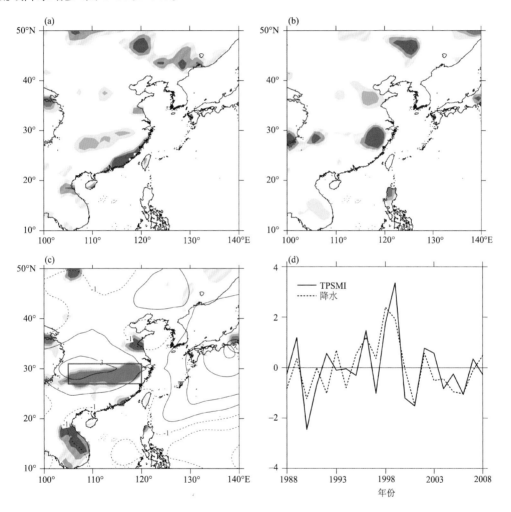

图 6.35 (a)春季(4—5 月)高原东部土壤湿度指数回归的夏季(6—8 月)降水场(阴影);(b)春季高原西部土壤湿度指数回归的夏季降水场(阴影);(c)春季高原综合土壤湿度指数 TPSMI 回归的夏季降水场(阴影)与 500 hPa 垂直速度场(−ω,等值线)(绿色和黄色阴影由深到浅分别表示正回归系数和负回归系数通过置信度为 95%、90% 和 80% 的显著性检验,等值线间隔为 $1×10^{-3}$ m·s^{-1});(d)春季高原东西土壤湿度之差(黑色实线)与夏季长江流域((c)中红色方框,27°~31°N,105°~120°E)区域平均降水的标准化序列(黑色虚线)(引自王静 等,2016)

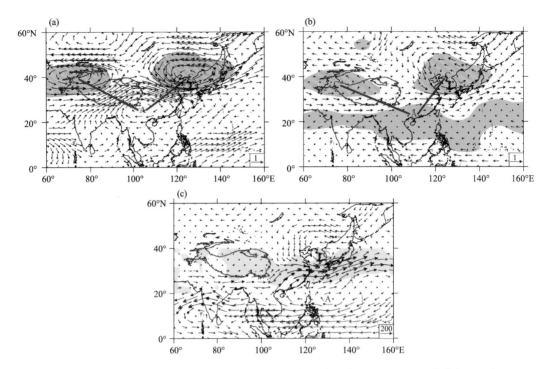

图 6.36　夏季(6—8 月)TPSMI 回归的同期环流场、风场和水汽场。(a)200 hPa 高度场和风场；(b)
500 hPa 高度场和风场；(c)整层水汽通量和水汽通量散度。绿色和黄色阴影分别表示正回归系数和
负回归系数通过置信度为 90% 的显著性检验，黑色粗箭头表示风场和水汽通量通过置信度为 90% 的
显著性检验，A 表示反气旋，C 表示气旋，蓝色阴影为散度<0 的区域(引自王静 等,2016)

(4)印度洋海温与高原春季热源年际变率的相互作用

　　Zhao Y 等(2018)指出,印度洋海温异常年际变率的第一模态——印度洋海盆一致模态
(IOBM)是影响晚春(5 月)高原地表和大气热源年际变率最重要的外源强迫。IOBM 处于正
位相时,异常偏暖的印度洋海温通过加强局地哈得来型经圈环流使高原西南部受下沉气流控
制,抑制该地的对流降水和凝结潜热释放(图 6.37);同时,加强的近地面西风导致高原大部分
地区地表感热加热增强。由于春季高原热源由地表感热加热主导,高原大气净辐射年际变化
较小,因此,IOBM 处于正位相时,高原春季热源异常偏强。

　　此外,青藏高原春季热强迫对印度洋海温和上层海洋经向环流具有显著的调节作用,且印
度洋海温和上层海洋经向环流的响应在南亚夏季风爆发前后相反(Zhao et al.,2021)。在季
风爆发前,局地哈得来型经圈环流具有强烈的越赤道特征,气流在赤道以南上升,在印度次大
陆和高原下沉。在海洋中,受地表东风和科氏力的驱动,表层海水向北输送并在北印度洋中部
沿北部陆地海岸处辐合下沉。青藏高原位于局地哈得来型经圈环流的下沉支下,因此,高原加
热可以反过来影响局地哈得来型经圈环流并使其减弱;在地表西风异常作用下,表面洋流也减
弱(图 6.38a)。季风爆发后,局地哈得来型经圈环流收缩,其上升支北移;同时,环流底部被南
亚季风"抬升"。虽然青藏高原热强迫仍然在高层推动哈得来型经圈环流,但它也可以在低层

加强西南季风。此时,增强的西南风导致在赤道附近下沉的洋流向南输送,通常加速北印度洋的经向环流(图 6.38b)。

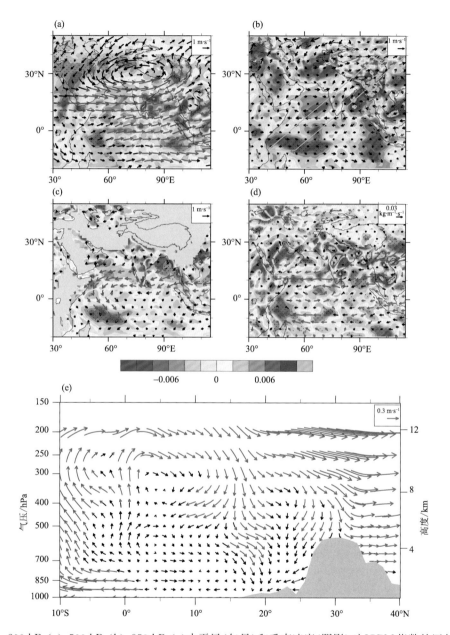

图 6.37　200 hPa(a)、500 hPa(b)、850 hPa(c)水平风(矢量)和垂直速度(阴影)对 IOBM 指数的回归(单位:m·s^{-1});(d)整层积分的水汽通量(单位:2×10^{-5} kg·m^{-1}·s^{-1})及其散度(单位:2×10^{-5} kg·m^{-2}·s^{-1})对 IOBM 指数的回归。红色矢量和带点区域表示通过置信度为 95% 的显著性检验;(e)在(b)所示的绿色框上平均的经向环流对 IOBM 指数的回归(单位:m·s^{-1};垂直速度乘以 150)。本图均为 5 月观察到的同期关系(引自 Zhao Y et al.,2018)

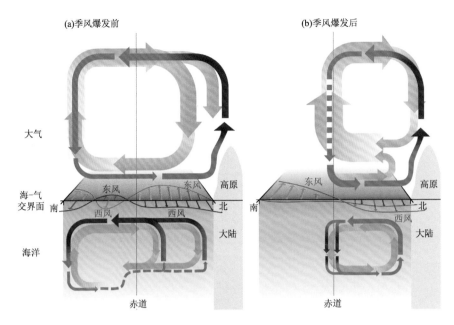

图 6.38 CGCM 中印度洋的大气和海洋环流示意图。黄色矢量表示气候态,蓝色/红色矢量表示青藏高原
热强迫引起的风和海流的变化。(a)中下层气流位于 $10°\sim20°$S(改自 Zhao et al.,2021)
(a)季风爆发前;(b)季风爆发后

6.3.4 青藏高原夏季热力结构的变化及其影响

(1)发展位相的 ENSO 与青藏高原夏季降水变化

此前科学界研究发现影响青藏高原地区夏季平均降水的主要气候因子为北大西洋涛动,同时认为厄尔尼诺-南方涛动(ENSO)的影响不显著。近年来,基于降水稳定同位素、冰芯、树轮以及湖泊水位等资料,Hu 等(2021)揭示了发展位相的 ENSO 影响青藏高原夏季降水的物理机制。作者首先指出了北大西洋涛动和 ENSO 对高原夏季降水影响的区域性差异,发现北大西洋涛动主要主导青藏高原中东部夏季降水的南北反向变化,而 ENSO 则主要影响高原西南部的降水变化,且这种影响主要发生于 ENSO 的发展位相(图 6.39)。在水汽"爬升和翻越(up-and-over)"机制的作用下,青藏高原西南部尽管被高耸的喜马拉雅山脉阻挡,但夏季降水仍可达 300 mm 左右,年际变率很强。发展位相 ENSO 影响高原西南部降水的主要桥梁是通过南亚夏季风降水异常和热带对流层开尔文波的传播。基于从水汽收支和湿静力能的诊断分析发现,在 ENSO 发展年夏季,南亚夏季风对流加热被抑制,在高原西侧上空激发出异常气旋环流,伴随着由热带中东太平洋暖海温激发的热带对流层开尔文波,最终令南亚高压与副热带西风急流南移,在高原西南部上空出现异常西风气流。因高原西南部对流层中上层为水汽梯度大值区,异常西风气流的出现使得该区域出现纬向干(低湿焓)平流,从而抑制了局地的对流活动使得降水减少。

该工作的价值在于基于观测降水和再分析资料,明晰了 ENSO 影响青藏高原夏季降水的关键地理区域与物理过程。该工作的一个重要的启示是,由北大西洋涛动及其影响所代表的中纬度西风系统和由 ENSO 主导的热带季风环流,作为影响高原的两大环流系统,既在影响区域上彼此分离,又在影响过程上存在相互作用。复杂的"西风-季风"变化共同调制着青藏高原夏季降水的年际变化(Hu et al. ,2021)。

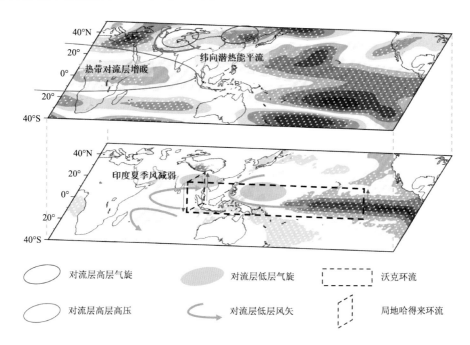

图 6.39　发展位相 ENSO 影响青藏高原西南部夏季降水年际变率的物理过程示意图
(引自 Hu et al. ,2021)

(2)热带太平洋-印度洋海温联合模态以及海洋性大陆对高原夏秋降水的影响

Zhang 等(2021)基于观测资料和数值模式模拟结果,揭示了印-太海温异常联合模态(PIM)对 10 月高原降水及大气热源特别是降水引起的凝结潜热加热年际变率的影响。PIM正位相时,暖(冷)海温异常位于西印度洋-热带中东太平洋(海洋性大陆周围),海洋性大陆北部的抑制对流加热通过激发罗斯贝波使得南亚低层出现反气旋异常环流,从而增强(减弱)TP西北侧(东南侧)的水汽输送和上升运动,高原西北(东南)侧出现正(负)降水异常,从而影响高原潜热加热的强度。其中,海洋性大陆抑制的对流加热是 PIM 影响仲秋高原潜热年际变率的一个重要介质(图 6.40)。进一步研究表明海洋性大陆可通过越赤道气流调制南海夏季风降水,从而在高原东南侧激发异常气旋造成高原东南部降水增多(Zhuang et al. ,2019)

(3)北大西洋涛动对高原夏季热源和东亚气候的影响

夏季,青藏高原大气热源主要由降水引起的凝结潜热主导,其同时受到中纬度西风急流及亚洲夏季风两个环流系统的控制。在年际尺度上,高原降水异常与夏季北大西洋涛动(SNAO)存在强烈负相关关系。SNAO 负位相通过激发定常罗斯贝遥相关波列使得下游高原东南侧中高层为深厚的负涡度异常而表层为浅薄的正涡度异常,其增加了局地斜压性,进而造成高原东南侧降水正异常,凝结潜热增加。青藏高原增加的非绝热加热进而激发一个罗斯贝

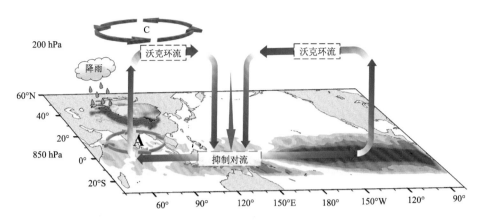

图 6.40 热带太平洋-印度洋海温异常联合模态和海洋性大陆影响仲秋高原潜热的示意图

（引自 Zhang et al.，2021）

波并向下游传播，使得华北地区受到一个正压气旋控制，并在对流层低层为华北地区带来北风异常。同时，青藏高原热源导致华南地区对流层低层产生南风异常。异常南北风在对流层低层发生辐合，增强了夏季华东地区的降水（图 6.41，Wang et al.，2018）。

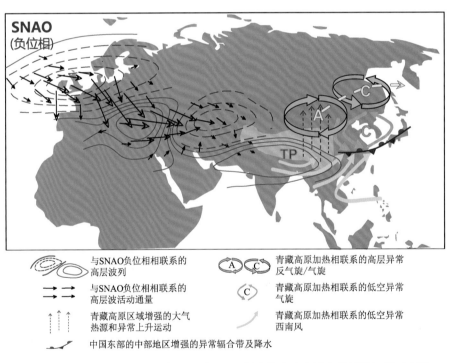

图 6.41 青藏高原大气热源作为夏季 NAO 影响华东降水异常的桥梁机制示意图

（引自 Wang et al.，2018）

（4）位涡视野下高原强迫对东亚夏季风季节演变和年际变化的影响

位涡（PV）结合了大气动力学和热力学，是 TP 的综合动力学和热力学状态的理想表征。He 等（2022）采用了式（6.6）来表征地表位涡（SPV）：

$$SPV = -\left[-\frac{g}{p_s}(f+\zeta_{\sigma_1})\frac{\theta_s-\theta_a}{1-\sigma_1}\right] \qquad (6.6)$$

式中，g 为重力加速度，p_s 为地面气压，f 为科氏参数，ζ 为相对涡度，θ 为位温，θ_s 为地表位温，θ_a 为大气模式底层位温，σ 为地形坐标。该表达式包含了地形效应、近地表绝对涡度和地-气位温差，能够较好地表征青藏高原的抬升加热效应。进一步计算了青藏高原附近地区（25°～40°N，并且地形高度大于 500 m）气候态平均的 SPV（图 6.42），并且比较了感热通量和亚洲夏季风降水的年循环特征。结果表明，青藏高原在 4 月由冷源向热源转变，SPV 在 6—8 月达到最大值，这与亚洲夏季风降水的季节演变过程高度一致。相比较而言，青藏高原附近的感热通量（图 6.42b）在 3—5 月达到最大值，在盛夏季节受到季风降水的反馈作用反而有所降低。因此，利用 SPV 来表征青藏高原夏季的热力强迫作用并研究其与季风的关系具有显著优势。

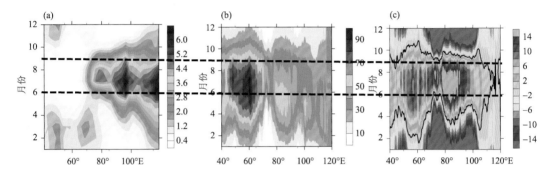

图 6.42 气候态（1979—2014 年）各气象要素经向平均（25°～40°N，并且地形高度在 500 m 以上）的年循环特征。(a) GPCP 降水（单位：mm·d^{-1}）；(b)ERA5 再分析的地表感热通量（单位：W·m^{-2}）；(c) ERA5 再分析的 SPV（单位：PVU）。粗黑虚线表示北半球夏季 6—9 月

　　Sheng 等（2022）探讨了年际尺度上青藏高原地表位涡强迫对东亚夏季降水和高层环流的影响。结果表明，年际东亚夏季降水和相关环流与 TP 地表的"负位涡一致模"（PVNUM）密切相关（图 6.42a、图 6.43b）。当 PVNUM 处于正相位时，中国长江流域、韩国、日本和中国北方部分地区降雨量较多，中国南方降雨量较少，反之亦然。Sheng 等（2022）还提出了 PVNUM 影响东亚夏季降水（EASR）的可能机制。由 PVNUM 正位相引起的不稳定空气可以刺激显著的上升运动和 TP 上空的低层异常气旋，导致在 TP 上产生了偶极子加热模式：其西南侧异常冷却和东南侧的异常加热。关于这种偶极子加热模式的敏感性试验结果表明在 200 hPa 的高度场上，西南 TP 的异常冷却激发出局地的和东北亚的负高度异常；而东南 TP 的异常加热则激发出局地的正高度异常。这些结果与 EASR 相关的实际环流分布（中纬度亚洲夏季环流，MAS）非常相似（图 6.43c）。图 6.43d 给出了东亚夏季降水（Pre）、中纬度亚洲夏季环流（MAS）和青藏高原"负位涡一致模"（PVNUM）的 EOF 第一主导模态的归一化主成分 PreI、MASI 和 PVSI 的演变。PVSI 与 PreI 以及 MASI 的相关系数分别为 0.56 和 0.74，均通过置信度为 99% 的显著性检验。进一步的分析表明，与这种异常环流分布相关的异常水汽输送是异常 EASR 的原因。这些结果充分显示了青藏高原地表位涡强迫在表征东亚夏季风降水和相关环流方面的优越性。

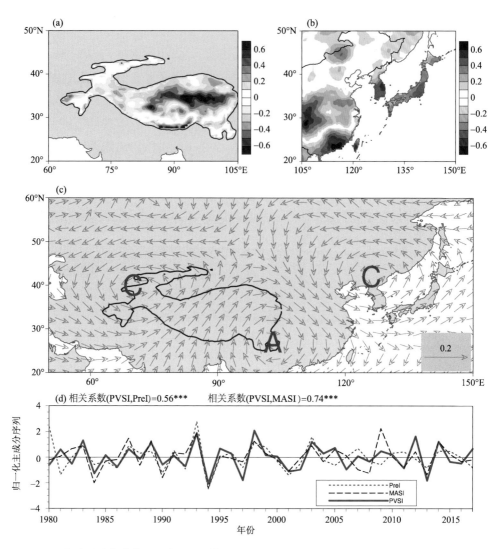

图 6.43 北半球夏季青藏高原地表 PV 的第一主导变化模态 EOF 的空间分布(a),以及相应的东亚降水(b)和东亚上空 200 hPa 的环流(c);(d)相应的东亚夏季风降水(PreI)、环流(MASI)和青藏高原地表位涡(PVSI)的 EOF1 模态的归一化主成分序列。((a)、(c))中的蓝线表示 2000 m 的 TP 地形边界,∗∗∗ 表示通过置信度为 99% 的显著性检验(引自 Sheng et al.,2022)

6.3.5 青藏高原和全球海洋的相互作用对东亚夏季风年际变率的协同影响

(1)全球 SSTA 和青藏高原的相互作用及其对东亚夏季风的影响

青藏高原上的大气加热异常受到全球或区域 SSTA 的影响(Gao et al.,2013;Cui et al.,2015;Jiang et al.,2016;Vaid et al.,2018),而太平洋和印度洋某些地区的 SSTA 反过来又受到青藏高原热强迫的影响(Fallah et al.,2016;Duan et al.,2017;Zhao Y et al.,2019a)。因此,揭示 SSTA 和青藏高原加热之间的相互作用及其对东亚夏季风的影响具有重要的科学意义和实际应用价值。

Liu S F 等(2020)发现在全球 SSTA 的准四年主振荡型的不同位相下,高原的热力反馈效应对东亚夏季风的影响有不同的表现特征。他们通过对比有/无青藏高原加热异常影响的全球 SSTA 所强迫的理想化大气环流模式(AGCM)试验结果,去揭示 SSTA 直接效应和青藏高原加热反馈影响东亚夏季风(EASM)异常的相对贡献(图 6.44)。在四年振荡期间,在 El Niño 发展年夏季,整个青藏高原的加热变弱,导致 EASM 降水受到抑制,伴随着西北太平洋的异常气旋环流和中国北方的反气旋环流。在 El Niño 衰减年的夏季,青藏高原升温异常呈现出负-正模态的特征,在华南地区诱发了异常的反气旋环流,在华北地区诱发了异常气旋环流,导致 EASM 降水增加。然而,在没有青藏高原异常热强迫的情况下,在 El Niño 发展年和衰减年,EASM 都表现出类似的响应模态:西北太平洋上空有异常反气旋环流,华北有异常气旋环流,EASM 的主降雨带增强。因此,青藏高原热强迫在全球 SSTA 不同阶段对 EASM 的不同影响中起着关键作用:青藏高原加热在 El Niño 发展年份使 EASM 降水减少,在 El Niño 衰减年份使主降雨带增强。

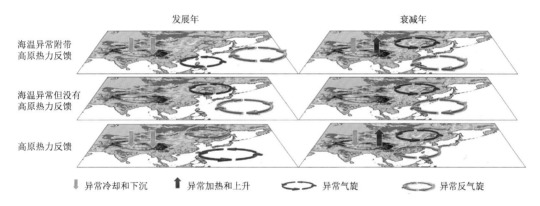

图 6.44 低层环流对高原热强迫,以及在有/无高原热力反馈效应下对全球海温的响应示意图
(引自 Liu S F et al.,2020)

(2)印度洋海温和青藏高原的相互作用对东亚夏季风的影响

准四年主振荡型是全球 SSTA 年际变率的主要模态,其发展期表现为太平洋中东部厄尔尼诺的发展和印度洋海盆一致模冷位相发展为偶极子的过程,衰减期表现为厄尔尼诺的衰减和印度洋海盆一致模暖位相的持续过程。在发展年的秋冬季华南地区降水偏多而其以北地区降水偏少;在衰减年的冬春季节东亚大部分地区降水偏多,夏季中国长江-日本主雨带得到加强(Liu et al.,2018)。其中,印度洋是影响东亚夏季风的关键海区。夏季同期,印度洋海盆一致模和高原热源对东亚夏季风影响的相对重要性不同。对于东亚夏季风环流来说,两者对高层环流的影响相当。在低层,印度洋海盆一致模暖位相能强迫出西太平洋-南海反气旋的东亚季风环流主模态,而高原热源偏强能加强华南的低空偏南风急流和华北地区的异常气旋,使南北暖湿气流在东亚季风主雨带位置附近辐合(图 6.45)。对于东亚夏季降水而言,高原热力强迫比印度洋海温影响更重要(图 6.46,Hu et al.,2015)。

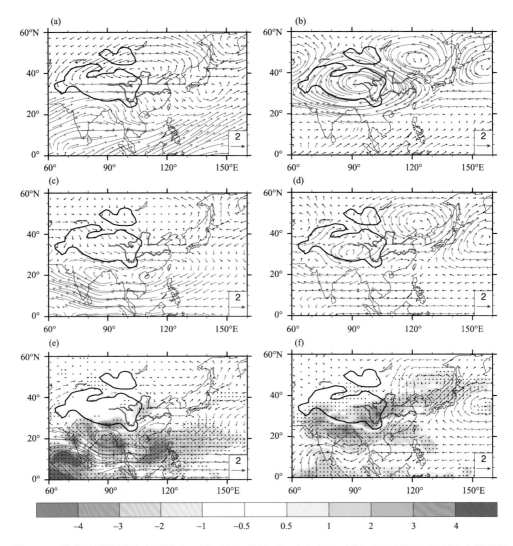

图 6.45　数值敏感性试验中夏季 200 hPa((a)、(b))、500 hPa((c)、(d))、850 hPa((e)、(f))水平风场
（矢量；单位：m·s⁻¹)和降水(阴影；单位：mm·d⁻¹)对 IOBM((a)、(c)、(e))和高原加热((b)、(d)、(f))
的响应(引自 Hu et al.，2015)

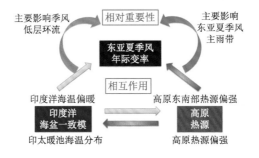

图 6.46　高原热源和印度洋海温影响东亚夏季风年际变率的相对重要性和相互作用示意图
(改自 Hu et al.，2015；Liu et al.，2018)

（3）太平洋海温和高原的相互作用对亚洲夏季风演变的影响

Sun 等（2019）的研究结果表明，春季高原热源对东亚夏季风的间接影响——北太平洋的信号存储器作用：基于再分析资料和耦合模式结果，发现当春季高原感热偏强时，北太平洋上空整层的反气旋式环流异常使该地出现 U 型海温异常响应，且该异常能从春季持续至夏季（图 6.47）。因此，北太平洋可以看作是春季高原地表感热异常信号的储存器。北太平洋异常海温从夏季开始对大气环流产生显著影响：中部暖海温（周边冷海温）异常激发的气旋（反气旋）式异常环流叠加在气候态西太副高之上，使得夏季副高加强。上述异常环流西部边缘的异常北风与异常南风在中国江淮流域-日本辐合，导致该地区降水正异常。

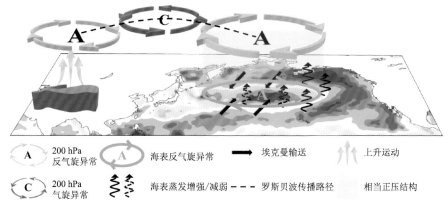

图 6.47　春季高原加热调节北太平洋海温的物理过程示意图

（改自 Sun et al.，2019；引自 Liu Y M et al.，2020）

另一方面，Duan 等（2017）指出，春季高原加热异常会在西太平洋赤道地区产生表层暖水向东输送，造成热带中东太平洋海温异常增暖。由于海洋的热惯性，持续到夏季的暖海水异常在其西北侧激发出罗斯贝波列，并加强夏季西北太平洋副热带高压北部，从而对东亚夏季风的年际变率进行调控（图 6.48）。前期高原热力异常对东亚夏季风的第一和第二阶段（华南和西南地区雨季的开始），以及对南亚夏季风向北推进的三个阶段具有重要指示意义（Duan et al.，2020）。

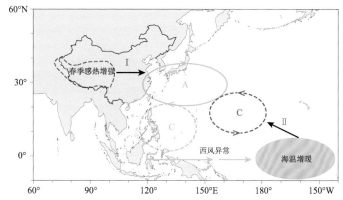

图 6.48　春季高原加热通过热带太平洋影响东亚夏季风年际变率的物理过程示意图。

A 是反气旋异常，C 是气旋异常（改自 Duan et al.，2017）

（4）高原加热与夏季亚洲-太平洋涛动

夏季亚洲-太平洋涛动（Asian-Pacific oscillation，APO）反映出大尺度遥相关现象，也指示着东亚季风区东—西和南—北向海-陆热力差异的变率。观测和数值模拟指出夏季青藏高原加热可以造成高原附近对流层温度升高、上升运动加强，太平洋下沉运动加强、温度下降，从而形成 APO 现象（图 6.49，Liu G et al.，2017）；当 APO 为正位相异常时，对流层上层的南亚高压偏强，低层亚洲大陆低压和中、太平洋副热带高压偏强，说明南亚高压与太平洋副热带高压

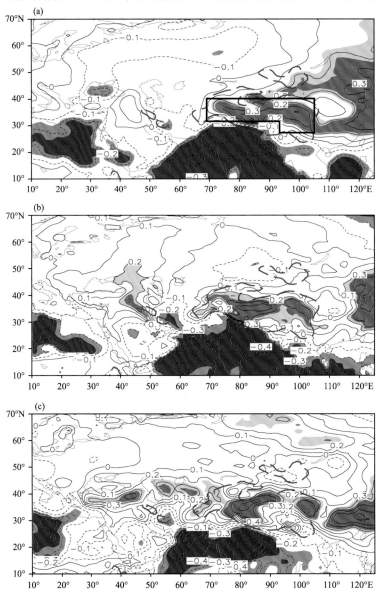

图 6.49　（a）基于 NOAA-20C 再分析数据的 1871—2012 年夏季 APO 指数与同期地面气温之间的相关系数。（b）、（c）同（a），但分别为 1900—2010 年间的 ERA-20C 和 1948—2015 年间的 NCEP。黄色和橙色（浅蓝色和深蓝色）阴影分别表示通过置信度为 95% 和 99% 的显著性检验的正（负）相关系数。（a）中的黑色矩形是 TP 区域。红色虚线轮廓表示超过海拔 1500 m 的区域（引自 Liu G et al.，2017）

之间可以通过 APO 相互联系。当夏季 APO 指数偏高时,指示着亚洲夏季风总体上偏强,长江流域降水偏少,华北降水偏多,印度季风区降水偏多,同时西太平洋和我国沿海地区热带气旋活动增加(Zhao P et al.,2018)。

6.4 青藏高原对南亚季风和中亚气候的影响

位于青藏高原以南的南亚地区和高原以西的中亚大气环流和气候同样与青藏高原热力和动力存在紧密的相互作用。本书第 1 章中指出高原抬升的热源的存在形成的热力抽吸形成了印度北支季风环流和降水,本章第 6.2 节阐述了青藏-伊朗高原耦合系统(TIPS)的形成,第 6.3 节强调了东亚季风多尺度变化与高原强迫的联系。本节将侧重高原对亚洲其他季风区变化的影响。

6.4.1 青藏高原对南亚季风季节进程的影响

春季是亚洲地区冬季风向夏季风转换的时期,相对比于冬季或夏季较稳定的大气环流,春季和秋季存在夏季风爆发和季节突变现象,尤其是春季的季风爆发影响到后续的夏季风进程和强度。

(1)高原热力环流异常对北大西洋三极子 SSTA 强迫的局地正反馈

第 6.3 节讨论了北大西洋三极子 SSTA 激发了高原环流和感热偶极型分布。冬春季北大西洋三极子 SSTA 与 NAO 是紧密耦合的(Cayan,1992;Deser et al.,1997)。SSTA 通过释放非绝热加热来影响大气。图 6.50 中的 2 m 空气温度的空间型与 SST 的空间型非常类似,均呈三极子型空间分布。这是由于北大西洋三极子 SSTA 对该区域表面空气温度有显著的热力影响。基于热成风的原理,在热带冷中心和副热带暖中心表面会形成强的东风气流,同时在副热带暖中心和副极地冷中心之间形成强的表面西风气流(图 6.50a、b)。因此,在北大西洋中纬度地区会产生反气旋式环流异常。受热带外地转平流的影响,该反气旋也出现在该地区对流层中高层,并且在其南部和北部会形成气旋式环流异常(图 6.50c、d),呈现相当正压结构。

由北大西洋三极子 SSTA 导致的高原热力和环流异常存在局地正反馈,能放大三极子 SSTA 对高原的影响。诊断研究和在大西洋加入观测的三极子(型)海温异常的数值试验,共同揭示出的主要物理过程如下:冬春季北大西洋正三极子 SSTA 分布型激发准定常罗斯贝波列向下游传播。该波列导致春季高原西南部对流层中高层呈气旋式环流异常,使高原表面风呈南部西风异常和北部东风异常的南北偶极子模态(图 6.50—6.52)。同时在高原西部,由于地形的阻挡作用,高原西南部气旋性环流的西南气流爬坡上升,使该区域降水增加、地表感热

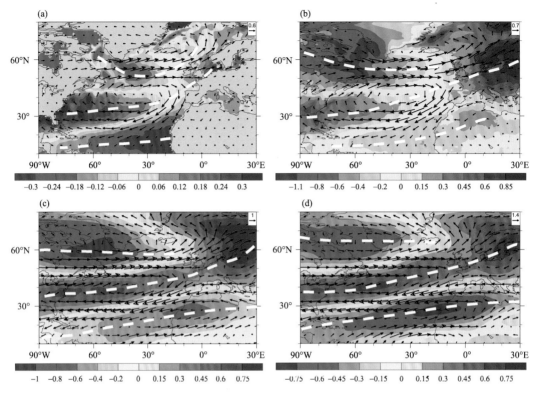

图 6.50 北大西洋 3 月 SST(填色；单位：℃)和 10 m 风场(矢量；单位：m·s⁻¹)(a)、2 m 空气温度(填色；单位：℃)和 925 hPa 风场(矢量；单位：m·s⁻¹)(b)、600 hPa 温度(填色；单位：℃)和 500 hPa 风场(矢量；单位：m·s⁻¹)(c)以及 400 hPa 温度(填色；单位：℃)和 300 hPa 风场(矢量；单位：m·s⁻¹)(d)与 3 月三极子 SSTA 的回归场。(a)中间的白色虚线表示 SST 的最大值，上、下的白色虚线表示 SST 的最小值。(b)—(d)中间的白色虚线表示空气温度的最大值，上、下的白色虚线表示空气温度的最小值(引自 Yu et al.，2021)

减少(图 6.51c、d)。所以地表感热在高原上呈现为中东地区南部正异常，其北部和西南部为负异常的偶极子模态。根据热力适应理论，高原西南部的地表感热负异常导致该地区出现低层浅薄的反气旋式环流异常和对流层中高层气旋式环流异常的斜压结构，使得由北大西洋正三极子 SSTA 引起的高原西南侧中高层的气旋式环流异常得以维持。因此，高原西南部地表感热负异常、降水正异常和大气环流的斜压结构之间存在正反馈，放大了北大西洋 SSTA 对春季高原的影响。

(2)南亚地区环流从冬到夏季节转换推迟的机制

前人研究表明，北大西洋三极子 SSTA 还能影响南亚夏季风及周边的降水(Srivastava et al.，2002；Goswami et al.，2006)。而高原热源对南亚夏季风也有着非常重要的影响(张盈盈等，2015)。本节进一步探究冬春季北大西洋三极子 SSTA 和高原偶极子模态共同对南亚地区降水和环流的影响。

5 月初，随着孟加拉湾夏季风的爆发，南亚地区环流和降水在春末出现了明显的季节转换

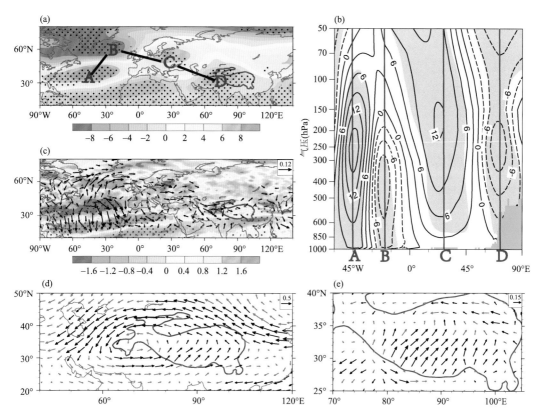

图 6.51　(a)500 hPa 位势高度(单位:gpm)与 3 月三极子 SSTA 的回归场。A、B、C、D 分别表示波列的四个中心;(b)四个波列中心之间连线的位势高度纬向垂直剖面图(等值线,间隔 3 gpm);(c)300 hPa 相对涡度(填色;单位:10^{-6} s^{-1})和波活动通量(矢量;单位:$m^2 \cdot s^{-2}$)与 3 月 SSTA 指数的回归场;(d)和(e)分别表示 500 hPa 风场(单位:m·s^{-1})和 10 m 风场(单位:m·s^{-1})与 3 月三极子 SSTA 的回归场。(a)和(c)中打点区域、(b)中灰色区域以及(c)—(e)中黑色矢量均通过置信度为 95% 的显著性检验。(a)、(c)、(d)和(e)中紫色等值线表示地形高度为 2000 m。(b)中的绿色阴影表示地形(引自 Yu et al.,2021)

特征。4—5 月,南亚地区降水增加最显著的区域为南阿拉伯海和孟加拉湾,且这两个地区 5 月降水的年际变率也非常大。两个地区区域平均的 5 月降水异常与冬春季北大西洋三极子 SSTA 和春季高原表面风正偶极子模态均呈显著的正相关关系。但是去除高原偶极子的影响后,冬春季北大西洋三极子 SSTA 与 5 月南阿拉伯海、孟加拉湾和高原西南部的降水均无明显相关,区域平均的偏相关系数仅为 -0.03。这表明,冬春季北大西洋三极子 SSTA 是通过影响高原进而对南亚季节转换产生影响。

其中机理是冬春季北大西洋三极子 SSTA 激发罗斯贝波列向下游传播,在高原西南部对流层高层形成了强大的气旋式环流异常,在其低层为反气旋环流异常。因此,南阿拉伯海和孟加拉湾高层出现西风异常(图 6.52e),与该地气候态的东风气流相反,使得 5 月南亚高压向西发展延迟。同时,高原东南部到南阿拉伯海低层出现东北风异常(图 6.52f),与当地气候态的西南风和索马里越赤道气流相反,导致较少的水汽从热带输送到南阿拉伯海和孟加拉湾地区,最后出现降水负异常(图 6.52c)。综上所述,冬春季北大西洋正三极子 SSTA 导致了春季高

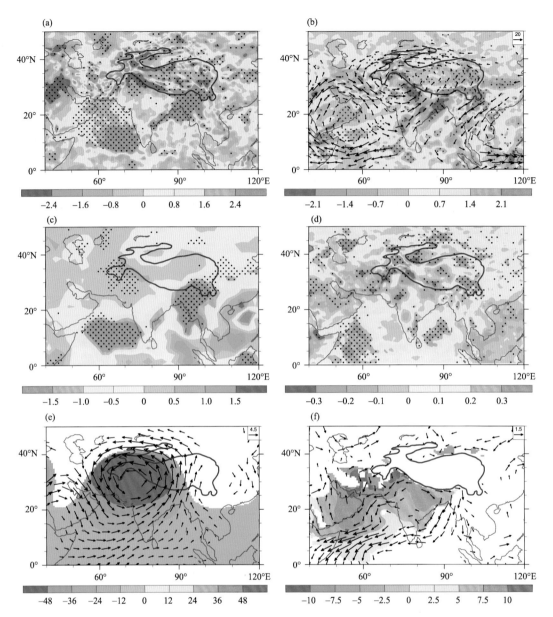

图 6.52　春季高原南北偶极风速指数序列的正负年合成差异场。(a)500 hPa 垂直速度(单位:10^{-2} Pa・s^{-1});(b)700 ～500 hPa 水汽通量的垂直积分(矢量;单位:kg・m^{-1}・s^{-1})及其散度(填色;单位:10^{-5} kg・m^{-2}・s^{-1});(c)降水(单位:mm・d^{-1});(d)地-气温差(单位:℃);(e)200 hPa 位势高度场(填色;单位:gpm)和风场(矢量;单位:m・s^{-1});(f)850 hPa 位势高度场(填色;单位:gpm)和风场(矢量;单位:m・s^{-1})。(a)—(d)中打点区域、(e)和(f)的填色区域以及(b)、(e)和(f)的黑色矢量均通过了置信度为 95% 的显著性检验。紫色等值线表示地形高度为 2000 m(引自 Yu et al.,2021)

原表面风和地表感热的偶极子异常型和负感热斜压模态,该斜压模态能够推迟高层南亚高压的建立和低层索马里急流的推进,最终推迟南亚地区大气环流的季节转换。

6.4.2 青藏高原对我国西北气候的影响

本节围绕青藏高原加热引起的海陆热力差异对新疆夏季降水的影响机理问题,概述利用诊断分析和数值模拟的方法揭示大地形加热引起新疆夏季降水异常大尺度环流调整的原因。从纬向热力差异的角度,分析了与新疆夏季降水有密切关系的南亚高压双体型以及伊朗高压型位置变化与新疆夏季降水的联系,揭示了青藏高原和伊朗高原加热对高压中心位置移动的影响。

(1)南亚高压多模态对应的新疆夏季降水

南亚高压存在伊朗高压型、青藏高压型、双体型和存在两个中心以上的带状型。其中带状型出现的频数极少,这里不做讨论。三种南亚高压模态频数的年际变化存在较大差异,伊朗高压型在 1995 年出现频数最多,为 10 次,2004 年最少,为 1 次,平均发生 5 次左右,有 11 a 在 5 次以上,14 a 在 5 次以下。青藏高压型在 2002 年出现最多,为 7 次,在 1994、1999 和 2008 年为 0 次,平均发生 2~3 次,8 a 在 3 次以上,9 a 在 2 次以下。双体型在 2004 年发生最多,有 7 次,在 2002 最少,为 0 次,平均发生 4 次左右,17 a 在 4 次以上,13 次在 4 次以下。

三种模态对应降水的差异非常明显(图 6.53、6.54)。青藏高压型和伊朗高压型,降水异

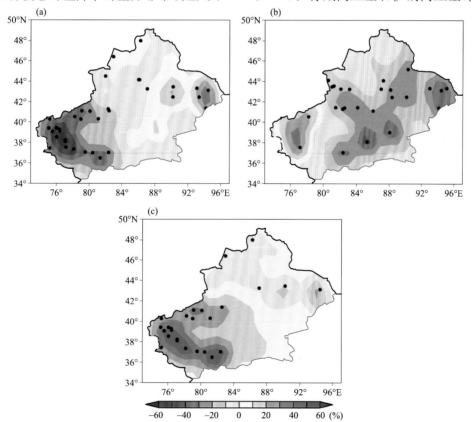

图 6.53　南亚高压不同模态合成的盛夏候降水距平百分比分布(引自王前 等,2017)

(a)伊朗高压型;(b)青藏高压型;(c)双体型(黑点为通过置信度为 95% 的显著性检验的站点)

常分布基本相反,前者对应塔里木盆地西南部降水偏多,其所占总降水量比例最高也在该区域,自西南向东北减少;伊朗高压型则相反,北疆和东疆夏季降水与其关联密切,所占总降水量比例自西南向东北增加。双体型有别于二者,在塔里木盆地最多,尤其西南部。这里值得注意的是,双体型和青藏高压型都对应塔里木盆地西南部降水偏多,因而在分析时要区别对待,不过总的来看,该区域降水异常主要由双体型造成,具体分配由双体型和青藏高压型出现频数决定。

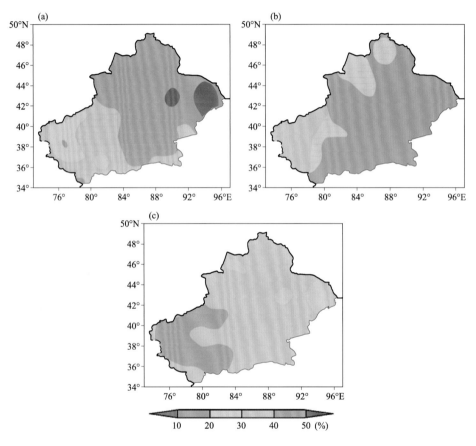

图 6.54　南亚高压不同模态候降水量占 7—8 月降水总量百分比分布(引自王前 等,2017)
(a)伊朗高压型;(b)青藏高压型;(c)双体型

南亚高压两个中心位置变化通过影响环流和水汽输送影响局地降水。当双体型两个中心同时偏西时,阿拉伯海上空为异常反气旋环流控制,将热带海洋的水汽输送至中纬度地区,同时中亚上空配合异常气旋性环流,西南风将水汽继续向北输送至中亚和塔里木盆地上空,为该区域降水发生提供水汽条件(图 6.55a)。这种水汽输送路径被称为两步型输送(Zhao et al.,2014),第一步通过反气旋环流将热带水汽输送至中纬度,第二步中亚气旋将水汽输送至更北的区域,与季风区有很大不同。当双体型两个中心同时偏东时,水汽输送形势相反,因而塔里木盆地降水也偏少(图 6.55b)。当双体型两个中心同时偏北时,西太平洋副热带高压北抬西伸,水汽沿着青藏高原东侧绕流进入塔里木盆地(图 6.55c),这是水汽进入塔里木盆地另外一种输送路径(Huang et al.,2015)。当双体型两个中心同时偏南时,西太平洋副热带高压减弱东撤,水汽不易输送至塔里木盆地(图 6.55d)。虽然就气候平均来讲,新疆夏季降水的水汽输送途径为西方路径(史玉光 等,2008),但是在夏季,低纬海洋是新疆夏季降水的一个主要水汽源地,尤其南方路径的水汽输送对塔里木盆地大尺度降水的发生更为重要(张家宝 等,1987;杨莲梅 等,2007)。

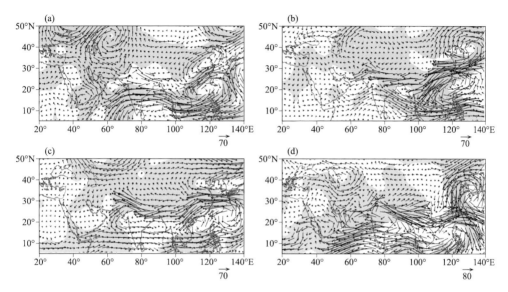

图 6.55　南亚高压双体型不同位置时的垂直积分的水汽通量距平合成分布(单位:kg·m⁻¹·s⁻¹;阴影部分通过置信度为 95% 的显著性检验)。两中心偏西(a)、偏东(b)、偏北(c)、偏南(d)(引自王前 等,2017)

(2)青藏高原季风和南亚季风对塔里木盆地夏季降水的协同影响机制

青藏高原季风和南亚季风均对塔里木盆地夏季降水具有重要影响,并且这种影响是独立的,当青藏高原季风和南亚季风协同变化时,与塔里木盆地夏季降水的联系更为紧密(图 6.56、6.57)。Zhao Y 等(2019b)研究了不同位相青藏高原季风和南亚季风对应的塔里木盆地夏季异常降水和环流(图 6.56)。当高原季风偏强,南亚季风偏弱时(图 6.56a),中亚及里海上空分别为气旋和反气旋控制,二者共同作用,导致中亚对流层中高层温度降低,大尺度环流相应调整,西亚急流位置偏南,中亚上空受气旋环流控制,塔里木盆地上空盛行异常偏南风,形成有利于该区域降水的动力条件。同时,印度半岛上空低层为反气旋环流,将热带海洋水汽向北输送至中纬度,配合中亚的气旋环流,进一步将水汽输送至更北地区,形成有利于塔里木盆地降水的水汽条件。有利的动力和水汽条件,共同导致了塔里木盆地夏季降水偏多。反之,降水偏少。

需要强调的是,青藏高原夏季风对塔里木盆地降水是直接影响,而南亚夏季风是间接影响。此外,当强(弱)青藏高原季风和强(弱)南亚季风组合时,塔里木盆地降水总体偏少,因而,可以说明这两种夏季风环流对塔里木盆地降水具有同等重要的影响。

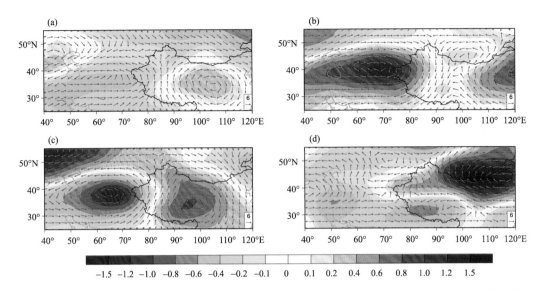

图 6.56　对流层中高层 500～200 hPa 平均温度(单位:℃)和 200 hPa 风场(单位:m·s⁻¹)异常合成分布。(a)高原季风指数和南亚季风指数大于 0.5 个标准差;(b)高原季风指数小于—0.5 个标准差,南亚季风指数大于 0.5 个标准差;(c)高原季风指数大于 0.5 个标准差,南亚季风指数小于—0.5 个标准差;(d)两个季风指数小于—0.5 个标准差(引自 Zhao Y et al.,2019b)

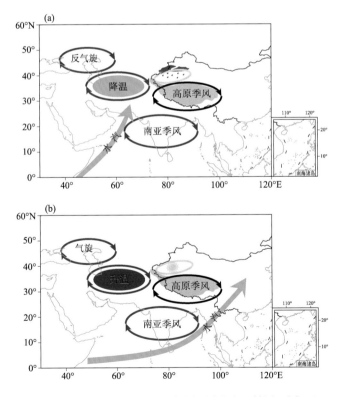

图 6.57　高原季风和南亚季风对塔里木盆地夏季降水协同影响机制图(引自 Zhao Y et al.,2019b)
(a)南亚季风偏弱、高原季风偏强时;(b)南亚季风偏强、高原季风偏弱时

6.4.3　夏季青藏高原加热对中亚-地中海大气环流的影响

夏季青藏高原地表加热变化也引起自青藏高原西部经中亚直至地中海对流层中上层大气增暖(图 6.58a),并伴随着南亚高压加强并向西扩展,形成该地区中纬度与副热带地区的温度梯度异常,在青藏高原西部-地中海形成一个异常纬向垂直环流,在高原西部地区出现异常上升气流,在对流层中上层向西偏转,并在地中海地区出现异常下沉运动。同时,在青藏高原西部-地中海之间的温度异常有助于形成从东地中海-西亚到西地中海的温度梯度,并在地中海-非洲上空形成一个异常经向垂直环流(图 6.58b,Nan et al.,2019)。此外,青藏高原加热异常还引起青藏高原上空的异常上升运动在对流层上层、平流层低层向南流到热带印度洋下沉,并在中、低层向北流向青藏高原(图略),使青藏高原-印度洋经向垂直环流加强(Zhao P et al.,2019)。

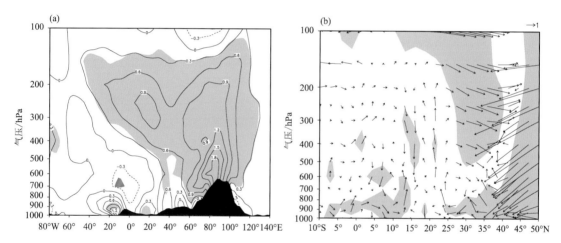

图 6.58　(a)CAM3 模式模拟的夏季青藏高原地面加热变化引起的沿 30°～40°N 平均的温度异常剖面(单位:℃),阴影区为通过置信度为 90%的显著性检验;(b)与(a)相似,但为 10°W～50°E 平均的温度和经向风(单位:m・s^{-1})-垂直速度(单位:10^{-2} Pa・s^{-1})异常剖面(引自 Nan et al.,2019)

6.5　青藏高原气候与全球气候年际变化的联系

观测资料分析和数值模拟表明,青藏高原加热异常产生的扰动可以通过南亚季风经圈环流越过赤道影响到南半球大气环流。当青藏高原抬升加热增强时,亚洲大陆对流层温度升高,气候平均的南亚季风经圈环流加强,正温度异常从亚洲大陆向南、向上扩展到南印度洋热带和副热带地区,使这些地区对流层温度增加。同时在南印度洋中高纬度的对流层中低层产生负异常,指示着温度下降,并在南印度洋与南太平洋中高纬度形成异常波列,说明青藏高原-南印度洋经向环流可能是南北半球相互作用的一个重要"通道"(周秀骥 等,2009;Zhao P et al.,2019)。本节将阐述高原同北半球环流和气候以及印度洋和太平洋环流和海温变化的联系。

6.5.1　青藏高原和北极冬季降水的联动性:经向三极型

　　Liu 等(2021)将青藏高原西部降水的变化放在更大的空间尺度上研究,进一步探讨冬季青藏高原西部降水与北非-欧亚大陆降水的联系及相关的动力过程,揭示出北半球冬季存在从北极-欧亚大陆中高纬度-北非、欧亚大陆副热带(包括青藏高原)的三极型降水模态(图 6.59)。当三极型降水正位相时,横跨东太平洋和大西洋的急流增强南移,并与中东急流连接(图6.60),有利于副热带大西洋增强的斜压不稳定沿着急流向北非-中亚-青藏高原传播;北半球瞬变天气活动南移,同时极涡偏弱而北纬60°附近环流气旋性增强。此外,还伴随局地哈得来环流收缩、费雷尔(Ferrel)环流减弱;欧亚大陆副热带地区出现异常上升运动,伴随着更多的水汽从副热带大西洋输送,欧亚大陆中高纬度地区出现异常下沉运动,输送水汽偏少,抑制降水的产生。瞬变活动对平均流的维持起到了正反馈的作用。该三极型降水与北大西洋涛动(NAO)和热带纬向带状的海温显著相关。基于这两个信号得到的降水指数可以解释62.4%的三极型降水变化。

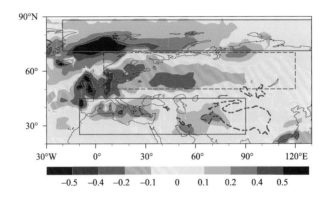

图 6.59　对(20°~90°N,30°W~130°E)区域冬季降水进行 EOF 分解后第二主成分回归得到的降水。星号表示北极站点 NY ALESUND (78.9°N,11.9°E)位置,蓝色方框表示北极地区、欧亚大陆中高纬度地区和青藏高原所在纬度地区。红色虚线表示 2000 m 地形线(引自 Liu et al.,2021)

6.5.2　青藏高原积雪的全球气候效应

　　(1)青藏高原冬春季节积雪异常的大尺度气候效应
　　Liu S Z 等(2020)近期观测分析和模拟研究指出,晚冬—早春持续性的高原积雪对北半球大尺度大气环流和气候有显著影响。高原积雪异常引起冬春季北太平洋涛动(NPO)遥相关型大气和热带大气显著响应(图 6.61)。遥相关大气响应动力学机制主要与罗斯贝波能量东传异常和瞬变涡度反馈作用有关。

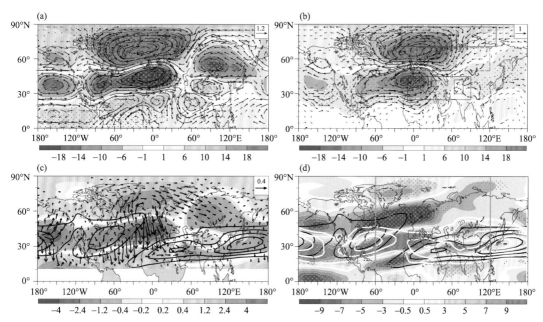

图 6.60　标准化的冬季三极型降水序列回归的冬季要素。(a)300 hPa 风场(矢量;单位:m·s^{-1})和位势高度场(阴影;单位:gpm),(b)同(a),但为 850 hPa;(c)300 hPa 准地转流函数(阴影;单位:10^6 m²·s^{-1})和波活动通量(矢量;单位:m²·s^{-2});(d)300 hPa 纬向风(阴影;单位:m·s^{-1})。红色打点区域和黑色矢量均表示通过置信度为 95% 的显著性检验。(a)—(c)略去小于 0.01 的矢量。(c)和(d)中黑色等值线表示气候态副热带西风急流的位置(u>20 m·s^{-1})。(d)中白色等值线表示对应于三极型降水的副热带急流原场(引自 Liu et al.,2021)

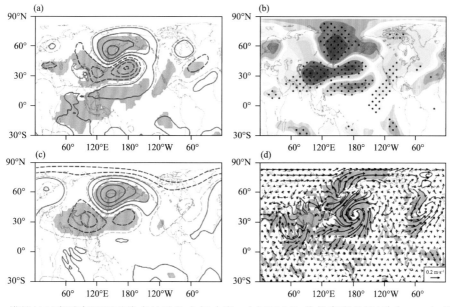

图 6.61　模拟的对春季高原积雪偏多的平均大气响应。(a)500 hPa 位势高度差异(单位:gpm);(b)500 hPa 温度差异(单位:K);(c)70 hPa 位势高度差异(单位:gpm);(d)1000 hPa 的风场差异(单位:m·s^{-1})。在(a)和(c)中,浅蓝色虚线和浅红色实线分别表示 -0.5 和 0.5 gpm,以显示热带大气的响应,深蓝色和红色等高线以 ±2.5 gpm 开始,间隔为 2.5 gpm。阴影表示变量的响应通过置信度为 95% 的显著性检验(引自 Liu S Z et al.,2020)

（2）夏季积雪对欧洲极端高温的影响

Lin 等(2011)和 Wu Z W 等 (2016)对不同季节青藏高原积雪影响大气环流和气候进行了一系列的研究。其结果显示,青藏高原热力异常对大尺度大气环流的影响在夏季和冬季存在显著差异。首先是关键区不同:以高原积雪作为衡量高原热状况的重要指标,在夏季,高原积雪影响大气的关键区主要位于高原西部以及高原南部海拔较高的喜马拉雅山区。而在秋冬季,高原积雪影响大气的关键区主要位于高原东部地区。其次是所激发的大气遥相关波列不同:在夏季,高原积雪异常可激发一个独特的"南欧-东北亚(SENA)"型遥相关波列(图 6.62),而在秋冬季,高原积雪异常可激发类似于"太平洋-北美(PNA)"型的大气遥相关波列。再次是影响地区不同:在夏季,伴随着高原积雪异常的 SENA 波列通过引发欧洲南部和东北亚地区的地-气正反馈作用,进而调制欧洲南部和东北亚地区的热浪发生频数,而在秋冬季,高原积雪异常所激发的 PNA 波列主要影响北美地区。

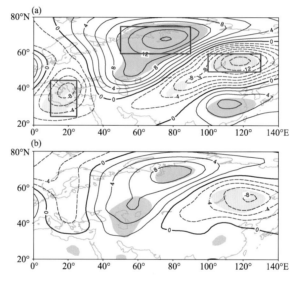

图 6.62　1967—2014 年夏季(6—8月)位势高度场与同期青藏高原西部积雪指数的回归图(单位:gpm):200 hPa(a)和 500 hPa(b)。图中位势高度和积雪指数资料均已去除线性趋势。(a)中红框区域内的位势高度差值场定义为"南欧-东北亚(SENA)"型遥相关指数,具体定义为正值区(50°～90°E,60°～75°N)的平均值减去负值区((10°～25°E, 25°～45°N)与(100°～130°E, 50°～60°N))的平均值。阴影区为通过置信度为90%的显著性 t 检验的地区(引自 Wu Z W et al., 2016)

6.5.3　青藏高原对"上游"西亚-北非-南欧地区气候变异的影响

（1）青藏高原热力强迫影响"上游"西亚-北非-南欧地区气候变异

Lu 等(2018)基于敏感性数值试验,研究了青藏高原加热对夏季"上游"气候的影响(这里的上游地区是指沿高空西风带方向,在青藏高原以西的地区,特别是西亚、南欧、北非和北大西洋)。不同于以往大量关于青藏高原对下游气候特别是对亚洲季风影响的研究成果,该研究重点揭示了高原热力作用在亚洲季风区和上游干旱区气候联系中的重要影响,为进一步理解青藏高原的区域和全球效应提供依据。

青藏高原地表温度升高使得地表感热和上升运动加强。低层辐合加强,高层南亚高压也增强西伸。同时,凝结潜热释放增强,进一步加剧低层辐合和上升运动。进而在高原和上游地区之间增强的纬向热力直接环流和大气罗斯贝波响应的作用下(图 6.63),上游地区受到异常反气旋式环流和高温控制,加强了西亚、地中海地区和热带外北大西洋的下沉运动,降水减少,温度升高。同时,伴随北大西洋副高中心北移,其东南部高压减弱,对应的气旋式环流异常南侧有异常西风气流出现,使得从热带大西洋向萨赫勒地区的水汽输送增多,导致大西洋赤道辐合带北移,萨赫勒降水增多,北非沙漠地区下沉运动减弱。通过与亚洲大陆加热试验的对比,进一步表明虽然在试验中高原面积为亚洲大陆面积的三分之一,但高原加热能够解释亚洲大陆热力强迫引起的气候异常的 40%~50%。此外,北大西洋对青藏高原加热的响应表现为"十一十一"型海表温度异常,此海温异常又通过表面热通量引起大气温度梯度变化,对高原引起的环流异常产生调制作用,使得北大西洋副高区域反气旋式异常和下沉运动增强,其南侧气旋式异常减弱,热带东大西洋上的降水偶极子减弱。与无大西洋海温调节的高原热力效应的结果相比,欧洲北部和北美东北部上空气旋式异常略有加强,降水相应增加(Lu et al.,2019)。

图 6.63　青藏高原加热对上游气候影响的示意图。图中等值线和箭头代表水平环流场和垂直运动对高原异常加热的响应。红色等值线代表 200 hPa 位势高度异常,蓝色等值线为海平面气压异常(实线为正异常,虚线为负异常)。A 代表反气旋式异常,C 代表气旋式异常。绿色箭头代表异常上升运动、降水增多,红色箭头表示异常下沉运动、降水减少(引自 Lu et al.,2018)

(2)青藏高原大地形与欧亚大陆上空西风带相互作用的气候效应

Lu 等(2020)阐述了蒙古南部和中国北部附近冬季积雪在东亚冬-夏季风联系(通常较强的冬季风对应着随后较少的副热带东亚夏季风降水)中扮演着重要的桥梁作用,为提高东亚季风季节和年际预测水平提供新的理论支撑。当蒙古南部和中国北部附近冬季积雪偏多时,由于积雪反照率效应,使得局地地表和大气温度降低,造成陆地高压和偏北风增强,使得向南冷空气平流增强。春季融雪过程造成土壤湿度增加,地表蒸发增强,地表和大气温度持续偏低,引起经向温度梯度改变,从而导致夏季高层纬向风异常。在青藏高原大地形与其上空的西风异常相互作用的影响下,使得在高原下游地区出现异常辐合和上升运动以及在南边出现补偿性的异常辐散和下沉运动,从而在亚洲东北部降水增多,副热带东亚-西太平洋地区降水减少。

6.5.4　春季青藏高原"负感热-斜压模"与厄尔尼诺形成

厄尔尼诺-南方涛动(ENSO)是发生在热带太平洋的大尺度海-气耦合现象。作为全球气候系统中最强的年际变率信号,ENSO 可以通过"大气桥"和海洋过程影响全球的天气气候。关于 ENSO 形成的研究大多聚焦于热带海洋和中纬度海洋,对于中纬度青藏高原热源强迫的认识相对匮乏。

最近 Yu 等(2022)研究了年际尺度上与春季青藏高原表面风速的偶极子异常相关联的"负感热-斜压模"对触发随后秋冬季厄尔尼诺事件的影响。当春季高原表面风速偶极子模态处于正位相(南正北负)时,高原西南部出现地表感热负异常、降水正异常以及异常的浅薄低层高压-深厚的中高层低压的斜压结构。进一步研究发现,该负感热和斜压结构之间存在正反馈机制,称之为"负感热-斜压模"。它主要受到前期冬春季北大西洋三极子海温异常的调控(Yu et al.,2021)。

"负感热-斜压模"在 5 月达到最强,它通过两种途径诱发赤道西太平洋低层西风异常,进而导致随后秋冬季厄尔尼诺事件的发生(图 6.64、6.65)。第一种途径:"负感热-斜压模"引起赤道印度洋高层西风异常以及低层东北风异常,使得印度夏季风减弱、海洋性大陆出现下沉运

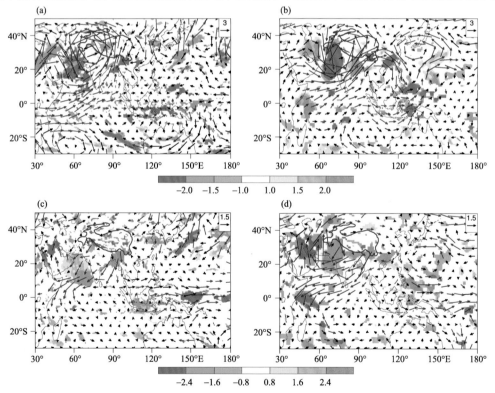

图 6.64　5 月青藏高原强的正、负表面风速偶极年的综合差异。(a) 200 hPa 风(矢量;m·s⁻¹) 及其散度(阴影;单位:10^{-6} s⁻¹);(c) 850 hPa 风(矢量;单位:m·s⁻¹) 和 500 hPa 垂直速度(阴影;单位:0.01 Pa·s⁻¹)。(b)和(d)分别与(a)和(c)相同,但为高原温度强迫试验和对照试验在 5 月的集合平均值之差。(a)—(d)中的阴影和红色向量表示通过置信度为 90%的显著性检验(引自 Yu et al.,2022)

动,通过印度洋纬向季风环流和太平洋沃克环流的齿轮耦合(gearing between the Indian and Pacific oceans,GIP;吴国雄 等,1998),诱发了赤道西太平洋低层西风异常。第二种途径:"负感热-斜压模"能够激发向下游传播的罗斯贝波列,导致北太平洋中部呈相当正压的气旋式环流异常。基于风-蒸发-海温反馈机制和季节足迹机制(seasonal footprinting mechanism,SFM),该气旋式环流异常东南侧的副热带地区出现暖海温异常,并导致副热带至赤道中西太平洋地区低层西南风异常的出现。由 GIP 和 SFM 共同引起的赤道西太平洋低层西风异常,通过皮耶克尼斯(Bjerknes)正反馈,进一步导致随后秋冬季厄尔尼诺事件的发生。反之,春季高原表面风速偶极子模态负位相有利于随后秋冬季拉尼娜事件的发生。

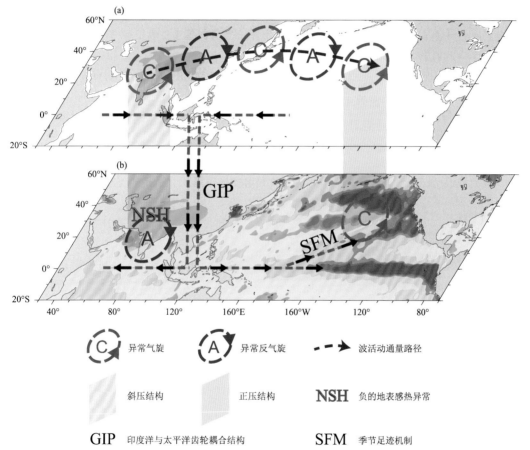

图 6.65 5 月青藏高原"负感热-斜压模"影响随后厄尔尼诺事件的示意图

(改自 Yu et al.,2022)

(a)200 hPa;(b)地表

在给定高原温度强迫的海-气耦合模式敏感性试验中,5 月"负感热-斜压模"能够被较好地模拟出来,且赤道西太平洋低层西风异常的强度与观测十分接近(图 6.64b 和图 6.64d)。因此,在春季高原"负感热-斜压模"影响后期秋冬季 ENSO 形成的过程中,GIP 途径显得更为重要。这项研究将有助于为 ENSO 的预测提供理论支撑以及加深人们对海-陆-气多圈层相互作用的理解。

6.6 本章小结

　　本章重点介绍了在国家自然科学基金委员会重大研究计划"青藏高原地-气耦合系统变化及其全球气候效应"的支持下,青藏高原对区域和全球气候的影响的研究成果。青藏高原的动力和热力强迫对亚洲季风和周边地区的气候异常、其上游环流及北半球气候存在不同时间尺度的影响。地球系统是大气、海洋、陆地紧密耦合的整体,青藏高原的强迫在影响大气环流和海洋信号过程中本身又会对海-气自然变率信号产生反馈。ENSO 衰减年中春夏季高原大气热源与海洋之间存在相互影响过程。例如早春北大西洋三极子 SSTA 通过激发罗期贝波列调节西风急流进而影响春季高原地表感热,晚春印度洋 SSTA 通过激发异常哈得来环流影响高原东南部降水凝结潜热;而春季高原热力强迫的不同模态不仅可能激发定长罗期贝波列影响北太平洋表层及次表层海温异常,其"负感热-斜压模"还能通过印度洋纬向季风环流和太平洋沃克环流的齿轮耦合及风-蒸发-海温反馈机制和季节足迹机制激发 ENSO 事件。

参考文献

陈烈庭,阎志新,1981.青藏高原冬春季异常雪盖影响初夏季风的统计分析[C]//长江流域规划办公室.中长期水文气象预报文集(2).北京:水利电力出版社:133-141.

胡雅君,刘屹岷,吴琼,等,2017.影响江南春雨年际变化的前期海洋信号及可能机理[J].大气科学,41(2):395-408.

李登宣,王澄海,2016.青藏高原春季土壤湿度与中国东部夏季降水之间的关系[J].冰川冻土,38(1):89-99.

刘超,刘屹岷,刘伯奇,2015.6 种地表热通量资料在伊朗-青藏高原地区的对比分析[J].气象科学,35(4):398-404.

刘恒,2019.中亚至青藏高原西部冬季降水的时空振荡及其与北大西洋涛动的联系[D].西安:中国科学院地球环境研究所.

刘森峰,段安民,2017.基于青藏高原春季感热异常信号的中国东部夏季降水统计预测模型[J].气象学报,75(6):903-916.

刘屹岷,刘伯奇,任荣彩,等,2016.当前重大厄尔尼诺事件对我国春夏气候的影响[J].中国科学院院刊,31(2):241-250.

任荣彩,吴国雄,CAI M,等,2014.应用等熵位涡理论研究平流层-对流层相互作用及青藏高原影响的进展[J].气象学报,72(2):853-868.

史玉光,孙照渤,2008.新疆大气可降水量的气候特征及其变化[J].中国沙漠,28(3):519-525.

陶诗言,徐淑英,1962.夏季江淮流域持久性旱涝现象的环流特征[J].气象学报,32(1):1-10.

王静,祁莉,何金海,等,2016.青藏高原春季土壤湿度与我国长江流域夏季降水的联系及其可能机理[J].地球物理学报,59(11):3985-3995.

王前，赵勇，陈飞，等，2017. 南亚高压的多模态特征及其与新疆夏季降水的联系[J]. 高原气象，36(5)：1209-1220.

吴国雄，孟文，1998. 赤道印度洋-太平洋地区海气系统的齿轮式耦合和 ENSO 事件 I. 资料分析[J]. 大气科学，22(4)：15-25.

吴国雄，丑纪范，刘屹岷，等，2002. 副热带高压形成和变异的动力学问题[M]. 北京：科学出版社：314.

吴国雄，何编，刘屹岷，等，2016. 青藏高原和亚洲夏季风动力学研究的新进展[J]. 大气科学，40(1)：22-32.

夏昕，任荣彩，吴国雄，等，2016. 青藏高原周边对流层顶的时空分布、热力成因及动力效应分析[J]. 气象学报，74(4)：525-541.

杨莲梅，张庆云，2007. 新疆北部汛期降水年际和年代际异常的环流特征[J]. 地球物理学报，50(2)：412-419.

叶笃正，高由禧，1979. 青藏高原气象学[M]. 北京：科学出版社：316.

于威，刘屹岷，杨修群，等，2018. 青藏高原不同海拔地表感热的年际和年代际变化特征及其成因分析[J]. 高原气象，37(5)：1161-1176.

张家宝，邓子风，1987. 新疆降水概论[M]. 北京：气象出版社.

张盈盈，李忠贤，刘伯奇，2015. 春季青藏高原表面感热加热的年际变化特征及其对印度夏季风爆发时间的影响[J]. 大气科学，39(6)：1059-1072.

周秀骥，赵平，陈军明，等，2009. 青藏高原热力作用对北半球气候影响的研究[J]. 中国科学 D 辑：地球科学，39(11)：1473-1486.

AMBRIZZI T，HOSKINS B J，HSU H H，1995. Rossby wave propagation and teleconnection patterns in the austral winter[J]. Journal of the Atmospheric Sciences，52(21)：3661-3672.

BOOS W R，KUANG Z M，2010. Dominant control of the South Asian monsoon by orographic insulation versus plateau heating[J]. Nature，463(7278)：218-222.

BOOS W R，KUANG Z M，2013. Sensitivity of the South Asian monsoon to elevated and non-elevated heating [J]. Scientific Reports，3：1192.

CAYAN D R，1992. Latent and sensible heat flux anomalies over the northern oceans：Driving the sea surface temperature[J]. Journal of Physical Oceanography，22：859-881.

CUI Y F，DUAN A M，LIU Y M，et al，2015. Interannual variability of the spring atmospheric heat source over the Tibetan Plateau forced by the North Atlantic SSTA[J]. Climate Dynamics，45(5-6)：1617-1634.

CURIO J，MAUSSION F，SCHERER D，2015. A 12-year high-resolution climatology of atmospheric water transport over the Tibetan Plateau[J]. Earth System Dynamics，6：109-124.

DESER C，TIMLIN M S，1997. Atmosphere-ocean interaction on weekly timescales in the North Atlantic and Pacific[J]. Journal of Climate，10：393-408.

DUAN A M，SUN R Z，HE J H，2017. Impact of surface sensible heating over the Tibetan Plateau on the western Pacific subtropical high：A land-air-sea interaction perspective[J]. Advances in Atmospheric Sciences，34(2)：157-168.

DUAN A M，HU D，HU W T，et al，2020. Precursor effect of the Tibetan Plateau heating anomaly on the seasonal march of the East Asian summer monsoon precipitation[J]. Journal of Geophysical Research：Atmospheres，125(23)：e2020JD032948.

FALLAH B, CUBASCH U, PROMMEL K, et al, 2016. A numerical model study on the behaviour of Asian summer monsoon and AMOC due to orographic forcing of Tibetan Plateau[J]. Climate Dynamics, 47: 1485-1495.

FILIPPI L, PALAZZI E, HARDENBERG J, et al, 2014. Multidecadal variations in the relationship between the NAO and winter precipitation in the Hindu Kush-Karakoram[J]. Journal of Climate, 27(20): 7890-7902.

GAO Y, WANG H J, LI S L, 2013. Influences of the Atlantic Ocean on the summer precipitation of the southeastern Tibetan Plateau[J]. Journal of Geophysical Research: Atmospheres, 118(9): 3534-3544.

GOSWAMI B N, MADHUSOODANAN M S, NEEMA C P, et al, 2006. A physical mechanism for North Atlantic SST influence on the Indian summer monsoon[J]. Geophysical Research Letters, 33: L02706.

HE B, WU G X, LIU Y M, et al, 2015. Astronomical and hydrological perspective of mountain impacts on the Asian summer monsoon[J]. Scientific Reports, 5: 12.

HE B, SHENG C, WU G X, et al, 2022. Quantification of seasonal and interannual variations of the Tibetan Plateau surface thermodynamic forcing based on the potential vorticity[J]. Geophysical Research Letters, 49: e2021GL097222.

HELD I M, HOU A Y, 1980. Nonlinear axially symmetric circulations in a nearly inviscid atmosphere[J]. Journal of the Atmospheric Sciences, 37:515-533.

HOSKINS B, PEDDER M, JONES D W, 2003. The omega equation and potential vorticity [J]. Quarterly Journal of the Royal Meteorological Society, 129(595): 3277-3303.

HOSKINS B J, KAROLY D J, 1981. The steady linear response of a spherical atmosphere to thermal and orographic forcing[J]. Journal of the Atmospheric Sciences, 38: 1179-1196.

HOSKINS B J, MCLNTYRE M E, ROBERTSON A W, 1985. On the use and significance of isentropic potential vorticity maps[J]. Quarterly Journal of the Royal Meteorological Society, 111: 877-946.

HOSKINS B J, AMBRIZZI T, 1993. Rossby wave propagation on a realistic longitudinally varying flow[J]. Journal of the Atmospheric Sciences, 50(12): 1661-1671.

HU J, DUAN A M, 2015. Relative contributions of the Tibetan Plateau thermal forcing and the Indian Ocean sea surface temperature basin mode to the interannual variability of the East Asian summer monsoon[J]. Climate Dynamics, 45(9): 2697-2711.

HU S, ZHOU T J, WU B, 2021. Impact of developing ENSO on the Tibetan Plateau summer rainfall[J]. Journal of Climate, 34(9): 3385-3400.

HUANG W, FENG S, CHEN J H, et al, 2015. Physical mechanisms of summer precipitation variations in the Tarim Basin in northwestern China[J]. Journal of Climate, 28: 3579-3591.

JIANG X W, LI Y Q, YANG S, et al, 2016. Interannual variation of summer atmospheric heat source over the Tibetan Plateau and the role of convection around the western maritime continent[J]. Journal of Climate, 29(1): 121-138.

JIN R, WU Z W, ZHANG P, 2018. Tibetan Plateau capacitor effect during the summer preceding ENSO: From the Yellow River climate perspective[J]. Climate Dynamics, 51(1-2): 57-71.

LI C, YANAI M, 1996. The onset and interannual variability of the Asian summer monsoon in relation to land-sea thermal contrast[J]. Journal of Climate, 9: 358-375.

LI J Y，MAO J Y，2018．The impact of interactions between tropical and midlatitude intraseasonal oscillations around the Tibetan Plateau on the 1998 Yangtze floods[J]．Quarterly Journal of the Royal Meteorological Society，144：1123-1139．

LI J Y，ZHAI P M，MAO J Y，et al，2021．Synergistic effect of the $25-60$ day tropical and midlatitude intraseasonal oscillations on the persistently severe Yangtze floods[J]．Geophysical Research Letters，48(20)：e2021GL095129．

LIN H，WU Z W，2011．Contribution of the autumn Tibetan Plateau snow cover to seasonal prediction of North American winter temperature[J]．Journal of Climate，24：2801-2813．

LIU G，ZHAO P，CHEN J M，2017．Possible effect of the thermal condition of the Tibetan Plateau on the interannual variability of the summer Asian-Pacific oscillation[J]．Journal of Climate，30：9965-9977．

LIU S F，DUAN A M，2018．Impacts of the global sea surface temperature anomaly on the evolution of circulation and precipitation in East Asia on a quasi-quadrennial cycle[J]．Climate Dynamics，51：4077-4094．

LIU S F，DUAN A M，WU G X，2020．Asymmetrical response of the East Asian summer monsoon to the quadrennial oscillation of global sea surface temperature associated with the Tibetan Plateau thermal feedback[J]．Journal of Geophysical Research：Atmospheres，125(20)：e2019JD032129．

LIU S Z，WU Q G，SCHROEDER S R，et al，2020．Near-global atmospheric responses to observed springtime Tibetan Plateau snow anomalies[J]．Journal of Climate，33：1691-1706．

LIU X L，LIU Y M，WANG X C，et al，2020．Large-scale dynamics and moisture sources of the precipitation over the western Tibetan Plateau in boreal winter[J]．Journal of Geophysical Research：Atmospheres，125：e2019JD032133．

LIU X L，LU J H，LIU Y M，et al，2021．Meridional tripole mode of winter precipitation over the Arctic and continental North Africa-Eurasia[J]．Journal of Climate，34：9665-9678．

LIU Y M，WU G X，LIU H，et al，2001．Condensation heating of the Asian summer monsoon and the subtropical anticyclone in the Eastern Hemisphere[J]．Climate Dynamics，17(4)：327-338．

LIU Y M，HOSKINS B，BLACKBURN M，2007．Impact of Tibetan orography and heating on the summer flow over Asia[J]．Journal of the Meteorological Society of Japan，85B：1-19．

LIU Y M，WANG Z Q，ZHUO H F，et al，2017．Two types of summertime heating over Asian large-scale orography and excitation of potential-vorticity forcing II．Sensible heating over Tibetan-Iranian Plateau[J]．Science China：Earth Sciences，60(4)：733-744．

LIU Y M，LU M M，YANG H J，et al，2020．Land-atmosphere-ocean coupling associated with the Tibetan Plateau and its climate impacts[J]．National Science Review，7(3)：534-552．

LU M M，YANG S，LI Z N，et al，2018．Possible effect of the Tibetan Plateau on the "upstream" climate over West Asia，North Africa，South Europe and the North Atlantic[J]．Climate Dynamics，51(4)：1485-1498．

LU M M，HUANG B H，LI Z N，et al，2019．Role of Atlantic air-sea interaction in modulating the effect of Tibetan Plateau heating on the upstream climate over Afro-Eurasia-Atlantic regions[J]．Climate Dynamics，53(1-2)：509-519．

LU M M，KUANG Z M，YANG S，et al，2020．A bridging role of winter snow over Northern China and Southern Mongolia in linking the East Asian winter and summer monsoons[J]．Journal of Climate，33：9849-9862．

LYU M X, WEN M, WU Z W, 2018. Possible contribution of the inter-annual Tibetan Plateau snow cover variation to the Madden-Julian oscillation convection variability[J]. International Journal of Climatology, 38 (10): 3787-3800.

NAN S L, ZHAO P, CHEN J M, 2019. Variability of summertime Tibetan tropospheric temperature and associated precipitation anomalies over the Central-Eastern Sahel[J]. Climate Dynamics, 52(3-4): 1819-1835.

PLUMB R A, HOU A Y, 1992. The response of a zonally symmetric atmosphere to subtropical thermal forcing: Threshold behavior[J]. Journal of the Atmospheric Sciences, 49: 1790-1799.

REN R C, ZHU C D, CAI M, 2019. Linking quasi-biweekly variability of the South Asian High to atmospheric heating over Tibetan Plateau in summer[J]. Climate Dynamics, 53: 3419-3429.

SCHNEIDER E K, LINDZEN R S, 1977. Axially symmetric steady-state models of the basic state for instability and climate studies. Part I: Linearized calculations[J]. Journal of the Atmospheric Sciences, 34(2): 263-279.

SHENG C, HE B, WU G X, et al, 2022. Interannual influences of the surface potential vorticity forcing over the Tibetan Plateau on East Asian summer rainfall[J]. Advances in Atmospheric Sciences, 39(7): 1050-1061.

SRIVASTAVA A K, RAJEEVAN M, KULKARNI R, 2002. Teleconnection of OLR and SST anomalies over Atlantic Ocean with Indian summer monsoon[J]. Geophysical Research Letters, 29(8): 1284.

SUN R Z, DUAN A M, CHEN L L, et al, 2019. Interannual variability of the North Pacific mixed layer associated with the spring Tibetan Plateau thermal forcing[J]. Journal of Climate, 32: 3109-3130.

VAID B H, LIANG X S, 2018. The changing relationship between the convection over the western Tibetan Plateau and the sea surface temperature in the northern Bay of Bengal[J]. Tellus A: Dynamic Meteorology and Oceanography, 70:9.

WANG C H, YANG K, LI Y, et al, 2017. Impacts of spatiotemporal anomalies of Tibetan Plateau snow cover on summer precipitation in eastern China[J]. Journal of Climate, 30(3): 885-903.

WANG Z Q, DUAN A M, WU G X, 2014. Time-lagged impact of spring sensible heat over the Tibetan Plateau on the summer rainfall anomaly in East China: Case studies using the WRF model[J]. Climate Dynamics, 42: 2885-2898.

WANG Z Q, YANG S, LAU N C, et al, 2018. Teleconnection between summer NAO and east China rainfall variations: A bridge effect of the Tibetan Plateau[J]. Journal of Climate, 31:6433-6444.

WU G X, LIU Y M, 2003. Summertime quadruplet heating pattern in the subtropics and the associated atmospheric circulation[J]. Geophysical Research Letters, 30: 1201-1204.

WU G X, LIU Y, ZHU X, et al, 2009. Multi-scale forcing and the formation of subtropical desert and monsoon[J]. Annales Geophysicae, 27(9): 3631-3644.

WU G X, HE B, LIU Y M, et al, 2015. Location and variation of the summertime upper troposphere temperature maximum over South Asia[J]. Climate Dynamics, 45: 1-18.

WU G X, ZHUO H F, WANG Z Q, et al, 2016. Two types of summertime heating over the Asian large-scale orography and excitation of potential-vorticity forcing I. Over Tibetan Plateau[J]. Science China: Earth Sciences, 59(10): 1996-2008.

WU T W, QIAN Z A, 2003. The relation between the Tibetan winter snow and the Asian summer monsoon and rainfall: An observational investigation[J]. Journal of Climate, 16 (12): 2038-2051.

WU Z W, ZHANG P, CHEN H, et al, 2016. Can the Tibetan Plateau snow cover influence the interannual variations of Eurasian heat wave frequency? [J]. Climate Dynamics, 46: 3405-3417.

XIAO Z X, DUAN A M, 2016. Impacts of Tibetan Plateau snow cover on the interannual variability of the East Asian summer monsoon[J]. Journal of Climate, 29(23): 8495-8514.

XIE S P, ZHOU Z Q, 2017. Seasonal modulations of El Niño-related atmospheric variability: Indo-Western Pacific Ocean feedback[J]. Journal of Climate, 30(9): 3461-3472.

YU W, LIU Y M, YANG X Q, et al, 2021. Impact of North Atlantic SST and Tibetan Plateau forcing on seasonal transition of springtime South Asian monsoon circulation[J]. Climate Dynamics, 56(1-2): 559-579.

YU W, LIU Y M, XU L L, et al, 2022. Potential impact of spring thermal forcing over the Tibetan Plateau on the following winter El Niño-Southern Oscillation[J]. Geophysical Research Letters, 49: e2021GL097234.

ZHANG H X, LI W P, LI W J, 2019. Influence of late springtime surface sensible heat flux anomalies over the Tibetan and Iranian plateaus on the location of the South Asian high in early summer[J]. Advances in Atmospheric Sciences, 36: 93-103.

ZHANG P, DUAN A M, 2021. Dipole mode of the precipitation anomaly over the Tibetan Plateau in mid-autumn associated with tropical Pacific-Indian Ocean sea surface temperature anomaly: Role of convection over the northern Maritime Continent [J]. Journal of Geophysical Research: Atmospheres, 126 (20): e2021JD034675.

ZHANG P F, LIU Y M, HE B, 2016. Impact of East Asian summer monsoon heating on the interannual variation of the South Asian high[J]. Journal of Climate, 29 (1): 159-173.

ZHANG Q, WU G X, QIAN Y F, 2002. The bimodality of the 100 hPa South Asia high and its relationship to the climate anomaly over East Asia in summer[J]. Journal of the Meteorological Society of Japan, 80: 733-744.

ZHAO P, XU X D, CHEN F, et al, 2018. The third atmospheric scientific experiment for understanding the earth-atmosphere coupled system over the Tibetan Plateau and its effects[J]. Bulletin of the American Meteorological Society, 99(4): 757-776.

ZHAO P, ZHOU X J, CHEN J M, et al, 2019. Global climate effects of summer Tibetan Plateau[J]. Science Bulletin, 64(1): 1-3.

ZHAO Y, HUANG A N, ZHOU Y, et al, 2014. Impact of the middle and upper tropospheric cooling over Central Asia on the summer rainfall in the Tarim Basin[J]. Journal of Climate, 27(12): 4721-4732.

ZHAO Y, DUAN A M, WU G X, 2018. Interannual variability of late-spring circulation and diabatic heating over the Tibetan Plateau associated with Indian Ocean forcing[J]. Advances in Atmospheric Sciences, 35 (8): 927-941.

ZHAO Y, DUAN A M, WU G X, et al, 2019a. Response of the Indian Ocean to the Tibetan Plateau thermal forcing in late spring[J]. Journal of Climate, 32(20): 6917-6938.

ZHAO Y, YU X J, YAO J Q, et al, 2019b. The concurrent effects of the South Asian monsoon and the Plateau monsoon over the Tibetan Plateau on summer rainfall in the Tarim Basin of China[J]. International Journal of Climatology, 39 (1): 74-88.

ZHAO Y, DUAN A M, WU G X, 2021. Opposite responses of the Indian Ocean to the thermal forcing of the

Tibetan Plateau before and after the onset of the South Asian monsoon[J]. Journal of Climate, 34(20): 8389-8408.

ZHU C D, REN R C, WU G X, 2018. The Rossby wave train excited by the transient upper atmospheric heat source over the summer Tibetan Plateau and its climate impacts[J]. Advances in Atmospheric Sciences, 35: 1114-1128.

ZHU C D, REN R C, 2019. The Rossby wave train patterns forced by a shallower and deeper Tibetan Plateau atmospheric heat-source in summer in a linear baroclinic model[J]. Atmospheric and Oceanic Science Letters, 12(1): 35-40.

ZHUANG M R, DUAN A M, 2019. Revisiting the cross-equatorial flows and Asian summer monsoon precipitation associated with the maritime continent[J]. Journal of Climate, 32(20): 6803-6821.

后　记

  国家自然科学基金委员会从 2014 年开始实施了为期 10 年的重大研究计划"青藏高原地-气耦合系统变化及其全球气候效应"。本专辑在概述早期相关研究进展的基础上,重点阐述了上述重大研究计划开展以来,国内外有关青藏高原-全球季风-海-气相互作用对气候变化的影响这一核心科学问题的研究成果。

  位于欧亚大陆东部和副热带的青藏高原的这些地理特点决定了其动力和热力作用对大气环流和气候有着独特和重要的影响。较早的研究已经指出,青藏高原通过感热气泵调节亚洲环流的季节变化,与海陆分布共同控制了亚洲夏季风的形成,影响了东亚地区从季节内到年代际多种时间尺度的气候变化。近年来的研究发现了青藏高原自全新世以来的气候变化和现代气候变化的时空特征;指出高原增暖存在海拔依赖性现象,可能的机制包括冰雪反照率、云-辐射反馈和温室气体影响等过程;青藏高原的快速增暖影响了积雪、冻土、冰川、水资源、碳氮收支和生物地球化学循环过程,增加了极端天气气候事件;青藏高原上气溶胶的主要成分是沙尘、黑碳和硫酸盐/硝酸盐,高原上的气溶胶不仅改变了高原的大气环境,还影响着高原及下游地区的天气气候。在全球气候变暖背景下,青藏高原引发的天气气候灾害呈现出多发、突发、剧烈和加重等态势。近几年的创新性成果包括从位涡重构的新视角揭示了高原热力动力过程对低涡的影响、高原天气和气候系统及其对天气和东亚气候的影响,以及相关的物理机制。青藏高原动力学研究的新的、前沿性成果还包括将高原对东亚天气气候的影响深化到南亚和中亚等亚洲周边地区;以及进一步阐述了对上游的地中海-非洲气候变率的影响和对全球海洋环流的影响,包括青藏高原对印度洋海温的分布和年际变化、太平洋海温年际变化即厄尔尼诺-南方涛动事件,以及南极海洋的影响。其中关于青藏高原大地形隆升通过海-气相互作用重新塑造全球海洋热盐环流和宜居地球的研究成果使我们从一个全新视角来认识青藏高原在这个星球上的地位。

  上述的部分结论仍然是定性的。为了进一步理解海-陆-气多圈层相互作用以及青藏高原强迫在高低纬环流相互作用及其影响季风的关键调制影响,使定性结论不断升华,在未来开展理论和模拟研究的同时,需要开展更多的海-陆-气相互作用的场地观测试验,改进模式性能,以揭示东亚季风区海-陆-气相互作用的事实。对以位涡定量表征高原的动力和热力综合效应等新方法的使用将有助于提升定量研究高原的综合影响,为进一步提高准确预测极端天气和气候事件打下理论基础。因为亚洲季风系统受到多个影响因子的重要作用,评估和量化气溶胶-季风相互作用具有很大挑战,必须进行模式相关物理过程的改进。总之,综合的青藏高原观测、模拟和动力学机理的研究仍需要大家的共同努力。

刘屹岷　吴国雄

2022 年 4 月